北大社普通高等教育"十三五"数字化建设规划教材

高等数学

（第二版）

（下）

主　编　　刘新和　　王中兴　　黄敢基

编　者　（按姓氏笔画排序）

朱光军　　刘　芳　　刘德光

范英梅　　洪　玲　　莫利柳

席洁珍　　黄宗文　　曾凡辉

蓝　敏　　谭洁群

本书资源使用说明

北京大学出版社
PEKING UNIVERSITY PRESS

内 容 简 介

　　本书以培养学生的数学素质为目标,重点阐述高等数学的基本内容、基本方法及相关应用.本书分为上、下两册,上册内容包括:函数、极限与连续,导数与微分,微分中值定理与导数的应用,不定积分,定积分,定积分的应用;下册内容包括:向量代数与空间解析几何,多元函数微分学,重积分及其应用,曲线积分与曲面积分,无穷级数,微分方程,差分方程初步.各章节后都配有适量的习题,书末附有习题参考答案与提示.

　　为了方便教师拓展教学和学生扩大知识面,本书大部分章节都有高等数学在自然科学、工程技术、经济管理等领域中的应用案例.另外,本书部分例题及习题选自历年考研真题,以满足学生个性发展的需要.

　　本书可作为高等学校以及具有较高要求的独立学院、成教学院本科非数学专业的数学基础课教材.

第二版前言

"高等数学"是高等学校理工类和经济管理类各专业的一门重要基础课.它不仅是学习后续课程的基础,而且对启发学生思维,培养学生的数学素质和解决实际问题的能力都起着非常重要的作用.

本书在学习借鉴国内外优秀教材的基础上,根据教育部高等学校大学数学课程教学指导委员会关于理工类和经济管理类本科"高等数学"课程教学基本要求编写而成.

本书在内容安排与编写方面具有如下特点:

1. 融思政.将思政元素恰当地融入课程教学内容,便于教师在教学中将知识传授与价值引领相结合,充分发挥课程育人功能.

2. 简易性.秉承经典教材结构严谨、逻辑清晰的优点,在达到理工类和经济管理类各专业对该课程的教学基本要求的前提下,从培养学生的能力和提高学生的素质的角度出发,教学内容选取尽量少而精,并有选择地保留了经典定理、性质的证明,而省略了一些烦琐、冗长的推导与证明.

3. 通俗性.从直观的几何意义或实际背景引入和解释概念和定理,便于学生对相关概念与定理的理解和掌握.在内容叙述上也由浅入深、循序渐进,力求清楚易懂.

4. 应用性.注重理论联系实际,大部分章节都有高等数学在自然科学、工程技术、经济管理等领域中的应用案例,方便教师拓展教学,着力培养和提高学生应用数学思想方法解决实际问题的能力,加强学生的应用意识和创新能力的培养.

5. 层次性.书中未加"★"标志的内容为各专业必修内容,加"★"标志的内容为不同专业选修内容.另外,加"＊"标志的例题及习题选自历年考研真题.这些例题及习题,一方面,供学有余力或立志考研的学生选读;另一方面,通过讲解与练习增强学生勇于挑战的信心,激发学生的学习积极性.

本书的编写工作由王中兴教授主持,全书共分13章:蓝敏和王中兴编写第1章;席洁珍编写第2章;谭洁群和黄敢基编写第3章;莫利柳编写第4章;刘芳和王中兴编写第5章;黄宗文和刘德光编写第6章;范英梅编写第7章;朱光军编写第8章;曾凡辉编写第9章;刘新和编写第10章;洪玲编写第11章;王中兴编写第12章;黄敢基编写第13章.王中兴与刘新和一起负责全书的修改和统稿工作.广西大学数学与信息科学学院曾友芳、赵大虎、潘就和等老师对本书的修改提出了中肯的意见和建议.贾华、曾凌烟、熊诗哲、朱顺春构思并设计了全书的数字资源及版式和装帧设计方案. 在本书编写过程中, 我们参考了众多著作和教材. 在此谨向有关作者和老师表示衷心感谢!

　　本书是广西壮族自治区教育厅高校精品课程立项建设和新世纪广西高等教育教学改革工程的一项成果, 其出版得到了广西大学教材建设基金的资助. 北京大学出版社的编辑也为本书的出版付出了辛勤劳动. 在此向支持和关心本书编写和出版的领导和有关人员致以诚挚的谢意!

　　由于时间仓促, 加之编者水平有限, 书中难免存在不足之处, 诚恳地希望专家、同行和广大读者批评指正.

编　者

2023 年 9 月于广西大学

目录

第7章

向量代数与空间解析几何

　　向量代数在工程技术中有着广泛的应用,它是研究几何问题的重要工具.本章首先建立空间直角坐标系,然后介绍向量的概念及向量的运算,并以向量为工具讨论平面与空间直线的方程,最后介绍曲面与空间曲线及其方程,以及常见曲面的标准方程.

§7.1 空间直角坐标系与向量的线性运算

一、空间直角坐标系及两点间的距离公式

1. 空间直角坐标系

在建立了平面直角坐标系后，平面上的点与二元有序数组之间便建立了一一对应的关系，于是可将平面曲线用代数方程来表示，从而能够用代数的方法研究几何问题.

同样，为了研究空间图形与数的关系，需要建立空间中的点与有序数组之间的联系. 为此，引进空间直角坐标系.

过空间中的一个定点 O，作三条相互垂直的数轴，它们都以点 O 为原点，且一般具有相同的长度单位. 这三条轴分别称为 x 轴（横轴）、y 轴（纵轴）和 z 轴（竖轴），统称为坐标轴，它们的正向符合右手法则，即以右手握住 z 轴，当右手的四根手指从 x 轴正向以 $\frac{\pi}{2}$ 角度转向 y 轴正向时，大拇指的指向就是 z 轴正向. 这三条坐标轴就组成一个空间直角坐标系，记作 $Oxyz$，其中点 O 叫作原点，如图 7.1 所示.

x 轴和 y 轴所确定的平面叫作 xOy 面，y 轴和 z 轴所确定的平面叫作 yOz 面，z 轴和 x 轴所确定的平面叫作 zOx 面，它们统称为坐标面. 显然，坐标面两两相互垂直. 三个坐标面将空间分成八部分，每一部分称为一个卦限. 以 x 轴正半轴、y 轴正半轴、z 轴正半轴为棱的那个卦限称为第一卦限，第二、三、四卦限均在 xOy 面上方，并从第一卦限起按逆时针方向确定，第五、六、七、八卦限在 xOy 面下方，其中在第一卦限正下方的为第五卦限，其他卦限亦按逆时针方向确定. 这八个卦限分别用罗马数字 Ⅰ，Ⅱ，Ⅲ，Ⅳ，Ⅴ，Ⅵ，Ⅶ，Ⅷ 表示（见图 7.2）.

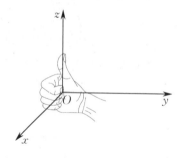

图 7.1

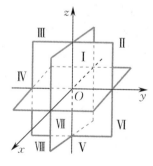

图 7.2

取定了空间直角坐标系之后，就可以建立空间中的点与有序数组之间的一一对应关系.

设 M 为空间中的一点,过点 M 作三个平面分别垂直于 x 轴、y 轴、z 轴,它们与这三条坐标轴的交点依次记为 P,Q,R(见图 7.3).设这三点在 x 轴、y 轴、z 轴上的坐标依次为 x,y,z,于是空间中的点 M 就唯一地确定了一个三元有序数组 (x,y,z);反过来,已知一个三元有序数组 (x,y,z),则可以在 x 轴、y 轴、z 轴上找到坐标分别为 x,y,z 的三点 P,Q,R,过这三点分别作垂直于其所在坐标轴的平面,这三个平面就唯一地确定了一个交点 M.

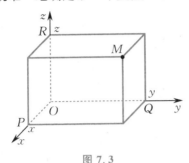

图 7.3

这样,就建立了空间中的点 M 和三元有序数组 (x,y,z) 之间的一一对应关系,三元有序数组 (x,y,z) 就叫作点 M 的**坐标**,并依次称 x,y 和 z 为点 M 的横坐标、纵坐标和竖坐标.坐标为 (x,y,z) 的点 M,通常记作 $M(x,y,z)$.

坐标面上的点和坐标轴上的点,其坐标各自有一定的特征:原点 O 的坐标为 $(0,0,0)$,x 轴上点的坐标为 $(x,0,0)$,y 轴上点的坐标为 $(0,y,0)$,z 轴上点的坐标为 $(0,0,z)$,xOy 面上点的坐标为 $(x,y,0)$,yOz 面上点的坐标为 $(0,y,z)$,zOx 面上点的坐标为 $(x,0,z)$.各卦限内的点的坐标符号如下:Ⅰ$(+,+,+)$,Ⅱ$(-,+,+)$,Ⅲ$(-,-,+)$,Ⅳ$(+,-,+)$,Ⅴ$(+,+,-)$,Ⅵ$(-,+,-)$,Ⅶ$(-,-,-)$,Ⅷ$(+,-,-)$.

2. 空间两点间的距离公式

设 $M_1(x_1,y_1,z_1)$ 与 $M_2(x_2,y_2,z_2)$ 为空间中的两点,过这两点分别作垂直于三条坐标轴的平面,则可得一个长方体,且点 M_1 与 M_2 之间的距离刚好为这个长方体对角线的长度(见图 7.4).

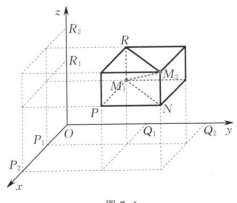

图 7.4

因为该长方体三条边的长度分别是

$$|M_1P| = |P_1P_2| = |x_2 - x_1|,$$
$$|PN| = |Q_1Q_2| = |y_2 - y_1|,$$
$$|NM_2| = |R_1R_2| = |z_2 - z_1|,$$

所以由勾股定理得

$$|M_1M_2|^2 = |M_1N|^2 + |NM_2|^2 = |M_1P|^2 + |PN|^2 + |NM_2|^2.$$

因此

$$|M_1M_2| = \sqrt{(x_2 - x_1)^2 + (y_2 - y_1)^2 + (z_2 - z_1)^2}. \tag{7.1.1}$$

这就是空间两点间的距离公式.

特别地，点 $M(x, y, z)$ 到原点 O 的距离为

$$|OM| = \sqrt{x^2 + y^2 + z^2}.$$

例 7.1.1 在 x 轴上找一点 M，使得它与点 $M_0(4, 2, -4)$ 的距离为 $\sqrt{29}$.

解 因为点 M 在 x 轴上，所以点 M 的坐标可设为 $(x, 0, 0)$. 由题意得

$$|M_0M| = \sqrt{29},$$

即

$$\sqrt{(x-4)^2 + (0-2)^2 + [0-(-4)]^2} = \sqrt{29},$$

亦即 $(x-4)^2 = 9$，解得 $x = 1$ 或 $x = 7$. 于是，所求的点为 $M(1, 0, 0)$ 或 $M(7, 0, 0)$.

例 7.1.2 设动点 $M(x, y, z)$ 到点 $A(1, 2, 3)$ 的距离与到点 $B(-1, -2, 1)$ 的距离总是相等的，求点 M 的坐标所满足的方程.

解 由题意有

$$\sqrt{(x-1)^2 + (y-2)^2 + (z-3)^2} = \sqrt{(x+1)^2 + (y+2)^2 + (z-1)^2},$$

两边平方，整理得

$$x + 2y + z = 2.$$

二、向量的概念

在物理学中，经常遇到这样一类量，它们既有大小，又有方向，如力、力矩、位移、速度、加速度等，这类量称为**向量**或**矢量**.

只有大小，没有方向的量，如质量、温度等，称为**数量**或**标量**.

数学上，通常用有向线段来表示向量：用有向线段的长度表示向量的大小，而用有向线段的方向表示向量的方向. 以点 A 为始点，以点 B 为终点的有向线段所表示的向量，记作 $\overrightarrow{AB}$. 有时可用一个上面加箭头的字母来表示向量，如 $\vec{a}, \vec{b}$ 等.

向量的大小又叫作向量的**模**. 向量 $\overrightarrow{AB}, \vec{a}$ 的模分别记作 $|\overrightarrow{AB}|, |\vec{a}|$.

模为 1 的向量称为**单位向量**，与向量 $\vec{a}$ 方向相同的单位向量记作 $\vec{a}^0$，即 $|\vec{a}^0| = 1$.

模为 0 的向量称为零向量,记作 $\vec{0}$. 零向量的方向可以是任意的.

与 $\vec{a}$ 的模相等、方向相反的向量叫作 $\vec{a}$ 的负向量,记作 $-\vec{a}$.

在空间直角坐标系中,以原点 O 为始点,以点 M 为终点的向量 $\overrightarrow{OM}$ 叫作点 M 的向径,记作 $\vec{r}$,即 $\vec{r} = \overrightarrow{OM}$.

注 在实际问题中,有的向量与它的始点位置有关,有的向量与它的始点位置无关.由于一切向量的共性是它们都有大小和方向,因此在数学上只考虑向量的大小和方向,而不管它的始点在什么地方.这种向量叫作自由向量.本章中所指的向量都是自由向量.

如果两个向量 $\vec{a}$ 与 $\vec{b}$ 的模相等且方向相同,则称向量 $\vec{a}$ 与 $\vec{b}$ 相等,记作 $\vec{a} = \vec{b}$. 两个向量相等的充要条件是经过平移后它们能够完全重合.

如果两个非零向量 $\vec{a}$ 与 $\vec{b}$ 的方向相同或相反,则称向量 $\vec{a}$ 与 $\vec{b}$ 平行,记作 $\vec{a} /\!/ \vec{b}$. 规定:零向量与任何向量都平行.

一组向量,把它们都平行移动到同一始点上,如果这时它们在同一条直线上(或在同一个平面内),则称这一组向量是共线(或共面)的.显然,两个向量共线就是两个向量平行.

三、向量的线性运算

1. 加法与减法运算

仿照物理学中关于力或速度合成的平行四边形法则,对一般向量规定加法运算如下:对于任意两个非零向量 $\vec{a}$ 与 $\vec{b}$,将它们的始点放在一起,并以 $\vec{a}$ 及 $\vec{b}$ 为邻边作一个平行四边形,则与 $\vec{a}$,$\vec{b}$ 有共同始点的对角线 $\vec{c}$ 就叫作向量 $\vec{a}$ 与 $\vec{b}$ 的和(见图 7.5),记作 $\vec{c} = \vec{a} + \vec{b}$. 这样求两个向量之和的方法叫作向量加法的平行四边形法则.

对于零向量,规定:$\vec{a} + \vec{0} = \vec{a}$.

从图 7.5 中可看出 $\vec{a} = \overrightarrow{OA}$,$\vec{b} = \overrightarrow{OB} = \overrightarrow{AC}$,从而

$$\vec{c} = \overrightarrow{OC} = \overrightarrow{OA} + \overrightarrow{AC}.$$

这表明,若以 $\vec{a}$ 的终点为始点作向量 $\vec{b}$,则以 $\vec{a}$ 的始点为始点,以 $\vec{b}$ 的终点为终点的向量 $\vec{c}$ 就是向量 $\vec{a}$ 与 $\vec{b}$ 的和.这一法则叫作向量加法的三角形法则.

按三角形法则,可以规定有限个向量的和(见图 7.6).

图 7.5　　　　　　　　　　　　　　　　图 7.6

若 $\vec{a}$ 与 $\vec{b}$ 同向,则 $\vec{a} + \vec{b}$ 与 $\vec{a}$ 同向,且 $|\vec{a} + \vec{b}| = |\vec{a}| + |\vec{b}|$;若 $\vec{a}$ 与 $\vec{b}$ 反向,且 $|\vec{a}| > |\vec{b}|$,则 $\vec{a} + \vec{b}$ 与 $\vec{a}$ 同向,且 $|\vec{a} + \vec{b}| = |\vec{a}| - |\vec{b}|$.

容易验证,向量的加法具有下列运算性质:

（1）交换律　$\vec{a}+\vec{b}=\vec{b}+\vec{a}$；

（2）结合律　$(\vec{a}+\vec{b})+\vec{c}=\vec{a}+(\vec{b}+\vec{c})$；

（3）$\vec{a}+(-\vec{a})=\vec{0}$.

利用负向量，可以由向量的加法运算规定向量的减法运算，即两个向量 $\vec{a}$ 与 $\vec{b}$ 的差为

$$\vec{a}-\vec{b}=\vec{a}+(-\vec{b}).$$

如图 7.7 所示，向量 $\vec{a}$ 与 $\vec{b}$ 的差 $\vec{a}-\vec{b}$ 是将向量 $\vec{a}$ 与 $\vec{b}$ 移动到共同始点后，以 $\vec{b}$ 的终点为始点，以 $\vec{a}$ 的终点为终点的向量.

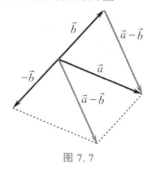

图 7.7

2. 向量与数的乘法运算

设 $\vec{a}$ 为任意向量，λ 为任意实数，规定 λ 与 $\vec{a}$ 的乘积 $\lambda\vec{a}$ 是这样一个向量，这个向量的模为

$$|\lambda\vec{a}|=|\lambda||\vec{a}|,$$

方向如下确定：当 $\lambda>0$ 时，$\lambda\vec{a}$ 与 $\vec{a}$ 同向；当 $\lambda<0$ 时，$\lambda\vec{a}$ 与 $\vec{a}$ 反向；当 $\lambda=0$ 时，$\lambda\vec{a}=\vec{0}$.特别地，当 $\lambda=-1$ 时，$(-1)\vec{a}=-\vec{a}$.

容易验证，向量与数的乘法（简称向量的数乘）运算具有下列运算性质（λ,μ 为实数）：

（1）$1\vec{a}=\vec{a}$；

（2）结合律　$\lambda(\mu\vec{a})=\mu(\lambda\vec{a})=(\lambda\mu)\vec{a}$；

（3）对数量加法的分配律　$(\lambda+\mu)\vec{a}=\lambda\vec{a}+\mu\vec{a}$；

（4）对向量加法的分配律　$\lambda(\vec{a}+\vec{b})=\lambda\vec{a}+\lambda\vec{b}$.

根据向量数乘运算的规定，可以得出如下结论：

（1）设 $\vec{a}\neq\vec{0}$，则 $\vec{a}=|\vec{a}|\vec{a}^{0}$ 或 $\vec{a}^{0}=\dfrac{1}{|\vec{a}|}\vec{a}$.

（2）两个非零向量 $\vec{a}$ 与 $\vec{b}$ 平行的充要条件是存在唯一实数 λ，使得 $\vec{a}=\lambda\vec{b}$.

向量的加法和数乘运算统称为向量的线性运算.

 7.1.3　试用向量证明三角形的中位线定理.

证明 设在 $\triangle ABC$ 中, D 与 E 分别是边 AC 和 BC 的中点(见图 7.8),则

$$\overrightarrow{DE} = \overrightarrow{DC} + \overrightarrow{CE} = \frac{1}{2}\overrightarrow{AC} + \frac{1}{2}\overrightarrow{CB}$$

$$= \frac{1}{2}(\overrightarrow{AC} + \overrightarrow{CB}) = \frac{1}{2}\overrightarrow{AB}.$$

由上式可知 $\overrightarrow{DE} /\!/ \overrightarrow{AB}$, 且 $|\overrightarrow{DE}| = \frac{1}{2}|\overrightarrow{AB}|$, 故 $DE /\!/ AB$, 且 $|DE| = \frac{1}{2}|AB|$, 即三角形中位线平行于底边且其长度等于底边长度的一半.

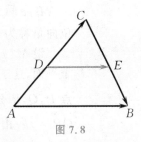

图 7.8

四、向量在数轴上的投影与投影定理

规定两个非零向量 $\vec{a}$ 和 $\vec{b}$ 的夹角为:将它们的始点放在同一点时,它们所在射线之间不超过 π 的角 φ(见图 7.9),记作 $(\widehat{\vec{a},\vec{b}})$. 当 $\vec{a},\vec{b}$ 中有一个为零向量时,规定 $(\widehat{\vec{a},\vec{b}})$ 为 0 到 π 中的任意角.

类似地,可定义一个向量与一条数轴或两条数轴之间的夹角.

设 u 轴的原点为 O,与 u 轴同向的单位向量为 $\vec{e}$. 任意给定向量 $\vec{r}$,作 $\overrightarrow{OM} = \vec{r}$,再过点 M 作与 u 轴垂直的平面交 u 轴于点 M'(点 M' 叫作点 M 在 u 轴上的投影),则向量 $\overrightarrow{OM'}$ 称为向量 $\vec{r}$ 在 u 轴上的分向量. 设 $\overrightarrow{OM'} = \lambda\vec{e}$,则称数 λ 为向量 $\vec{r}$ 在 u 轴上的投影(见图 7.10),记作 $\text{Prj}_u \vec{r}$ 或 $(\vec{r})_u$.

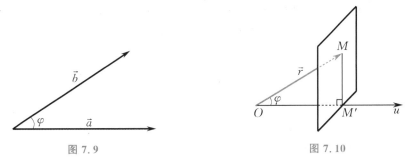

图 7.9   图 7.10

类似地,可定义一个向量 $\vec{a}$ 在另一个向量 $\vec{b}$ 方向上的投影 $\text{Prj}_{\vec{b}} \vec{a}$.

关于向量在数轴上的投影,有如下性质.

定理 7.1.1(投影定理) $\text{Prj}_u \vec{a} = |\vec{a}| \cos \varphi$,其中 φ 为向量 $\vec{a}$ 与 u 轴的夹角.

定理 7.1.2 $\text{Prj}_u (\lambda \vec{a}) = \lambda \text{Prj}_u \vec{a}$,其中 λ 为任意实数.

定理 7.1.3 $\text{Prj}_u (\vec{a} + \vec{b}) = \text{Prj}_u \vec{a} + \text{Prj}_u \vec{b}$.

此性质可推广到有限个向量的和的投影,即

$$\mathrm{Prj}_u(\vec{a}_1 + \vec{a}_2 + \cdots + \vec{a}_n) = \mathrm{Prj}_u\vec{a}_1 + \mathrm{Prj}_u\vec{a}_2 + \cdots + \mathrm{Prj}_u\vec{a}_n.$$

五、向量的分解和向量的坐标

在空间直角坐标系 $Oxyz$ 中，方向分别与 x 轴、y 轴及 z 轴正向一致的单位向量称为这一坐标系的**基本单位向量**，并依次记作 $\vec{i}, \vec{j}, \vec{k}$.

设 $M(x, y, z)$ 为空间中的一点，过点 M 分别作垂直于 x 轴、y 轴、z 轴的三个平面，这三个平面分别与 x 轴、y 轴、z 轴交于点 P, Q, R［见图 7.11(a)］. 易见，点 P, Q, R 分别是点 M 在 x 轴、y 轴、z 轴上的投影，于是 $\overrightarrow{OP} = x\vec{i}, \overrightarrow{OQ} = y\vec{j}$，$\overrightarrow{OR} = z\vec{k}$. 由图 7.11(a) 可知

$$\overrightarrow{OM} = \overrightarrow{OP} + \overrightarrow{PN} + \overrightarrow{NM} = \overrightarrow{OP} + \overrightarrow{OQ} + \overrightarrow{OR}$$
$$= x\vec{i} + y\vec{j} + z\vec{k},$$

这里 x, y, z 也是向径 $\overrightarrow{OM}$ 分别在 x 轴、y 轴、z 轴上的投影.

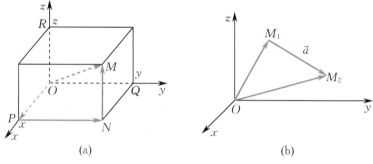

(a)　　　　　　　　　(b)

图 7.11

又设 $M_1(x_1, y_1, z_1)$ 及 $M_2(x_2, y_2, z_2)$ 是空间中的两点，由图 7.11(b) 可知

$$\vec{a} = \overrightarrow{M_1M_2} = \overrightarrow{OM_2} - \overrightarrow{OM_1}.$$

而

$$\overrightarrow{OM_1} = x_1\vec{i} + y_1\vec{j} + z_1\vec{k},$$
$$\overrightarrow{OM_2} = x_2\vec{i} + y_2\vec{j} + z_2\vec{k},$$

因此

$$\overrightarrow{M_1M_2} = (x_2 - x_1)\vec{i} + (y_2 - y_1)\vec{j} + (z_2 - z_1)\vec{k}.$$

记

$$a_x = x_2 - x_1, \quad a_y = y_2 - y_1, \quad a_z = z_2 - z_1,$$

则 $\vec{a}$ 可表示为

$$\vec{a} = a_x\vec{i} + a_y\vec{j} + a_z\vec{k}, \tag{7.1.2}$$

此式称为**向量 $\vec{a}$ 按基本单位向量的分解式**，其中 a_x, a_y, a_z 称为向量 $\vec{a}$ 的坐标. 这时也记

$$\vec{a} = (a_x, a_y, a_z). \tag{7.1.3}$$

上式称为**向量 $\vec{a}$ 的坐标表示式**. 于是，有

$$\overrightarrow{OM} = (x, y, z),$$

即点 M 的向径的坐标与点 M 的坐标一致. 而以 $M_1(x_1,y_1,z_1)$ 为始点, 以 $M_2(x_2,y_2,z_2)$ 为终点的向量的坐标表示式为

$$\overrightarrow{M_1M_2}=(x_2-x_1,y_2-y_1,z_2-z_1). \tag{7.1.4}$$

(注意, 向量 $\overrightarrow{M_1M_2}$ 的坐标是 $\overrightarrow{M_1M_2}$ 在三条坐标轴上的投影, 而非终点的坐标.)

可用向量的坐标来表示向量的模与方向, 并进行向量的加法和数乘运算.

设向量 $\vec{a}=\overrightarrow{M_1M_2}$, 且它的始点为 $M_1(x_1,y_1,z_1)$, 终点为 $M_2(x_2,y_2,z_2)$, 则

$$\vec{a}=\overrightarrow{M_1M_2}=(x_2-x_1,y_2-y_1,z_2-z_1)=(a_x,a_y,a_z).$$

因模 $|\vec{a}|=|\overrightarrow{M_1M_2}|$, 即模 $|\vec{a}|$ 等于点 M_1 与 M_2 之间的距离, 故有

$$|\vec{a}|=|\overrightarrow{M_1M_2}|=\sqrt{(x_2-x_1)^2+(y_2-y_1)^2+(z_2-z_1)^2}$$

或

$$|\vec{a}|=\sqrt{a_x^2+a_y^2+a_z^2}. \tag{7.1.5}$$

这就是向量 $\vec{a}$ 的模的坐标表示式.

向量 $\vec{a}=(a_x,a_y,a_z)$ 的方向可用它与 x 轴、y 轴及 z 轴的夹角 α,β 及 γ 来表示, 这三个角称为向量 $\vec{a}$ 的方向角(见图 7.12), 而它们的余弦 $\cos\alpha,\cos\beta$ 及 $\cos\gamma$ 称为向量 $\vec{a}$ 的方向余弦. 由投影定理知

$$a_x=|\vec{a}|\cos\alpha, \quad a_y=|\vec{a}|\cos\beta, \quad a_z=|\vec{a}|\cos\gamma.$$

又 $|\vec{a}|=\sqrt{a_x^2+a_y^2+a_z^2}$, 故当 $|\vec{a}|\neq 0$ 时, 有

$$\cos\alpha=\frac{a_x}{|\vec{a}|}=\frac{a_x}{\sqrt{a_x^2+a_y^2+a_z^2}},$$

$$\cos\beta=\frac{a_y}{|\vec{a}|}=\frac{a_y}{\sqrt{a_x^2+a_y^2+a_z^2}},$$

$$\cos\gamma=\frac{a_z}{|\vec{a}|}=\frac{a_z}{\sqrt{a_x^2+a_y^2+a_z^2}}.$$

由此易得

$$\cos^2\alpha+\cos^2\beta+\cos^2\gamma=1. \tag{7.1.6}$$

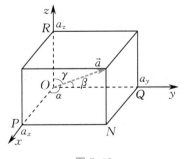

图 7.12

设 $\vec{a}=(a_x,a_y,a_z),\vec{b}=(b_x,b_y,b_z),\lambda$ 为实数, 则利用向量加法的交换律与结合律, 以及向量数乘的结合律与分配律, 有

$$\vec{a} \pm \vec{b} = (a_x \pm b_x, a_y \pm b_y, a_z \pm b_z), \quad \lambda\vec{a} = (\lambda a_x, \lambda a_y, \lambda a_z).$$

于是，与非零向量 $\vec{a}$ 同向的单位向量为

$$\vec{a}^0 = \frac{1}{|\vec{a}|}\vec{a} = \frac{1}{|\vec{a}|}(a_x, a_y, a_z) = (\cos\alpha, \cos\beta, \cos\gamma).$$

例 7.1.4 已知点 $M_1(2,1,0)$ 及 $M_2(1,2,-\sqrt{2})$，求向量 $\overrightarrow{M_1M_2}$ 的模、方向余弦、方向角，以及与 $\overrightarrow{M_1M_2}$ 方向一致的单位向量.

解 因为

$$\overrightarrow{M_1M_2} = (1-2, 2-1, -\sqrt{2}-0) = (-1, 1, -\sqrt{2}),$$

所以

$$|\overrightarrow{M_1M_2}| = \sqrt{(-1)^2 + 1^2 + (-\sqrt{2})^2} = 2,$$

$$\cos\alpha = -\frac{1}{2}, \quad \cos\beta = \frac{1}{2}, \quad \cos\gamma = -\frac{\sqrt{2}}{2},$$

$$\alpha = \frac{2\pi}{3}, \quad \beta = \frac{\pi}{3}, \quad \gamma = \frac{3\pi}{4}.$$

于是，与 $\overrightarrow{M_1M_2}$ 方向一致的单位向量为

$$\overrightarrow{M_1M_2}^0 = \frac{1}{|\overrightarrow{M_1M_2}|}\overrightarrow{M_1M_2} = \left(-\frac{1}{2}, \frac{1}{2}, -\frac{\sqrt{2}}{2}\right).$$

例 7.1.5 在过点 $A(x_1,y_1,z_1)$ 和 $B(x_2,y_2,z_2)$ 的直线上求一点 $M(x,y,z)$，使得有向线段 $\overrightarrow{AM}$ 与 $\overrightarrow{MB}$ 之比等于常数 $\lambda(\lambda \neq -1)$.

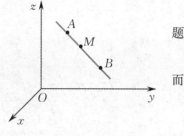

图 7.13

解 因为 $\overrightarrow{AM}$ 与 $\overrightarrow{MB}$ 在一条直线上（见图 7.13），所以依题意有

$$\overrightarrow{AM} = \lambda\overrightarrow{MB}.$$

而

$$\overrightarrow{AM} = (x-x_1, y-y_1, z-z_1),$$
$$\overrightarrow{MB} = (x_2-x, y_2-y, z_2-z),$$

因此有

$$(x-x_1, y-y_1, z-z_1) = \lambda(x_2-x, y_2-y, z_2-z),$$

即

$$x-x_1 = \lambda(x_2-x), \quad y-y_1 = \lambda(y_2-y), \quad z-z_1 = \lambda(z_2-z),$$

解得

$$x = \frac{x_1 + \lambda x_2}{1+\lambda}, \quad y = \frac{y_1 + \lambda y_2}{1+\lambda}, \quad z = \frac{z_1 + \lambda z_2}{1+\lambda}.$$

在例 7.1.5 中，点 M 叫作有向线段 $\overrightarrow{AB}$ 的定比分点. 当 $\lambda=1$ 时，点 M 是有向线段 $\overrightarrow{AB}$ 的中点，其坐标为

$$x=\frac{x_1+x_2}{2}, \quad y=\frac{y_1+y_2}{2}, \quad z=\frac{z_1+z_2}{2}.$$

这就是线段的中点坐标公式.

习题7.1

1. 在空间直角坐标系 $Oxyz$ 中，指出下列点的位置：

$$A(4,1,3), \quad B(3,4,0), \quad C(0,1,1), \quad D(0,0,-5),$$
$$E(0,4,0), \quad F(6,0,0), \quad G(2,-2,3), \quad H(8,2,-3).$$

2. 求点 $M(5,-3,4)$ 到原点及各坐标轴的距离.

3. 给定点 $(1,2,-3)$，写出它关于原点、各坐标面和各坐标轴的对称点的坐标.

4. 在 x 轴上找一点，使得它与点 $A(2,4,-1)$ 和 $B(-5,3,1)$ 的距离相等.

5. 试用向量证明：梯形两腰中点的连线平行于底边且其长度等于两底边长度之和的一半.

6. 试用向量证明：对角线相互平分的四边形是平行四边形.

7. 已知向量 $\overrightarrow{AB}=2\vec{i}-5\vec{j}-\vec{k}$ 的始点为 $A(-1,2,3)$，求终点 B 的坐标.

8. 若线段 AB 被点 $C(2,1,-1)$ 和 $D(4,-3,-2)$ 三等分，求向量 $\overrightarrow{AB}$ 的坐标.

9. 已知向量 $\vec{a}=(2,1,-2),\vec{b}=(1,-1,5)$，求与向量 $\vec{a}+2\vec{b}$ 平行的单位向量.

10. 设向量 $\vec{a}$ 与三条坐标轴的夹角相等，求它的方向余弦.

§7.2

向量的乘法

前面介绍了向量的加法、减法与数乘运算，这一节介绍向量的乘法运算，包括两个向量的数量积和向量积及三个向量的混合积.

一、向量的数量积

由物理学知识知道，如果一个物体在常力 $\vec{F}$ 的作用下沿直线由点 M_1 移到点 M_2，以 $\vec{s}$ 表示位移 $\overrightarrow{M_1M_2}$，以 θ 表示力 $\vec{F}$ 与位移 $\vec{s}$ 的夹角（见图 7.14），则力 $\vec{F}$ 所做的功为

$$W=|\vec{F}||\vec{s}|\cos\theta,$$

这里功 W（W 为一个数量）是由向量 $\vec{F}$ 与 $\vec{s}$ 唯一确定的.

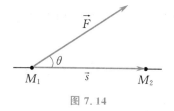

图 7.14

定义 7.2.1 两个向量 $\vec{a}$ 与 $\vec{b}$ 的**数量积**（也称**点积**或**内积**）是一个数量，它等于这两个向量的模与它们的夹角余弦的乘积，记作 $\vec{a} \cdot \vec{b}$，即

$$\vec{a} \cdot \vec{b} = |\vec{a}||\vec{b}|\cos(\widehat{\vec{a},\vec{b}}). \tag{7.2.1}$$

由此定义，上述的功可表示为 $W = \vec{F} \cdot \vec{s}$.

由定义 7.2.1 可得到如下结论：

(1) $\vec{a} \cdot \vec{a} = |\vec{a}|^2$ 或 $|\vec{a}| = \sqrt{\vec{a} \cdot \vec{a}}$.

(2) 对于两个非零向量 $\vec{a}$ 与 $\vec{b}$，有 $\vec{a} \perp \vec{b} \Leftrightarrow \vec{a} \cdot \vec{b} = 0$.

(3) $\vec{a} \cdot \vec{b} = |\vec{a}|\text{Prj}_{\vec{a}}\vec{b} = |\vec{b}|\text{Prj}_{\vec{b}}\vec{a}$.

(4) 数量积符合下列运算规律（λ 为实数）：

① 交换律　$\vec{a} \cdot \vec{b} = \vec{b} \cdot \vec{a}$;

② 分配律　$(\vec{a} + \vec{b}) \cdot \vec{c} = \vec{a} \cdot \vec{c} + \vec{b} \cdot \vec{c}$;

③ 结合律　$\lambda(\vec{a} \cdot \vec{b}) = (\lambda\vec{a}) \cdot \vec{b} = \vec{a} \cdot (\lambda\vec{b})$.

运算规律 ①，③ 可由数量积的定义得出. 下面是运算规律 ② 的证明. 由投影定理得

$$(\vec{a} + \vec{b}) \cdot \vec{c} = |\vec{c}|\text{Prj}_{\vec{c}}(\vec{a} + \vec{b}) = |\vec{c}|(\text{Prj}_{\vec{c}}\vec{a} + \text{Prj}_{\vec{c}}\vec{b})$$
$$= |\vec{c}|\text{Prj}_{\vec{c}}\vec{a} + |\vec{c}|\text{Prj}_{\vec{c}}\vec{b} = \vec{a} \cdot \vec{c} + \vec{b} \cdot \vec{c}.$$

已知向量 $\vec{a} = a_x\vec{i} + a_y\vec{j} + a_z\vec{k} = (a_x, a_y, a_z), \vec{b} = b_x\vec{i} + b_y\vec{j} + b_z\vec{k} = (b_x, b_y, b_z)$，根据数量积的运算规律，有

$$\vec{a} \cdot \vec{b} = (a_x\vec{i} + a_y\vec{j} + a_z\vec{k}) \cdot (b_x\vec{i} + b_y\vec{j} + b_z\vec{k})$$
$$= a_xb_x(\vec{i} \cdot \vec{i}) + a_xb_y(\vec{i} \cdot \vec{j}) + a_xb_z(\vec{i} \cdot \vec{k})$$
$$+ a_yb_x(\vec{j} \cdot \vec{i}) + a_yb_y(\vec{j} \cdot \vec{j}) + a_yb_z(\vec{j} \cdot \vec{k})$$
$$+ a_zb_x(\vec{k} \cdot \vec{i}) + a_zb_y(\vec{k} \cdot \vec{j}) + a_zb_z(\vec{k} \cdot \vec{k}).$$

因为 $\vec{i}, \vec{j}, \vec{k}$ 是两两相互垂直的单位向量，所以

$$\vec{i} \cdot \vec{j} = \vec{j} \cdot \vec{i} = \vec{i} \cdot \vec{k} = \vec{k} \cdot \vec{i} = \vec{j} \cdot \vec{k} = \vec{k} \cdot \vec{j} = 0,$$
$$\vec{i} \cdot \vec{i} = \vec{j} \cdot \vec{j} = \vec{k} \cdot \vec{k} = 1.$$

因此

$$\vec{a} \cdot \vec{b} = a_xb_x + a_yb_y + a_zb_z. \tag{7.2.2}$$

式(7.2.2) 就是两个向量的**数量积的坐标表示式**.

当 $\vec{a}, \vec{b}$ 均为非零向量时，有

$$\cos(\widehat{\vec{a},\vec{b}}) = \frac{\vec{a} \cdot \vec{b}}{|\vec{a}||\vec{b}|} = \frac{a_xb_x + a_yb_y + a_zb_z}{\sqrt{a_x^2 + a_y^2 + a_z^2} \cdot \sqrt{b_x^2 + b_y^2 + b_z^2}}. \tag{7.2.3}$$

式(7.2.3)为两个向量夹角的余弦公式.由此又得

$$\vec{a} \perp \vec{b} \Leftrightarrow a_x b_x + a_y b_y + a_z b_z = 0.$$

例 7.2.1 已知向量 $\vec{a} = (2,3,-1), \vec{b} = (-2,3,6)$,求 $\vec{a} \cdot \vec{b}$ 及 $\vec{b}$ 在 $\vec{a}$ 方向上的投影 $\mathrm{Prj}_{\vec{a}} \vec{b}$.

解 $\vec{a} \cdot \vec{b} = 2 \times (-2) + 3 \times 3 + (-1) \times 6 = -1,$

$$\mathrm{Prj}_{\vec{a}} \vec{b} = \frac{\vec{a} \cdot \vec{b}}{|\vec{a}|} = \frac{-1}{\sqrt{2^2 + 3^2 + (-1)^2}} = \frac{-\sqrt{14}}{14}.$$

二、向量的向量积

引例 设 O 为一根杠杆 L 的支点,力 $\vec{F}$ 作用于这根杠杆上点 A 处,$\vec{F}$ 与 $\overrightarrow{OA}$ 的夹角为 θ(见图7.15).在力学中,力 $\vec{F}$ 对支点 O 的力矩用一个向量 $\vec{M}$ 来表示,它的模为

$$|\vec{M}| = |OP||\vec{F}|,$$

其中 $|OP|$ 叫作力臂,是从支点 O 到力 $\vec{F}$ 的作用线的距离.令 $\vec{r} = \overrightarrow{OA}$,则

$$|OP| = |\vec{r}| \sin \theta.$$

于是

$$|\vec{M}| = |\vec{r}||\vec{F}| \sin \theta.$$

向量 $\vec{M}$ 的方向垂直于向量 $\vec{r}$ 和力 $\vec{F}$ 所决定的平面,且当右手四根手指从 $\vec{r}$ 以不超过 π 的角度转向 $\vec{F}$ 握掌时,大拇指的指向就是 $\vec{M}$ 的方向($\vec{r},\vec{F},\vec{M}$ 符合右手法则).可见,力矩 $\vec{M}$ 完全由向量 $\vec{r}$ 与力 $\vec{F}$ 所决定.

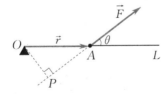

图 7.15

定义 7.2.2 向量 $\vec{a}$ 与 $\vec{b}$ 的向量积(也称叉积或外积)是一个向量,记作 $\vec{a} \times \vec{b}$,它的模为

$$|\vec{a} \times \vec{b}| = |\vec{a}||\vec{b}| \sin(\widehat{\vec{a},\vec{b}});$$

它的方向如下确定:$\vec{a} \times \vec{b}$ 与 $\vec{a},\vec{b}$ 均垂直,即垂直于 $\vec{a}$ 与 $\vec{b}$ 所决定的平面,且 $\vec{a},\vec{b}$,$\vec{a} \times \vec{b}$ 符合右手法则(见图7.16).

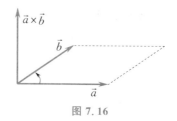

图 7.16

由此定义，上述力矩 $\vec{M}$ 可表示为

$$\vec{M} = \vec{r} \times \vec{F}.$$

由向量积的定义可得到如下结论：

（1）$\vec{a} \times \vec{a} = \vec{0}$.

（2）对于两个非零向量 $\vec{a}$ 和 $\vec{b}$，有 $\vec{a} \parallel \vec{b} \Leftrightarrow \vec{a} \times \vec{b} = \vec{0}$.

特别地，A，B，C 三点共线 $\Leftrightarrow \overrightarrow{AB} \times \overrightarrow{AC} = \vec{0}$.

（3）对于不共线的向量 $\vec{a}$，$\vec{b}$，$|\vec{a} \times \vec{b}|$ 在数值上等于以 $\vec{a}$，$\vec{b}$ 为邻边的平行四边形的面积.

进一步，$\triangle ABC$ 的面积为 $S = \dfrac{1}{2}|\overrightarrow{AB} \times \overrightarrow{AC}|$.

（4）向量积符合下列运算规律（λ 为实数）：

① $\vec{b} \times \vec{a} = -(\vec{a} \times \vec{b})$；

② 分配律 $(\vec{a} + \vec{b}) \times \vec{c} = \vec{a} \times \vec{c} + \vec{b} \times \vec{c}$；

③ 结合律 $\lambda(\vec{a} \times \vec{b}) = (\lambda \vec{a}) \times \vec{b} = \vec{a} \times (\lambda \vec{b})$.

向量积也可用向量的坐标来表示. 设向量

$$\vec{a} = a_x \vec{i} + a_y \vec{j} + a_z \vec{k} = (a_x, a_y, a_z),$$
$$\vec{b} = b_x \vec{i} + b_y \vec{j} + b_z \vec{k} = (b_x, b_y, b_z),$$

则按向量积的运算规律有

$$\begin{aligned}
\vec{a} \times \vec{b} &= (a_x \vec{i} + a_y \vec{j} + a_z \vec{k}) \times (b_x \vec{i} + b_y \vec{j} + b_z \vec{k}) \\
&= a_x b_x (\vec{i} \times \vec{i}) + a_x b_y (\vec{i} \times \vec{j}) + a_x b_z (\vec{i} \times \vec{k}) \\
&\quad + a_y b_x (\vec{j} \times \vec{i}) + a_y b_y (\vec{j} \times \vec{j}) + a_y b_z (\vec{j} \times \vec{k}) \\
&\quad + a_z b_x (\vec{k} \times \vec{i}) + a_z b_y (\vec{k} \times \vec{j}) + a_z b_z (\vec{k} \times \vec{k}).
\end{aligned}$$

因为

$$\vec{i} \times \vec{i} = \vec{j} \times \vec{j} = \vec{k} \times \vec{k} = \vec{0},$$
$$\vec{i} \times \vec{j} = \vec{k}, \quad \vec{j} \times \vec{k} = \vec{i}, \quad \vec{k} \times \vec{i} = \vec{j},$$
$$\vec{j} \times \vec{i} = -\vec{k}, \quad \vec{k} \times \vec{j} = -\vec{i}, \quad \vec{i} \times \vec{k} = -\vec{j},$$

所以

$$\vec{a} \times \vec{b} = (a_y b_z - a_z b_y)\vec{i} + (a_z b_x - a_x b_z)\vec{j} + (a_x b_y - a_y b_x)\vec{k}.$$

这就是两个向量的向量积的坐标表示式. 为了便于记忆，可借用行列式记号，将 $\vec{a} \times \vec{b}$ 表示如下：

$$\vec{a} \times \vec{b} = \begin{vmatrix} \vec{i} & \vec{j} & \vec{k} \\ a_x & a_y & a_z \\ b_x & b_y & b_z \end{vmatrix} = \begin{vmatrix} a_y & a_z \\ b_y & b_z \end{vmatrix} \vec{i} - \begin{vmatrix} a_x & a_z \\ b_x & b_z \end{vmatrix} \vec{j} + \begin{vmatrix} a_x & a_y \\ b_x & b_y \end{vmatrix} \vec{k}$$

$$= (a_yb_z - a_zb_y)\vec{i} + (a_zb_x - a_xb_z)\vec{j} + (a_xb_y - a_yb_x)\vec{k}. \quad (7.2.4)$$

由上面的公式可知,若 $\vec{a},\vec{b}$ 均为非零向量,则

$$\vec{a} \,/\!/\, \vec{b} \Leftrightarrow a_yb_z - a_zb_y = 0, a_zb_x - a_xb_z = 0, a_xb_y - a_yb_x = 0$$

或

$$\vec{a} \,/\!/\, \vec{b} \Leftrightarrow \frac{a_x}{b_x} = \frac{a_y}{b_y} = \frac{a_z}{b_z},$$

即两个向量的对应坐标成比例. 在上式的分母中,若某一个或某两个分母为零,
则应理解为相应分式的分子为零,例如:

$$\frac{a_x}{0} = \frac{a_y}{0} = \frac{a_z}{b_z} \quad \text{理解为} \quad \begin{cases} a_x = 0, \\ a_y = 0; \end{cases}$$

$$\frac{a_x}{0} = \frac{a_y}{b_y} = \frac{a_z}{b_z} \quad \text{理解为} \quad \begin{cases} a_x = 0, \\ \dfrac{a_y}{b_y} = \dfrac{a_z}{b_z}. \end{cases}$$

注 (1)二阶行列式的计算:

$$\begin{vmatrix} a_{11} & a_{12} \\ a_{21} & a_{22} \end{vmatrix} = a_{11}a_{22} - a_{12}a_{21}.$$

(2)三阶行列式的计算:

$$\begin{vmatrix} a_{11} & a_{12} & a_{13} \\ a_{21} & a_{22} & a_{23} \\ a_{31} & a_{32} & a_{33} \end{vmatrix} = a_{11}a_{22}a_{33} + a_{12}a_{23}a_{31} + a_{13}a_{21}a_{32}$$
$$- a_{13}a_{22}a_{31} - a_{12}a_{21}a_{33} - a_{11}a_{23}a_{32}.$$

例 7.2.2 已知向量 $\vec{a} = (1,2,3),\vec{b} = (1,-3,-1)$,求与 $\vec{a},\vec{b}$ 同时垂直的单位
向量.

解 由式(7.2.4)有

$$\vec{a} \times \vec{b} = \begin{vmatrix} \vec{i} & \vec{j} & \vec{k} \\ 1 & 2 & 3 \\ 1 & -3 & -1 \end{vmatrix}$$

$$= [2 \times (-1) - 3 \times (-3)]\vec{i} + [3 \times 1 - 1 \times (-1)]\vec{j} + [1 \times (-3) - 2 \times 1]\vec{k}$$

$$= 7\vec{i} + 4\vec{j} - 5\vec{k},$$

$$|\vec{a} \times \vec{b}| = \sqrt{7^2 + 4^2 + (-5)^2} = 3\sqrt{10},$$

所以与 $\vec{a},\vec{b}$ 同时垂直的单位向量为

$$\vec{c}^0 = \pm \frac{1}{|\vec{a} \times \vec{b}|}(\vec{a} \times \vec{b}) = \pm \frac{\sqrt{10}}{30}(7\vec{i} + 4\vec{j} - 5\vec{k}).$$

例 7.2.3 设 $\triangle ABC$ 的三个顶点坐标分别为 $A(1,0,1), B(2,1,1)$ 及 $C(1,1,2)$，求 $\triangle ABC$ 的面积 S 及 $\angle BAC$.

解 如图 7.17 所示（这里化简为平面图），作向量 $\overrightarrow{AB}$ 及 $\overrightarrow{AC}$，则由题意知
$$\overrightarrow{AB} = (2-1, 1-0, 1-1) = (1,1,0), \quad \overrightarrow{AC} = (1-1, 1-0, 2-1) = (0,1,1).$$
由式(7.2.4)有

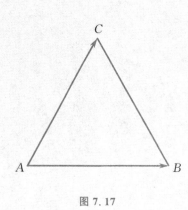

图 7.17

$$\overrightarrow{AB} \times \overrightarrow{AC} = \begin{vmatrix} \vec{i} & \vec{j} & \vec{k} \\ 1 & 1 & 0 \\ 0 & 1 & 1 \end{vmatrix} = \vec{i} - \vec{j} + \vec{k}.$$

于是，$\triangle ABC$ 的面积为
$$S = \frac{1}{2}|\overrightarrow{AB} \times \overrightarrow{AC}| = \frac{1}{2}\sqrt{1^2 + (-1)^2 + 1^2} = \frac{\sqrt{3}}{2}.$$

因为
$$\cos\angle BAC = \frac{\overrightarrow{AB} \cdot \overrightarrow{AC}}{|\overrightarrow{AB}||\overrightarrow{AC}|} = \frac{1\times 0 + 1\times 1 + 0\times 1}{\sqrt{2}\times\sqrt{2}} = \frac{1}{2},$$

所以 $\angle BAC = \dfrac{\pi}{3}$.

三、向量的混合积

定义 7.2.3 三个向量 $\vec{a}, \vec{b}$ 和 $\vec{c}$ 的混合积是指 $(\vec{a}\times\vec{b})\cdot\vec{c}$，它是一个数量，记作 $[\vec{a}\ \vec{b}\ \vec{c}]$.

设向量 $\vec{a} = (a_x, a_y, a_z), \vec{b} = (b_x, b_y, b_z), \vec{c} = (c_x, c_y, c_z)$，则
$$\vec{a} \times \vec{b} = \begin{vmatrix} \vec{i} & \vec{j} & \vec{k} \\ a_x & a_y & a_z \\ b_x & b_y & b_z \end{vmatrix}$$
$$= \begin{vmatrix} a_y & a_z \\ b_y & b_z \end{vmatrix}\vec{i} - \begin{vmatrix} a_x & a_z \\ b_x & b_z \end{vmatrix}\vec{j} + \begin{vmatrix} a_x & a_y \\ b_x & b_y \end{vmatrix}\vec{k}.$$

再按两个向量的数量积的坐标表示式，便得
$$[\vec{a}\ \vec{b}\ \vec{c}] = (\vec{a}\times\vec{b})\cdot\vec{c}$$
$$= \begin{vmatrix} a_y & a_z \\ b_y & b_z \end{vmatrix}c_x - \begin{vmatrix} a_x & a_z \\ b_x & b_z \end{vmatrix}c_y + \begin{vmatrix} a_x & a_y \\ b_x & b_y \end{vmatrix}c_z$$

或

$$[\vec{a}\,\vec{b}\,\vec{c}] = \begin{vmatrix} a_x & a_y & a_z \\ b_x & b_y & b_z \\ c_x & c_y & c_z \end{vmatrix}. \tag{7.2.5}$$

这就是向量的混合积的坐标表示式.

向量的混合积有如下几何意义: 对于不共面的向量 $\vec{a},\vec{b},\vec{c}$, 它们的混合积 $[\vec{a}\,\vec{b}\,\vec{c}] = (\vec{a}\times\vec{b})\cdot\vec{c}$ 的绝对值表示以向量 $\vec{a},\vec{b},\vec{c}$ 为棱的平行六面体的体积.

事实上, 设 $\overrightarrow{OA}=\vec{a}, \overrightarrow{OB}=\vec{b}, \overrightarrow{OC}=\vec{c}$, 以向量 $\vec{a},\vec{b},\vec{c}$ 为棱的平行六面体的底 (平行四边形 $OADB$) 的面积 S 在数值上等于 $|\vec{a}\times\vec{b}|$, 它的高 h 等于向量 $\vec{c}$ 在向量 $\vec{a}\times\vec{b}$ 方向上的投影的绝对值 (见图 7.18), 即

$$h = |\operatorname{Prj}_{\vec{a}\times\vec{b}}\vec{c}| = |\vec{c}||\cos\alpha|,$$

其中 $\alpha = (\widehat{\vec{a}\times\vec{b},\vec{c}})$. 因此, 该平行六面体的体积为

$$V = Sh = |\vec{a}\times\vec{b}||\vec{c}||\cos\alpha| = |[\vec{a}\,\vec{b}\,\vec{c}]|.$$

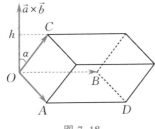

图 7.18

同理可知, 四面体 $ABCD$ 的体积为 $V = \dfrac{1}{6}|[\overrightarrow{AB}\ \overrightarrow{AC}\ \overrightarrow{AD}]|.$

由向量的混合积的几何意义知:

三个向量 $\vec{a},\vec{b},\vec{c}$ 共面 $\Leftrightarrow [\vec{a}\,\vec{b}\,\vec{c}] = 0$;

四个点 A,B,C,D 共面 $\Leftrightarrow [\overrightarrow{AB}\ \overrightarrow{AC}\ \overrightarrow{AD}] = 0.$

由向量的混合积的坐标表示式可推出混合积满足以下运算规律:

(1) $[\vec{a}\,\vec{b}\,\vec{c}] = [\vec{b}\,\vec{c}\,\vec{a}] = [\vec{c}\,\vec{a}\,\vec{b}]$;

(2) $[\vec{a}\,\vec{b}\,\vec{c}] = -[\vec{b}\,\vec{a}\,\vec{c}].$

例 7.2.4　设混合积 $[\vec{a}\,\vec{b}\,\vec{c}] = 2$, 则 $[(\vec{a}+\vec{b})\times(\vec{b}+\vec{c})]\cdot(\vec{c}+\vec{a}) = $ _____.

解　因为

$$[(\vec{a}+\vec{b})\times(\vec{b}+\vec{c})]\cdot(\vec{c}+\vec{a}) = (\vec{a}\times\vec{b}+\vec{a}\times\vec{c}+\vec{b}\times\vec{b}+\vec{b}\times\vec{c})\cdot(\vec{c}+\vec{a})$$

$$= [(\vec{a}\times\vec{b})\cdot\vec{c}+(\vec{a}\times\vec{c})\cdot\vec{c}+(\vec{b}\times\vec{c})\cdot\vec{c}]$$

$$+ [(\vec{a}\times\vec{b})\cdot\vec{a}+(\vec{a}\times\vec{c})\cdot\vec{a}+(\vec{b}\times\vec{c})\cdot\vec{a}]$$

$$= (\vec{a}\times\vec{b})\cdot\vec{c}+(\vec{b}\times\vec{c})\cdot\vec{a} = 2[\vec{a}\,\vec{b}\,\vec{c}] = 4,$$

所以应填 "4".

1. 设向量 $\vec{a} = (2,1,1), \vec{b} = (-1,1,-2)$，求：

    (1) $\vec{a} \cdot \vec{b}$ 与 $\vec{a} \times \vec{b}$；   (2) $(\widehat{\vec{a}, \vec{b}})$；   (3) 与 $\vec{a}$ 和 $\vec{b}$ 同时垂直的单位向量.

2. 已知 $\vec{a}, \vec{b}, \vec{c}$ 均为单位向量，且 $\vec{a} + \vec{b} + \vec{c} = \vec{0}$，求 $\vec{a} \cdot \vec{b} + \vec{b} \cdot \vec{c} + \vec{c} \cdot \vec{a}$.

3. 设 $|\vec{a}| = 3, |\vec{b}| = 2, (\widehat{\vec{a}, \vec{b}}) = \dfrac{\pi}{3}$，求：

    (1) $|\vec{a} + \vec{b}|$；   (2) $|\vec{a} - \vec{b}|$；

    (3) $\vec{a} \cdot \vec{b}$；   (4) $|\vec{a} \times \vec{b}|$.

4. 求以三点 $A(1,-1,1), B(2,1,-1), C(-1,-1,2)$ 为顶点的三角形的面积.

5. 已知 $\vec{a}$ 和 $\vec{b}$ 是相互垂直的单位向量，求以 $2\vec{a} + 3\vec{b}, \vec{a} - 4\vec{b}$ 为邻边的平行四边形的面积.

6. 用向量证明三角形的余弦定理.

7. 用向量证明：直径所对的圆周角是直角.

8. 已知向量 $\vec{a}, \vec{b}, \vec{c}$ 满足 $\vec{a} + \vec{b} + \vec{c} = \vec{0}$，求证：$\vec{a} \times \vec{b} = \vec{b} \times \vec{c} = \vec{c} \times \vec{a}$.

9. 设向量 $\vec{a} = (2,-3,1), \vec{b} = (1,-2,3), \vec{c} = (2,1,2)$，向量 $\vec{r}$ 满足 $\vec{r} \perp \vec{a}, \vec{r} \perp \vec{b}, \mathrm{Prj}_{\vec{c}}\vec{r} = 14$，求 $\vec{r}$.

10. 已知向量 $\vec{a} = (1,-1,0), \vec{b} = (1,0,-2), \vec{c} = (-1,2,1)$，求 $\vec{a} \times (\vec{b} \times \vec{c})$ 与 $\vec{a} \cdot (\vec{b} \times \vec{c})$.

11. 判别下列各组向量或点是否共面：

    (1) $\vec{a} = (4,0,2), \vec{b} = (6,-9,8), \vec{c} = (6,-3,3)$；

    (2) $\vec{a} = (1,-2,3), \vec{b} = (3,3,1), \vec{c} = (1,7,-5)$；

    (3) $A(1,0,1), B(2,4,8), C(1,-1,0), D(1,6,7)$.

12. 设向量 $\vec{a} = (3,-1,1), \vec{b} = (-4,0,3), \vec{c} = (1,5,1)$，求以 $\vec{a}, \vec{b}, \vec{c}$ 为邻边的平行六面体的体积.

§7.3

平面和空间直线的方程

    本章从本节开始，以坐标法和向量代数为工具研究一些常见的曲面、空间曲线与方程之间的关系.这其中包含两个基本问题：已知曲面或空间曲线求其方程；反之，已知方程，研究该方程所表示的图形.

一、曲面、曲线与方程

    在平面解析几何中，平面曲线可看作具有某种性质的所有点的集合，在通过平面直角坐标系建立点与二元有序数组的对应关系后，平面曲线上的点的共同性质可用其上点的坐标 (x,y) 所满足的方程 $F(x,y) = 0$ 来表达.例如，平面上以原点为圆心，以 R 为半径的圆的方程为 $x^2 + y^2 = R^2$.同样，在空间解析几何中，任何曲面（或曲线）都可看成具有某种性质的所有点的集合，在选定了空间直角坐标系并建立点与三元有序数组的对应关系后,某一曲面 Σ(或曲线 Γ)上的点的共同性质可以利用点的坐标 (x,y,z) 所满足的关系式来表达.

如果曲面 Σ(或曲线 Γ)与三元方程(或方程组)

$$F(x,y,z)=0 \quad \left(\text{或}\begin{cases}F(x,y,z)=0,\\G(x,y,z)=0\end{cases}\right) \qquad (7.3.1)$$

有下述关系:

(1) 曲面 Σ(或曲线 Γ)上任一点的坐标都满足方程(或方程组)(7.3.1);

(2) 不在曲面 Σ(或曲线 Γ)上的点的坐标都不满足方程(或方程组)(7.3.1),

那么称方程(或方程组)(7.3.1)为曲面 Σ(或曲线 Γ)的方程,并称曲面 Σ(或曲线 Γ)为方程(或方程组)(7.3.1)的图形.

这样,对一个曲面(或一条曲线)上点的共同几何性质的研究,在选定坐标系后,就归结为对曲面(或曲线)的方程的研究,从而可以用代数方法研究几何问题.这是解析几何的基本方法.

二、平面的方程

平面可以看作特殊的曲面.下面用向量代数的知识来研究平面的方程.

1. 平面的点法式方程

从中学立体几何知识知道,由平面上一点和垂直于该平面的直线(或向量)可以唯一地确定一个平面.

如果非零向量 $\vec{n}=(A,B,C)$ 垂直于平面 Π,则称 $\vec{n}$ 为平面 Π 的一个法向量.一个平面可以有多个法向量,且它们相互平行.

现在来建立通过点 $M_0(x_0,y_0,z_0)$ 且具有法向量 $\vec{n}=(A,B,C)$ 的平面 Π 的方程.

在平面 Π 上任取一点 $M(x,y,z)$,则向量 $\overrightarrow{M_0M}$ 与法向量 $\vec{n}$ 垂直(见图 7.19).于是

$$\vec{n}\cdot\overrightarrow{M_0M}=0.$$

而 $\overrightarrow{M_0M}=(x-x_0,y-y_0,z-z_0)$,故

$$A(x-x_0)+B(y-y_0)+C(z-z_0)=0 \qquad (7.3.2)$$

就是平面 Π 上任一点 M 的坐标 (x,y,z) 所满足的方程.

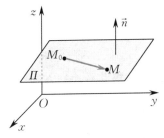

图 7.19

反之,如果点 $M(x,y,z)$ 不在平面 Π 上,那么向量 $\vec{n}$ 与 $\overrightarrow{M_0M}$ 不垂直,故

$\vec{n} \cdot \overrightarrow{M_0M} \neq 0$，即不在平面 Π 上的点 M 的坐标不满足方程(7.3.2).

因此，方程(7.3.2)就是通过点 M_0 且法向量为 $\vec{n}$ 的平面 Π 的方程，称它为平面 Π 的点法式方程.

例 7.3.1 已知不在同一条直线上的三点 $M_1(1,2,1)$，$M_2(2,3,1)$ 及 $M_3(1,1,2)$，求通过这三点的平面的点法式方程.

解 由于 $\overrightarrow{M_1M_2} = (1,1,0)$，$\overrightarrow{M_1M_3} = (0,-1,1)$ 都与该平面的法向量垂直，因此可取

$$\vec{n} = \overrightarrow{M_1M_2} \times \overrightarrow{M_1M_3} = \begin{vmatrix} \vec{i} & \vec{j} & \vec{k} \\ 1 & 1 & 0 \\ 0 & -1 & 1 \end{vmatrix} = \vec{i} - \vec{j} - \vec{k}$$

为该平面的一个法向量. 于是，该平面的点法式方程为

$$(x-1) - (y-2) - (z-1) = 0, \quad 即 \quad x - y - z + 2 = 0.$$

2. 平面的一般方程

平面的点法式方程(7.3.2)是关于 x,y,z 的三元一次方程. 因为任一平面都可以用它上面的点及它的法向量来确定，所以任一平面都可以用一个三元一次方程来表示.

反之，设有三元一次方程

$$Ax + By + Cz + D = 0, \tag{7.3.3}$$

这里系数 A,B,C 不全为零，D 为常数. 不妨设 $A \neq 0$，此时方程(7.3.3)可以化为

$$A\left(x + \frac{D}{A}\right) + B(y-0) + C(z-0) = 0. \tag{7.3.4}$$

把方程(7.3.4)与平面的点法式方程(7.3.2)进行比较，可见方程(7.3.4)表示通过点 $M_0\left(-\dfrac{D}{A}, 0, 0\right)$ 且法向量为 $\vec{n} = (A,B,C)$ 的平面. 由此可知，任一三元一次方程(7.3.3)的图形总是一个平面.

方程(7.3.3)称为平面的**一般方程**，其中 x,y,z 的系数 A,B,C（不全为零）所构成的向量 $\vec{n} = (A,B,C)$ 就是平面的一个法向量.

例 7.3.2 设一个平面与 x 轴、y 轴、z 轴分别交于点 $P(a,0,0)$，$Q(0,b,0)$，$R(0,0,c)$（$a \neq 0, b \neq 0, c \neq 0$）（见图 7.20），求此平面的方程.

解 设所求的平面方程为

$$Ax + By + Cz + D = 0.$$

因为 $P(a,0,0)$，$Q(0,b,0)$，$R(0,0,c)$ 三点都在此平面上，所以点 P,Q,R 的坐标都满足该

方程,即
$$\begin{cases} aA + D = 0, \\ bB + D = 0, \\ cC + D = 0. \end{cases}$$

由此可得

$$A = -\frac{D}{a}, \quad B = -\frac{D}{b}, \quad C = -\frac{D}{c}.$$

将上述结果代入所设方程并除以 $D(D \neq 0$,否则 A,B,C 全为零),便得所求的平面方程为

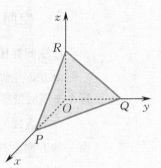

图 7.20

$$\frac{x}{a} + \frac{y}{b} + \frac{z}{c} = 1. \tag{7.3.5}$$

方程(7.3.5)叫作平面的**截距式方程**,而 a,b,c 依次叫作平面在 x 轴、y 轴、z 轴上的**截距**.

注 例 7.3.2 实际上是求通过不在同一条直线上的三点 P,Q,R 的平面方程,故也可用例 7.3.1 的方法求解.

如果方程(7.3.3)的系数 A,B,C 及常数 D 中某个或某几个为零,则它所表示的平面具有某种特殊性:

(1) 当 $D = 0$ 时,方程(7.3.3) 为 $Ax + By + Cz = 0$,易知该平面通过坐标原点.

(2) 当 A,B,C 中有一个为零,如 $C = 0$ 时,方程(7.3.3) 为 $Ax + By + D = 0$,该平面的法向量为 $\vec{n} = (A, B, 0)$. 因为 $\vec{n} \cdot \vec{k} = 0$,所以 $\vec{n}$ 与 z 轴垂直. 故该平面平行于 z 轴(将平面通过坐标轴看作平面平行于坐标轴的特殊情形).

同理,方程 $Ax + Cz + D = 0$ 及 $By + Cz + D = 0$ 分别表示平行于 y 轴的平面和平行于 x 轴的平面.

(3) 当 A,B,C 中有两个为零,如 $A = B = 0$ 时,方程(7.3.3) 为 $Cz + D = 0$,其法向量为 $\vec{n} = (0, 0, C)$. 因为 $\vec{n}$ 平行于 z 轴,所以该平面平行于 xOy 面(将平面与坐标面重合看作平面与坐标面平行的特殊情形).

同理,方程 $Ax + D = 0$ 及 $By + D = 0$ 分别表示平行于 yOz 面的平面和平行于 zOx 面的平面.

例 7.3.3 求通过 y 轴和点 $M_0(1, -2, 4)$ 的平面方程.

解 因该平面通过 y 轴,故可设所求的平面方程为 $Ax + Cz = 0$. 又因该平面通过点 $M_0(1, -2, 4)$,故

$$A + 4C = 0, \quad 即 \quad A = -4C.$$

将上述结果代入所设方程并除以 $C(C \neq 0$,否则 A, C 全为零),即得所求的平面方程为

$$4x - z = 0.$$

三、空间直线的方程

1. 空间直线的点向式方程与参数方程

由立体几何知识知道,通过空间一点且平行于一个非零向量的直线由该点及这个非零向量唯一确定.平行于一条直线的非零向量叫作这条直线的方向向量.

一条直线的任一方向向量 $\vec{s}$ 的坐标 (m,n,p) 叫作这条直线的一组方向数,而 $\vec{s}$ 的方向余弦叫作这条直线的方向余弦.

已知点 $M_0(x_0,y_0,z_0)$ 及非零向量 $\vec{s}=(m,n,p)$,现在来确定通过点 M_0 且具有方向向量 $\vec{s}$ 的直线 L 的方程.

设 $M(x,y,z)$ 是直线 L 上任一点(见图 7.21),则向量 $\overrightarrow{M_0M} /\!/ \vec{s}$.而 $\overrightarrow{M_0M}=(x-x_0,y-y_0,z-z_0),\vec{s}=(m,n,p)$,由这两个向量平行可知,它们的坐标对应成比例,从而有

$$\frac{x-x_0}{m}=\frac{y-y_0}{n}=\frac{z-z_0}{p}. \tag{7.3.6}$$

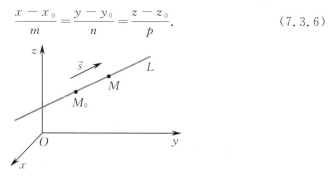

图 7.21

可见,直线 L 上的点的坐标都满足方程(7.3.6);反之,如果点 M 不在直线 L 上,则 $\overrightarrow{M_0M}$ 与 $\vec{s}$ 不平行,从而点 M 的坐标不满足方程(7.3.6).因此,方程(7.3.6)就是直线 L 的方程,叫作直线 L 的点向式方程(也称为对称式方程或标准方程).

注 当 m,n,p 中有一个为零,如 $m=0,n\neq0,p\neq0$ 时,方程(7.3.6)应理解为

$$\begin{cases} x-x_0=0, \\ \dfrac{y-y_0}{n}=\dfrac{z-z_0}{p}. \end{cases}$$

当 m,n,p 中有两个为零,如 $m=n=0,p\neq0$ 时,方程(7.3.6)应理解为

$$\begin{cases} x-x_0=0, \\ y-y_0=0. \end{cases}$$

直线 L 上的点的坐标 (x,y,z) 还可以用另一变量的函数来表示.由方程(7.3.6)可设

$$\frac{x-x_0}{m}=\frac{y-y_0}{n}=\frac{z-z_0}{p}=t,$$

则

$$\begin{cases} x = x_0 + mt, \\ y = y_0 + nt, \\ z = z_0 + pt. \end{cases} \qquad (7.3.7)$$

方程组(7.3.7)叫作直线 L 的**参数方程**,其中 t 称为**参数**.

例 7.3.4 求通过两点 $M_1(x_1,y_1,z_1),M_2(x_2,y_2,z_2)$ 的直线方程.

解 向量 $\overrightarrow{M_1M_2}$ 在该直线上,故可取 $\overrightarrow{M_1M_2} = (x_2 - x_1, y_2 - y_1, z_2 - z_1)$ 为该直线的方向向量,从而该直线的方程为

$$\frac{x - x_1}{x_2 - x_1} = \frac{y - y_1}{y_2 - y_1} = \frac{z - z_1}{z_2 - z_1}. \qquad (7.3.8)$$

方程(7.3.8)称为直线的**两点式方程**.

2. 空间直线的一般方程

一条空间直线可以看作两个平面的交线. 如果两个相交平面 Π_1, Π_2 的方程分别为

$$A_1 x + B_1 y + C_1 z + D_1 = 0 \quad \text{和} \quad A_2 x + B_2 y + C_2 z + D_2 = 0,$$

它们的交线为直线 L,则直线 L 上任一点的坐标必满足方程组

$$\begin{cases} A_1 x + B_1 y + C_1 z + D_1 = 0, \\ A_2 x + B_2 y + C_2 z + D_2 = 0. \end{cases} \qquad (7.3.9)$$

反之,如果点 M 不在直线 L 上,则不可能同时在平面 Π_1 和 Π_2 上,从而它的坐标不满足方程组(7.3.9). 因此,直线 L 可以用方程组(7.3.9)来表示. 方程组(7.3.9)称为直线 L 的**一般方程**.

空间直线的三种方程之间的相互转化:

(1) 直线的点向式方程和参数方程之间容易相互转化.

(2) 把直线的点向式方程转化成一般方程比较简单.

例如,由直线的点向式方程 $\dfrac{x - x_0}{m} = \dfrac{y - y_0}{n} = \dfrac{z - z_0}{p}$ 得

$$\begin{cases} \dfrac{x - x_0}{m} = \dfrac{y - y_0}{n}, \\ \dfrac{y - y_0}{n} = \dfrac{z - z_0}{p}, \end{cases}$$

从而直线的一般方程为

$$\begin{cases} n(x - x_0) - m(y - y_0) = 0, \\ p(y - y_0) - n(z - z_0) = 0. \end{cases}$$

(3) 把直线的一般方程转化为点向式方程时,可以通过一般方程中所给出的两个平面的法向量 $\vec{n}_1, \vec{n}_2$ 求向量积 $\vec{n}_1 \times \vec{n}_2$ 来得到直线的一个方向向量,或者求直线上的两点的坐标来得到直线的一个方向向量.

例 7.3.5 用点向式方程及参数方程表示直线

$$\begin{cases} 2x - y + z + 1 = 0, \\ x + y - 2z + 1 = 0. \end{cases}$$

解 先求出该直线的一个方向向量 $\vec{s}$. 由于该直线是两个平面的交线,它与这两个平面的法向量 $\vec{n}_1 = (2, -1, 1), \vec{n}_2 = (1, 1, -2)$ 都垂直,因此可取

$$\vec{s} = \vec{n}_1 \times \vec{n}_2 = \begin{vmatrix} \vec{i} & \vec{j} & \vec{k} \\ 2 & -1 & 1 \\ 1 & 1 & -2 \end{vmatrix} = \vec{i} + 5\vec{j} + 3\vec{k}.$$

再找出该直线上的一点 $M_0(x_0, y_0, z_0)$. 为此,可取 $x_0 = 0$,代入所给的直线方程,有

$$\begin{cases} -y_0 + z_0 + 1 = 0, \\ y_0 - 2z_0 + 1 = 0, \end{cases}$$

解得 $y_0 = 3, z_0 = 2$,即 $M_0(0, 3, 2)$ 为该直线上的一点.

因此,该直线的点向式方程为

$$\frac{x}{1} = \frac{y - 3}{5} = \frac{z - 2}{3}.$$

令 $\dfrac{x}{1} = \dfrac{y - 3}{5} = \dfrac{z - 2}{3} = t$,得该直线的参数方程

$$\begin{cases} x = t, \\ y = 3 + 5t, \quad (t \text{ 为参数}). \\ z = 2 + 3t \end{cases}$$

四、空间中点、直线、平面之间的位置关系

1. 空间两个平面的位置关系

两个平面法向量的夹角称为两个平面的夹角(通常指锐角),如图 7.22 所示.

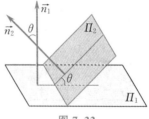

图 7.22

设有平面 $\Pi_1 : A_1 x + B_1 y + C_1 z + D_1 = 0$ 与 $\Pi_2 : A_2 x + B_2 y + C_2 z + D_2 = 0$,它们的法向量分别为 $\vec{n}_1 = (A_1, B_1, C_1)$ 和 $\vec{n}_2 = (A_2, B_2, C_2)$,按两个向量夹角的余弦公式,平面 Π_1 与 Π_2 的夹角 θ 可由下式确定:

$$\cos\theta = |\cos(\widehat{\vec{n}_1, \vec{n}_2})| = \frac{|A_1 A_2 + B_1 B_2 + C_1 C_2|}{\sqrt{A_1^2 + B_1^2 + C_1^2} \cdot \sqrt{A_2^2 + B_2^2 + C_2^2}}. \tag{7.3.10}$$

空间两个平面的位置关系有且仅有三种情形:相交、平行或重合.平面 Π_1 与 Π_2 的位置关系的判别如下:

(1) Π_1 与 Π_2 相交 $\Leftrightarrow A_1:B_1:C_1 \neq A_2:B_2:C_2$.

特别地,$\Pi_1 \perp \Pi_2 \Leftrightarrow \vec{n_1} \perp \vec{n_2} \Leftrightarrow A_1A_2+B_1B_2+C_1C_2=0$.

(2) $\Pi_1 // \Pi_2$ 且不重合 $\Leftrightarrow \dfrac{A_1}{A_2}=\dfrac{B_1}{B_2}=\dfrac{C_1}{C_2} \neq \dfrac{D_1}{D_2}$.

(3) Π_1 与 Π_2 重合 $\Leftrightarrow \dfrac{A_1}{A_2}=\dfrac{B_1}{B_2}=\dfrac{C_1}{C_2}=\dfrac{D_1}{D_2}$.

例 7.3.6 设平面 Π 通过两点 $M_1(1,1,1)$ 和 $M_2(0,1,-1)$ 且垂直于平面 $x+y+z=0$,求它的方程.

解 因为平面 Π 与已知平面垂直,所以平面 Π 的法向量 $\vec{n}$ 必与已知平面的法向量 $\vec{n_1}=(1,1,1)$ 垂直.又因为 $\overrightarrow{M_1M_2}=(-1,0,-2)$ 在平面 Π 上,所以它必与 $\vec{n}$ 垂直.故可取

$$\vec{n}=\overrightarrow{M_1M_2} \times \vec{n_1} = \begin{vmatrix} \vec{i} & \vec{j} & \vec{k} \\ -1 & 0 & -2 \\ 1 & 1 & 1 \end{vmatrix} = 2\vec{i}-\vec{j}-\vec{k},$$

从而平面 Π 的方程为 $2(x-1)-(y-1)-(z-1)=0$,即 $2x-y-z=0$.

例 7.3.6 也可先设平面 Π 的方程为 $A(x-1)+B(y-1)+C(z-1)=0$,再由 $\vec{n} \perp \overrightarrow{M_1M_2}$ 及 $\vec{n} \perp \vec{n_1}$ 导出关系式求解.

2. 空间两条直线的位置关系

两条直线的方向向量的夹角叫作两条直线的**夹角**(通常指锐角).

设直线 L_1 与 L_2 的方向向量分别为 $\vec{s_1}=(m_1,n_1,p_1)$ 和 $\vec{s_2}=(m_2,n_2,p_2)$,按两个向量夹角的余弦公式,直线 L_1 与 L_2 的夹角 φ 可由下式确定:

$$\cos\varphi = |\cos(\widehat{\vec{s_1},\vec{s_2}})| = \frac{|m_1m_2+n_1n_2+p_1p_2|}{\sqrt{m_1^2+n_1^2+p_1^2} \cdot \sqrt{m_2^2+n_2^2+p_2^2}}. \qquad (7.3.11)$$

空间两条直线的位置关系有且仅有四种情形:异面、相交、平行或重合.设 $M_1(x_1,y_1,z_1)$ 与 $M_2(x_2,y_2,z_2)$ 分别是直线 L_1 与 L_2 上的点,则直线 L_1 与 L_2 的位置关系的判别如下:

(1) L_1 与 L_2 异面 $\Leftrightarrow \begin{vmatrix} x_2-x_1 & y_2-y_1 & z_2-z_1 \\ m_1 & n_1 & p_1 \\ m_2 & n_2 & p_2 \end{vmatrix} \neq 0$.

(2) L_1 与 L_2 相交 $\Leftrightarrow \begin{vmatrix} x_2-x_1 & y_2-y_1 & z_2-z_1 \\ m_1 & n_1 & p_1 \\ m_2 & n_2 & p_2 \end{vmatrix} =0$ 且

$m_1:n_1:p_1 \neq m_2:n_2:p_2$.

特别地，$L_1 \perp L_2 \Leftrightarrow \vec{s_1} \perp \vec{s_2} \Leftrightarrow m_1 m_2 + n_1 n_2 + p_1 p_2 = 0$.

(3) $L_1 \parallel L_2$ 或 L_1 与 L_2 重合 $\Leftrightarrow \vec{s_1} \parallel \vec{s_2} \Leftrightarrow \dfrac{m_1}{m_2} = \dfrac{n_1}{n_2} = \dfrac{p_1}{p_2}$.

例 7.3.7 求直线 $L_1 : \dfrac{x-1}{-1} = \dfrac{y}{-1} = \dfrac{z+3}{1}$ 与 $L_2 : \dfrac{x}{2} = \dfrac{y+2}{2} = \dfrac{z}{1}$ 的夹角 θ.

解 直线 L_1 与 L_2 的方向向量分别为 $\vec{s_1} = (-1, -1, 1)$ 与 $\vec{s_2} = (2, 2, 1)$，从而有

$$\cos \theta = |\cos(\widehat{\vec{s_1}, \vec{s_2}})| = \frac{|(-1) \times 2 + (-1) \times 2 + 1 \times 1|}{\sqrt{(-1)^2 + (-1)^2 + 1^2} \times \sqrt{2^2 + 2^2 + 1^2}} = \frac{\sqrt{3}}{3}.$$

故直线 L_1 与 L_2 的夹角为 $\theta = \arccos \dfrac{\sqrt{3}}{3}$.

3. 空间直线与平面的位置关系

当直线与平面不垂直时，直线和它在平面上的投影直线的夹角 $\varphi\left(0 \leqslant \varphi < \dfrac{\pi}{2}\right)$ 称为直线与平面的**夹角**. 当直线与平面垂直时，规定直线与平面的夹角为 $\dfrac{\pi}{2}$.

如图 7.23 所示，设直线 L 的方向向量为 $\vec{s} = (m, n, p)$，平面 Π 的法向量为 $\vec{n} = (A, B, C)$，直线 L 与平面 Π 的夹角为 φ. 因为 $\vec{s}$ 与 $\vec{n}$ 的夹角 θ 为 $\dfrac{\pi}{2} - \varphi$ 或 $\dfrac{\pi}{2} + \varphi$，而

$$\sin \varphi = \cos\left(\frac{\pi}{2} - \varphi\right) = \left|\cos\left(\frac{\pi}{2} + \varphi\right)\right|,$$

即 $\sin \varphi = |\cos \theta|$，所以

$$\sin \varphi = |\cos(\widehat{\vec{n}, \vec{s}})| = \frac{|Am + Bn + Cp|}{\sqrt{A^2 + B^2 + C^2} \cdot \sqrt{m^2 + n^2 + p^2}}. \qquad (7.3.12)$$

式 (7.3.12) 是确定直线 L 与平面 Π 的夹角的公式.

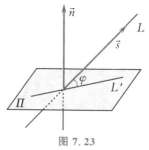

图 7.23

空间直线 L 与平面 Π 的位置关系有且仅有三种情形：相交、平行或直线在平面上. 直线 L 与平面 Π 的位置关系的判别如下：

(1) L 与 Π 相交 $\Leftrightarrow Am + Bn + Cp \neq 0$.

特别地，$L \perp \Pi \Leftrightarrow \vec{s} \parallel \vec{n} \Leftrightarrow \dfrac{A}{m} = \dfrac{B}{n} = \dfrac{C}{p}$.

（2）$L /\!/ \Pi$ 或 L 在平面 Π 上 $\Leftrightarrow \vec{s} \perp \vec{n} \Leftrightarrow Am + Bn + Cp = 0$.

例 7.3.8 求通过点 $P(1,1,1)$ 且与直线 $L: \dfrac{x-1}{1} = \dfrac{y}{-4} = \dfrac{z+3}{1}$ 垂直相交的直线方程.

解 直线 L 的参数方程为 $x = 1+t, y = -4t, z = -3+t$，它的一个方向向量为 $\vec{s} = (1, -4, 1)$. 所求的直线与直线 L 的交点坐标可设为 $A(1+t_0, -4t_0, -3+t_0)$，则 $\overrightarrow{PA} = (t_0, -4t_0 -1, -4+t_0)$ 就是所求直线的一个方向向量. 于是，由题意有 $\overrightarrow{PA} \perp \vec{s}$，即有

$$(t_0, -4t_0 -1, -4+t_0) \cdot (1, -4, 1) = 0,$$

从而

$$t_0 - 4(-4t_0 -1) + (t_0 -4) = 0,$$

解得 $t_0 = 0$. 于是 $\overrightarrow{PA} = (0, -1, -4)$. 故所求的直线方程为

$$\begin{cases} x - 1 = 0, \\ \dfrac{y-1}{-1} = \dfrac{z-1}{-4}. \end{cases}$$

例 7.3.8 也可先求出通过点 P 且垂直于直线 L 的平面 Π 的方程，再求出直线 L 与平面 Π 的交点坐标，即得所求的直线与直线 L 的交点坐标，进而由直线的两点式方程可得所求的直线方程.

4. 平面（或直线）外一点到平面（或直线）的距离

1）平面外一点到平面的距离公式

设 $P_0(x_0, y_0, z_0)$ 是平面 $\Pi: Ax + By + Cz + D = 0$ 外一点，求点 P_0 到平面 Π 的距离.

如图 7.24 所示，从点 P_0 向平面 Π 引垂线，设垂足为 $P_1(x_1, y_1, z_1)$，则点 P_0 到平面 Π 的距离为 $d = |\overrightarrow{P_1 P_0}|$. 因平面 Π 的法向量 $\vec{n} = (A, B, C)$ 与向量 $\overrightarrow{P_1 P_0}$ 都垂直于平面 Π，故有 $\vec{n} /\!/ \overrightarrow{P_1 P_0}$，从而有

$$\overrightarrow{P_1 P_0} \cdot \vec{n} = |\overrightarrow{P_1 P_0}| \, |\vec{n}| \cos(\widehat{\overrightarrow{P_1 P_0}, \vec{n}}) = \pm |\overrightarrow{P_1 P_0}| \, |\vec{n}|.$$

因此

$$d = |\overrightarrow{P_1 P_0}| = \frac{|\overrightarrow{P_1 P_0} \cdot \vec{n}|}{|\vec{n}|}$$

$$= \frac{|A(x_0 - x_1) + B(y_0 - y_1) + C(z_0 - z_1)|}{\sqrt{A^2 + B^2 + C^2}}.$$

又因 $P_1(x_1, y_1, z_1)$ 在平面 Π 上，故有

$$Ax_1 + By_1 + Cz_1 + D = 0.$$

代入 d 的表达式，得

$$d = \frac{|Ax_0 + By_0 + Cz_0 + D|}{\sqrt{A^2 + B^2 + C^2}}. \tag{7.3.13}$$

式(7.3.13)即为平面外一点到平面的距离公式.

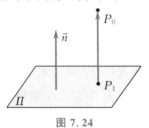

图 7.24

2) 直线外一点到直线的距离公式

设 M_0 是直线 L 外一点, 求点 M_0 到直线 L 的距离 d. 一般先过点 M_0 作与直线 L 垂直的平面 Π, 再求出直线 L 与平面 Π 的交点 M_1, 最后求出点 M_0 与 M_1 的距离, 则这个距离即为点 M_0 到直线 L 的距离 d[见图 7.25(a)].

下面介绍另一种求直线外一点到直线的距离的方法, 并导出一个一般的公式.

设直线 L 的方向向量为 $\vec{s}$. 如图 7.25(b) 所示, 在直线 L 上任取一点 M_1, 作向量 $\overrightarrow{M_1M_0}$, 并在直线 L 上取以 M_1 为始点的方向向量 $\vec{s}$, 则以 $\vec{s}$ 和 $\overrightarrow{M_1M_0}$ 为邻边的平行四边形的面积为

$$|\vec{s} \times \overrightarrow{M_1M_0}| \quad \text{或} \quad d|\vec{s}|.$$

故 $|\vec{s} \times \overrightarrow{M_1M_0}| = d|\vec{s}|$, 从而有

$$d = \frac{|\vec{s} \times \overrightarrow{M_1M_0}|}{|\vec{s}|} = \frac{|\vec{s} \times \overrightarrow{M_0M_1}|}{|\vec{s}|}. \tag{7.3.14}$$

式(7.3.14)即为直线外一点到直线的距离公式.

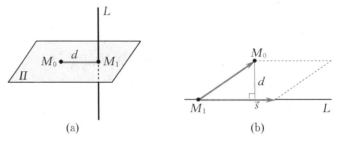

(a) (b)

图 7.25

例 7.3.9 求点 $M_0(0,1,2)$ 到直线 $L: \dfrac{x-1}{1} = \dfrac{y-2}{2} = \dfrac{z+1}{-2}$ 的距离.

解 易知直线 L 的方向向量为 $\vec{s} = (1,2,-2)$, 点 $M_1(1,2,-1)$ 为直线 L 上的一点, $\overrightarrow{M_1M_0} = (-1,-1,3)$. 因为

$$\vec{s} \times \overrightarrow{M_1M_0} = \begin{vmatrix} \vec{i} & \vec{j} & \vec{k} \\ 1 & 2 & -2 \\ -1 & -1 & 3 \end{vmatrix} = 4\vec{i} - \vec{j} + \vec{k},$$

所以点 M_0 到直线 L 的距离为

$$d = \frac{|\vec{s} \times \overrightarrow{M_1M_0}|}{|\vec{s}|} = \frac{\sqrt{4^2 + (-1)^2 + 1^2}}{\sqrt{1^2 + 2^2 + (-2)^2}} = \frac{3\sqrt{2}}{3} = \sqrt{2}.$$

五、平面束方程

设直线 L 由方程组

$$\begin{cases} A_1 x + B_1 y + C_1 z + D_1 = 0, & (7.3.15) \\ A_2 x + B_2 y + C_2 z + D_2 = 0 & (7.3.16) \end{cases}$$

所确定,其中系数 A_1, B_1, C_1 与 A_2, B_2, C_2 不成比例,从而对于任何一个实数 λ ,方程

$$A_1 x + B_1 y + C_1 z + D_1 + \lambda(A_2 x + B_2 y + C_2 z + D_2) = 0 \quad (7.3.17)$$

中 x, y, z 的系数 $A_1 + \lambda A_2, B_1 + \lambda B_2, C_1 + \lambda C_2$ 不全为零. 也就是说,方程(7.3.17)表示一个平面. 若一点在直线 L 上,则该点的坐标必同时满足方程(7.3.15)与(7.3.16),因而也满足方程(7.3.17). 故方程(7.3.17)表示通过直线 L 的平面. 而对应于不同的 λ 值,方程(7.3.17)表示通过直线 L 的不同的平面;反之,通过直线 L 的任何平面[除方程(7.3.16)所表示的平面外]都包含在方程(7.3.17)所表示的一族平面内.

通过定直线的所有平面的全体称为平面束,而方程(7.3.17)称为通过直线 L 的平面束方程[实际上,方程(7.3.17)表示缺少一个平面(7.3.16)的平面束].

注　通过直线 L 的平面束方程也可设为

$$\mu(A_1 x + B_1 y + C_1 z + D_1) + \lambda(A_2 x + B_2 y + C_2 z + D_2) = 0.$$

利用平面束方程,可以简化某些问题的求解.

例 7.3.10　求直线 $L: \begin{cases} 2x - y + z - 1 = 0, \\ x + y - z + 1 = 0 \end{cases}$ 在平面 $\Pi: 2x + y + z + 5 = 0$ 上的投影直线方程.

分析　此题即求通过直线 L 且与平面 Π 垂直的平面(投影平面)与平面 Π 的交线方程.

解　**方法一**　设通过直线 L 的平面束方程为

$$(2x - y + z - 1) + \lambda(x + y - z + 1) = 0,$$

即

$$(2 + \lambda)x + (-1 + \lambda)y + (1 - \lambda)z + (-1 + \lambda) = 0. \quad (7.3.18)$$

因投影平面垂直于平面 Π ,故有

$$(2+\lambda, -1+\lambda, 1-\lambda) \cdot (2, 1, 1) = 0,$$

即 $2(2+\lambda) + (-1+\lambda) + (1-\lambda) = 0$，解得 $\lambda = -2$. 代入方程(7.3.18)，得到投影平面的方程

$$(2-2)x + (-1-2)y + (1+2)z + (-1-2) = 0,$$

即

$$-y + z - 1 = 0.$$

故所求的投影直线方程为

$$\begin{cases} -y + z - 1 = 0, \\ 2x + y + z + 5 = 0. \end{cases}$$

方法二 可取直线 L 的一个方向向量为

$$\vec{s} = (2, -1, 1) \times (1, 1, -1) = \begin{vmatrix} \vec{i} & \vec{j} & \vec{k} \\ 2 & -1 & 1 \\ 1 & 1 & -1 \end{vmatrix} = 3\vec{j} + 3\vec{k}.$$

通过直线 L 且与平面 Π 垂直的平面（投影平面）的法向量 $\vec{n}$，可取为直线 L 的方向向量 $\vec{s}$ 与平面 Π 的法向量 $\vec{n}_1$ 的向量积，即

$$\vec{n} = \vec{s} \times \vec{n}_1 = \begin{vmatrix} \vec{i} & \vec{j} & \vec{k} \\ 0 & 3 & 3 \\ 2 & 1 & 1 \end{vmatrix} = 6\vec{j} - 6\vec{k}.$$

再求直线 L 上一点 P 的坐标. 设 $P(x_0, y_0, z_0)$，并取 $y_0 = 0$，代入直线 L 的方程，得

$$\begin{cases} 2x_0 + z_0 - 1 = 0, \\ x_0 - z_0 + 1 = 0, \end{cases}$$

解得 $x_0 = 0, z_0 = 1$. 因 $P(0, 0, 1)$ 也在投影平面上，故投影平面的方程为

$$6(y-0) - 6(z-1) = 0,$$

即

$$-y + z - 1 = 0.$$

因此，所求的投影直线方程为 $\begin{cases} -y + z - 1 = 0, \\ 2x + y + z + 5 = 0. \end{cases}$

例 7.3.11 求通过直线 $L: \begin{cases} x + 2y - 1 = 0, \\ x - y + z = 0 \end{cases}$ 及直线 L 外一点 $M(1, 1, 1)$ 的平面方程.

解 因为该平面通过直线 L，所以可设它的方程为

$$(x + 2y - 1) + \lambda(x - y + z) = 0.$$

又因为该平面通过点 $M(1, 1, 1)$，所以有

$$(1 + 2 - 1) + \lambda(1 - 1 + 1) = 0,$$

解得 $\lambda = -2$. 代入所设的方程，得到该平面的方程

$$(x + 2y - 1) - 2(x - y + z) = 0,$$

即
$$x - 4y + 2z + 1 = 0.$$

习题7.3

1. 已知点 $A(1,2,3)$ 和 $B(3,-1,2)$,求线段 AB 的垂直平分面的方程.

2. 求分别满足下列条件的平面方程:

    (1) 平面通过 x 轴和点 $(4,3,-2)$;

    (2) 平面通过点 $(-5,2,-1)$ 且平行于 yOz 面;

    (3) 平面通过点 $M(2,-1,1)$ 和 $N(3,1,2)$ 且平行于 y 轴.

3. 求通过点 $M_1(2,-1,3)$ 和 $M_2(3,1,2)$ 且平行于向量 $\vec{s} = (3,-1,4)$ 的平面方程.

4. 求通过原点且垂直于两个平面 $x - y + z - 7 = 0$, $3x + 2y - 12z + 5 = 0$ 的平面方程.

5. 求通过点 $(3,1,-2)$ 和直线 $\dfrac{x-4}{5} = \dfrac{y+3}{2} = \dfrac{z}{1}$ 的平面方程.

6. 将直线 $\begin{cases} x - y + z - 5 = 0, \\ 5x - 8y + 4z + 36 = 0 \end{cases}$ 的方程化为点向式方程及参数方程.

7. 求直线 $\dfrac{x-2}{1} = \dfrac{y-3}{1} = \dfrac{z-4}{2}$ 与平面 $2x + y + z - 6 = 0$ 的交点.

8. 判别下列各组中直线与平面的位置关系:

    (1) $\dfrac{x-5}{-2} = \dfrac{y+3}{1} = \dfrac{z-1}{3}$ 和 $2x - y - 3z + 2 = 0$;

    (2) $\dfrac{x-1}{2} = \dfrac{y-3}{-2} = \dfrac{z-1}{3}$ 和 $2x - y - 2z + 2 = 0$;

    (3) $\dfrac{x-1}{8} = \dfrac{y-1}{2} = \dfrac{z-1}{3}$ 和 $x + 2y - 4z + 1 = 0$.

9. 求通过点 $M(2,-5,3)$ 且与两个平面 $2x - y + z - 1 = 0$, $x + y - z - 2 = 0$ 的交线平行的直线方程.

10. 求点 $(2,1,2)$ 到直线 $\dfrac{x-2}{1} = \dfrac{y-3}{1} = \dfrac{z-4}{2}$ 的距离.

11. 求通过点 $(2,0,-3)$ 且与直线 $\begin{cases} 4x - y + 3z - 1 = 0, \\ x + 5y - z + 2 = 0 \end{cases}$ 垂直的平面方程.

12. 求通过点 $M(-1,0,1)$ 且与直线 $\dfrac{x+1}{3} = \dfrac{y-3}{-4} = \dfrac{z}{1}$ 垂直相交的直线方程.

13. 求平面 $x - y + 2z - 6 = 0$ 与 $2x + y + z - 5 = 0$ 的夹角.

14. 求平面 $2x - 2y + z + 5 = 0$ 与各坐标面的夹角的余弦.

15. 求两条直线 $\begin{cases} x + 2y + z - 1 = 0, \\ x - 2y + z + 1 = 0 \end{cases}$ 和 $\dfrac{x-3}{1} = \dfrac{y-1}{1} = \dfrac{z+1}{0}$ 的夹角.

16. 求直线 $\begin{cases} x + y + 3z = 0, \\ x - y - z = 0 \end{cases}$ 和平面 $x - y + z + 1 = 0$ 的夹角.

17. 求直线 $\dfrac{x-1}{3} = \dfrac{y-5}{2} = \dfrac{z+1}{-3}$ 在平面 $x - 2y + z - 5 = 0$ 上的投影直线的方程.

18. 求直线 $\begin{cases} 2x - y + z - 7 = 0, \\ x + y + 2z - 11 = 0 \end{cases}$ 在平面 $x - y - z = 2$ 上的投影直线的方程.

§7.4 常见曲面及其方程

前面已经讨论了空间直角坐标系中平面的方程. 平面的方程是由 x, y, z 的三元一次方程表示的, 所以平面又叫作一次曲面. 本节介绍几种常见曲面的标准方程及它们的图形, 这几种曲面的方程都是 x, y, z 的三元二次方程. 把三元二次方程所表示的曲面统称为二次曲面.

一、球面

到一个定点的距离为定数的点的集合叫作**球面**, 其中定点称为**球心**, 定数称为球的半径.

设一个球面的球心为点 $M_0(x_0, y_0, z_0)$, 半径为 R, 现在来建立这个球面的方程.

设 $M(x, y, z)$ 是该球面上的任一点, 则有

$$|M_0M| = R.$$

由于

$$|M_0M| = \sqrt{(x - x_0)^2 + (y - y_0)^2 + (z - z_0)^2},$$

因此

$$\sqrt{(x - x_0)^2 + (y - y_0)^2 + (z - z_0)^2} = R$$

或

$$(x - x_0)^2 + (y - y_0)^2 + (z - z_0)^2 = R^2. \tag{7.4.1}$$

这就是球心为点 $M_0(x_0, y_0, z_0)$, 半径为 R 的球面方程. 事实上, 该球面上任何点的坐标都满足方程 (7.4.1), 并且不在这个球面上的点的坐标都不满足方程 (7.4.1).

特别地, 如果球心为原点, 那么球面方程就具有如下形式:

$$x^2 + y^2 + z^2 = R^2. \tag{7.4.2}$$

将方程 (7.4.1) 展开, 并将所有项移到方程左边, 得

$$x^2 + y^2 + z^2 - 2x_0 x - 2y_0 y - 2z_0 z + x_0^2 + y_0^2 + z_0^2 - R^2 = 0.$$

这是 x, y, z 的三元二次方程. 注意到, 这里缺少二次项 xy, yz, zx, 且 x^2, y^2, z^2 的系数都相等.

一般说来, 对于方程

$$Ax^2 + Ay^2 + Az^2 + Dx + Ey + Fz + G = 0, \tag{7.4.3}$$

用配完全平方的方法(配方法)总可以把它化成如下形式:
$$(x - x_0)^2 + (y - y_0)^2 + (z - z_0)^2 = k.$$

如果 $k > 0$,那么方程(7.4.3)表示一个球心为点 $M_0(x_0, y_0, z_0)$,半径为 $R = \sqrt{k}$ 的球面;如果 $k = 0$,那么方程(7.4.3)表示一个点 $M_0(x_0, y_0, z_0)$;如果 $k < 0$,那么方程(7.4.3)不表示任何图形(或称其图形为一个虚球面).

二、母线平行于坐标轴的柱面

平行于定直线并沿定曲线 C 移动的直线 L 所形成的曲面叫作柱面,其中定曲线 C 叫作柱面的**准线**,动直线 L 叫作柱面的**母线**.

显然,柱面由它的准线和母线完全确定.但是,一个柱面的准线并不是唯一的.这里只讨论准线在某个坐标面上,母线平行于不在该坐标面上的坐标轴的柱面.

设有一个不含有竖坐标 z 的方程
$$F(x, y) = 0, \tag{7.4.4}$$
这个方程在 xOy 面上表示一条曲线 C,而在空间中则表示一个曲面.由于方程(7.4.4)对 z 没有限制,因此如果点 $M(x, y, 0)$ 在曲线 C 上,则变量 x, y 满足方程(7.4.4),从而通过点 $M(x, y, 0)$ 且平行于 z 轴的直线上的任一点 $N(x, y, z)$ 都满足方程(7.4.4).所以,在空间中,方程(7.4.4)表示准线为 C,母线平行于 z 轴的柱面(见图 7.26).

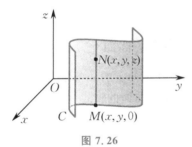

图 7.26

同理,不含有横坐标 x 的方程 $G(y, z) = 0$ 在空间中表示母线平行于 x 轴的柱面;不含有纵坐标 y 的方程 $H(z, x) = 0$ 在空间中表示母线平行于 y 轴的柱面.

准线为某个坐标面上的圆、椭圆、抛物线和双曲线,母线平行于不在该坐标面上的坐标轴的柱面,分别称为**圆柱面**、**椭圆柱面**、**抛物柱面**和**双曲柱面**,统称为二次柱面.例如:

(1) 方程 $x^2 + y^2 = 1$ 表示准线是 xOy 面上的单位圆,母线平行于 z 轴的圆柱面(见图 7.27);

(2) 方程 $\dfrac{x^2}{a^2} + \dfrac{z^2}{b^2} = 1 \,(a > 0, b > 0)$ 表示准线是 zOx 面上的椭圆,母线平行于 y 轴的椭圆柱面(见图 7.28);

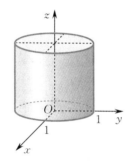

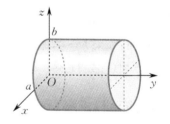

图 7.27 图 7.28

（3）方程 $z = y^2$ 表示准线是 yOz 面上的抛物线，母线平行于 x 轴的抛物柱面（见图 7.29）；

（4）方程 $\dfrac{x^2}{a^2} - \dfrac{y^2}{b^2} = 1\,(a > 0, b > 0)$ 表示准线是 xOy 面上的双曲线，母线平行于 z 轴的双曲柱面（见图 7.30）.

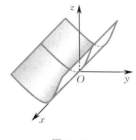

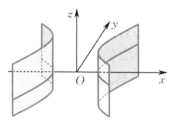

图 7.29 图 7.30

三、绕坐标轴旋转的旋转曲面

一条平面曲线 C 绕其所在平面上的一条定直线旋转一周所形成的曲面叫作旋转曲面，其中定直线叫作旋转曲面的轴.

设 C 为 yOz 面上的一条已知曲线，它的方程为

$$F(y, z) = 0.$$

现在研究将曲线 C 绕 z 轴旋转一周所形成的以 z 轴为轴的旋转曲面的方程（见图 7.31）.

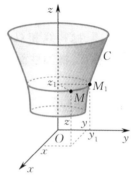

图 7.31

设 $M_1(0, y_1, z_1)$ 为曲线 C 上的任一点,则有
$$F(y_1, z_1) = 0.$$
当曲线 C 绕 z 轴旋转时,点 M_1 的轨迹是旋转面上的一个圆,且这个圆上任一点 $M(x, y, z)$ 的竖坐标 $z = z_1$ 保持不变,点 M_1 和 M 到 z 轴的距离就是这个圆的半径,因而有
$$\sqrt{x^2 + y^2} = |y_1|, \quad 即 \quad y_1 = \pm \sqrt{x^2 + y^2}.$$
将 $z_1 = z, y_1 = \pm \sqrt{x^2 + y^2}$ 代入方程 $F(y_1, z_1) = 0$,得
$$F(\pm \sqrt{x^2 + y^2}, z) = 0. \tag{7.4.5}$$
这就是所求的旋转曲面方程.

同理,曲线 C 绕 y 轴旋转一周所形成的旋转曲面的方程为
$$F(y, \pm \sqrt{x^2 + z^2}) = 0.$$

由此可见,在 yOz 面上的曲线 C 的方程 $F(y, z) = 0$ 中,将 y 改成 $\pm \sqrt{x^2 + y^2}$,就得到曲线 C 绕 z 轴旋转一周所形成的旋转曲面的方程;将 z 改成 $\pm \sqrt{x^2 + z^2}$,就得到曲线 C 绕 y 轴旋转一周所形成的旋转曲面的方程.

xOy 面或 zOx 面上的一条曲线绕该坐标面上的某条坐标轴旋转一周所形成的旋转曲面的方程,可类似地得到.

常见的旋转曲面有:坐标面上的直线、抛物线、椭圆、双曲线等绕该坐标面上的坐标轴旋转一周所形成的旋转曲面.例如:

(1) 将 yOz 面上的直线 $z = \dfrac{c}{a} y$ 绕 z 轴旋转一周所形成的旋转曲面的方程为
$$z = \pm \frac{c}{a} \sqrt{x^2 + y^2} \quad 或 \quad \frac{z^2}{c^2} = \frac{x^2 + y^2}{a^2}, \tag{7.4.6}$$
其图形如图 7.32 所示.这个曲面叫作圆锥面,其中直线 $z = \dfrac{c}{a} y$ 与 z 轴(旋转轴)的交点(原点)称为圆锥面的顶点,直线 $z = \dfrac{c}{a} y$ 与 z 轴的夹角 $\alpha \left(0 < \alpha < \dfrac{\pi}{2} \right)$ 称为圆锥面的半顶角,这里半顶角为 $\alpha = \operatorname{arccot} \left| \dfrac{c}{a} \right|$.

(2) 将 yOz 面上的抛物线 $y^2 = 2pz(p > 0)$ 绕对称轴 z 轴旋转一周所形成的旋转曲面称为旋转抛物面(见图 7.33),它的方程为
$$x^2 + y^2 = 2pz. \tag{7.4.7}$$

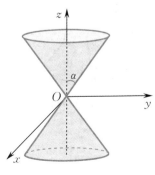

图 7.32

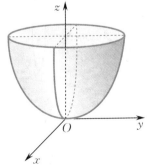

图 7.33

（3）将 xOy 面上的椭圆 $\dfrac{x^2}{a^2}+\dfrac{y^2}{b^2}=1(a>0,b>0)$ 绕 y 轴旋转一周所形成的旋转曲面叫作**旋转椭球面**（见图 7.34），它的方程为

$$\frac{x^2+z^2}{a^2}+\frac{y^2}{b^2}=1$$

或

$$\frac{x^2}{a^2}+\frac{y^2}{b^2}+\frac{z^2}{a^2}=1. \tag{7.4.8}$$

显然，由 yOz 面上的椭圆 $\dfrac{z^2}{a^2}+\dfrac{y^2}{b^2}=1$ 绕 y 轴旋转一周所形成的旋转椭球面的方程也是（7.4.8）.

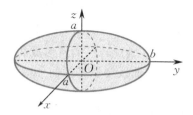

图 7.34

（4）将 yOz 面上的双曲线 $\dfrac{y^2}{b^2}-\dfrac{z^2}{c^2}=1(b>0,c>0)$ 绕实轴（y 轴）旋转一周所形成的旋转曲面称为**旋转双叶双曲面**（见图 7.35），而绕虚轴（z 轴）旋转一周所形成的旋转曲面称为**旋转单叶双曲面**（见图 7.36），它们的方程分别是

$$\frac{y^2}{b^2}-\frac{x^2+z^2}{c^2}=1 \quad \text{或} \quad -\frac{x^2}{c^2}+\frac{y^2}{b^2}-\frac{z^2}{c^2}=1, \tag{7.4.9}$$

$$\frac{x^2+y^2}{b^2}-\frac{z^2}{c^2}=1 \quad \text{或} \quad \frac{x^2}{b^2}+\frac{y^2}{b^2}-\frac{z^2}{c^2}=1. \tag{7.4.10}$$

旋转双叶双曲面和旋转单叶双曲面统称为**旋转双曲面**.

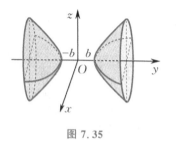

图 7.35

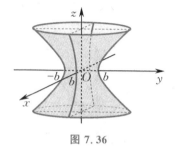

图 7.36

四、椭圆锥面、椭球面、双曲面及抛物面

用坐标面和平行于坐标面的平面与曲面相截，所得交线称为截线或截痕.

1. 椭圆锥面

由方程

$$\frac{x^2}{a^2} + \frac{y^2}{b^2} = z^2 \quad (a > 0, b > 0) \tag{7.4.11}$$

所表示的曲面称为**椭圆锥面**(方程中三个变量可互相交换位置).当 $a = b$ 时,即为圆锥面,它的图形与图 7.32 相类似.椭圆锥面(7.4.11)与平行于 xOy 面的平面的交线为椭圆($|z| > 0$),与 xOy 面只相交于原点.

2. 椭球面

由方程

$$\frac{x^2}{a^2} + \frac{y^2}{b^2} + \frac{z^2}{c^2} = 1 \quad (a > 0, b > 0, c > 0) \tag{7.4.12}$$

所表示的曲面称为**椭球面**,其中正常数 a, b, c 称为椭球面的**半轴**,椭球面与三条坐标轴的交点称为椭球面的**顶点**.显然 $|x| \leqslant a, |y| \leqslant b, |z| \leqslant c$,所以椭球面(7.4.12)完全包含在一个以原点 O 为中心,而六个面的方程分别为 $x = \pm a$, $y = \pm b, z = \pm c$ 的长方体内.

当 $a = b = c$ 时,椭球面(7.4.12)就变成球心为原点,半径为 a 的球面.

当 $a = b \neq c$ 时,椭球面(7.4.12)就变成一个旋转椭球面,它是椭球面的一种特殊情形.

由此推知,椭球面的形状与旋转椭球面的形状相类似,它与三个坐标面及平行于坐标面的平面的交线(如果存在的话)都是椭圆.

3. 双曲面

(1) 由方程

$$-\frac{x^2}{a^2} + \frac{y^2}{b^2} - \frac{z^2}{c^2} = 1 \quad (a > 0, b > 0, c > 0) \tag{7.4.13}$$

所表示的曲面称为**双叶双曲面**(方程中三个变量可互相交换位置).当 $a = c$ 时,即为旋转双叶双曲面,它的图形与图 7.35 相类似.双叶双曲面与 yOz 面、xOy 面及平行于这两个坐标面的平面的交线都是双曲线;与平行于 zOx 面的平面 $y = y_1 (|y_1| > b)$ 的交线都是椭圆.

(2) 由方程

$$\frac{x^2}{a^2} + \frac{y^2}{b^2} - \frac{z^2}{c^2} = 1 \quad (a > 0, b > 0, c > 0) \tag{7.4.14}$$

所表示的曲面称为**单叶双曲面**(方程中三个变量可互相交换位置).当 $a = b$ 时,即为旋转单叶双曲面,它的图形与图 7.36 相类似.单叶双曲面与 xOy 面及平行于 xOy 面的平面的交线都是椭圆;与 yOz 面及平行于 yOz 面的平面 $x = x_1$ ($x_1 \neq \pm a$)的交线都是双曲线;与 zOx 面及平行于 zOx 面的平面 $y = y_1$ ($y_1 \neq \pm b$)的交线都是双曲线[见图 7.37(a),(b)];与平面 $x = a, x = -a$,

$y=b$ 或 $y=-b$ 的交线都是两条相交的直线[见图 7.37(c)].

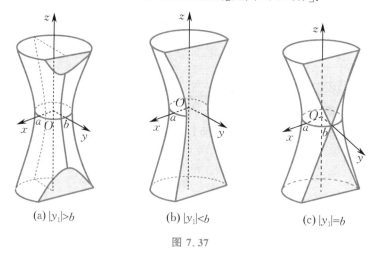

(a) $|y_1|>b$ (b) $|y_1|<b$ (c) $|y_1|=b$

图 7.37

双叶双曲面与单叶双曲面统称为**双曲面**.

4. 抛物面

（1）由方程

$$\frac{x^2}{2p}+\frac{y^2}{2q}=z \qquad (p,q \text{ 同号}) \tag{7.4.15}$$

所表示的曲面称为**椭圆抛物面**（方程中三个变量可互相交换位置）. 当 $p=q$ 时，即为旋转抛物面；当 p,q 都为正数时，它的图形与图 7.33 相类似，不同的是，它与平行于 xOy 面的平面的交线（如果存在的话）是椭圆.

（2）由方程

$$-\frac{x^2}{2p}+\frac{y^2}{2q}=z \qquad (p,q \text{ 同号}) \tag{7.4.16}$$

所表示的曲面称为**双曲抛物面**（方程中三个变量可互相交换位置）. 双曲抛物面与 zOx 面及 yOz 面的交线都是抛物线，与 xOy 面的交线为两条相交的直线，与平行于 xOy 面的平面的交线为双曲线.

当 p,q 都为正数时，它的图形如图 7.38 所示.

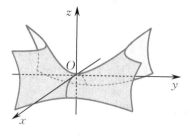

图 7.38

椭圆抛物面和双曲抛物面统称为**抛物面**.

习题7.4

1. 建立以点 $(1,3,-2)$ 为球心,且通过原点的球面方程.

2. 方程 $x^2 + y^2 + z^2 - 2x + 4y + 2z - 3 = 0$ 表示什么曲面?

3. 将 yOz 面上的抛物线 $y^2 = 4 - 2z$ 绕 z 轴旋转一周,求所形成的旋转曲面的方程.

4. 将 zOx 面上的椭圆 $4x^2 + 9z^2 = 36$ 分别绕 x 轴及 z 轴旋转一周,求所形成的旋转曲面的方程.

5. 画出下列方程所表示的曲面:

$\quad$ (1) $x^2 + (y-2)^2 = 4$;
$\qquad\qquad$ (2) $\dfrac{x^2}{4} - \dfrac{y^2}{9} = 1$;

$\quad$ (3) $y^2 + z = 0$;
$\qquad\qquad\qquad$ (4) $9x^2 + y^2 - z^2 = 9$;

$\quad$ (5) $z = 2x^2 + 3y^2$;
$\qquad\qquad\quad$ (6) $x^2 + y^2 + z^2 = 4$.

6. 说明下列旋转曲面是怎样形成的:

$\quad$ (1) $4x^2 - 9y^2 - 9z^2 = 36$;
$\qquad\quad$ (2) $\dfrac{x^2}{4} - \dfrac{y^2}{9} + \dfrac{z^2}{4} = -1$;

$\quad$ (3) $-2x^2 - 2y^2 + z^2 = 0$;
$\qquad\quad$ (4) $2z^2 - 1 = -3x^2 - 2y^2$.

§7.5 空间曲线及其方程 投影曲线

一、空间曲线的一般方程

空间曲线可以看作两个曲面的交线.设两个曲面 Σ_1 及 Σ_2 的方程分别为

$$F(x,y,z) = 0, \quad G(x,y,z) = 0,$$

这两个曲面的交线为 Γ(见图 7.39).由于曲线 Γ 上的任何点都同时在这两个曲面上,因此它的坐标应同时满足这两个曲面的方程,即应满足方程组

$$\begin{cases} F(x,y,z) = 0, \\ G(x,y,z) = 0. \end{cases} \tag{7.5.1}$$

反之,如果点 M 不在曲线 Γ 上,那么它不可能同时在这两个曲面上,故它的坐标不能满足方程组(7.5.1).因此,曲线 Γ 可以用方程组(7.5.1)来表示.方程组(7.5.1)叫作空间曲线 Γ 的一般方程.

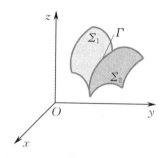

图 7.39

因为 xOy 面上的圆 $x^2+y^2=R^2(R>0)$ 可以看作圆柱面 $x^2+y^2=R^2$ 与 xOy 面的交线，而 xOy 面的方程为 $z=0$，所以它可用方程组

$$\begin{cases} x^2+y^2=R^2, \\ z=0 \end{cases}$$

来表示．但表示这个圆的方程组不是唯一的．例如，它也可以看作球面 $x^2+y^2+z^2=R^2$ 与 xOy 面的交线，从而也可用方程组

$$\begin{cases} x^2+y^2+z^2=R^2, \\ z=0 \end{cases}$$

来表示．

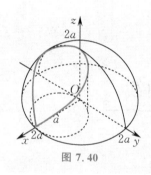

图 7.40

 7.5.1 方程组 $\begin{cases} z=\sqrt{4a^2-x^2-y^2}, \\ (x-a)^2+y^2=a^2 \end{cases}$，表示怎样的曲线？

解 所给方程组中第一个方程表示球心为原点 O，半径为 $2a$ 的上半球面；第二个方程表示准线为 xOy 面上的圆[圆心为点 $(a,0)$，半径为 a]，母线平行于 z 轴的圆柱面．所给方程组就表示上述半球面与圆柱面的交线（见图 7.40）．

二、空间曲线的参数方程

空间曲线除了用一般方程表示之外，也常用参数方程表示．对于空间曲线 Γ 上的任一点 $M(x,y,z)$，如果它的坐标 x,y,z 都可表示为参数 t 的函数：

$$\begin{cases} x=x(t), \\ y=y(t), \\ z=z(t), \end{cases} \tag{7.5.2}$$

则当给定一个值 $t=t_1$ 时，就得到 Γ 上的一点 $M_1(x_1,y_1,z_1)$，其中 $x_1=x(t_1)$，$y_1=y(t_1)$，$z_1=z(t_1)$．随着 t 在某一区间上变动，就得到 Γ 上的全部点．方程组 (7.5.2) 叫作空间曲线 Γ 的参数方程．

要建立空间曲线的参数方程，适当选择参数是关键．

例 7.5.2 设空间中一点 M 在圆柱面 $x^2 + y^2 = a^2 (a > 0)$ 上以角速度 ω 绕 z 轴旋转,同时又以线速度 v 沿平行于 z 轴的方向上升,其中 ω, v 都是常数,则点 M 的轨迹叫作圆柱螺旋线,试建立其参数方程.

解 取时间 t 为参数.如图 7.41 所示,设 $t = 0$ 时动点在 x 轴上 $A(a, 0, 0)$ 处.在 t 时刻,动点运动到点 $M(x, y, z)$,记点 M 在 xOy 面上的投影为点 M',则点 M' 的坐标为 $(x, y, 0)$.

由题设可知,动点 M 在时间 t 内转过的角度为 $\angle AOM' = \omega t$,从而

$$x = |OM'| \cos \angle AOM' = a \cos \omega t,$$
$$y = |OM'| \sin \angle AOM' = a \sin \omega t.$$

又动点 M 沿 z 轴方向上升的高度为

$$z = |M'M| = vt.$$

因此,圆柱螺旋线的参数方程为

$$\begin{cases} x = a \cos \omega t, \\ y = a \sin \omega t, \quad (t \geqslant 0). \\ z = vt \end{cases}$$

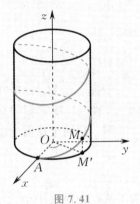

图 7.41

圆柱螺旋线是实践中常用的曲线.例如,平头螺旋钉的外缘曲线就是圆柱螺旋线.在例 7.5.2 中,点 M 旋转一周时所上升的高度 $h = \dfrac{2\pi v}{\omega}$ 在工程技术上叫作螺距.

三、空间曲线在坐标面上的投影曲线

以空间曲线 Γ 为准线,母线与一个已知平面 Π 垂直的柱面称为曲线 Γ 关于平面 Π 的投影柱面,投影柱面与平面 Π 的交线称为曲线 Γ 在平面 Π 上的投影曲线(简称投影).

设空间曲线 Γ 的一般方程为方程组(7.5.1),即

$$\begin{cases} F(x, y, z) = 0, \\ G(x, y, z) = 0, \end{cases}$$

从此方程组中消去 z,得到方程

$$H(x, y) = 0.$$

方程 $H(x, y) = 0$ 表示一个母线平行于 z 轴(垂直于 xOy 面)的柱面.由于方程 $H(x, y) = 0$ 是由方程组(7.5.1)消去 z 后所得到的,因此曲线 Γ 上任一点 M 的坐标必定满足方程 $H(x, y) = 0$,即曲线 Γ 上的点都在方程 $H(x, y) = 0$ 所表示的柱面上.由此可知,柱面 $H(x, y) = 0$ 就是曲线 Γ 关于 xOy 面的投影柱面,方程

$$\begin{cases} H(x,y)=0, \\ z=0 \end{cases}$$

所表示的曲线就是曲线 Γ 在 xOy 面上的投影曲线.

同理,消去方程组(7.5.1)中的变量 x（或 y）,再将所得到的方程 $R(y,z)=0$［或 $T(z,x)=0$］和 $x=0$（或 $y=0$）联立,就可以得到曲线 Γ 在 yOz 面（或 zOx 面）上的投影曲线的方程

$$\begin{cases} R(y,z)=0, \\ x=0 \end{cases} \quad \left[或 \begin{cases} T(z,x)=0, \\ y=0 \end{cases} \right].$$

例 7.5.3 已知两个球面的方程分别为 $x^2+y^2+z^2=1$ 和 $x^2+(y-1)^2+(z-1)^2=1$,求它们的交线在 xOy 面上的投影曲线的方程.

解 这两个球面的交线的方程为

$$\begin{cases} x^2+y^2+z^2=1, & (7.5.3) \\ x^2+(y-1)^2+(z-1)^2=1. & (7.5.4) \end{cases}$$

为了从此方程组中消去 z,求出交线关于 xOy 面的投影柱面,由方程(7.5.3)减去方程(7.5.4),化简得

$$z=1-y. \qquad (7.5.5)$$

将方程(7.5.5)代入方程(7.5.3),即得所求的投影柱面方程

$$x^2+2y^2-2y=0.$$

因此,这两个球面的交线在 xOy 面上的投影曲线的方程为

$$\begin{cases} x^2+2y^2-2y=0, \\ z=0. \end{cases}$$

在某些情况下,利用投影柱面和投影曲线也可以确定一个立体或曲面在坐标面上的投影.

例 7.5.4 设一个立体由抛物面 $z=2-x^2-y^2$ 和锥面 $z=\sqrt{x^2+y^2}$ 所围成（见图 7.42）,求它在 xOy 面上的投影.

解 由图 7.42 可知,该立体在 xOy 面上的投影即为抛物面与锥面的交线

$$\Gamma: \begin{cases} z=2-x^2-y^2, \\ z=\sqrt{x^2+y^2} \end{cases}$$

在 xOy 面上的投影曲线所围成的平面图形.

由上述方程组消去 z,得 $x^2+y^2=1$,此即曲线 Γ 关于 xOy 面的投影柱面.于是,曲线 Γ 在 xOy 面上的投影曲线的方程为

$$\begin{cases} x^2 + y^2 = 1, \\ z = 0. \end{cases}$$

上述投影曲线在 xOy 面上所围成的平面图形为 $\begin{cases} x^2 + y^2 \leqslant 1, \\ z = 0, \end{cases}$ 它即为该立体在 xOy 面上的投影,如图 7.43 所示.

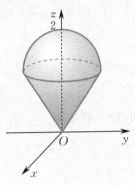

图 7.42

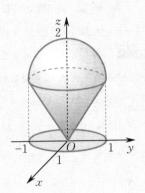

图 7.43

1. 指出下列方程组在平面解析几何中和空间解析几何中分别表示什么图形:

(1) $\begin{cases} y = 5x + 1, \\ y = 2x - 3; \end{cases}$ 　　　　　(2) $\begin{cases} \dfrac{x^2}{4} + \dfrac{y^2}{9} = 1, \\ x = 2. \end{cases}$

2. 分别求母线平行于 x 轴及 y 轴,且通过曲线 $\begin{cases} 2x^2 + y^2 + z^2 = 16, \\ x^2 + z^2 - y^2 = 0 \end{cases}$ 的柱面方程.

3. 求抛物面 $x^2 + y^2 + z = 9$ 与平面 $x + y + z = 1$ 的交线在 xOy 面上的投影曲线的方程.

4. 求曲线 $\begin{cases} y^2 + z^2 - 2x = 0, \\ z = 3 \end{cases}$ 在 xOy 面上的投影曲线的方程,并指出原曲线是什么曲线.

5. 指出下列方程分别表示什么曲线:

(1) $\begin{cases} x^2 + 4y^2 + 9z^2 = 36, \\ y = 2; \end{cases}$ 　　　　　(2) $\begin{cases} x^2 - 4y^2 + z^2 = 25, \\ x = -3. \end{cases}$

6. 求由曲面 $z = 2x^2 + 3y^2$ 及平面 $z = 6$ 所围成的立体在三个坐标面上的投影.

7. 画出下列各组曲面所围成立体的图形:

(1) 平面 $x = 0, y = 0, z = 0, x = 2, y = 1, 3x + 4y + 2z - 12 = 0$;

(2) 圆锥面 $z = \sqrt{3x^2 + 3y^2}$ 与上半球面 $z = \sqrt{4 - x^2 - y^2}$;

(3) 圆柱面 $x^2 + y^2 = 1, x^2 + z^2 = 1$ 与平面 $z = 0, y = 0, x = 0$ 所围成的在第一卦限的立体.

总复习题七

1. 填空题：

(1) 要使得 $|\vec{a}+\vec{b}| = |\vec{a}-\vec{b}|$ 成立，则向量 $\vec{a},\vec{b}$ 应满足 _____；

(2) 要使得 $|\vec{a}+\vec{b}| = |\vec{a}|+|\vec{b}|$ 成立，则向量 $\vec{a},\vec{b}$ 应满足 _____；

(3) 两个非零向量 $\vec{a}$ 与 $\vec{b}$ 垂直的充要条件是 _____；

(4) 两个非零向量 $\vec{a}$ 与 $\vec{b}$ 平行的充要条件是 _____；

(5) 已知向量 $\vec{a} = (1,-2,2)$ 与 $\vec{b} = (-1,1,-2)$，则 $\mathrm{Prj}_{\vec{a}}\vec{b} = $ _____；

(6) 以向量 $\vec{a} = (1,2,0)$ 和 $\vec{b} = (1,3,4)$ 为邻边的平行四边形的面积为 _____；

(7) 已知直线 $\dfrac{x+1}{4} = \dfrac{y+2}{3} = \dfrac{z-1}{1}$ 与平面 $lx+3y-5z+1 = 0$ 平行，则 $l = $ _____；

(8) 点 $(1,2,1)$ 到平面 $5x-3y+4z-8 = 0$ 的距离为 _____；

(9) 曲线 $\begin{cases} 2y = 1-3x^2, \\ z = 0 \end{cases}$ 绕 y 轴旋转一周所形成的旋转曲面的方程为 _____；

(10) 直线 $L:\dfrac{x+1}{2} = \dfrac{y-1}{3} = \dfrac{z-1}{6}$ 与平面 $\Pi:2x+2y-z+8 = 0$ 的夹角为 $\varphi = $ _____．

2. 判断题：

(1) 若 $\vec{a} \cdot \vec{b} = \vec{a} \cdot \vec{c}$，则必有 $\vec{b} = \vec{c}$；

(2) 若 $\vec{a} \times \vec{b} = \vec{a} \times \vec{c}$，则必有 $\vec{b} = \vec{c}$；

(3) 设 $\vec{a}$ 与 $\vec{b}$ 是非零向量，则必有 $\vec{a} \cdot \vec{b} = \vec{b} \cdot \vec{a}$；

(4) 设 $\vec{a}$ 与 $\vec{b}$ 是非零向量，则必有 $\vec{a} \times \vec{b} = \vec{b} \times \vec{a}$；

(5) 设 $\vec{a}$ 是非零向量，若有 $\vec{a} \cdot \vec{b} = \vec{a} \cdot \vec{c}$ 且 $\vec{a} \times \vec{b} = \vec{a} \times \vec{c}$，则必有 $\vec{b} = \vec{c}$．

3. 选择题：

(1) 已知顶点为 $A(1,2,3),B(1,0,2),C(-1,3,\lambda)$ 的三角形的面积是 $\dfrac{\sqrt{21}}{2}$，则 λ 的值为（ ）；

A. 3   B. 3 或 4   C. 4   D. -3 或 -4

(2) 直线 $\dfrac{x-x_0}{p} = \dfrac{y-y_0}{q} = \dfrac{z-z_0}{m}$ 与平面 $Ax+By+Cz+D = 0$ 垂直的条件是（ ）；

A. $\dfrac{p}{A} = \dfrac{q}{B} = \dfrac{m}{C}$ B. $pA = qB = mC$

C. $pA+qB+mC = 0$ D. 以上都不对

(3) 直线 $L:\begin{cases} A_1 x+B_1 y+C_1 z+D_1 = 0, \\ A_2 x+B_2 y+C_2 z+D_2 = 0 \end{cases}$ 与 y 轴相交的条件是（ ）；

A. $A_1 = A_2 = 0$ B. $\dfrac{B_1}{B_2} = \dfrac{D_1}{D_2}$

C. $\dfrac{B_1}{B_2} = \dfrac{C_1}{C_2}$ D. $D_1 = D_2 = 0$

(4) 设直线 $L:\begin{cases} x+3y+2z+1=0, \\ 2x-y-10z+3=0 \end{cases}$ 及平面 $\Pi:3x+5y-2z-2=0$,则直线 $L($);

A. 平行于平面 Π B. 在平面 Π 上

C. 垂直于平面 Π D. 与平面 Π 斜交

(5) 方程 $\dfrac{x^2}{2}-\dfrac{y^2}{2}+\dfrac{z^2}{2}=1$ 表示旋转曲面,它的旋转轴是( );

A. x 轴   B. y 轴   C. z 轴   D. 直线 $x=y=z$

(6) 通过直线 $L_1:\begin{cases} x=2t-1, \\ y=3t+2, \\ z=2t-3 \end{cases}$ 和 $L_2:\begin{cases} x=2t+3, \\ y=3t-1, \\ z=2t+1 \end{cases}$ 的平面方程为( );

A. $x-z-2=0$ B. $x+z=0$

C. $x-2y+z=0$ D. $x+y+z=1$

(7) 若 $\vec{a}\times\vec{b}=\vec{a}\times\vec{c}$,则( );

A. $\vec{b}=\vec{c}$ B. $\vec{a}\parallel\vec{b}$ 且 $\vec{a}\parallel\vec{c}$

C. $\vec{a}=\vec{0}$ 或 $\vec{b}-\vec{c}=\vec{0}$ D. $\vec{a}\parallel(\vec{b}-\vec{c})$

(8) 下列命题中正确的是( ).

A. $\vec{i}=\vec{j}=\vec{k}$ B. $2\vec{i}>\vec{j}$

C. $\vec{i}+\vec{j}$ 为单位向量   D. $(\vec{i}\times\vec{j})\times\vec{k}=\vec{0}$

4. 已知 $\triangle ABC$ 的顶点为 $A(3,2,-1),B(5,-4,7)$ 和 $C(-1,1,2)$,求从顶点 C 所引中线的长度.

5. 设一个向量与 x 轴及 y 轴的夹角相等,而与 z 轴的夹角是与 x 轴的夹角的两倍,求与该向量同向的单位向量.

6. 设向量 $\vec{a}=(3,-5,8),\vec{b}=(-1,1,z)$,且 $|\vec{a}+\vec{b}|=|\vec{a}-\vec{b}|$,求 z.

7. 设向量 $\vec{a}=(2,-1,-2),\vec{b}=(1,1,z)$,问:当 z 为何值时,$(\widehat{\vec{a},\vec{b}})$ 最小?并求出此最小值.

8. 设 $|\vec{a}|=4,|\vec{b}|=3,(\widehat{\vec{a},\vec{b}})=\dfrac{\pi}{6}$,求以向量 $\vec{a}+2\vec{b}$ 和 $\vec{a}-3\vec{b}$ 为邻边的平行四边形的面积.

9. 已知向量 $\vec{a}=(1,0,1),\vec{b}=(1,1,0)$,求向量 $\vec{c}$,使得 $\vec{c}\perp\vec{a}$,$\vec{c}\perp\vec{b}$ 且 $|\vec{c}|=\sqrt{3}$.

10. 设 $\vec{a}$ 与 $\vec{b}$ 是非零向量,若 $\vec{a}+3\vec{b}$ 垂直于 $7\vec{a}-5\vec{b}$,而 $\vec{a}-4\vec{b}$ 垂直于 $7\vec{a}-2\vec{b}$,求 $(\widehat{\vec{a},\vec{b}})$.

11. 设 $\overrightarrow{OA}=\vec{i},\overrightarrow{OB}=-\vec{i}+2\vec{j}-2\vec{k}$,在 $\angle AOB$ 的角平分线上求一点 C,使得 $|\overrightarrow{OC}|=\sqrt{6}$.

12. 求下列平面方程:

(1) 通过点 $A(0,0,1)$ 和 $B(3,0,0)$,且与 xOy 面的夹角为 $\dfrac{\pi}{3}$;

(2) 通过 z 轴,且与平面 $2x+y-\sqrt{5}z-7=0$ 的夹角为 $\dfrac{\pi}{3}$.

13. 过点 $A(1,2,0)$ 作一条直线,使其与 z 轴相交,且与平面 $4x+3y-2z+1=0$ 平行,求此直线方程.

14. 求通过点 $A(1,1,1)$ 且和两条直线 $L_1:\begin{cases} y=x+1, \\ z=2x-3 \end{cases}$ 与 $L_2:\begin{cases} y=x-2, \\ z=x+1 \end{cases}$ 相交的直线方程.

15. 求通过直线 $\begin{cases} x+5y+z=0, \\ x-z+4=0 \end{cases}$ 且与平面 $x-4y-8z+12=0$ 的夹角为 $\dfrac{\pi}{4}$ 的平面方程.

16. 求两个平面 $2x-y+z-7=0$ 和 $x+y+2z-11=0$ 的角平分面的方程.

17. 求两条异面直线 $L_1:\dfrac{x+2}{1}=\dfrac{y-3}{-1}=\dfrac{z+1}{1}$ 与 $L_2:\dfrac{x+4}{2}=\dfrac{y}{1}=\dfrac{z-4}{3}$ 的公垂线 L 的方程.

*18. 求直线 $L:\dfrac{x-1}{1}=\dfrac{y}{1}=\dfrac{z-1}{-1}$ 在平面 $x-y+2z-1=0$ 上的投影直线 L_0 的方程,并求投影直线 L_0 绕 y 轴旋转一周所形成的旋转曲面的方程.

*19. 设直线 L 过点 $A(1,0,0)$ 和 $B(0,1,1)$,将直线 L 绕 z 轴旋转一周得到曲面 Σ,求曲面 Σ 的方程.

第8章

多元函数微分学

上册中我们讨论的函数仅有一个自变量,这种函数称为一元函数.但在许多实际问题中,会遇到一个变量由多个变量确定的情形.这种变量间的关系反映到数学上就是我们将要学习的多元函数.本章将在一元函数微分学的基础上,讨论多元函数微分学及其应用.本章的讨论将以二元函数为主,有关二元函数的结论和研究方法都可以推广到多元函数上.

§8.1 多元函数简介

一、多元函数的基本概念

1. 平面点集与 n 维空间

（1）邻域：设 $P_0(x_0, y_0)$ 为 xOy 面上的一点，δ 为一个正数，则称集合

$$\{(x, y) \mid \sqrt{(x - x_0)^2 + (y - y_0)^2} < \delta\}$$

为以点 P_0 为中心，以 δ 为半径的邻域，简称点 P_0 的 δ 邻域（见图 8.1），记为 $U(P_0, \delta)$，而称集合

$$\{(x, y) \mid 0 < \sqrt{(x - x_0)^2 + (y - y_0)^2} < \delta\}$$

为点 P_0 的去心 δ 邻域，记为 $\mathring{U}(P_0, \delta)$. 有时也用 $U(P_0)$［或 $\mathring{U}(P_0)$］表示点 P_0 的某个邻域（或去心邻域）.

（2）内点和外点：设 E 为平面点集，P 为平面上一点. 若存在 $\delta > 0$，使得 $U(P, \delta) \subset E$，则称 P 为 E 的一个**内点**（见图 8.2 的点 P_1）；若存在 $\delta > 0$，使得 $U(P, \delta) \bigcap E = \varnothing$，则称 P 为 E 的一个**外点**（见图 8.2 的点 P_2）. 例如，点集 $E = \{(x, y) \mid x^2 + y^2 < 2\}$ 中的点都是 E 的内点.

（3）边界点和边界：设 E 为平面点集，P 为平面上一点. 若点 P 的任何邻域内既含有属于 E 的点，又含有不属于 E 的点，则称 P 为 E 的一个**边界点**（见图 8.2 的点 P_3）. 点集 E 的边界点的全体称为 E 的**边界**，记为 ∂E. 例如，xOy 面上满足 $x^2 + y^2 = 2$ 的点都是点集 $E = \{(x, y) \mid x^2 + y^2 < 2\}$ 的边界点.

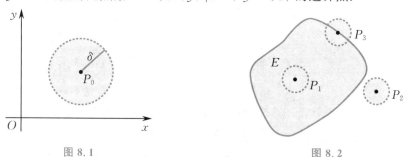

图 8.1   图 8.2

注 点集 E 的内点一定属于 E；点集 E 的外点一定不属于 E；点集 E 的边界点可能属于 E，也可能不属于 E.

（4）开集和闭集：若平面点集 E 的点都是 E 的内点，则称 E 为**开集**；若平面点集 E 的余集 E^c 是开集，则称 E 为**闭集**. 例如，$\{(x, y) \mid x^2 + y^2 < 2\}$ 为开集；$\{(x, y) \mid x^2 + y^2 \leqslant 2\}$ 为闭集；$\{(x, y) \mid 2 < x^2 + y^2 \leqslant 3\}$ 既不是开集，也不是闭集（见图 8.3）.

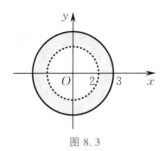

图 8.3

（5）连通集：若平面点集 E 中的任何两点总可用 E 内的折线连接，则称 E 为连通集.

（6）区域和闭区域：连通的开集称为区域或开区域；区域连同其边界构成的集合称为闭区域. 例如，$\{(x,y)\mid x^2+y^2<2\}$，$\{(x,y)\mid x>0,y>0\}$ 是区域；$\{(x,y)\mid x^2+y^2\leqslant R^2\}$ 为闭区域；$\{(x,y)\mid 2<x^2+y^2\leqslant 3\}$ 不是区域，也不是闭区域.

（7）有界集：对于平面点集 E，若存在某个正数 r，使得 $E\subset U(O,r)$，其中 O 为原点，则称 E 为有界集；否则，称 E 为无界集. 例如，$\{(x,y)\mid 2<x^2+y^2\leqslant 3\}$ 为有界集；$\{(x,y)\mid x+y>1\}$ 为无界集.

（8）n 维空间：全体 n 元有序实数组构成的集合

$$\{(x_1,x_2,\cdots,x_n)\mid x_i\in\mathbf{R},i=1,2,\cdots,n\}$$

称为 n 维空间，记为 $\mathbf{R}^n$. n 维空间 $\mathbf{R}^n$ 中，元素 $(x_1,x_2,\cdots,x_n)$ 通常称为 $\mathbf{R}^n$ 中的点.

① $\mathbf{R}^n$ 中的线性运算定义如下：设 $\boldsymbol{x}=(x_1,x_2,\cdots,x_n)\in\mathbf{R}^n$，$\boldsymbol{y}=(y_1,y_2,\cdots,y_n)\in\mathbf{R}^n$，则

$$\boldsymbol{x}+\boldsymbol{y}=(x_1+y_1,x_2+y_2,\cdots,x_n+y_n);$$
$$\lambda\boldsymbol{x}=(\lambda x_1,\lambda x_2,\cdots,\lambda x_n)\quad(\lambda\in\mathbf{R}).$$

② $\mathbf{R}^n$ 中两点 $\boldsymbol{x}=(x_1,x_2,\cdots,x_n)$ 与 $\boldsymbol{y}=(y_1,y_2,\cdots,y_n)$ 之间的距离定义为

$$\rho(\boldsymbol{x},\boldsymbol{y})=\sqrt{(x_1-y_1)^2+(x_2-y_2)^2+\cdots+(x_n-y_n)^2}.$$

2. 多元函数的概念

在许多实际问题中存在多个变量间的依赖关系.

例 8.1.1 圆锥的体积 V、底面半径 R 和高 H 之间有如下关系式：

$$V=\frac{1}{3}\pi R^2 H\quad(R>0,H>0).$$

R 和 H 可以看作两个变量，它们分别取定一个值时，变量 V 有唯一确定的值与之对应.

例 8.1.2 商品的销售收入 R 是其价格 P 与销售量 Q 的乘积：

$$R=PQ\quad(P>0,Q>0).$$

当价格 P 和销售量 Q 分别取定时，销售收入 R 也唯一确定.

定义 8.1.1 设 D 是 n 维空间 $\mathbf{R}^n$ 的一个非空子集. 若对于每一点

$(x_1, x_2, \cdots, x_n) \in D$，按某一对应法则 f 都有唯一确定的实数 y 与之对应，则称对应法则 f 为定义在 D 上的一个 n 元函数（简称函数），记为

$$y = f(x_1, x_2, \cdots, x_n), \quad (x_1, x_2, \cdots, x_n) \in D,$$

其中 $x_1, x_2, \cdots, x_n$ 称为自变量，y 称为因变量，集合 D 称为函数 f 的定义域，因变量 y 的全体取值构成的集合称为函数 f 的值域.

对于 n 元函数 $f(x_1, x_2, \cdots, x_n)$，为了简便，有时也将点 $P_0(x_{01}, x_{02}, \cdots, x_{0n})$ 处的函数值记为 $f(P_0)$.

当 $n = 2$ 时，n 元函数就是二元函数，通常记二元函数为

$$z = f(x, y), \quad (x, y) \in D.$$

当 $n = 3$ 时，n 元函数就是三元函数，通常记三元函数为

$$u = f(x, y, z), \quad (x, y, z) \in \Omega.$$

类似于一元函数的定义域，使得多元函数有意义的点集称为这个多元函数的自然定义域. 除特殊说明外，多元函数的定义域指的就是自然定义域. 例如，二元函数 $z = \ln(x + y)$ 的定义域为 $D = \{(x, y) \mid x + y > 0\}$；二元函数 $z = \arcsin(1 + |x^2 - y^2|)$ 的定义域为 $D = \{(x, y) \mid y = \pm x\}$；三元函数 $u = \dfrac{1}{\sqrt{R^2 - x^2 - y^2 - z^2}}$ 的定义域为 $\Omega = \{(x, y, z) \mid x^2 + y^2 + z^2 < R^2\}$.

设二元函数 $z = f(x, y)$ 的定义域为 D，称点集

$$\{(x, y, z) \mid z = f(x, y), (x, y) \in D\}$$

为函数 $z = f(x, y)$ 的图形. 一般情况下，二元函数 $z = f(x, y)$ 的图形通常是三维空间 $\mathbf{R}^3$ 中的一个曲面（见图 8.4）. 例如，函数 $z = x^2 + y^2$ 的图形为旋转抛物面（见图 8.5）；函数 $z = \sqrt{1 - x^2 - y^2}$ 的图形为上半球面（见图 8.6）.

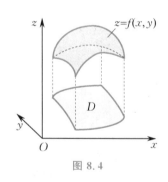

图 8.4

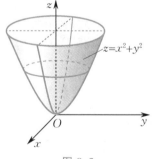

图 8.5

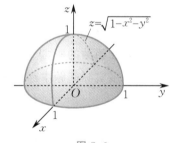

图 8.6

例 8.1.3　求下列函数的定义域：

(1) $z = \dfrac{\sin(x + y)}{\sqrt{4 - x^2 - y^2}}$；　　　　　(2) $z = \ln(x + y) + \arcsin x - 5\arccos y.$

解　(1) 要使得函数 $z = \dfrac{\sin(x + y)}{\sqrt{4 - x^2 - y^2}}$ 有意义，必须

$$4 - x^2 - y^2 > 0, \quad 即 \quad x^2 + y^2 < 4,$$

故所求的定义域为 $D = \{(x, y) \mid x^2 + y^2 < 4\}$，其图形如图 8.7 所示.

（2）要使得函数 $z = \ln(x + y) + \arcsin x - 5\arccos y$ 有意义，必须

$$\begin{cases} x + y > 0, \\ |x| \leqslant 1, \\ |y| \leqslant 1, \end{cases} \quad 即 \quad \begin{cases} x + y > 0, \\ -1 \leqslant x \leqslant 1, \\ -1 \leqslant y \leqslant 1, \end{cases}$$

故所求的定义域为 $D = \{(x, y) \mid x + y > 0, -1 \leqslant x \leqslant 1, -1 \leqslant y \leqslant 1\}$，其图形如图 8.8 所示.

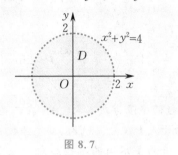

图 8.7

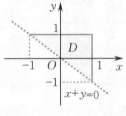

图 8.8

例 8.1.4 已知函数 $f(x + y, x - y) = \sin(x^2 - y^2) + 4xy$，求 $f(x, y)$.

解 令 $\begin{cases} u = x + y, \\ v = x - y, \end{cases}$ 则 $\begin{cases} x = \dfrac{u + v}{2}, \\ y = \dfrac{u - v}{2}. \end{cases}$ 将其代入 $f(x + y, x - y) = \sin(x^2 - y^2) + 4xy$，得

$$f(u, v) = \sin(uv) + 4 \cdot \frac{u + v}{2} \cdot \frac{u - v}{2} = \sin(uv) + u^2 - v^2.$$

因此

$$f(x, y) = \sin(xy) + x^2 - y^2.$$

二、二元函数的极限与连续

设函数 $f(x, y)$ 在点 $P_0(x_0, y_0)$ 的某个去心邻域 $\mathring{U}(P_0)$ 内有定义，A 为常数. 当点 $P(x, y)$ 趋向于点 $P_0(x_0, y_0)$ 时，对应的函数值 $f(x, y)$ 趋向于常数 A，则称 A 为 $f(x, y)$ 当点 $P(x, y)$ 趋向于点 $P_0(x_0, y_0)$ 时的极限. 与一元函数极限的"ε-δ"定义类似，下面给出二元函数极限的定义.

定义 8.1.2 设函数 $f(x, y)$ 的定义域为 D. 若存在常数 A，对于任意给定的正数 ε，存在正数 δ，当点 $P(x, y) \in D$ 且 $0 < \sqrt{(x - x_0)^2 + (y - y_0)^2} < \delta$ 时，有不等式

$$|f(x, y) - A| < \varepsilon$$

成立，则称 A 为 $f(x, y)$ 当点 $P(x, y)$ 趋向于点 $P_0(x_0, y_0)$ 时的极限，记作

$$\lim_{(x, y) \to (x_0, y_0)} f(x, y) = A, \quad \lim_{P \to P_0} f(x, y) = A \quad 或 \quad \lim_{\substack{x \to x_0 \\ y \to y_0}} f(x, y) = A.$$

多元函数的极限与一元函数的极限有类似的运算法则.

例 8.1.5 求极限 $\lim\limits_{(x,y)\to(0,0)} x^2 y\cos\dfrac{1}{3x^2+y^2}$.

解 因 $\lim\limits_{(x,y)\to(0,0)} x^2 y=0$，而 $\cos\dfrac{1}{3x^2+y^2}$ 有界，故由无穷小的性质得

$$\lim\limits_{(x,y)\to(0,0)} x^2 y\cos\dfrac{1}{3x^2+y^2}=0.$$

例 8.1.6 求极限 $\lim\limits_{(x,y)\to(0,2)}\dfrac{\tan(xy)}{x}$.

解 $\lim\limits_{(x,y)\to(0,2)}\dfrac{\tan(xy)}{x}=\lim\limits_{(x,y)\to(0,2)}\dfrac{\tan(xy)}{xy}y=\lim\limits_{(x,y)\to(0,2)}\dfrac{\tan(xy)}{xy}\cdot\lim\limits_{(x,y)\to(0,2)}y=1\cdot 2=2.$

注 一元函数的极限与二元函数的极限存在不同之处. 在二元函数的极限定义中，点 $P(x,y)$ 以任意的方式趋向于点 $P_0(x_0,y_0)$ 时，二元函数 $f(x,y)$ 都趋向于常数 A. 换言之，若当点 $P(x,y)$ 沿两条不同的路径趋向于点 $P_0(x_0,y_0)$ 时，$f(x,y)$ 趋向于不同的数值，或者当点 $P(x,y)$ 沿某一路径趋向于点 $P_0(x_0,y_0)$ 时，$f(x,y)$ 的极限不存在，则二元函数的极限 $\lim\limits_{(x,y)\to(x_0,y_0)} f(x,y)$ 不存在.

例 8.1.7 考察函数

$$f(x,y)=\begin{cases}\dfrac{xy}{x^2+y^2}, & x^2+y^2\neq 0,\\[2mm] 0, & x^2+y^2=0\end{cases}$$

当 $(x,y)\to(0,0)$ 时的极限情况.

解 当 (x,y) 沿 x 轴趋向于点 $(0,0)$ 时，有

$$\lim\limits_{\substack{(x,y)\to(0,0)\\ y=0}} f(x,y)=\lim\limits_{\substack{x\to 0\\ y=0}} f(x,y)=\lim\limits_{x\to 0} f(x,0)=\lim\limits_{x\to 0}0=0;$$

当 (x,y) 沿直线 $y=x$ 趋向于点 $(0,0)$ 时，有

$$\lim\limits_{\substack{(x,y)\to(0,0)\\ y=x}} f(x,y)=\lim\limits_{\substack{x\to 0\\ y=x}} f(x,y)=\lim\limits_{x\to 0}\dfrac{x^2}{2x^2}=\lim\limits_{x\to 0}\dfrac{1}{2}=\dfrac{1}{2}.$$

因此，当 $(x,y)\to(0,0)$ 时，$f(x,y)$ 的极限 $\lim\limits_{(x,y)\to(0,0)} f(x,y)$ 不存在.

例 8.1.8 证明：极限 $\lim\limits_{(x,y)\to(0,0)}\dfrac{x^2y+xy}{x+y}$ 不存在.

证明 因为

$$\lim\limits_{\substack{(x,y)\to(0,0)\\ y=x^2-x}}\dfrac{x^2y+xy}{x+y}=\lim\limits_{x\to 0}\dfrac{x^2(x^2-x)+x(x^2-x)}{x^2}=\lim\limits_{x\to 0}(x^2-1)=-1,$$

$$\lim\limits_{\substack{(x,y)\to(0,0)\\ y=x}}\dfrac{x^2y+xy}{x+y}=\lim\limits_{x\to 0}\dfrac{x^3+x^2}{2x}=0,$$

所以极限 $\lim\limits_{(x,y)\to(0,0)}\dfrac{x^2y+xy}{x+y}$ 不存在.

例 8.1.9 证明:极限 $\lim\limits_{(x,y)\to(0,0)}\dfrac{\sin(x^2y)}{x^2+y^2}=0$.

证明 因为

$$0\leqslant\left|\frac{\sin(x^2y)}{x^2+y^2}\right|\leqslant\left|\frac{x^2y}{x^2+y^2}\right|=|x|\left|\frac{xy}{x^2+y^2}\right|\leqslant\frac{1}{2}|x|,$$

而

$$\lim_{(x,y)\to(0,0)}\frac{1}{2}|x|=0,$$

所以

$$\lim_{(x,y)\to(0,0)}\frac{\sin(x^2y)}{x^2+y^2}=0.$$

定义 8.1.3 若函数 $f(x,y)$ 满足条件

$$\lim_{(x,y)\to(x_0,y_0)}f(x,y)=f(x_0,y_0),$$

则称 $f(x,y)$ 在点 (x_0,y_0) 处**连续**;否则,称 $f(x,y)$ 在点 (x_0,y_0) 处**间断**,此时点 (x_0,y_0) 称为 $f(x,y)$ 的**间断点**.

若函数 $f(x,y)$ 在 D 上每一点处都连续,则称 $f(x,y)$ 在 D 上连续(多元函数在边界点的连续性可参考一元函数在区间端点的连续性给出).

由例 8.1.7 知,函数

$$f(x,y)=\begin{cases}\dfrac{xy}{x^2+y^2}, & x^2+y^2\neq0,\\ 0, & x^2+y^2=0\end{cases}$$

在点 $(0,0)$ 处不连续,即 $(0,0)$ 是 $f(x,y)$ 的一个间断点.又如,函数

$$f(x,y)=\sin\frac{1}{x+y-1}$$

在直线 $L=\{(x,y)\mid x+y=1\}$ 上的点均没有定义,即直线 L 上的点都是 $f(x,y)$ 的间断点.

容易证明,二元连续函数的和、差、积、商(分母不为零)也是连续的;二元连续函数的复合函数也是连续的.

由常数和 x,y 的基本初等函数经过有限次四则运算和有限次复合运算得到的且可用一个式子表示的函数,称为**二元初等函数**.与一元初等函数连续性类似,二元初等函数在其有定义的区域上是连续的.同样,可以给出 $n(n\geqslant3)$ 元初等函数的定义,并且 n 元初等函数在其有定义的区域上是连续的.

若 $f(x,y)$ 是初等函数,$P_0(x_0,y_0)$ 是其定义域上的一个内点,则有

$$\lim_{(x,y)\to(x_0,y_0)}f(x,y)=f(x_0,y_0).$$

例如：

$$\lim_{(x,y)\to(0,2)} e^{-xy}\cos\frac{x}{y} = e^{-0\times2}\cos\frac{0}{2} = 1,$$

$$\lim_{(x,y)\to(0,1)} \arctan\sqrt{x^2+y^2} = \arctan\sqrt{0^2+1^2} = \frac{\pi}{4}.$$

8.1.10 求极限 $\lim\limits_{(x,y)\to(0,1)}\dfrac{\sqrt{4xy+1}-1}{xy}$.

解 $\lim\limits_{(x,y)\to(0,1)}\dfrac{\sqrt{4xy+1}-1}{xy} = \lim\limits_{(x,y)\to(0,1)}\dfrac{4xy+1-1}{xy(\sqrt{4xy+1}+1)} = \lim\limits_{(x,y)\to(0,1)}\dfrac{4}{\sqrt{4xy+1}+1} = 2.$

闭区间上的一元连续函数具有有界性、最值性等性质. 类似地，有界闭区域上的多元连续函数具有如下性质：

(1) **有界性** 在有界闭区域 D 上连续的多元函数必定在 D 上有界.

(2) **最值性** 在有界闭区域 D 上连续的多元函数必定在 D 上取得最大值和最小值.

(3) **介值性** 在有界闭区域 D 上连续的多元函数必取得介于最大值和最小值之间的任何数值.

(4) **一致连续性** 在有界闭区域 D 上连续的多元函数在 D 上一致连续：若多元函数 $f(P)$ 在有界闭区域 D 上连续，则对于任意给定的正数 ε，总存在正数 δ，使得对于 D 上的任意两点 P_1 和 P_2，当 $\rho(P_1,P_2)<\delta$ 时，有不等式 $|f(P_1)-f(P_2)|<\varepsilon$ 成立.

习题8.1

1. 求下列函数的定义域，并在平面上画出简略图：

   (1) $z = \sqrt{4x^2+y^2-1}$;

   (2) $z = \ln(x-3y+2)$;

   (3) $z = \sqrt{1-x^2} + \sqrt{y^2-1}$;

   (4) $z = \dfrac{1}{R^2-x^2-y^2}$.

2. 求下列函数的表达式：

   (1) 设函数 $f(u,v) = (u-3v)^2$，求 $f(x+y,xy)$;

   (2) 设函数 $f(u,v) = u^2 e^v$，求 $f\left(\sin x,\dfrac{x}{y}\right)$;

   (3) 设函数 $f(u) = e^{-u}\cos 2u$，求 $f(x-2y)$;

   (4) 设函数 $f\left(x+y,\dfrac{y}{x}\right) = x^2-y^2$，求 $f(x,y)$.

3. 求下列极限:

(1) $\lim\limits_{(x,y)\to(0,1)}\dfrac{1-xy}{x^2+y^2}$;

(2) $\lim\limits_{(x,y)\to(1,\frac{1}{2})}\dfrac{\arcsin(x^3y)}{2^x+y}$;

(3) $\lim\limits_{(x,y)\to(\infty,\infty)}(x^2+y^2)\sin\dfrac{3}{x^2+y^2}$;

(4) $\lim\limits_{(x,y)\to(0,0)}\dfrac{xy}{2-\sqrt{xy+4}}$.

4. 证明:极限 $\lim\limits_{(x,y)\to(0,0)}\dfrac{\sin\pi x\sin\pi y}{\sin^2\pi x+\sin^2\pi y}$ 不存在.

5. 判断下列函数在点$(0,0)$处是否连续:

(1) $f(x,y)=\begin{cases}1, & xy=0,\\ 0, & xy\neq 0;\end{cases}$

(2) $f(x,y)=\sin(x^2+y)$;

(3) $f(x,y)=\begin{cases}(x+y)\cos\dfrac{1}{x}, & x\neq 0,\\ 0, & x=0.\end{cases}$

6. 求函数 $f(x,y)=x^2\ln(x^2+y^2-2)$ 的连续区域.

7. 求函数 $f(x,y)=\sin(y+\sqrt{x})$ 的连续区域.

§8.2

偏 导 数

一、偏导数的定义及其计算方法

我们已经知道,一元函数的导数描述函数的变化率,它是函数增量与自变量增量的比值的极限.而对于多元函数,常常需要考虑函数对某个自变量的变化率,即在其中一个自变量发生改变,而其他自变量固定不变的情形下,讨论函数关于该自变量的变化率.例如,某种商品的价格P是成本x、供应量y和需求量z的函数,我们可以考虑在成本x和供应量y不变的情况下,价格P对需求量z的变化率;也可以考虑在成本x和需求量z不变的情况下,价格P对供应量y的变化率.

定义 8.2.1 设函数$z=f(x,y)$在点(x_0,y_0)的某个邻域内有定义. 若极限

$$\lim\limits_{\Delta x\to 0}\dfrac{f(x_0+\Delta x,y_0)-f(x_0,y_0)}{\Delta x}$$

存在,则称$z=f(x,y)$在点(x_0,y_0)处对x的偏导数存在,并称此极限值为$z=f(x,y)$在点(x_0,y_0)处对x的偏导数,记作

$$\dfrac{\partial z}{\partial x}\Big|_{\substack{x=x_0\\y=y_0}}, \quad \dfrac{\partial f}{\partial x}\Big|_{\substack{x=x_0\\y=y_0}}, \quad z_x\Big|_{\substack{x=x_0\\y=y_0}} \quad \text{或} \quad f_x(x_0,y_0).$$

若极限

$$\lim\limits_{\Delta y\to 0}\dfrac{f(x_0,y_0+\Delta y)-f(x_0,y_0)}{\Delta y}$$

存在，则称 $z = f(x, y)$ 在点 (x_0, y_0) 处对 y 的偏导数存在，并称此极限值为 $z = f(x, y)$ 在点 (x_0, y_0) 处对 y 的偏导数，记作

$$\frac{\partial z}{\partial y}\bigg|_{\substack{x = x_0 \\ y = y_0}}, \quad \frac{\partial f}{\partial y}\bigg|_{\substack{x = x_0 \\ y = y_0}}, \quad z_y\bigg|_{\substack{x = x_0 \\ y = y_0}} \quad \text{或} \quad f_y(x_0, y_0).$$

若函数 $z = f(x, y)$ 在区域 D 上每一点 (x, y) 处对 x 的偏导数都存在，则区域 D 上每一点 (x, y) 都对应着一个对 x 的偏导数，这样在 D 上确定了一个新的函数，称该函数为 $z = f(x, y)$ 对 x 的偏导函数。同理，若函数 $z = f(x, y)$ 在区域 D 上每一点 (x, y) 处对 y 的偏导数都存在，则在 D 上确定了一个新的函数，称该函数为 $z = f(x, y)$ 对 y 的偏导函数。上述偏导函数分别记作

$$\frac{\partial z}{\partial x}, \quad \frac{\partial f(x, y)}{\partial x}, \quad z_x \quad \text{或} \quad f_x(x, y);$$

$$\frac{\partial z}{\partial y}, \quad \frac{\partial f(x, y)}{\partial y}, \quad z_y \quad \text{或} \quad f_y(x, y).$$

也就是说，

$$f_x(x, y) = \lim_{\Delta x \to 0} \frac{f(x + \Delta x, y) - f(x, y)}{\Delta x},$$

$$f_y(x, y) = \lim_{\Delta y \to 0} \frac{f(x, y + \Delta y) - f(x, y)}{\Delta y}.$$

偏导函数也简称为偏导数。

偏导数的概念可推广到 $n(n \geqslant 3)$ 元函数上。例如，三元函数 $u = f(x, y, z)$ 在点 (x, y, z) 处对 x 的偏导数定义为

$$f_x(x, y, z) = \lim_{\Delta x \to 0} \frac{f(x + \Delta x, y, z) - f(x, y, z)}{\Delta x}.$$

类似地，可定义 $f_y(x, y, z)$ 和 $f_z(x, y, z)$。

从偏导数的定义可得

$$f_x(x_0, y_0) = \big[f(x, y_0)\big]'\bigg|_{x = x_0},$$

$$f_y(x_0, y_0) = \big[f(x_0, y)\big]'\bigg|_{y = y_0}.$$

也就是说，求多元函数对某个自变量的偏导数时，只需将其他自变量视为常数，利用一元函数求导数的方法对该自变量求导数即可。

注 偏导数记号 z_x, f_x 也常记作 z'_x, f'_x，其他偏导数记号也有类似的记法。

例 8.2.1 求函数 $f(x, y) = x^4 \sin y$ 的偏导数 $\dfrac{\partial f}{\partial x}, \dfrac{\partial f}{\partial y}$，以及 $\dfrac{\partial f}{\partial x}\bigg|_{\substack{x = 0 \\ y = 1}}, \dfrac{\partial f}{\partial y}\bigg|_{\substack{x = -1 \\ y = 2}}$。

解 把 y 看成常数，对 x 求导数，得

$$\frac{\partial f}{\partial x} = 4x^3 \sin y;$$

把 x 看成常数，对 y 求导数，得

$$\frac{\partial f}{\partial y} = x^4 \cos y.$$

将 $x=0, y=1$ 代入 $\dfrac{\partial f}{\partial x}$，得

$$\frac{\partial f}{\partial x}\bigg|_{\substack{x=0 \\ y=1}} = 4 \cdot 0^3 \cdot \sin 1 = 0.$$

同理可得

$$\frac{\partial f}{\partial y}\bigg|_{\substack{x=-1 \\ y=2}} = (-1)^4 \cdot \cos 2 = \cos 2.$$

例 8.2.2 求函数 $z = x^{\sqrt{y}}$ 的偏导数.

解 把 y 看成常数，对 x 求导数，得

$$\frac{\partial z}{\partial x} = \sqrt{y}\, x^{\sqrt{y}-1},$$

把 x 看成常数，对 y 求导数，得

$$\frac{\partial z}{\partial y} = x^{\sqrt{y}} \ln x \cdot \frac{1}{2} y^{-\frac{1}{2}} = \frac{x^{\sqrt{y}} \ln x}{2\sqrt{y}}.$$

例 8.2.3 设 μ 是常数，求函数 $u = e^{\sum\limits_{k=1}^{n}(x_k - \mu)^2}$ 的偏导数.

解 $\dfrac{\partial u}{\partial x_1} = e^{\sum\limits_{k=1}^{n}(x_k - \mu)^2} \cdot 2(x_1 - \mu) = 2(x_1 - \mu) e^{\sum\limits_{k=1}^{n}(x_k - \mu)^2}.$

同理，有

$$\frac{\partial u}{\partial x_k} = 2(x_k - \mu) e^{\sum\limits_{k=1}^{n}(x_k - \mu)^2}, \quad k = 2, 3, \cdots, n.$$

例 8.2.4 设有关系式 $xyz = a$（a 是常数），证明：$\dfrac{\partial x}{\partial y} \cdot \dfrac{\partial y}{\partial z} \cdot \dfrac{\partial z}{\partial x} = -1.$

证明 因为 $xyz = a, x = \dfrac{a}{yz}$，所以

$$\frac{\partial x}{\partial y} = \frac{a}{z} \cdot \left(-\frac{1}{y^2}\right).$$

同理可得

$$\frac{\partial y}{\partial z} = \frac{a}{x} \cdot \left(-\frac{1}{z^2}\right), \quad \frac{\partial z}{\partial x} = \frac{a}{y} \cdot \left(-\frac{1}{x^2}\right).$$

因此

$$\frac{\partial x}{\partial y} \cdot \frac{\partial y}{\partial z} \cdot \frac{\partial z}{\partial x} = \frac{a}{z} \cdot \left(-\frac{1}{y^2}\right) \cdot \frac{a}{x} \cdot \left(-\frac{1}{z^2}\right) \cdot \frac{a}{y} \cdot \left(-\frac{1}{x^2}\right) = -\frac{a^3}{(xyz)^3} = -1.$$

从例 8.2.4 中可以看出，$\dfrac{\partial x}{\partial y}, \dfrac{\partial y}{\partial z}, \dfrac{\partial z}{\partial x}$ 不能依次看作 ∂x 与 $\partial y, \partial y$ 与 $\partial z, \partial z$ 与

∂x 的商.

　　由偏导数的定义可知，$f_x(x_0,y_0)$ 可看作一元函数 $z=f(x,y_0)$ 在点 x_0 处的导数. 于是，根据导数的定义可知，$f_x(x_0,y_0)$ 反映的是当 y 取 y_0 时，函数 $z=f(x,y)$ 在点 (x_0,y_0) 处相对于 x 的变化率，其意义为：当 y 取 y_0 时，x 在 x_0 处每改变 1 单位，函数 $z=f(x,y)$ 将会改变 $f_x(x_0,y_0)$ 单位. 同样，根据导数的几何意义，$f_x(x_0,y_0)$ 是曲线 $\begin{cases} z=f(x,y), \\ y=y_0 \end{cases}$ 在点 $M_0(x_0,y_0,z_0)$ 处的切线

T_x 关于 x 轴的斜率（见图 8.9）. 同理，$f_y(x_0,y_0)$ 是曲线 $\begin{cases} z=f(x,y), \\ x=x_0 \end{cases}$ 在点 $M_0(x_0,y_0,z_0)$ 处的切线 T_y 关于 y 轴的斜率（见图 8.9）.

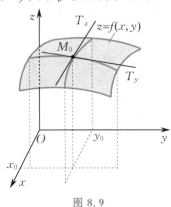

图 8.9

例 8.2.5　　设某企业生产 A，B 两种产品，当产品 A 的产量为 x（单位：件），而产品 B 的产量为 y（单位：件）时，成本为
$$C(x,y)=20x^2-10xy+25y^2+68\,000（单位：元），$$
试求边际成本 $C_x(50,60)$ 和 $C_y(50,60)$，并说明其经济意义.

　　解　　因为 $C_x(x,y)=40x-10y$，所以
$$C_x(50,60)=40\times 50-10\times 60=1\,400.$$
其经济意义是：当产品 B 的产量为 60 件时，若产品 A 的产量在 50 件的基础上增加（或减少）1 件，则成本将会增加（或减少）1 400 元.

　　又 $C_y(x,y)=-10x+50y$，所以
$$C_y(50,60)=-10\times 50+50\times 60=2\,500.$$
其经济意义是：当产品 A 的产量为 50 件时，若产品 B 的产量在 60 件的基础上增加（或减少）1 件，则成本将会增加（或减少）2 500 元.

例 8.2.6　　考察函数
$$f(x,y)=\begin{cases} \dfrac{xy}{x^2+y^2}, & x^2+y^2\neq 0, \\[2mm] 0, & x^2+y^2=0 \end{cases}$$

在点$(0,0)$处的偏导数.

解　$f_x(0,0) = \lim\limits_{\Delta x \to 0} \dfrac{f(0 + \Delta x, 0) - f(0,0)}{\Delta x} = \lim\limits_{\Delta x \to 0} \dfrac{0 - 0}{\Delta x} = 0,$

$f_y(0,0) = \lim\limits_{\Delta y \to 0} \dfrac{f(0, 0 + \Delta y) - f(0,0)}{\Delta y} = \lim\limits_{\Delta y \to 0} \dfrac{0 - 0}{\Delta y} = 0,$

即函数$f(x,y)$在点$(0,0)$处的两个偏导数都存在.

但由例8.1.7知道,例8.2.6中的函数$f(x,y)$在点$(0,0)$处是不连续的.这个例子说明,即使偏导数存在,函数也不一定连续(但对一元函数而言,由函数存在导数可推出函数连续).

二、高阶偏导数

一般说来,二元函数的偏导数$\dfrac{\partial z}{\partial x}, \dfrac{\partial z}{\partial y}$仍是关于$x, y$的二元函数,若它们的偏导数存在,则称它们的偏导数为$f(x,y)$的二阶偏导数,记作

$$\frac{\partial^2 z}{\partial x^2} = \frac{\partial}{\partial x}\left(\frac{\partial z}{\partial x}\right), \quad \frac{\partial^2 z}{\partial x \partial y} = \frac{\partial}{\partial y}\left(\frac{\partial z}{\partial x}\right),$$

$$\frac{\partial^2 z}{\partial y \partial x} = \frac{\partial}{\partial x}\left(\frac{\partial z}{\partial y}\right), \quad \frac{\partial^2 z}{\partial y^2} = \frac{\partial}{\partial y}\left(\frac{\partial z}{\partial y}\right)$$

或

$$z_{xx}, \quad z_{xy}, \quad z_{yx}, \quad z_{yy}$$

或

$$f_{xx}(x,y), \quad f_{xy}(x,y), \quad f_{yx}(x,y), \quad f_{yy}(x,y),$$

其中二阶偏导数$\dfrac{\partial^2 z}{\partial x \partial y}, \dfrac{\partial^2 z}{\partial y \partial x}$称为混合偏导数.

类似地,可以定义更高阶的偏导数,如

$$\frac{\partial}{\partial x}\left(\frac{\partial^2 z}{\partial x^2}\right) = \frac{\partial^3 z}{\partial x^3}, \quad \frac{\partial}{\partial y}\left(\frac{\partial^2 z}{\partial x^2}\right) = \frac{\partial^3 z}{\partial x^2 \partial y}, \quad \frac{\partial}{\partial x}\left(\frac{\partial^2 z}{\partial x \partial y}\right) = \frac{\partial^3 z}{\partial x \partial y \partial x}.$$

二阶及二阶以上的偏导数统称为高阶偏导数.

例 8.2.7　求函数$z = 2xy^2 + \cos(xy)$的二阶偏导数.

解　因为

$$\frac{\partial z}{\partial x} = 2y^2 - y\sin(xy), \quad \frac{\partial z}{\partial y} = 4xy - x\sin(xy),$$

所以

$$\frac{\partial^2 z}{\partial x^2} = \frac{\partial}{\partial x}\left(\frac{\partial z}{\partial x}\right) = -y^2 \cos(xy),$$

$$\frac{\partial^2 z}{\partial x \partial y} = \frac{\partial}{\partial y}\left(\frac{\partial z}{\partial x}\right) = 4y - [\sin(xy) + y\cos(xy) \cdot x] = 4y - \sin(xy) - xy\cos(xy),$$

$$\frac{\partial^2 z}{\partial y \partial x} = \frac{\partial}{\partial x}\left(\frac{\partial z}{\partial y}\right) = 4y - [\sin(xy) + x\cos(xy) \cdot y] = 4y - \sin(xy) - xy\cos(xy),$$

$$\frac{\partial^2 z}{\partial y^2} = \frac{\partial}{\partial y}\left(\frac{\partial z}{\partial y}\right) = 4x - x^2 \cos(xy).$$

对于例 8.2.7，有 $\dfrac{\partial^2 z}{\partial x \partial y} = \dfrac{\partial^2 z}{\partial y \partial x}$. 一般地，有下面的定理.

定理 8.2.1 若函数 $z = f(x, y)$ 的混合偏导数 $\dfrac{\partial^2 z}{\partial x \partial y}$，$\dfrac{\partial^2 z}{\partial y \partial x}$ 连续，则有

$$\frac{\partial^2 z}{\partial x \partial y} = \frac{\partial^2 z}{\partial y \partial x}.$$

注 对于二元函数其他高阶混合偏导数和 $n(n \geqslant 3)$ 元函数的混合偏导数，也有与定理 8.2.1 同样的结论. 例如三元函数 $u = f(x, y, z)$，若它的混合偏导数

$$f_{xyz}(x, y, z), \quad f_{yzx}(x, y, z), \quad f_{zxy}(x, y, z),$$
$$f_{xzy}(x, y, z), \quad f_{yxz}(x, y, z), \quad f_{zyx}(x, y, z)$$

均连续，则这六个混合偏导数相等.

因此，假如混合偏导数连续，则混合偏导数与求偏导数的顺序无关.

例 8.2.8 设函数 $z = \ln \sqrt{x^2 + y^2}$，求 $\dfrac{\partial^2 z}{\partial x^2}$，$\dfrac{\partial^2 z}{\partial x \partial y}$，$\dfrac{\partial^2 z}{\partial y^2}$，并验证拉普拉斯（Laplace）方程

$$\frac{\partial^2 z}{\partial x^2} + \frac{\partial^2 z}{\partial y^2} = 0.$$

解 因为

$$\frac{\partial z}{\partial x} = \frac{x}{x^2 + y^2}, \qquad \frac{\partial z}{\partial y} = \frac{y}{x^2 + y^2},$$

所以

$$\frac{\partial^2 z}{\partial x^2} = \frac{1 \cdot (x^2 + y^2) - x \cdot 2x}{(x^2 + y^2)^2} = \frac{y^2 - x^2}{(x^2 + y^2)^2},$$

$$\frac{\partial^2 z}{\partial x \partial y} = \frac{0 \cdot (x^2 + y^2) - x \cdot 2y}{(x^2 + y^2)^2} = -\frac{2xy}{(x^2 + y^2)^2},$$

$$\frac{\partial^2 z}{\partial y^2} = \frac{1 \cdot (x^2 + y^2) - y \cdot 2y}{(x^2 + y^2)^2} = \frac{x^2 - y^2}{(x^2 + y^2)^2}.$$

因此

$$\frac{\partial^2 z}{\partial x^2} + \frac{\partial^2 z}{\partial y^2} = \frac{y^2 - x^2}{(x^2 + y^2)^2} + \frac{x^2 - y^2}{(x^2 + y^2)^2} = 0.$$

例 8.2.9　设函数 $u = x^2 \cot(y + z)$，求 $\dfrac{\partial^3 u}{\partial x \partial y \partial z}$.

解　$\dfrac{\partial u}{\partial x} = 2x \cot(y + z)$，

$$\frac{\partial^2 u}{\partial x \partial y} = 2x[-\csc^2(y + z)] = -2x\csc^2(y + z),$$

$$\frac{\partial^3 u}{\partial x \partial y \partial z} = -2x \cdot 2\csc(y + z) \cdot [-\csc(y + z)\cot(y + z)]$$

$$= 4x\csc^2(y + z)\cot(y + z).$$

习题8.2

1. 已知函数 $s = \sqrt{b^2 - x^2}$ $(b > 0)$ 与 $z = \sqrt{y^2 - x^2}$，求：

(1) $\dfrac{\mathrm{d}s}{\mathrm{d}x}, \dfrac{\partial z}{\partial x}$，并比较求法与结果；

(2) $\dfrac{\mathrm{d}s}{\mathrm{d}x}\bigg|_{x=\frac{b}{2}}, \dfrac{\partial z}{\partial x}\bigg|_{\substack{x=\frac{b}{2} \\ y=b}}$，并说明它们的几何意义.

2. 求下列函数在指定点处的偏导数：

(1) $f(x, y) = (x^{2y} - xy^2)^2$，求 $\dfrac{\partial f}{\partial x}\bigg|_{\substack{x=2 \\ y=3}}, \dfrac{\partial f}{\partial y}\bigg|_{\substack{x=2 \\ y=3}}$；

(2) $h(x, y) = \arctan\dfrac{y}{x}$，求 $\dfrac{\partial h}{\partial x}\bigg|_{\substack{x=3 \\ y=1}}, \dfrac{\partial h}{\partial y}\bigg|_{\substack{x=3 \\ y=1}}$.

3. 设函数 $f(x, y) = \begin{cases} (x^2 + y^2)\sin\dfrac{1}{x^2 + y^2}, & x^2 + y^2 \neq 0, \\ 0, & x^2 + y^2 = 0, \end{cases}$ 求 $\dfrac{\partial f}{\partial x}\bigg|_{\substack{x=0 \\ y=0}}$ 及 $\dfrac{\partial f}{\partial y}\bigg|_{\substack{x=0 \\ y=0}}$.

4. 求下列函数的偏导数：

(1) $z = \dfrac{x^{\sin y}}{y}$；　　(2) $z = \log_x y$；　　(3) $s = \dfrac{u^2 + v^2}{uv}$；

(4) $z = \mathrm{e}^{ax}\sin by$；　　(5) $u = x^{\frac{z}{y}}$；　　(6) $u = x\mathrm{e}^{\pi xyz}$.

5. 求下列函数的二阶偏导数：

(1) $z = \dfrac{x}{x^2 + y^2}$；　(2) $z = y^x$；　(3) $z = \sqrt{x}\,y + xy^4$；　(4) $z = \ln(\mathrm{e}^x + \mathrm{e}^y)$.

6. 设函数 $z = \mathrm{e}^{xy}\cos x$，求 $\dfrac{\partial^3 z}{\partial x \partial y^2}$.

7. 设函数 $u = \mathrm{e}^{-x}\sin\dfrac{x}{y}$，求 $\dfrac{\partial^2 u}{\partial x \partial y}\bigg|_{\substack{x=2 \\ y=\frac{1}{\pi}}}$.

8. 设某企业出售 A，B 两种产品，当产品 A 的销售量为 x（单位：件），产品 B 的销售量为 y（单位：件）时，总利

润为

$$L(x,y) = 15x + 20y - x^2 + xy - 0.5y^2 - 10\ 000(单位:元),$$

试求 $L_x(10,20)$ 和 $L_y(10,20)$，并说明其经济意义.

9. 设函数 $u = (x^2 + y^2 + z^2)^{-\frac{1}{2}}$，求证：$\dfrac{\partial^2 u}{\partial x^2} + \dfrac{\partial^2 u}{\partial y^2} + \dfrac{\partial^2 u}{\partial z^2} = 0$.

§8.3

全 微 分

一、全微分的概念

设矩形的长、宽分别为 x，y，则矩形的面积为 $S = xy$. 当 x 与 y 取得增量 Δx 与 Δy 时，则矩形面积 S 的增量（称为全增量）为

$$\Delta S = (x + \Delta x)(y + \Delta y) - xy = y\Delta x + x\Delta y + \Delta x\Delta y.$$

显然，ΔS 中的第一部分 $y\Delta x + x\Delta y$ 是关于 Δx，Δy 的线性函数，第二部分 $\Delta x\Delta y$ 是比 $\rho = \sqrt{(\Delta x)^2 + (\Delta y)^2}$ 高阶的无穷小，故此全增量又可写为

$$\Delta S = y\Delta x + x\Delta y + o(\rho).$$

对于一般的二元函数，引入如下全微分的定义.

定义 8.3.1 若函数 $z = f(x,y)$ 的全增量

$$\Delta z = f(x + \Delta x, y + \Delta y) - f(x,y)$$

可以表示为

$$\Delta z = A\Delta x + B\Delta y + o(\rho),$$

其中 A，B 是与 Δx，Δy 无关的常数，$\rho = \sqrt{(\Delta x)^2 + (\Delta y)^2}$，则称 $z = f(x,y)$ 在点 (x,y) 处可微，并称 $A\Delta x + B\Delta y$ 为 $z = f(x,y)$ 在点 (x,y) 处的全微分，记作 $\mathrm{d}z$ 或 $\mathrm{d}f(x,y)$，即

$$\mathrm{d}z = \mathrm{d}f(x,y) = A\Delta x + B\Delta y.$$

若函数 $z = f(x,y)$ 在区域 D 上每一点处都可微，则称 $z = f(x,y)$ 在区域 D 上可微.

若函数 $z = f(x,y)$ 在点 (x,y) 处可微，即

$$f(x + \Delta x, y + \Delta y) - f(x,y) = A\Delta x + B\Delta y + o(\rho)$$

或

$$f(x + \Delta x, y + \Delta y) = f(x,y) + A\Delta x + B\Delta y + o(\rho),$$

则

$$\lim_{\substack{\Delta x \to 0 \\ \Delta y \to 0}} f(x + \Delta x, y + \Delta y) = \lim_{\substack{\Delta x \to 0 \\ \Delta y \to 0}} [f(x,y) + A\Delta x + B\Delta y + o(\rho)]$$
$$= f(x,y),$$

即 $z = f(x,y)$ 在点 (x,y) 处连续.

下面讨论函数可微的条件,并给出上述全微分定义中常数 A,B 的具体形式.

定理 8.3.1(可微的必要条件) 设函数 $z=f(x,y)$ 在点 (x,y) 处可微,则 $z=f(x,y)$ 在点 (x,y) 处的偏导数存在,且

$$\mathrm{d}z=f_x(x,y)\Delta x+f_y(x,y)\Delta y.$$

证明 因函数 $z=f(x,y)$ 在点 (x,y) 处可微,故有

$$f(x+\Delta x,y+\Delta y)-f(x,y)=A\Delta x+B\Delta y+o(\rho).$$

取 $\Delta y=0$,得

$$f(x+\Delta x,y)-f(x,y)=A\Delta x+o(|\Delta x|),$$

于是

$$\lim_{\Delta x\to 0}\frac{f(x+\Delta x,y)-f(x,y)}{\Delta x}=\lim_{\Delta x\to 0}\left[A+\frac{o(|\Delta x|)}{\Delta x}\right]=A,$$

即 $f_x(x,y)$ 存在,且 $f_x(x,y)=A$.

同理可证 $f_y(x,y)=B$.

因此,函数 $z=f(x,y)$ 的全微分为

$$\mathrm{d}z=f_x(x,y)\Delta x+f_y(x,y)\Delta y.$$

注 定理 8.3.1 的逆命题不成立,即函数 $z=f(x,y)$ 的偏导数存在时,该函数不一定可微.例如,函数

$$f(x,y)=\begin{cases}\dfrac{xy}{\sqrt{x^2+y^2}}, & x^2+y^2\neq 0,\\ 0, & x^2+y^2=0\end{cases}$$

在点 $(0,0)$ 处的偏导数存在,且 $f_x(0,0)=0,f_y(0,0)=0$,从而

$$\Delta z-[f_x(0,0)\Delta x+f_y(0,0)\Delta y]=\frac{\Delta x\Delta y}{\sqrt{(\Delta x)^2+(\Delta y)^2}}.$$

但是极限

$$\lim_{\rho\to 0}\frac{\dfrac{\Delta x\Delta y}{\sqrt{(\Delta x)^2+(\Delta y)^2}}}{\rho}=\lim_{\rho\to 0}\frac{\Delta x\Delta y}{(\Delta x)^2+(\Delta y)^2}$$

不存在,即 $\Delta z-[f_x(0,0)\Delta x+f_y(0,0)\Delta y]$ 不是比 ρ 高阶的无穷小,故函数 $z=f(x,y)$ 在点 $(0,0)$ 处是不可微的.

定理 8.3.2(可微的充分条件) 如果函数 $z=f(x,y)$ 的偏导数 $\dfrac{\partial z}{\partial x}$, $\dfrac{\partial z}{\partial y}$ 在点 (x,y) 处连续,则 $z=f(x,y)$ 在该点处可微.

证明 考察全增量

$$\begin{aligned}\Delta z&=f(x+\Delta x,y+\Delta y)-f(x,y)\\ &=f(x+\Delta x,y+\Delta y)-f(x,y+\Delta y)+f(x,y+\Delta y)-f(x,y).\end{aligned}$$

根据微分中值定理,得

$$f(x+\Delta x,y+\Delta y)-f(x,y+\Delta y)=f_x(x+\theta_1\Delta x,y+\Delta y)\Delta x,\quad 0<\theta_1<1,$$

$$f(x,y+\Delta y)-f(x,y)=f_y(x,y+\theta_2\Delta y)\Delta y, \quad 0<\theta_2<1.$$

由于 $f(x,y)$ 的偏导数 $f_x(x,y),f_y(x,y)$ 在点 (x,y) 处连续,可得

$$f_x(x+\theta_1\Delta x,y+\Delta y)=f_x(x,y)+\beta_1,$$
$$f_y(x,y+\theta_2\Delta y)=f_y(x,y)+\beta_2,$$

其中当 $\Delta x\to 0,\Delta y\to 0$ 时,$\beta_1\to 0,\beta_2\to 0$,因此

$$\Delta z=f_x(x,y)\Delta x+f_y(x,y)\Delta y+\beta_1\Delta x+\beta_2\Delta y.$$

因为

$$\frac{\beta_1\Delta x+\beta_2\Delta y}{\rho}=\beta_1\frac{\Delta x}{\rho}+\beta_2\frac{\Delta y}{\rho},$$

且

$$\left|\frac{\Delta x}{\rho}\right|=\frac{|\Delta x|}{\sqrt{(\Delta x)^2+(\Delta y)^2}}\leqslant 1,$$

$$\left|\frac{\Delta y}{\rho}\right|=\frac{|\Delta y|}{\sqrt{(\Delta x)^2+(\Delta y)^2}}\leqslant 1,$$

所以

$$\lim_{\substack{\Delta x\to 0\\\Delta y\to 0}}\frac{\beta_1\Delta x+\beta_2\Delta y}{\rho}=\lim_{\substack{\Delta x\to 0\\\Delta y\to 0}}\beta_1\frac{\Delta x}{\rho}+\lim_{\substack{\Delta x\to 0\\\Delta y\to 0}}\beta_2\frac{\Delta y}{\rho}=0,$$

即

$$\beta_1\Delta x+\beta_2\Delta y=o(\rho).$$

由此可得 $\Delta z=A\Delta x+B\Delta y+o(\rho)$,其中 $A=f_x(x,y),B=f_y(x,y)$,故函数 $z=f(x,y)$ 在点 (x,y) 处可微.

显然,自变量 x,y 的全微分分别为

$$\mathrm{d}x=1\cdot\Delta x+0\cdot\Delta y=\Delta x,$$
$$\mathrm{d}y=0\cdot\Delta x+1\cdot\Delta y=\Delta y.$$

因此,可微函数 $z=f(x,y)$ 的全微分可写成

$$\mathrm{d}z=f_x(x,y)\mathrm{d}x+f_y(x,y)\mathrm{d}y=\frac{\partial z}{\partial x}\mathrm{d}x+\frac{\partial z}{\partial y}\mathrm{d}y.$$

对于 $n(n\geqslant 3)$ 元函数,与二元函数类似,可讨论其全微分. 例如,设三元函数 $u=f(x,y,z)$ 可微,则该函数的全微分为

$$\mathrm{d}u=\frac{\partial u}{\partial x}\mathrm{d}x+\frac{\partial u}{\partial y}\mathrm{d}y+\frac{\partial u}{\partial z}\mathrm{d}z.$$

例 8.3.1 设函数 $z=f(x,y)=xy^2$.

(1) 求该函数的全微分;

(2) 求该函数在点 $(1,2)$ 处的全微分;

(3) 当 $\Delta x=0.2,\Delta y=0.1$ 时,求该函数在点 $(1,2)$ 处的全微分.

解 (1) 因为偏导数

$$\frac{\partial z}{\partial x} = y^2, \quad \frac{\partial z}{\partial y} = 2xy$$

在 $\mathbf{R}^2$ 上连续,所以

$$dz = y^2 dx + 2xy dy.$$

(2) $dz\Big|_{\substack{x=1 \\ y=2}} = 2^2 dx + 2 \cdot 1 \cdot 2 dy = 4(dx + dy).$

(3) 当 $\Delta x = 0.2, \Delta y = 0.1$ 时,该函数在点 $(1,2)$ 处的全微分为

$$dz\Big|_{\substack{(x,y)=(1,2) \\ (\Delta x, \Delta y)=(0.2,0.1)}} = 4(\Delta x + \Delta y)\Big|_{\substack{\Delta x=0.2 \\ \Delta y=0.1}} = 4(0.2 + 0.1) = 1.2.$$

例 8.3.2　求函数 $z = \arcsin\sqrt{xy}$ 的全微分 dz.

解　因为偏导数

$$\frac{\partial z}{\partial x} = \frac{y}{2\sqrt{xy} \cdot \sqrt{1-xy}}, \quad \frac{\partial z}{\partial y} = \frac{x}{2\sqrt{xy} \cdot \sqrt{1-xy}}$$

在区域 $\{(x,y) \mid 0 < xy < 1\}$ 内连续,所以

$$dz = \frac{\partial z}{\partial x} dx + \frac{\partial z}{\partial y} dy = \frac{y}{2\sqrt{xy} \cdot \sqrt{1-xy}} dx + \frac{x}{2\sqrt{xy} \cdot \sqrt{1-xy}} dy$$

$$= \frac{1}{2\sqrt{xy}\sqrt{1-xy}}(y\,dx + x\,dy).$$

例 8.3.3　设函数 $u = \ln(x^y y^z z^x)\,(x>0, y>0, z>0)$,求 du.

解　显然 $u = \ln(x^y y^z z^x) = y\ln x + z\ln y + x\ln z$.

因为偏导数

$$\frac{\partial u}{\partial x} = \frac{y}{x} + \ln z, \quad \frac{\partial u}{\partial y} = \frac{z}{y} + \ln x, \quad \frac{\partial u}{\partial z} = \frac{x}{z} + \ln y$$

在区域 $\{(x,y,z) \mid x>0, y>0, z>0\}$ 内连续,所以

$$du = \left(\frac{y}{x} + \ln z\right) dx + \left(\frac{z}{y} + \ln x\right) dy + \left(\frac{x}{z} + \ln y\right) dz.$$

二、全微分在近似计算中的应用

若函数 $z = f(x,y)$ 在点 (x_0, y_0) 处可微,则

$$\Delta z = f(x_0 + \Delta x, y_0 + \Delta y) - f(x_0, y_0)$$
$$= f_x(x_0, y_0)\Delta x + f_y(x_0, y_0)\Delta y + o(\rho).$$

于是,当 $|\Delta x|, |\Delta y|$ 很小时,有

$$f(x_0 + \Delta x, y_0 + \Delta y) - f(x_0, y_0) \approx f_x(x_0, y_0)\Delta x + f_y(x_0, y_0)\Delta y$$

或

$$f(x_0 + \Delta x, y_0 + \Delta y) \approx f(x_0, y_0) + f_x(x_0, y_0)\Delta x + f_y(x_0, y_0)\Delta y.$$

例 8.3.4　计算 $0.99^{2.02}$ 的近似值.

解　设 $f(x,y)=x^y$，则 $f_x(x,y)=yx^{y-1}$，$f_y(x,y)=x^y\ln x$．由

$$f(x_0+\Delta x,y_0+\Delta y)\approx f(x_0,y_0)+f_x(x_0,y_0)\Delta x+f_y(x_0,y_0)\Delta y$$

可得

$$(x_0+\Delta x)^{y_0+\Delta y}\approx x_0^{y_0}+y_0x_0^{y_0-1}\Delta x+x_0^{y_0}\ln x_0\cdot\Delta y.$$

取 $x_0=1,y_0=2,\Delta x=-0.01,\Delta y=0.02$，得

$$0.99^{2.02}\approx 1^2+2\times 1^{2-1}\times(-0.01)+1^2\times\ln 1\times 0.02=0.98.$$

例 8.3.5　设有厚 0.1 cm，内高 40 cm，上、下底面内半径分别为 10 cm 和 20 cm 的一个无盖水桶，求该水桶壳体积的近似值.

解　圆台的体积公式为 $V=\dfrac{1}{3}\pi(r^2+rR+R^2)h$，其中 r,R 分别是上、下底面半径，h 是圆台的高．由此可知，水桶壳的体积为

$$\Delta V=\frac{1}{3}\pi\big[(r+\Delta r)^2+(r+\Delta r)(R+\Delta R)+(R+\Delta R)^2\big](h+\Delta h)$$

$$-\frac{1}{3}\pi(r^2+rR+R^2)h,$$

这里 $r=10$ cm，$R=20$ cm，$h=40$ cm，$\Delta r=\Delta R=\Delta h=0.1$ cm．

下面利用全微分计算水桶壳体积的近似值：

$$\Delta V\approx \mathrm{d}V=\frac{\partial V}{\partial r}\Delta r+\frac{\partial V}{\partial R}\Delta R+\frac{\partial V}{\partial h}\Delta h$$

$$=\frac{1}{3}\pi(R+2r)h\Delta r+\frac{1}{3}\pi(r+2R)h\Delta R+\frac{1}{3}\pi(r^2+rR+R^2)\Delta h$$

$$=\frac{1}{3}\pi\big[(20+2\times 10)\times 40+(10+2\times 20)\times 40+(10^2+10\times 20+20^2)\big]\times 0.1$$

$$\approx 450.3(\text{单位：cm}^3).$$

例 8.3.6　肾的一个重要功能是清除血液中的尿素．临床测量时，若尿量较小，为了减少尿量变动对所测尿素清除率 C 的值的影响，通常采用尿素标准清除率计算法，即

$$C=\frac{U\sqrt{V}}{P},$$

其中 U 表示尿中的尿素浓度，V 表示每分钟排出的尿量，P 表示血液中的尿素浓度．正常人的尿素标准清除率约为 54．某病人的实验室测量值如下：$U=500$ 单位，$V=1.44$ 单位，$P=20$ 单位，则 $C=30$ 单位．若每一个测量值的误差最大不超过 1%，试估算 C 的最大绝对误差和最大相对误差.

解　因为 U,V,P 的误差最大不超过 1%，即

$$\left|\frac{\mathrm{d}U}{U}\right| \leqslant 1\%, \quad \left|\frac{\mathrm{d}V}{V}\right| \leqslant 1\%, \quad \left|\frac{\mathrm{d}P}{P}\right| \leqslant 1\%,$$

所以 $|\mathrm{d}U| \leqslant 5, |\mathrm{d}V| \leqslant 0.0144, |\mathrm{d}P| \leqslant 0.2.$

由 $C = \dfrac{U\sqrt{V}}{P}$ 得

$$\frac{\partial C}{\partial U} = \frac{\sqrt{V}}{P}, \quad \frac{\partial C}{\partial V} = \frac{U}{2P\sqrt{V}}, \quad \frac{\partial C}{\partial P} = -\frac{U\sqrt{V}}{P^2},$$

于是

$$|\mathrm{d}C| = \left|\frac{\partial C}{\partial U}\mathrm{d}U + \frac{\partial C}{\partial V}\mathrm{d}V + \frac{\partial C}{\partial P}\mathrm{d}P\right| \leqslant \left|\frac{\partial C}{\partial U}\right| |\mathrm{d}U| + \left|\frac{\partial C}{\partial V}\right| |\mathrm{d}V| + \left|\frac{\partial C}{\partial P}\right| |\mathrm{d}P|.$$

当 $U = 500$ 单位$, V = 1.44$ 单位$, P = 20$ 单位时，得

$$|\mathrm{d}C| \leqslant \left|\frac{\sqrt{1.44}}{20}\right| \times 5 + \left|\frac{500}{2 \times 20 \times \sqrt{1.44}}\right| \times 0.0144 + \left|-\frac{500 \times \sqrt{1.44}}{20^2}\right| \times 0.2$$

$$= 0.75,$$

从而

$$\frac{|\mathrm{d}C|}{|C|} \leqslant \frac{0.75}{30} = 2.5\%.$$

故 C 的最大绝对误差为 0.75，最大相对误差为 2.5%.

习题8.3

1. 求下列函数的全微分：

   (1) $z = xy^3 + x^3 y$；　　　　(2) $z = \sec(xy)$；　　　　(3) $z = \arctan\dfrac{x+y}{1-xy}$；

   (4) $u = \dfrac{x\ln y}{z}$；　　　　　(5) $u = x^{yz}$；　　　　　(6) $u = (x - 2y)^z$.

2. 求函数 $z = \mathrm{e}^{xy}$ 在点 $(2,1)$ 处的全微分.

3. 求函数 $z = \ln(x^2 + y^2)$ 在条件 $x = 2, \Delta x = 0.1, y = 1, \Delta y = -0.1$ 下的全微分.

4. 计算 $\sqrt{(1.97)^3 + (1.02)^3}$ 的近似值.

5. 计算 $\sin 29° \tan 46°$ 的近似值.

6. 设一个圆柱形无盖容器，其壁与底厚 $0.1\,\mathrm{cm}$，内高 $30\,\mathrm{cm}$，内半径为 $5\,\mathrm{cm}$，求该容器外壳体积的近似值 $(\pi \approx 3.14)$.

7. 设圆锥的底半径 r 从 $80\,\mathrm{cm}$ 增大到 $80.4\,\mathrm{cm}$，高 h 从 $160\,\mathrm{cm}$ 减少到 $159\,\mathrm{cm}$，计算其体积的近似变化值.

§8.4 多元复合函数微分法

一、多元复合函数微分法

对于一元复合函数 $y = f[\varphi(x)]$，求导数有链式法则：$\dfrac{\mathrm{d}y}{\mathrm{d}x} = \dfrac{\mathrm{d}y}{\mathrm{d}u} \cdot \dfrac{\mathrm{d}u}{\mathrm{d}x}$，其中 $u = \varphi(x)$. 此链式法则可推广到多元复合函数上.

定理 8.4.1 若函数 $u = \varphi(x, y)$，$v = \psi(x, y)$ 在点 (x, y) 处的偏导数均存在，且在对应于点 (x, y) 的点 (u, v) 处，函数 $z = f(u, v)$ 可微，则复合函数 $z = f[\varphi(x, y), \psi(x, y)]$ 对 x, y 的偏导数存在，且

$$\frac{\partial z}{\partial x} = \frac{\partial f}{\partial u} \cdot \frac{\partial u}{\partial x} + \frac{\partial f}{\partial v} \cdot \frac{\partial v}{\partial x}, \qquad \frac{\partial z}{\partial y} = \frac{\partial f}{\partial u} \cdot \frac{\partial u}{\partial y} + \frac{\partial f}{\partial v} \cdot \frac{\partial v}{\partial y}.$$

证明 由函数 $z = f(u, v)$ 可微，得

$$\Delta z = \frac{\partial f}{\partial u} \Delta u + \frac{\partial f}{\partial v} \Delta v + o(\rho),$$

其中 $\rho = \sqrt{(\Delta u)^2 + (\Delta v)^2}$.

当 $\Delta y = 0$ 时，有

$$\Delta_x z = \frac{\partial f}{\partial u} \Delta_x u + \frac{\partial f}{\partial v} \Delta_x v + o(\rho),$$

其中

$$\Delta_x z = z(x + \Delta x, y) - z(x, y),$$
$$\Delta_x u = u(x + \Delta x, y) - u(x, y),$$
$$\Delta_x v = v(x + \Delta x, y) - v(x, y),$$
$$\rho = \sqrt{(\Delta_x u)^2 + (\Delta_x v)^2}.$$

由此可得

$$\lim_{\Delta x \to 0} \frac{\Delta_x z}{\Delta x} = \frac{\partial f}{\partial u} \lim_{\Delta x \to 0} \frac{\Delta_x u}{\Delta x} + \frac{\partial f}{\partial v} \lim_{\Delta x \to 0} \frac{\Delta_x v}{\Delta x} + \lim_{\Delta x \to 0} \frac{o(\rho)}{\Delta x}$$
$$= \frac{\partial f}{\partial u} \cdot \frac{\partial u}{\partial x} + \frac{\partial f}{\partial v} \cdot \frac{\partial v}{\partial x},$$

即

$$\frac{\partial z}{\partial x} = \frac{\partial f}{\partial u} \cdot \frac{\partial u}{\partial x} + \frac{\partial f}{\partial v} \cdot \frac{\partial v}{\partial x}.$$

同理可证

$$\frac{\partial z}{\partial y} = \frac{\partial f}{\partial u} \cdot \frac{\partial u}{\partial y} + \frac{\partial f}{\partial v} \cdot \frac{\partial v}{\partial y}.$$

上述两个公式可借助反映函数变量关系的图形来记忆.如图 8.10 所示,从因变量 z 到自变量 x 有两条路径:$z \rightarrow u \rightarrow x$ 和 $z \rightarrow v \rightarrow x$,故 $\dfrac{\partial z}{\partial x}$ 中有两项相加,其中路径 $z \rightarrow u \rightarrow x$ 与 $\dfrac{\partial z}{\partial u} \cdot \dfrac{\partial u}{\partial x}$ 对应,路径 $z \rightarrow v \rightarrow x$ 与 $\dfrac{\partial z}{\partial v} \cdot \dfrac{\partial v}{\partial x}$ 对应.

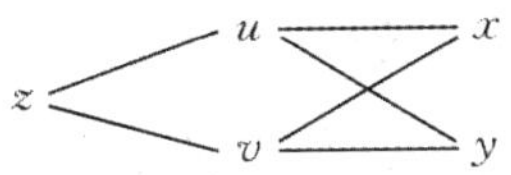

图 8.10

类似地,对于可微的三元函数 $z = f(u,v,w)$,其中 $u = \varphi(x,y)$,$v = \psi(x,y)$,$w = \omega(x,y)$ 的偏导数均存在,则复合函数 $z = f[\varphi(x,y),\psi(x,y),\omega(x,y)]$ 对 x,y 的偏导数分别为

$$\frac{\partial z}{\partial x} = \frac{\partial f}{\partial u} \cdot \frac{\partial u}{\partial x} + \frac{\partial f}{\partial v} \cdot \frac{\partial v}{\partial x} + \frac{\partial f}{\partial w} \cdot \frac{\partial w}{\partial x},$$

$$\frac{\partial z}{\partial y} = \frac{\partial f}{\partial u} \cdot \frac{\partial u}{\partial y} + \frac{\partial f}{\partial v} \cdot \frac{\partial v}{\partial y} + \frac{\partial f}{\partial w} \cdot \frac{\partial w}{\partial y}.$$

对于多元函数与多元函数或一元函数复合的其他情形,也有类似于定理 8.4.1 的结论.

例 8.4.1　设函数 $z = \sin u \ln v$,$u = xy^2$,$v = x^2 + y$,求 $\dfrac{\partial z}{\partial x}$,$\dfrac{\partial z}{\partial y}$.

解　$\dfrac{\partial z}{\partial u} = \cos u \ln v$,$\dfrac{\partial z}{\partial v} = \dfrac{\sin u}{v}$,$\dfrac{\partial u}{\partial x} = y^2$,$\dfrac{\partial u}{\partial y} = 2xy$,$\dfrac{\partial v}{\partial x} = 2x$,$\dfrac{\partial v}{\partial y} = 1$,于是

$$\frac{\partial z}{\partial x} = \frac{\partial z}{\partial u} \cdot \frac{\partial u}{\partial x} + \frac{\partial z}{\partial v} \cdot \frac{\partial v}{\partial x} = \cos u \ln v \cdot y^2 + \frac{\sin u}{v} \cdot 2x$$

$$= y^2 \cos(xy^2) \ln(x^2 + y) + \frac{2x \sin(xy^2)}{x^2 + y},$$

$$\frac{\partial z}{\partial y} = \frac{\partial z}{\partial u} \cdot \frac{\partial u}{\partial y} + \frac{\partial z}{\partial v} \cdot \frac{\partial v}{\partial y} = \cos u \ln v \cdot 2xy + \frac{\sin u}{v} \cdot 1$$

$$= 2xy \cos(xy^2) \ln(x^2 + y) + \frac{\sin(xy^2)}{x^2 + y}.$$

例 8.4.2　设函数 $z = f(x + y^2, y + x^2)$,且 f 具有连续偏导数,求 $\dfrac{\partial z}{\partial x}$,$\dfrac{\partial z}{\partial y}$.

解　设 $u = x + y^2$,$v = y + x^2$,则 $z = f(u,v)$.于是

$$\frac{\partial z}{\partial x} = \frac{\partial f}{\partial u} \cdot \frac{\partial u}{\partial x} + \frac{\partial f}{\partial v} \cdot \frac{\partial v}{\partial x} = f_u \cdot 1 + f_v \cdot 2x = f_u + 2x f_v,$$

$$\frac{\partial z}{\partial y} = \frac{\partial f}{\partial u} \cdot \frac{\partial u}{\partial y} + \frac{\partial f}{\partial v} \cdot \frac{\partial v}{\partial y} = f_u \cdot 2y + f_v \cdot 1 = 2y f_u + f_v.$$

注　(1) 若函数 $z = f(u,v)$ 可微,函数 $u = \varphi(x)$,$v = \psi(x)$ 可导,则复合函

数 $z = f[\varphi(x), \psi(x)]$ 的导数为

$$\frac{\mathrm{d}z}{\mathrm{d}x} = \frac{\partial f}{\partial u} \cdot \frac{\mathrm{d}u}{\mathrm{d}x} + \frac{\partial f}{\partial v} \cdot \frac{\mathrm{d}v}{\mathrm{d}x},$$

称之为**全导数**(见图 8.11)；

（2）若函数 $z = f(x, y)$ 可微，函数 $y = \varphi(x)$ 可导，则复合函数 $z = f[x, \varphi(x)]$ 的导数(见图 8.12)为

$$\frac{\mathrm{d}z}{\mathrm{d}x} = \frac{\partial f}{\partial x} + \frac{\partial f}{\partial y} \cdot \frac{\mathrm{d}y}{\mathrm{d}x};$$

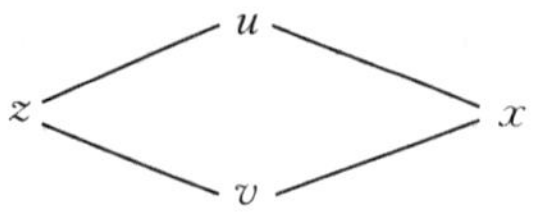

图 8.11 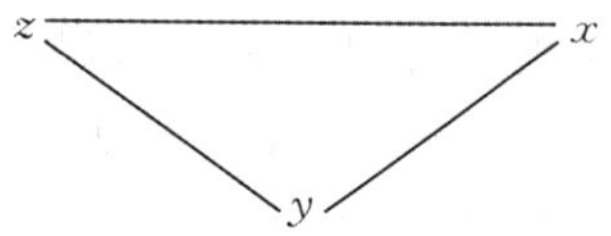   图 8.12

（3）若函数 $w = f(u)$ 可微，函数 $u = \varphi(x, y)$ 的偏导数存在，则复合函数 $w = f[\varphi(x, y)]$ 的偏导数为

$$\frac{\partial w}{\partial x} = \frac{\mathrm{d}f}{\mathrm{d}u} \cdot \frac{\partial u}{\partial x}, \qquad \frac{\partial w}{\partial y} = \frac{\mathrm{d}f}{\mathrm{d}u} \cdot \frac{\partial u}{\partial y}.$$

例 8.4.3　设函数 $z = u^2 \cdot 2^v, u = \ln t, v = \sin t$，求 $\dfrac{\mathrm{d}z}{\mathrm{d}t}$.

解　$\dfrac{\mathrm{d}z}{\mathrm{d}t} = \dfrac{\partial z}{\partial u} \cdot \dfrac{\mathrm{d}u}{\mathrm{d}t} + \dfrac{\partial z}{\partial v} \cdot \dfrac{\mathrm{d}v}{\mathrm{d}t} = 2u \cdot 2^v \cdot \dfrac{1}{t} + u^2 \cdot 2^v \ln 2 \cdot \cos t$

$$= \frac{2^{1+\sin t} \ln t}{t} + \ln^2 t \cdot 2^{\sin t} \cos t \cdot \ln 2.$$

例 8.4.4　设函数 $z = f(x+y, xy)$，其中 f 具有连续偏导数，求 $\dfrac{\partial z}{\partial x}, \dfrac{\partial z}{\partial y}, \dfrac{\partial^2 z}{\partial x \partial y}$.

解　设 $u = x+y, v = xy$，则 $z = f(u, v)$. 于是

$$\frac{\partial z}{\partial x} = f_u + y f_v, \qquad \frac{\partial z}{\partial y} = f_u + x f_v,$$

$$\frac{\partial^2 z}{\partial x \partial y} = \frac{\partial}{\partial y}\left(\frac{\partial z}{\partial x}\right) = \frac{\partial}{\partial y}(f_u + y f_v)$$

$$= \frac{\partial}{\partial y}(f_u) + f_v + y\frac{\partial}{\partial y}(f_v)$$

$$= f_{uu}\frac{\partial u}{\partial y} + f_{uv}\frac{\partial v}{\partial y} + f_v + y\left(f_{vu}\frac{\partial u}{\partial y} + f_{vv}\frac{\partial v}{\partial y}\right)$$

$$= f_{uu} + x f_{uv} + f_v + y(f_{vu} + x f_{vv})$$

$$= f_{uu} + (x+y)f_{uv} + xy f_{vv} + f_v.$$

为表达方便起见，引入以下记号：

$$f'_1 = \frac{\partial f(u,v)}{\partial u}, \quad f'_2 = \frac{\partial f(u,v)}{\partial v},$$

$$f''_{11} = \frac{\partial^2 f(u,v)}{\partial u^2}, \quad f''_{12} = \frac{\partial^2 f(u,v)}{\partial u \partial v}, \quad f''_{21} = \frac{\partial^2 f(u,v)}{\partial v \partial u}, \quad f''_{22} = \frac{\partial^2 f(u,v)}{\partial v^2},$$

$$g''_{12} = \frac{\partial^2 g(u,v,w)}{\partial u \partial v}, \quad g''_{23} = \frac{\partial^2 g(u,v,w)}{\partial v \partial w}, \quad g'''_{231} = \frac{\partial^3 g(u,v,w)}{\partial v \partial w \partial u},$$

等等.

于是,例 8.4.4 中的 $\dfrac{\partial z}{\partial x}, \dfrac{\partial z}{\partial y}, \dfrac{\partial^2 z}{\partial x \partial y}$ 还可以写成如下形式:

$$\frac{\partial z}{\partial x} = f'_1 + y f'_2, \quad \frac{\partial z}{\partial y} = f'_1 + x f'_2,$$

$$\frac{\partial^2 z}{\partial x \partial y} = f''_{11} + (x+y) f''_{12} + x y f''_{22} + f'_2.$$

例 8.4.5　设函数 $h = f\left(x+y, yz, \dfrac{z}{x}\right)$,且 f 具有二阶连续偏导数,求 $\dfrac{\partial h}{\partial x}, \dfrac{\partial^2 h}{\partial x \partial z}$.

解　$\dfrac{\partial h}{\partial x} = f'_1 \cdot 1 + f'_3 \cdot \left(-\dfrac{z}{x^2}\right) = f'_1 - \dfrac{z}{x^2} f'_3,$

$$\frac{\partial^2 h}{\partial x \partial z} = \frac{\partial}{\partial z}\left(\frac{\partial h}{\partial x}\right) = \frac{\partial}{\partial z}\left(f'_1 - \frac{z}{x^2} f'_3\right) = \frac{\partial}{\partial z}(f'_1) - \frac{1}{x^2} f'_3 - \frac{z}{x^2} \cdot \frac{\partial}{\partial z}(f'_3)$$

$$= f''_{12} y + f''_{13} \frac{1}{x} - \frac{1}{x^2} f'_3 - \frac{z}{x^2}\left(f''_{32} y + f''_{33} \frac{1}{x}\right)$$

$$= y f''_{12} + \frac{1}{x} f''_{13} - \frac{yz}{x^2} f''_{32} - \frac{z}{x^3} f''_{33} - \frac{1}{x^2} f'_3.$$

例 8.4.6　设函数 $z = f(2x-y) + g(x, xy)$,其中 f, g 具有二阶连续导数或偏导数,求 $\dfrac{\partial^2 z}{\partial x \partial y}$.

解　$\dfrac{\partial z}{\partial x} = \dfrac{\partial f}{\partial x} + \dfrac{\partial g}{\partial x} = f' \cdot 2 + g'_1 \cdot 1 + g'_2 y = 2f' + g'_1 + y g'_2,$

$$\frac{\partial^2 z}{\partial x \partial y} = \frac{\partial}{\partial y}(2f' + g'_1 + y g'_2) = 2 \frac{\partial}{\partial y}(f') + \frac{\partial}{\partial y}(g'_1) + g'_2 + y \frac{\partial}{\partial y}(g'_2)$$

$$= 2f'' \cdot (-1) + g''_{12} x + g'_2 + y g''_{22} x$$

$$= -2f'' + x g''_{12} + g'_2 + x y g''_{22}.$$

例 8.4.7　设函数 $z = \displaystyle\int_0^{x^3 y} \tan t \, dt$,求 $\dfrac{\partial z}{\partial x}, \dfrac{\partial z}{\partial y}$.

解　令 $u = x^3 y$,则 $z = \Phi(u) = \displaystyle\int_0^u \tan t \, dt$,从而

$$\frac{\partial z}{\partial x} = \Phi'(u) \frac{\partial u}{\partial x} = \tan u \cdot 3x^2 y = 3x^2 y \tan(x^3 y),$$

$$\frac{\partial z}{\partial y} = \Phi'(u)\frac{\partial u}{\partial y} = \tan u \cdot x^3 = x^3 \tan(x^3 y).$$

例 8.4.8 设火箭从地面发射后，它的质量以 40 kg/s 的速度开始减少（由燃料的消耗引起的）. 已知当火箭离地球中心 6 378 km 时，火箭的速度是 100 km/s，火箭的质量为 m_1，求此时地球对火箭的引力减少的速度.

解 根据万有引力定律，地球对火箭的引力为 $F = \dfrac{GMm}{r^2}$（单位：N），其中 G 为万有引力常数；M（单位：kg）为地球的质量；m（单位：kg）为火箭的质量，它是时间 t（单位：s）的函数，即 $m(t) = m_1 - 40t$；r（单位：km）是火箭离地球中心的距离，它也是时间 t 的函数，记为 $r(t)$. 于是

$$F = \frac{GMm(t)}{r^2(t)} \xlongequal{\text{记为}} f[m(t), r(t)].$$

现在要求 $-\dfrac{\mathrm{d}F}{\mathrm{d}t}$ 在 $r = 6\,378$ km 处的值. 我们有

$$\frac{\mathrm{d}F}{\mathrm{d}t} = \frac{\partial f}{\partial m} \cdot \frac{\mathrm{d}m}{\mathrm{d}t} + \frac{\partial f}{\partial r} \cdot \frac{\mathrm{d}r}{\mathrm{d}t} = GM\left\{\frac{1}{[r(t)]^2}m'(t) - \frac{2m(t)}{[r(t)]^3}r'(t)\right\}.$$

由题意知，当 $r = 6\,378$ km 时，$r'(t) = 100$ km/s，$m(t) = m_1$，所以此时地球对火箭的引力减少的速度为

$$-\frac{\mathrm{d}F}{\mathrm{d}t}\bigg|_{r = 6\,378\,\text{km}} = -GM\left[\frac{1}{6\,378^2} \cdot (-40) - \frac{2m_1}{6\,378^3} \cdot 100\right]$$

$$= \frac{GM}{6\,378^2}\left(40 + \frac{200m_1}{6\,378}\right)\text{（单位：N/s）}.$$

二、一阶全微分形式不变性

设函数 $z = f(u, v)$ 具有连续偏导数，则有全微分

$$\mathrm{d}z = \frac{\partial z}{\partial u}\mathrm{d}u + \frac{\partial z}{\partial v}\mathrm{d}v.$$

若函数 $u = \varphi(x, y)$，$v = \psi(x, y)$ 可微，则复合函数

$$z = f[\varphi(x, y), \psi(x, y)]$$

的全微分为

$$\mathrm{d}z = \frac{\partial z}{\partial x}\mathrm{d}x + \frac{\partial z}{\partial y}\mathrm{d}y.$$

由复合函数的偏导数公式得

$$\mathrm{d}z = \left(\frac{\partial z}{\partial u} \cdot \frac{\partial u}{\partial x} + \frac{\partial z}{\partial v} \cdot \frac{\partial v}{\partial x}\right)\mathrm{d}x + \left(\frac{\partial z}{\partial u} \cdot \frac{\partial u}{\partial y} + \frac{\partial z}{\partial v} \cdot \frac{\partial v}{\partial y}\right)\mathrm{d}y$$

$$= \frac{\partial z}{\partial u}\left(\frac{\partial u}{\partial x}\mathrm{d}x + \frac{\partial u}{\partial y}\mathrm{d}y\right) + \frac{\partial z}{\partial v}\left(\frac{\partial v}{\partial x}\mathrm{d}x + \frac{\partial v}{\partial y}\mathrm{d}y\right)$$

$$= \frac{\partial z}{\partial u}\mathrm{d}u + \frac{\partial z}{\partial v}\mathrm{d}v.$$

由此可见,无论 u,v 是自变量还是中间变量,函数 $z=f(u,v)$ 的全微分都具有如下形式:

$$dz = \frac{\partial z}{\partial u}du + \frac{\partial z}{\partial v}dv.$$

此性质称为一阶全微分形式不变性.

例 8.4.9 求函数 $z=\sqrt{xy}\,\mathrm{e}^{x^2 y}$ 的全微分和偏导数.

解 根据一阶全微分形式不变性,有

$$dz = \mathrm{e}^{x^2 y}d(\sqrt{xy}) + \sqrt{xy}\,d(\mathrm{e}^{x^2 y}) = \mathrm{e}^{x^2 y}\frac{1}{2\sqrt{xy}}d(xy) + \sqrt{xy}\,\mathrm{e}^{x^2 y}d(x^2 y)$$

$$= \frac{\mathrm{e}^{x^2 y}}{2\sqrt{xy}}(y\,dx + x\,dy) + \sqrt{xy}\,\mathrm{e}^{x^2 y}(2xy\,dx + x^2\,dy)$$

$$= \frac{\mathrm{e}^{x^2 y}}{2\sqrt{xy}}\big[y(1+4x^2 y)dx + x(1+2x^2 y)dy\big].$$

因此

$$\frac{\partial z}{\partial x} = \frac{y(1+4x^2 y)\mathrm{e}^{x^2 y}}{2\sqrt{xy}}, \qquad \frac{\partial z}{\partial y} = \frac{x(1+2x^2 y)\mathrm{e}^{x^2 y}}{2\sqrt{xy}}.$$

习题8.4

1. 设函数 $u = \dfrac{y-z}{1+a^2}\mathrm{e}^{ax},\ y=a\sin x,\ z=\cos x$,求 $\dfrac{du}{dx}$.

2. 设函数 $z = \arcsin(x-y),\ x=3t,\ y=4t^3$,求 $\dfrac{dz}{dt}$.

3. 设函数 $z = u\mathrm{e}^{\frac{u}{v}},\ u=x^2+y^2,\ v=xy$,求 $\dfrac{\partial z}{\partial x},\dfrac{\partial z}{\partial y}$.

4. 设函数 $z = u^2\ln v,\ u=\dfrac{x}{y},\ v=3x-2y$,求 $\dfrac{\partial z}{\partial x},\dfrac{\partial z}{\partial y}$.

5. 设函数 $z = u^2 v - uv^2,\ u=x\sin y,\ v=x\cos y$,求 $\dfrac{\partial z}{\partial x},\dfrac{\partial z}{\partial y}$.

6. 设函数 f 具有连续偏导数,求下列复合函数的偏导数或导数:

  (1) $z = f(x,y),\ x=3u+2v,\ y=4u-2v$;

  (2) $z = f(x,y),\ x=t\cos t,\ y=\ln t$;

  (3) $z = \dfrac{y}{f(x^2-y^2)}$;

  (4) $u = f(x+xy+xyz)$;

(5) $w = f\left(\dfrac{x}{y}, \dfrac{y}{z}\right)$.

7. 设函数 $u = f(\sqrt{x^2 + y^2 + z^2})$，且 f 具有连续偏导数，求 $\mathrm{d}u$.

8. 设函数 $z = f\left(x, \dfrac{x}{y}\right)$，且 f 具有二阶连续偏导数，求 $\dfrac{\partial^2 z}{\partial x \partial y}$.

9. 设函数 $z = f(x\ln y, x - y)$，且 f 具有二阶连续偏导数，求 $\dfrac{\partial^2 z}{\partial x^2}, \dfrac{\partial^2 z}{\partial x \partial y}, \dfrac{\partial^2 z}{\partial y^2}$.

10. 设函数 $z = \sin(xy) + \varphi\left(x, \dfrac{x}{y}\right)$，其中 φ 具有二阶连续偏导数，求 $\dfrac{\partial^2 z}{\partial x \partial y}$.

11. 设函数 $z = x^3 f\left(xy, \dfrac{y}{x}\right)$，且 f 具有二阶连续偏导数，求 $\dfrac{\partial^2 z}{\partial x \partial y}$.

12. 设函数 $z = f\left(xy, \dfrac{x}{y}\right) + g\left(\dfrac{y}{x}\right)$，其中 f 具有二阶连续偏导数，g 具有二阶连续导数，求 $\dfrac{\partial^2 z}{\partial x \partial y}$.

*13. 求常数 a，使得变量代换 $\begin{cases} u = x - 2y, \\ v = x + ay \end{cases}$ 可把方程 $6\dfrac{\partial^2 f}{\partial x^2} + \dfrac{\partial^2 f}{\partial x \partial y} - \dfrac{\partial^2 f}{\partial y^2} = 0$ 化为 $\dfrac{\partial^2 z}{\partial u \partial v} = 0$，其中函数 $z = f(x, y)$ 具有二阶连续偏导数.

§8.5

隐函数微分法

在一元函数微分学中，已介绍了利用复合函数的求导法则来求由方程 $F(x, y) = 0$ 所确定隐函数 $y = f(x)$ 的导数的方法，但没有给出求隐函数导数的一般公式. 下面利用多元复合函数微分法推导出一元隐函数的导数公式，并将其推广到多元隐函数的情形.

一、由一个方程所确定的隐函数的导数或偏导数

设函数 $F(x, y)$ 具有连续偏导数，且 $F_y \neq 0$. 若函数 $y = f(x)$ 是由方程 $F(x, y) = 0$ 所确定的隐函数，则有

$$F[x, f(x)] \equiv 0.$$

上式两边对 x 求导数，得

$$F_x + F_y \dfrac{\mathrm{d}y}{\mathrm{d}x} = 0,$$

即

$$\dfrac{\mathrm{d}y}{\mathrm{d}x} = -\dfrac{F_x}{F_y}.$$

一般地，有如下定理.

定理 8.5.1　设函数 $F(x, y)$ 在点 (x_0, y_0) 的某个邻域内具有连续偏导

数,且 $F(x_0, y_0) = 0$,$F_y(x_0, y_0) \neq 0$,则方程 $F(x, y) = 0$ 在点 (x_0, y_0) 的某个邻域内能确定唯一的具有连续导数的隐函数 $y = f(x)$,满足 $y_0 = f(x_0)$,且有

$$\frac{\mathrm{d}y}{\mathrm{d}x} = -\frac{F_x}{F_y}.$$

这个定理称为隐函数存在定理.

定理 8.5.1 给出了方程 $F(x, y) = 0$ 能确定 y 是 x 的函数的一个充分条件. 例如,设 $F(x, y) = xy - \mathrm{e}^x + \mathrm{e}^y$,则 $F_x = y - \mathrm{e}^x$ 和 $F_y = x + \mathrm{e}^y$ 在点 $(0,0)$ 的某个邻域内连续,且 $F_y(0,0) = 1 \neq 0$,$F(0,0) = 0$,因此由方程 $F(x, y) = 0$ 能唯一确定一个具有连续导数的隐函数 $y = f(x)$,满足 $f(0) = 0$. 注意定理 8.5.1 的条件仅仅是充分的. 例如,对于方程 $F(x, y) = y^3 - x^3 = 0$,尽管在点 $(0,0)$ 处,有 $F_y(0,0) = 0$,但它可唯一确定连续函数 $y = x$.

例 8.5.1 设隐函数 $y = f(x)$ 由方程 $\ln y + \cot x - xy^2 = 0$ 所确定,求 $\dfrac{\mathrm{d}y}{\mathrm{d}x}$.

解 设 $F(x, y) = \ln y + \cot x - xy^2$,则 $F_x = -\csc^2 x - y^2$,$F_y = \dfrac{1}{y} - 2xy$,从而

$$\frac{\mathrm{d}y}{\mathrm{d}x} = -\frac{F_x}{F_y} = -\frac{-\csc^2 x - y^2}{\dfrac{1}{y} - 2xy} = \frac{y(\csc^2 x + y^2)}{1 - 2xy^2}.$$

假设三元函数 $F(x, y, z)$ 具有连续偏导数,且 $F_z \neq 0$. 如果二元隐函数 $z = z(x, y)$ 是由方程 $F(x, y, z) = 0$ 所确定的,则有

$$F[x, y, z(x, y)] \equiv 0.$$

此方程两边分别对 x 和 y 求偏导数,得

$$F_x + F_z \frac{\partial z}{\partial x} = 0, \quad F_y + F_z \frac{\partial z}{\partial y} = 0,$$

解得

$$\frac{\partial z}{\partial x} = -\frac{F_x}{F_z}, \quad \frac{\partial z}{\partial y} = -\frac{F_y}{F_z}.$$

一般地,有如下定理.

定理 8.5.2 设函数 $F(x, y, z)$ 在点 (x_0, y_0, z_0) 的某个邻域内具有连续偏导数,且 $F(x_0, y_0, z_0) = 0$,$F_z(x_0, y_0, z_0) \neq 0$,则方程 $F(x, y, z) = 0$ 在点 (x_0, y_0, z_0) 的某个邻域内能确定唯一的具有连续偏导数的隐函数 $z = f(x, y)$,满足 $z_0 = f(x_0, y_0)$,且有

$$\frac{\partial z}{\partial x} = -\frac{F_x}{F_z}, \quad \frac{\partial z}{\partial y} = -\frac{F_y}{F_z}.$$

如果函数 $F(x, y, z)$ 的二阶偏导数连续,则可进一步求隐函数 $z = f(x, y)$ 的二阶偏导数. 例如,求 $\dfrac{\partial^2 z}{\partial x^2}$:

方程 $F_x + F_z \dfrac{\partial z}{\partial x} = 0$ 两边再对 x 求偏导数，得

$$\frac{\partial}{\partial x}(F_x) + \frac{\partial}{\partial x}\left(F_z \frac{\partial z}{\partial x}\right) = 0,$$

即

$$F_{xx} + F_{xz}\frac{\partial z}{\partial x} + \left(F_{zx} + F_{zz}\frac{\partial z}{\partial x}\right)\frac{\partial z}{\partial x} + F_z \frac{\partial^2 z}{\partial x^2} = 0.$$

由此得到

$$\frac{\partial^2 z}{\partial x^2} = -\frac{F_{xx} + 2F_{xz}\dfrac{\partial z}{\partial x} + F_{zz}\left(\dfrac{\partial z}{\partial x}\right)^2}{F_z}.$$

把 $\dfrac{\partial z}{\partial x} = -\dfrac{F_x}{F_z}$ 代入，整理得到

$$\frac{\partial^2 z}{\partial x^2} = -\frac{F_{xx}F_z^2 - 2F_{xz}F_x F_z + F_{zz}F_x^2}{F_z^3}.$$

例 8.5.2 设隐函数 $z = z(x,y)$ 由方程 $\sin(xyz) - x^2 + y - z^2 + 1 = 0$ 所确定，求 $\dfrac{\partial z}{\partial x}, \dfrac{\partial z}{\partial y}$ 及 $\mathrm{d}z$.

解 设 $F(x,y,z) = \sin(xyz) - x^2 + y - z^2 + 1$，则

$$F_x = yz\cos(xyz) - 2x, \quad F_y = xz\cos(xyz) + 1, \quad F_z = xy\cos(xyz) - 2z.$$

因此

$$\frac{\partial z}{\partial x} = -\frac{F_x}{F_z} = -\frac{yz\cos(xyz) - 2x}{xy\cos(xyz) - 2z},$$

$$\frac{\partial z}{\partial y} = -\frac{F_y}{F_z} = -\frac{xz\cos(xyz) + 1}{xy\cos(xyz) - 2z},$$

$$\mathrm{d}z = -\frac{yz\cos(xyz) - 2x}{xy\cos(xyz) - 2z}\mathrm{d}x - \frac{xz\cos(xyz) + 1}{xy\cos(xyz) - 2z}\mathrm{d}y.$$

例 8.5.3 设隐函数 $z = z(x,y)$ 由方程 $\dfrac{x}{z} = \ln\dfrac{z}{y}$ 所确定，求 $\dfrac{\partial^2 z}{\partial x \partial y}$.

解 设 $F(x,y,z) = \ln\dfrac{z}{y} - \dfrac{x}{z}$，则

$$\frac{\partial z}{\partial x} = -\frac{F_x}{F_z} = -\frac{-\dfrac{1}{z}}{\dfrac{1}{z} + \dfrac{x}{z^2}} = \frac{z}{z + x}, \quad \frac{\partial z}{\partial y} = -\frac{F_y}{F_z} = -\frac{-\dfrac{1}{y}}{\dfrac{1}{z} + \dfrac{x}{z^2}} = \frac{z^2}{y(z + x)},$$

从而

$$\frac{\partial^2 z}{\partial x \partial y} = \frac{\partial}{\partial y}\left(\frac{\partial z}{\partial x}\right) = \frac{\partial}{\partial y}\left(\frac{z}{z + x}\right) = \frac{\partial}{\partial y}\left(1 - \frac{x}{z + x}\right)$$

$$= \frac{x \dfrac{\partial z}{\partial y}}{(z+x)^2} = \frac{x \dfrac{z^2}{y(z+x)}}{(z+x)^2} = \frac{xz^2}{y(z+x)^3}.$$

例 8.5.4 设方程 $F\left(\dfrac{y}{x}, \dfrac{z}{y}\right) = 0$ 可确定隐函数 $z = z(x,y)$，其中函数 $F(u,v)$ 具

有连续偏导数，求 $\dfrac{\partial z}{\partial x}, \dfrac{\partial z}{\partial y}$.

解 设 $G(x,y,z) = F\left(\dfrac{y}{x}, \dfrac{z}{y}\right)$，则

$$G_x = F_1' \cdot \left(-\frac{y}{x^2}\right) + F_2' \cdot 0 = -\frac{y}{x^2} F_1',$$

$$G_y = F_1' \frac{1}{x} + F_2' \cdot \left(-\frac{z}{y^2}\right) = \frac{1}{x} F_1' - \frac{z}{y^2} F_2',$$

$$G_z = F_1' \cdot 0 + F_2' \frac{1}{y} = \frac{1}{y} F_2'.$$

因此

$$\frac{\partial z}{\partial x} = -\frac{G_x}{G_z} = -\frac{-\dfrac{y}{x^2} F_1'}{\dfrac{1}{y} F_2'} = \frac{y^2 F_1'}{x^2 F_2'}, \qquad \frac{\partial z}{\partial y} = -\frac{G_y}{G_z} = -\frac{\dfrac{1}{x} F_1' - \dfrac{z}{y^2} F_2'}{\dfrac{1}{y} F_2'} = \frac{z}{y} - \frac{y F_1'}{x F_2'}.$$

二、由方程组所确定的隐函数的导数或偏导数

对于隐函数由方程组确定的情形，下面通过一个情形来说明.

定理 8.5.3 给定方程组

$$\begin{cases} F(x,y,u,v) = 0, \\ G(x,y,u,v) = 0. \end{cases}$$

若函数 $F(x,y,u,v), G(x,y,u,v)$ 在点 (x_0, y_0, u_0, v_0) 的某个邻域内具有连续偏导数，又 $F(x_0, y_0, u_0, v_0) = 0, G(x_0, y_0, u_0, v_0) = 0$，且函数 $F(x,y,u,v)$ 和 $G(x,y,u,v)$ 对 u,v 的雅可比（Jacobi）行列式

$$J = \frac{\partial(F,G)}{\partial(u,v)} = \begin{vmatrix} F_u & F_v \\ G_u & G_v \end{vmatrix}$$

在点 (x_0, y_0, u_0, v_0) 处不等于零，则上述给定的方程组在点 (x_0, y_0, u_0, v_0) 的某个邻域内能确定唯一的具有连续偏导数的隐函数组 $u = u(x,y), v = v(x,y)$，满足 $u_0 = u(x_0, y_0), v_0 = v(x_0, y_0)$，且有

$$\frac{\partial u}{\partial x} = -\frac{1}{J} \cdot \frac{\partial(F,G)}{\partial(x,v)} = -\frac{\begin{vmatrix} F_x & F_v \\ G_x & G_v \end{vmatrix}}{\begin{vmatrix} F_u & F_v \\ G_u & G_v \end{vmatrix}},$$

$$\frac{\partial v}{\partial x} = -\frac{1}{J} \cdot \frac{\partial(F,G)}{\partial(u,x)} = -\frac{\begin{vmatrix} F_u & F_x \\ G_u & G_x \end{vmatrix}}{\begin{vmatrix} F_u & F_v \\ G_u & G_v \end{vmatrix}},$$

$$\frac{\partial u}{\partial y} = -\frac{1}{J} \cdot \frac{\partial(F,G)}{\partial(y,v)} = -\frac{\begin{vmatrix} F_y & F_v \\ G_y & G_v \end{vmatrix}}{\begin{vmatrix} F_u & F_v \\ G_u & G_v \end{vmatrix}},$$

$$\frac{\partial v}{\partial y} = -\frac{1}{J} \cdot \frac{\partial(F,G)}{\partial(u,y)} = -\frac{\begin{vmatrix} F_u & F_y \\ G_u & G_y \end{vmatrix}}{\begin{vmatrix} F_u & F_v \\ G_u & G_v \end{vmatrix}}.$$

略去定理的证明，下面仅推导其中的公式. 因为 $u = u(x,y)$，$v = v(x,y)$ 由方程组 $F(x,y,u,v) = 0$，$G(x,y,u,v) = 0$ 所确定，所以有

$$\begin{cases} F[x,y,u(x,y),v(x,y)] \equiv 0, \\ G[x,y,u(x,y),v(x,y)] \equiv 0. \end{cases}$$

此方程组各方程两边都对 x 求偏导数，得

$$\begin{cases} F_x + F_u \dfrac{\partial u}{\partial x} + F_v \dfrac{\partial v}{\partial x} = 0, \\ G_x + G_u \dfrac{\partial u}{\partial x} + G_v \dfrac{\partial v}{\partial x} = 0, \end{cases}$$

由定理条件可知，在点 (x_0,y_0,u_0,v_0) 的某个邻域内有 $J = \dfrac{\partial(F,G)}{\partial(u,v)} = \begin{vmatrix} F_u & F_v \\ G_u & G_v \end{vmatrix} \neq 0$，因此可解得

$$\frac{\partial u}{\partial x} = -\frac{\begin{vmatrix} F_x & F_v \\ G_x & G_v \end{vmatrix}}{\begin{vmatrix} F_u & F_v \\ G_u & G_v \end{vmatrix}} = -\frac{1}{J} \cdot \frac{\partial(F,G)}{\partial(x,v)},$$

$$\frac{\partial v}{\partial x} = -\frac{\begin{vmatrix} F_u & F_x \\ G_u & G_x \end{vmatrix}}{\begin{vmatrix} F_u & F_v \\ G_u & G_v \end{vmatrix}} = -\frac{1}{J} \cdot \frac{\partial(F,G)}{\partial(u,x)}.$$

同理可得

$$\frac{\partial u}{\partial y} = -\frac{1}{J} \cdot \frac{\partial(F,G)}{\partial(y,v)}, \quad \frac{\partial v}{\partial y} = -\frac{1}{J} \cdot \frac{\partial(F,G)}{\partial(u,y)}.$$

例 8.5.5 设方程组 $\begin{cases} u^3 + xv = y, \\ v^3 + yu = x, \end{cases}$ 求 $\dfrac{\partial u}{\partial x}, \dfrac{\partial u}{\partial y}, \dfrac{\partial v}{\partial x}, \dfrac{\partial v}{\partial y}$.

解 令 $F(x,y,u,v) = u^3 + xv - y$，$G(x,y,u,v) = v^3 + yu - x$，则

$$J = \frac{\partial(F,G)}{\partial(u,v)} = \begin{vmatrix} F_u & F_v \\ G_u & G_v \end{vmatrix} = \begin{vmatrix} 3u^2 & x \\ y & 3v^2 \end{vmatrix} = 9u^2 v^2 - xy,$$

$$\frac{\partial(F,G)}{\partial(x,v)} = \begin{vmatrix} F_x & F_v \\ G_x & G_v \end{vmatrix} = \begin{vmatrix} v & x \\ -1 & 3v^2 \end{vmatrix} = 3v^3 + x,$$

$$\frac{\partial(F,G)}{\partial(u,x)} = \begin{vmatrix} F_u & F_x \\ G_u & G_x \end{vmatrix} = \begin{vmatrix} 3u^2 & v \\ y & -1 \end{vmatrix} = -3u^2 - yv,$$

$$\frac{\partial(F,G)}{\partial(y,v)} = \begin{vmatrix} F_y & F_v \\ G_y & G_v \end{vmatrix} = \begin{vmatrix} -1 & x \\ u & 3v^2 \end{vmatrix} = -3v^2 - ux,$$

$$\frac{\partial(F,G)}{\partial(u,y)} = \begin{vmatrix} F_u & F_y \\ G_u & G_y \end{vmatrix} = \begin{vmatrix} 3u^2 & -1 \\ y & u \end{vmatrix} = 3u^3 + y.$$

因此

$$\frac{\partial u}{\partial x} = -\frac{1}{J} \cdot \frac{\partial(F,G)}{\partial(x,v)} = -\frac{3v^3 + x}{9u^2 v^2 - xy}, \qquad \frac{\partial u}{\partial y} = -\frac{1}{J} \cdot \frac{\partial(F,G)}{\partial(y,v)} = \frac{3v^2 + ux}{9u^2 v^2 - xy},$$

$$\frac{\partial v}{\partial x} = -\frac{1}{J} \cdot \frac{\partial(F,G)}{\partial(u,x)} = \frac{3u^2 + yv}{9u^2 v^2 - xy}, \qquad \frac{\partial v}{\partial y} = -\frac{1}{J} \cdot \frac{\partial(F,G)}{\partial(u,y)} = -\frac{3u^3 + y}{9u^2 v^2 - xy}.$$

下面用推导公式的方法求例 8.5.5 中的 $\frac{\partial u}{\partial x}, \frac{\partial u}{\partial y}, \frac{\partial v}{\partial x}, \frac{\partial v}{\partial y}$.

所给方程组各方程的两边对 x 求偏导数,得

$$\begin{cases} 3u^2 \dfrac{\partial u}{\partial x} + v + x \dfrac{\partial v}{\partial x} = 0, \\ 3v^2 \dfrac{\partial v}{\partial x} + y \dfrac{\partial u}{\partial x} = 1. \end{cases}$$

移项整理,得

$$\begin{cases} 3u^2 \dfrac{\partial u}{\partial x} + x \dfrac{\partial v}{\partial x} = -v, \\ y \dfrac{\partial u}{\partial x} + 3v^2 \dfrac{\partial v}{\partial x} = 1, \end{cases}$$

解得

$$\frac{\partial u}{\partial x} = \frac{\begin{vmatrix} -v & x \\ 1 & 3v^2 \end{vmatrix}}{\begin{vmatrix} 3u^2 & x \\ y & 3v^2 \end{vmatrix}} = -\frac{3v^3 + x}{9u^2 v^2 - xy},$$

$$\frac{\partial v}{\partial x} = \frac{\begin{vmatrix} 3u^2 & -v \\ y & 1 \end{vmatrix}}{\begin{vmatrix} 3u^2 & x \\ y & 3v^2 \end{vmatrix}} = \frac{3u^2 + yv}{9u^2 v^2 - xy}.$$

所给方程组各方程的两边对 y 求偏导数,得

$$
\begin{cases}
3u^2 \dfrac{\partial u}{\partial y} + x \dfrac{\partial v}{\partial y} = 1, \\[3mm]
3v^2 \dfrac{\partial v}{\partial y} + u + y \dfrac{\partial u}{\partial y} = 0.
\end{cases}
$$

移项整理，得

$$
\begin{cases}
3u^2 \dfrac{\partial u}{\partial y} + x \dfrac{\partial v}{\partial y} = 1, \\[3mm]
y \dfrac{\partial u}{\partial y} + 3v^2 \dfrac{\partial v}{\partial y} = -u,
\end{cases}
$$

解得

$$
\frac{\partial u}{\partial y} = \frac{\begin{vmatrix} 1 & x \\ -u & 3v^2 \end{vmatrix}}{\begin{vmatrix} 3u^2 & x \\ y & 3v^2 \end{vmatrix}} = \frac{3v^2 + ux}{9u^2 v^2 - xy},
$$

$$
\frac{\partial v}{\partial y} = \frac{\begin{vmatrix} 3u^2 & 1 \\ y & -u \end{vmatrix}}{\begin{vmatrix} 3u^2 & x \\ y & 3v^2 \end{vmatrix}} = -\frac{3u^3 + y}{9u^2 v^2 - xy}.
$$

例 8.5.6 设 $y = y(x), z = z(x)$ 是由方程组 $\begin{cases} z = xf(x+y), \\ F(x, y, z) = 0 \end{cases}$ 所确定的隐函数

组，其中 f 和 F 分别具有连续导数和连续偏导数，求 $\dfrac{\mathrm{d}z}{\mathrm{d}x}$.

解 已知隐函数组 $y = y(x), z = z(x)$ 由方程组 $\begin{cases} z - xf(x+y) = 0, \\ F(x, y, z) = 0 \end{cases}$ 所确定，将该方

程组各方程两边对 x 求导数，得

$$
\begin{cases}
\dfrac{\mathrm{d}z}{\mathrm{d}x} - f - xf' \cdot \left(1 + \dfrac{\mathrm{d}y}{\mathrm{d}x}\right) = 0, \\[3mm]
F_x + F_y \dfrac{\mathrm{d}y}{\mathrm{d}x} + F_z \dfrac{\mathrm{d}z}{\mathrm{d}x} = 0.
\end{cases}
$$

移项整理，得

$$
\begin{cases}
\dfrac{\mathrm{d}z}{\mathrm{d}x} - xf' \dfrac{\mathrm{d}y}{\mathrm{d}x} = f + xf', \\[3mm]
F_z \dfrac{\mathrm{d}z}{\mathrm{d}x} + F_y \dfrac{\mathrm{d}y}{\mathrm{d}x} = -F_x,
\end{cases}
$$

解得

$$\frac{\mathrm{d}z}{\mathrm{d}x} = \frac{\begin{vmatrix} f + xf' & -xf' \\ -F_x & F_y \end{vmatrix}}{\begin{vmatrix} 1 & -xf' \\ F_z & F_y \end{vmatrix}} = \frac{(f + xf')F_y - xf'F_x}{F_y + xf'F_z}.$$

习题8.5

1. 设方程 $x + y - \ln x \ln y - 12 = 0$,求 $\dfrac{\mathrm{d}y}{\mathrm{d}x}$.

2. 设方程 $(x^2 + y^2)^2 - a^2(x^2 - y^2) = 0$,求 $\dfrac{\mathrm{d}y}{\mathrm{d}x}$.

3. 设方程 $xz^2 - yz^3 + xy = 0$,求 $\dfrac{\partial z}{\partial x}, \dfrac{\partial z}{\partial y}$.

4. 设方程 $x^2 \sin y + \mathrm{e}^x \arctan z - \sqrt{y} \ln z = 3$,求 $\dfrac{\partial z}{\partial x}, \dfrac{\partial z}{\partial y}$.

5. 设函数 $z = z(x, y)$ 由方程 $z + \ln z - \displaystyle\int_y^x \mathrm{e}^{-t^2} \mathrm{d}t = 0$ 所确定,求 $\mathrm{d}z$.

6. 设方程 $x \sin z + \tan(yz) - \dfrac{1}{2} = 0$,求 $\mathrm{d}z$.

7. 设隐函数 $z = f(x, y)$ 由方程 $\varphi(cx - az, cy - bz) = 0$ 所确定,且 φ 具有连续偏导数,证明:
$$a \frac{\partial z}{\partial x} + b \frac{\partial z}{\partial y} = c.$$

8. 设隐函数 $z = \varphi(x, y)$ 由方程 $x + z = yf(x^2 - z^2)$ 所确定,且 f 具有连续导数,证明:
$$z \frac{\partial z}{\partial x} + y \frac{\partial z}{\partial y} = x.$$

9. 设方程 $\mathrm{e}^z - xy + z - 1 = 0$,求 $\dfrac{\partial^2 z}{\partial x \partial y}$.

10. 设方程 $x^2 + 2y^2 + 3z^2 + xy - z - 9 = 0$,求 $\dfrac{\partial^2 z}{\partial x^2}, \dfrac{\partial^2 z}{\partial x \partial y}, \dfrac{\partial^2 z}{\partial y^2}$ 在点 $(1, -2, 1)$ 处的值.

11. 设方程组 $\begin{cases} x^2 + y^2 - uv = 0, \\ xy^2 - u^2 + v^2 = 0 \end{cases}$ 可以确定隐函数组 $u = u(x, y), v = v(x, y)$,求 $\dfrac{\partial u}{\partial x}, \dfrac{\partial u}{\partial y}, \dfrac{\partial v}{\partial x}, \dfrac{\partial v}{\partial y}$.

12. 设函数 $u = f(x, y, z)$ 具有连续偏导数,且隐函数 $y = y(x)$ 和 $z = z(x)$ 分别由方程 $\mathrm{e}^{xy} - y = 0$ 和 $\mathrm{e}^z - xz = 0$ 所确定,求 $\dfrac{\mathrm{d}u}{\mathrm{d}x}$.

*13. 设函数 $u = f(x, y, z), \varphi(x^2, \mathrm{e}^y, z) = 0, y = \sin x$,其中 f, φ 具有连续偏导数,且 $\dfrac{\partial \varphi}{\partial z} \neq 0$,求 $\dfrac{\mathrm{d}u}{\mathrm{d}x}$.

§8.6 多元函数微分学的几何应用

一、空间曲线的切线与法平面

设空间曲线 L 的参数方程为

$$\begin{cases} x = x(t), \\ y = y(t), \quad \alpha \leqslant t \leqslant \beta. \\ z = z(t), \end{cases}$$

假定 $x'(t), y'(t), z'(t)$ 至少有一个不为零. 设参数 t_0 对应于曲线 L 上的点 $M_0(x_0, y_0, z_0)$, 参数 $t_0 + \Delta t$ 对应于曲线 L 上的点 $M(x_0 + \Delta x, y_0 + \Delta y, z_0 + \Delta z)$, 则连接点 M_0 与 M 的割线的方程为

$$\frac{x - x_0}{\Delta x} = \frac{y - y_0}{\Delta y} = \frac{z - z_0}{\Delta z}.$$

用 $\Delta t (\Delta t \neq 0)$ 除上式中的所有分母, 得

$$\frac{x - x_0}{\dfrac{\Delta x}{\Delta t}} = \frac{y - y_0}{\dfrac{\Delta y}{\Delta t}} = \frac{z - z_0}{\dfrac{\Delta z}{\Delta t}}.$$

当点 M 沿曲线 L 趋向于点 M_0 时, $\Delta t \to 0$. 因为 $x'(t), y'(t), z'(t)$ 不同时为零, 所以割线 $M_0 M$ 的极限位置存在, 极限位置 $M_0 T$ 就是曲线 L 在点 M_0 处的切线 (见图 8.13). 因此, 曲线 L 在点 M_0 处的切线方程为

$$\frac{x - x_0}{x'(t_0)} = \frac{y - y_0}{y'(t_0)} = \frac{z - z_0}{z'(t_0)}.$$

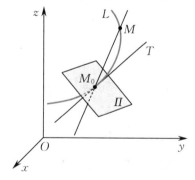

图 8.13

切线的方向向量

$$\vec{T} = (x'(t_0), y'(t_0), z'(t_0))$$

也称为曲线 L 的切向量.

通过切点 M_0 且与切线垂直的平面 Π 称为曲线 L 在点 M_0 处的**法平面**(见图 8.13). 易知, 曲线 L 在点 M_0 处的法平面方程为

$$x'(t_0)(x-x_0)+y'(t_0)(y-y_0)+z'(t_0)(z-z_0)=0.$$

例 8.6.1 求曲线 $x=\cos t, y=\sin t, z=2t$ 在点 $\left(\dfrac{\sqrt{2}}{2},\dfrac{\sqrt{2}}{2},\dfrac{\pi}{2}\right)$ 处的切线方程与法平面方程.

解 因为 $x'(t)=-\sin t, y'(t)=\cos t, z'(t)=2$, 点 $\left(\dfrac{\sqrt{2}}{2},\dfrac{\sqrt{2}}{2},\dfrac{\pi}{2}\right)$ 对应于 $t=\dfrac{\pi}{4}$, 所以该曲线在点 $\left(\dfrac{\sqrt{2}}{2},\dfrac{\sqrt{2}}{2},\dfrac{\pi}{2}\right)$ 处的一个切向量为

$$\vec{T}=\left(-\frac{\sqrt{2}}{2},\frac{\sqrt{2}}{2},2\right)=\frac{\sqrt{2}}{2}(-1,1,2\sqrt{2}).$$

故所求的切线方程为

$$\frac{x-\dfrac{\sqrt{2}}{2}}{-1}=\frac{y-\dfrac{\sqrt{2}}{2}}{1}=\frac{z-\dfrac{\pi}{2}}{2\sqrt{2}},$$

法平面方程为

$$-\left(x-\frac{\sqrt{2}}{2}\right)+\left(y-\frac{\sqrt{2}}{2}\right)+2\sqrt{2}\left(z-\frac{\pi}{2}\right)=0,$$

即

$$x-y-2\sqrt{2}z+\sqrt{2}\pi=0.$$

设 $M_0(x_0,y_0,z_0)$ 是空间曲线 L 上一点. 如果曲线 L 的一般方程为

$$\begin{cases}F(x,y,z)=0,\\ G(x,y,z)=0,\end{cases}$$

其中函数 $F(x,y,z),G(x,y,z)$ 在点 M_0 的某个邻域内具有连续偏导数, 那么可以将曲线 L 的一般方程看作与之等价的方程组

$$\begin{cases}x=x,\\ y=y(x),\\ z=z(x),\end{cases}$$

这里是把 x 当作曲线方程的参数, 其中 $y=y(x),z=z(x)$ 是由方程组 $\begin{cases}F(x,y,z)=0,\\ G(x,y,z)=0\end{cases}$ 所确定的隐函数组. 因此, 曲线 L 在点 M_0 处的切线方程为

$$\frac{x-x_0}{1}=\frac{y-y_0}{y'(x_0)}=\frac{z-z_0}{z'(x_0)},$$

法平面方程为

$$x-x_0+y'(x_0)(y-y_0)+z'(x_0)(z-z_0)=0.$$

假设

$$J \Big|_{M_0} = \frac{\partial(F,G)}{\partial(y,z)} \Big|_{M_0} \neq 0.$$

因为 $y = y(x), z = z(x)$ 是由方程组 $\begin{cases} F(x,y,z)=0, \\ G(x,y,z)=0 \end{cases}$ 所确定的隐函数组,所以

$$F[x,y(x),z(x)] \equiv 0, \quad G[x,y(x),z(x)] \equiv 0.$$

将上两式两边分别对 x 求导数,得

$$\begin{cases} F_x + F_y y'(x) + F_z z'(x) = 0, \\ G_x + G_y y'(x) + G_z z'(x) = 0. \end{cases}$$

根据假设,在点 M_0 的某个邻域内,有 $J = \frac{\partial(F,G)}{\partial(y,z)} \neq 0$,故从此方程组可解得

$$y'(x) = \frac{\begin{vmatrix} F_z & F_x \\ G_z & G_x \end{vmatrix}}{\begin{vmatrix} F_y & F_z \\ G_y & G_z \end{vmatrix}} = \frac{1}{J} \cdot \frac{\partial(F,G)}{\partial(z,x)},$$

$$z'(x) = \frac{\begin{vmatrix} F_x & F_y \\ G_x & G_y \end{vmatrix}}{\begin{vmatrix} F_y & F_z \\ G_y & G_z \end{vmatrix}} = \frac{1}{J} \cdot \frac{\partial(F,G)}{\partial(x,y)}.$$

因此,曲线 L 在点 M_0 处的切线方程为

$$\frac{x-x_0}{1} = \frac{y-y_0}{\frac{1}{J} \cdot \frac{\partial(F,G)}{\partial(z,x)} \Big|_{M_0}} = \frac{z-z_0}{\frac{1}{J} \cdot \frac{\partial(F,G)}{\partial(x,y)} \Big|_{M_0}},$$

即

$$\frac{x-x_0}{\frac{\partial(F,G)}{\partial(y,z)} \Big|_{M_0}} = \frac{y-y_0}{\frac{\partial(F,G)}{\partial(z,x)} \Big|_{M_0}} = \frac{z-z_0}{\frac{\partial(F,G)}{\partial(x,y)} \Big|_{M_0}},$$

法平面方程为

$$\frac{\partial(F,G)}{\partial(y,z)} \Big|_{M_0} (x-x_0) + \frac{\partial(F,G)}{\partial(z,x)} \Big|_{M_0} (y-y_0) + \frac{\partial(F,G)}{\partial(x,y)} \Big|_{M_0} (z-z_0) = 0.$$

例 8.6.2 求曲线 $L: \begin{cases} 2x^2 + y^2 + z = 3, \\ x + y + z = 0 \end{cases}$ 在点 $(1,-1,0)$ 处的切线方程与法平面方程.

解 将曲线 L 的方程两边对 x 求导数,得

$$\begin{cases} 4x + 2y \dfrac{dy}{dx} + \dfrac{dz}{dx} = 0, \\ 1 + \dfrac{dy}{dx} + \dfrac{dz}{dx} = 0, \end{cases}$$

即

$$\begin{cases} 2y\dfrac{\mathrm{d}y}{\mathrm{d}x}+\dfrac{\mathrm{d}z}{\mathrm{d}x}=-4x, \\[2mm] \dfrac{\mathrm{d}y}{\mathrm{d}x}+\dfrac{\mathrm{d}z}{\mathrm{d}x}=-1, \end{cases}$$

解得

$$\frac{\mathrm{d}y}{\mathrm{d}x}=\frac{\begin{vmatrix} -4x & 1 \\ -1 & 1 \end{vmatrix}}{\begin{vmatrix} 2y & 1 \\ 1 & 1 \end{vmatrix}}=\frac{1-4x}{2y-1}, \quad \frac{\mathrm{d}z}{\mathrm{d}x}=\frac{\begin{vmatrix} 2y & -4x \\ 1 & -1 \end{vmatrix}}{\begin{vmatrix} 2y & 1 \\ 1 & 1 \end{vmatrix}}=\frac{4x-2y}{2y-1},$$

于是

$$\frac{\mathrm{d}y}{\mathrm{d}x}\bigg|_{(1,-1,0)}=1, \quad \frac{\mathrm{d}z}{\mathrm{d}x}\bigg|_{(1,-1,0)}=-2.$$

由此可知,曲线 L 在点 $(1,-1,0)$ 处的一个切向量为 $\vec{T}=(1,1,-2)$.

因此,曲线 L 在点 $(1,-1,0)$ 处的切线方程为

$$\frac{x-1}{1}=\frac{y+1}{1}=\frac{z}{-2},$$

法平面方程为

$$(x-1)+(y+1)-2(z-0)=0,$$

即

$$x+y-2z=0.$$

二、曲面的切平面与法线

设曲面 Σ 的方程为 $F(x,y,z)=0$, $M_0(x_0,y_0,z_0)$ 是曲面 Σ 上的一点,函数 $F(x,y,z)$ 的偏导数在点 M_0 处连续且不全为零.曲面 Σ 上通过点 M_0 的曲线有无限多条,其中一些曲线在点 M_0 处存在切线.可以证明,所有这些切线处于同一个平面上.

事实上,设 L 为曲面 Σ 上通过点 M_0 的任一条在点 M_0 处有切线的曲线,它的方程为

$$x=x(t), \quad y=y(t), \quad z=z(t), \quad \alpha\leqslant t\leqslant\beta,$$

参数 t_0 对应于点 M_0,即 $x_0=x(t_0),y_0=y(t_0),z_0=z(t_0)$.由于曲线 L 在曲面 Σ 上,因此有

$$F[x(t),y(t),z(t)]\equiv 0.$$

将此方程两边对 t 求导数,则在点 M_0 处有

$$F_x(x_0,y_0,z_0)x'(t_0)+F_y(x_0,y_0,z_0)y'(t_0)+F_z(x_0,y_0,z_0)z'(t_0)=0.$$

记

$$\vec{n} = (F_x(x_0, y_0, z_0), F_y(x_0, y_0, z_0), F_z(x_0, y_0, z_0)),$$
$$\vec{T} = (x'(t_0), y'(t_0), z'(t_0)),$$

则有 $\vec{n} \cdot \vec{T} = 0$. 这表明，向量 $\vec{n}$ 垂直于曲线 L 的切向量 $\vec{T}$，即曲线 L 在点 M_0 处的切线垂直于向量 $\vec{n}$. 因此，曲面 Σ 上通过点 M_0 的曲线的切线都位于通过点 M_0 且以 $\vec{n}$ 为法向量的平面上. 这个平面称为曲面 Σ 在点 M_0 处的**切平面**.

显然，切平面的一个法向量为

$$\vec{n} = (F_x(x_0, y_0, z_0), F_y(x_0, y_0, z_0), F_z(x_0, y_0, z_0)),$$

也称为曲面 Σ 在点 M_0 处的**法向量**. 因此，曲面 Σ 在点 M_0 处的切平面方程为

$$F_x(x_0, y_0, z_0)(x - x_0) + F_y(x_0, y_0, z_0)(y - y_0)$$
$$+ F_z(x_0, y_0, z_0)(z - z_0) = 0.$$

通过点 M_0 且垂直于切平面的直线称为曲面 Σ 在点 M_0 处的**法线**，法线方程为

$$\frac{x - x_0}{F_x(x_0, y_0, z_0)} = \frac{y - y_0}{F_y(x_0, y_0, z_0)} = \frac{z - z_0}{F_z(x_0, y_0, z_0)}.$$

如果曲面 Σ 的方程为 $z = f(x, y)$，其中 $f(x, y)$ 在点 (x_0, y_0) 处具有连续偏导数，则可令 $F(x, y, z) = z - f(x, y)$，于是曲面 Σ 在点 $M_0(x_0, y_0, z_0)$ 处的法向量为

$$\vec{n} = (-f_x(x_0, y_0), -f_y(x_0, y_0), 1)$$

或

$$\vec{n} = (f_x(x_0, y_0), f_y(x_0, y_0), -1).$$

故曲面 Σ 在点 M_0 处的切平面方程为

$$f_x(x_0, y_0)(x - x_0) + f_y(x_0, y_0)(y - y_0) - (z - z_0) = 0$$

或

$$z - z_0 = f_x(x_0, y_0)(x - x_0) + f_y(x_0, y_0)(y - y_0),$$

法线方程为

$$\frac{x - x_0}{f_x(x_0, y_0)} = \frac{y - y_0}{f_y(x_0, y_0)} = \frac{z - z_0}{-1}.$$

例 8.6.3 求曲面 $\Sigma : 3xyz - z^3 = 1$ 在点 $(0, 1, -1)$ 处的切平面方程与法线方程.

解 设 $F(x, y, z) = 3xyz - z^3 - 1$，则曲面 Σ 的法向量可取为

$$\vec{n} = (F_x, F_y, F_z) = (3yz, 3xz, 3xy - 3z^2).$$

在点 $(0, 1, -1)$ 处，$\vec{n}\big|_{(0,1,-1)} = (-3, 0, -3)$.

因此，曲面 Σ 在点 $(0, 1, -1)$ 处的切平面方程为

$$-3(x - 0) + 0(y - 1) - 3(z + 1) = 0,$$

即

$$x + z + 1 = 0,$$

法线方程为

$$\frac{x}{1} = \frac{y-1}{0} = \frac{z+1}{1}, \quad 即 \quad \begin{cases} x = t, \\ y = 1, \\ z = -1 + t. \end{cases}$$

例 8.6.4 求曲面 $\Sigma: z = x^2 + y^2$ 的与平面 $\Pi: 2x + 4y - z = 0$ 平行的切平面方程.

解 设切点为 $P_0(x_0, y_0, z_0)$,则曲面 Σ 在点 P_0 处的法向量为 $\vec{n_0} = (2x_0, 2y_0, -1)$.由题设可知,$\vec{n_0}$ 与平面 Π 的法向量 $\vec{n} = (2, 4, -1)$ 平行,于是 $\vec{n_0} = \lambda\vec{n}$($\lambda$ 是常数),即

$$2x_0 = 2\lambda, \quad 2y_0 = 4\lambda, \quad -1 = -\lambda.$$

由此可得 $x_0 = 1, y_0 = 2$,从而 $z_0 = 1^2 + 2^2 = 5$,于是切点为 $(1, 2, 5)$.

因此,所求的切平面方程为

$$2(x-1) + 4(y-2) - (z-5) = 0,$$

即

$$2x + 4y - z - 5 = 0.$$

习题8.6

1. 求下列曲线在指定点 P_0 处的切线方程与法平面方程:

(1) $x = (t+1)^2, y = t^3, z = \sqrt{1+t^2}$,点 $P_0(1, 0, 1)$;

(2) $x = t - \sin t, y = 1 - \cos t, z = 4\sin\frac{t}{2}$,点 $P_0\left(\frac{\pi}{2} - 1, 1, 2\sqrt{2}\right)$;

(3) $\begin{cases} x^2 + y^2 + z^2 = 4a^2, \\ x^2 + y^2 = 2ax, \end{cases}$ 点 $P_0(a, a, \sqrt{2}a)$;

(4) $\begin{cases} y^2 + z^2 = 25, \\ x^2 + y^2 = 10, \end{cases}$ 点 $P_0(1, 3, 4)$.

2. 在曲线 $x = t, y = t^2, z = t^3$ 上求出一点,使得所给曲线在该点处的切线平行于平面 $x + 2y + z = 4$.

3. 求下列曲面在指定点 P_0 处的切平面方程与法线方程:

(1) $z = 8x + xy - x^2 - 5$,点 $P_0(2, -3, 1)$;

(2) $z = \dfrac{x^3 - 3axy + y^3}{a^2}$,点 $P_0(a, a, -a)$;

(3) $z = \arctan\dfrac{y}{x}$,点 $P_0\left(1, 1, \dfrac{\pi}{4}\right)$;

(4) $3x^2 + y^2 - z^2 = 27$,点 $P_0(3, 1, 1)$.

4. 在曲面 $z = xy$ 上求出一点,使得所给曲面在该点处的切平面平行于平面 $x + 3y + z + 9 = 0$,并给出该点处的切平面方程与法线方程.

5. 求曲面 $x^2 + 2y^2 + 3z^2 = 21$ 上某点 M 处的切平面 Π 的方程,使得切平面 Π 通过直线

$$\frac{x-6}{2} = \frac{y-3}{1} = \frac{2z-1}{-2}.$$

§8.7 方向导数与梯度

前面介绍的偏导数只讨论了函数在坐标轴正向上的变化率问题,但在许多问题中,不仅要知道函数在坐标轴正向上的变化率,还要考虑函数在其他方向上的变化率,这就是本节要讨论的方向导数.

一、方向导数

设 l 是 xOy 面上以点 $P_0(x_0, y_0)$ 为始点的一条射线,$\vec{e}_l = (\cos\alpha, \cos\beta)$ 是与 l 同向的单位向量,于是射线 l 的参数方程可写为

$$\begin{cases} x = x_0 + \rho\cos\alpha, \\ y = y_0 + \rho\cos\beta \end{cases} \quad (\rho \text{ 为参数,且 } \rho \geqslant 0).$$

设函数 $f(x, y)$ 在点 P_0 的某个邻域内有定义,$P(x_0 + \rho\cos\alpha, y_0 + \rho\cos\beta)$ 是射线 l 上的另一点,考虑极限

$$\lim_{\rho \to 0^+} \frac{f(x_0 + \rho\cos\alpha, y_0 + \rho\cos\beta) - f(x_0, y_0)}{\rho}.$$

定义 8.7.1 若点 P 沿射线 l 趋向于点 $P_0(\rho \to 0^+)$ 时,极限

$$\lim_{\rho \to 0^+} \frac{f(P) - f(P_0)}{\rho} = \lim_{\rho \to 0^+} \frac{f(x_0 + \rho\cos\alpha, y_0 + \rho\cos\beta) - f(x_0, y_0)}{\rho}$$

存在,则称此极限值为函数 $f(x, y)$ 在点 $P_0(x_0, y_0)$ 处沿射线 l 方向的**方向导数**,记作 $\left.\dfrac{\partial f}{\partial l}\right|_{(x_0, y_0)}$ 或 $\left.\dfrac{\partial f}{\partial l}\right|_{P_0}$,即

$$\left.\frac{\partial f}{\partial l}\right|_{(x_0, y_0)} = \lim_{\rho \to 0^+} \frac{f(x_0 + \rho\cos\alpha, y_0 + \rho\cos\beta) - f(x_0, y_0)}{\rho}.$$

设函数 $f(x, y)$ 在点 $P_0(x_0, y_0)$ 处的偏导数存在. 若取射线 l 的方向为 x 轴的正向,即 $\vec{e}_l = \vec{i} = (1, 0)$,则

$$\left.\frac{\partial f}{\partial l}\right|_{(x_0, y_0)} = \lim_{\rho \to 0^+} \frac{f(x_0 + \rho, y_0) - f(x_0, y_0)}{\rho} = f_x(x_0, y_0);$$

若取射线 l 的方向为 x 轴的负向,即 $\vec{e}_l = -\vec{i} = (-1, 0)$,则

$$\left.\frac{\partial f}{\partial l}\right|_{(x_0, y_0)} = \lim_{\rho \to 0^+} \frac{f(x_0 - \rho, y_0) - f(x_0, y_0)}{\rho} = -f_x(x_0, y_0).$$

同理,若取射线 l 的方向为 y 轴的正向,即 $\vec{e}_l = \vec{j} = (0,1)$,则

$$\frac{\partial f}{\partial l}\bigg|_{(x_0,y_0)} = f_y(x_0,y_0);$$

若取射线 l 的方向为 y 轴的负向,即 $\vec{e}_l = -\vec{j} = (0,-1)$,则

$$\frac{\partial f}{\partial l}\bigg|_{(x_0,y_0)} = -f_y(x_0,y_0).$$

当函数 $f(x,y)$ 在点 $P_0(x_0,y_0)$ 处的方向导数存在时,$f(x,y)$ 在点 P_0 处的偏导数不一定存在.例如,函数 $z = \sqrt{x^2+y^2}$ 在原点 $O(0,0)$ 处沿任何方向 l 的方向导数都为

$$\frac{\partial f}{\partial l}\bigg|_{(0,0)} = \lim_{\rho \to 0^+} \frac{f(\rho\cos\alpha,\rho\cos\beta) - f(0,0)}{\rho} = \lim_{\rho \to 0^+} \frac{\rho}{\rho} = 1,$$

但 $f(x,y)$ 在原点 $O(0,0)$ 处的偏导数不存在.这是因为,极限

$$\lim_{\Delta x \to 0} \frac{f(0+\Delta x,0) - f(0,0)}{\Delta x} = \lim_{\Delta x \to 0} \frac{|\Delta x|}{\Delta x}$$

和

$$\lim_{\Delta y \to 0} \frac{f(0,0+\Delta y) - f(0,0)}{\Delta y} = \lim_{\Delta y \to 0} \frac{|\Delta y|}{\Delta y}$$

都不存在.

若函数 $f(x,y)$ 在点 $P_0(x_0,y_0)$ 处的偏导数存在,则 $f(x,y)$ 在点 P_0 处沿 x 轴和 y 轴方向(正向和负向)的方向导数存在,但不能得出 $f(x,y)$ 在点 P_0 处沿其他方向的方向导数存在.例如,对于函数

$$f(x,y) = \begin{cases} 1, & xy \neq 0, \\ 0, & x=0 \text{ 或 } y=0, \end{cases}$$

显然 $f_x(0,0) = f_y(0,0) = 0$,但在原点 $O(0,0)$ 处,除了沿坐标轴方向外,沿其他方向的方向导数都不存在.

下面给出方向导数存在的条件.

定理 8.7.1　如果函数 $f(x,y)$ 在点 $P_0(x_0,y_0)$ 处可微,那么 $f(x,y)$ 在该点沿任何方向 l 的方向导数都存在,且有

$$\frac{\partial f}{\partial l}\bigg|_{(x_0,y_0)} = f_x(x_0,y_0)\cos\alpha + f_y(x_0,y_0)\cos\beta,$$

其中 $\cos\alpha, \cos\beta$ 是方向 l 的方向余弦.

证明　设点 $P(x_0+\Delta x, y_0+\Delta y)$ 在以点 P_0 为始点的射线 l 上,于是

$$\Delta x = \rho\cos\alpha, \quad \Delta y = \rho\cos\beta.$$

由于 $f(x,y)$ 在点 P_0 处可微,故

$$\begin{aligned} f(P) - f(P_0) &= f(x_0+\Delta x, y_0+\Delta y) - f(x_0,y_0) \\ &= f(x_0+\rho\cos\alpha, y_0+\rho\cos\beta) - f(x_0,y_0) \\ &= f_x(x_0,y_0)\rho\cos\alpha + f_y(x_0,y_0)\rho\cos\beta + o(\rho). \end{aligned}$$

因此

$$\lim_{\rho \to 0^+} \frac{f(P) - f(P_0)}{\rho} = \lim_{\rho \to 0^+} \left[f_x(x_0, y_0)\cos\alpha + f_y(x_0, y_0)\cos\beta + \frac{o(\rho)}{\rho} \right]$$
$$= f_x(x_0, y_0)\cos\alpha + f_y(x_0, y_0)\cos\beta.$$

例 8.7.1 求函数 $z = x\,e^{2y}$ 在点 $P(1,0)$ 处沿从点 $P(1,0)$ 到点 $Q(2,-1)$ 的方向 l 的方向导数.

解 因 $\overrightarrow{PQ} = (1,-1)$，故与方向 l 同向的单位向量为 $\vec{e}_l = \left(\frac{\sqrt{2}}{2}, -\frac{\sqrt{2}}{2} \right)$. 而

$$\frac{\partial z}{\partial x} = e^{2y}, \quad \frac{\partial z}{\partial y} = 2x\,e^{2y}, \quad \frac{\partial z}{\partial x}\bigg|_{(1,0)} = 1, \quad \frac{\partial z}{\partial y}\bigg|_{(1,0)} = 2,$$

又由 $\dfrac{\partial z}{\partial x}$ 和 $\dfrac{\partial z}{\partial y}$ 在点 P 处连续可知，$z = x\,e^{2y}$ 在点 P 处可微，故

$$\frac{\partial z}{\partial l}\bigg|_{(1,0)} = 1 \times \frac{\sqrt{2}}{2} + 2 \times \left(-\frac{\sqrt{2}}{2} \right) = -\frac{\sqrt{2}}{2}.$$

对于三元函数 $f(x,y,z)$，在空间中点 $P_0(x_0, y_0, z_0)$ 处，$f(x,y,z)$ 沿方向 l 的方向导数定义为

$$\frac{\partial f}{\partial l}\bigg|_{(x_0, y_0, z_0)} = \lim_{\rho \to 0^+} \frac{f(x_0 + \rho\cos\alpha, y_0 + \rho\cos\beta, z_0 + \rho\cos\gamma) - f(x_0, y_0, z_0)}{\rho},$$

这里 $\vec{e}_l = (\cos\alpha, \cos\beta, \cos\gamma)$.

可以证明，若函数 $f(x,y,z)$ 在点 $P_0(x_0, y_0, z_0)$ 处可微，则该函数在该点处沿方向 l 的方向导数为

$$\frac{\partial f}{\partial l}\bigg|_{(x_0, y_0, z_0)} = f_x(x_0, y_0, z_0)\cos\alpha + f_y(x_0, y_0, z_0)\cos\beta + f_z(x_0, y_0, z_0)\cos\gamma,$$

这里 $\vec{e}_l = (\cos\alpha, \cos\beta, \cos\gamma)$.

例 8.7.2 求函数 $f(x,y,z) = xy + yz + zx$ 在点 $(1,1,2)$ 处沿方向 l 的方向导数，其中方向 l 的方向角分别为 $60°, 45°, 60°$.

解 根据题设，与方向 l 同向的单位向量为

$$\vec{e}_l = (\cos 60°, \cos 45°, \cos 60°) = \left(\frac{1}{2}, \frac{\sqrt{2}}{2}, \frac{1}{2} \right).$$

而

$$f_x = y + z, \quad f_y = x + z, \quad f_z = y + x,$$

故由 f_x, f_y, f_z 在点 $(1,1,2)$ 处连续可得

$$\frac{\partial f}{\partial l}\bigg|_{(1,1,2)} = f_x(1,1,2)\cos 60° + f_y(1,1,2)\cos 45° + f_z(1,1,2)\cos 60°$$

$$= 3 \times \frac{1}{2} + 3 \times \frac{\sqrt{2}}{2} + 2 \times \frac{1}{2} = \frac{5 + 3\sqrt{2}}{2}.$$

二、梯度

定义 8.7.2 设函数 $f(x,y)$ 在点 $P(x_0,y_0)$ 处存在偏导数,则称向量 $(f_x(x_0,y_0),f_y(x_0,y_0))$ 为 $f(x,y)$ 在点 P 处的**梯度**,记为 $\mathbf{grad}\, f(x_0,y_0)$,即

$$\mathbf{grad}\, f(x_0,y_0)=(f_x(x_0,y_0),f_y(x_0,y_0)).$$

若 $\vec{e}_l=(\cos\alpha,\cos\beta)$ 是与方向 l 同向的单位向量,$f(x,y)$ 在点 $P(x_0,y_0)$ 处可微,则

$$\left.\frac{\partial f}{\partial l}\right|_{(x_0,y_0)}=f_x(x_0,y_0)\cos\alpha+f_y(x_0,y_0)\cos\beta$$

$$=\mathbf{grad}\, f(x_0,y_0)\cdot\vec{e}_l$$

$$=|\mathbf{grad}\, f(x_0,y_0)|\cos\theta,$$

其中 θ 是梯度 $\mathbf{grad}\, f(x_0,y_0)$ 与 $\vec{e}_l$ 的夹角.因此,当 $\theta=0$ 时,方向导数 $\left.\dfrac{\partial f}{\partial l}\right|_{(x_0,y_0)}$ 取得最大值,即沿梯度方向时,$f(x,y)$ 的方向导数取得最大值,且最大值等于 $|\mathbf{grad}\, f(x_0,y_0)|$.这表明,当 $f(x,y)$ 在点 P_0 处可微时,梯度方向是 $f(x,y)$ 的值增长最快的方向,且沿该方向的变化率就是梯度的模.而当 $\theta=\pi$ 时,$f(x,y)$ 的方向导数取得最小值,即沿梯度 $\mathbf{grad}\, f(x_0,y_0)$ 的相反方向,$f(x,y)$ 的值减少最快.

类似地,设三元函数 $f(x,y,z)$ 在点 $P(x_0,y_0,z_0)$ 处的偏导数都存在,则 $f(x,y,z)$ 在点 P 处的梯度定义为

$$\mathbf{grad}\, f(x_0,y_0,z_0)=(f_x(x_0,y_0,z_0),f_y(x_0,y_0,z_0),f_z(x_0,y_0,z_0)).$$

例 8.7.3 设函数 $f(x,y,z)=xy^2+yz^3$,求该函数在点 $(2,-1,1)$ 处的梯度.

解 因为 $f_x=y^2,f_y=2xy+z^3,f_z=3yz^2$,所以

$$f_x(2,-1,1)=1,\quad f_y(2,-1,1)=-3,\quad f_z(2,-1,1)=-3.$$

故

$$\mathbf{grad}\, f(2,-1,1)=(f_x(2,-1,1),f_y(2,-1,1),f_z(2,-1,1))$$

$$=(1,-3,-3).$$

例 8.7.4 设某块金属板上电压的分布为

$$U(x,y)=50-x^2-4y^2,$$

问:在点 $(1,-2)$ 处,

(1) 电压 U 沿哪个方向上升最快?

(2) 电压 U 沿哪个方向下降最快?

(3) 电压 U 上升或下降的最大速度各是多少?

（4）电压 U 沿哪个方向变化最慢?

解 由方向导数与梯度的关系知道,电压 U 沿其梯度的方向上升最快,沿梯度的反方向下降最快,沿与梯度垂直的方向变化最慢. 又

$$\mathbf{grad}\,U = U_x\vec{i} + U_y\vec{j} = -2x\vec{i} - 8y\vec{j},$$

于是在点 $(1,-2)$ 处,电压 U 的梯度为 $-2\vec{i} + 16\vec{j}$. 因此,在点 $(1,-2)$ 处,

（1）电压 U 沿方向 $-2\vec{i} + 16\vec{j}$（向量 $-2\vec{i} + 16\vec{j}$ 的方向）上升最快;

（2）电压 U 沿方向 $2\vec{i} - 16\vec{j}$ 下降最快;

（3）电压 U 上升或下降的最大速度都是 $\sqrt{2^2 + 16^2}$ 单位 $= \sqrt{260}$ 单位;

（4）与 $\mathbf{grad}\,U$ 垂直的单位向量是 $\dfrac{\sqrt{65}}{130}(16\vec{i} + 2\vec{j})$,所以电压 U 沿方向 $\dfrac{\sqrt{65}}{130}(16\vec{i} + 2\vec{j})$ 的变化最慢.

习题8.7

1. 求函数 $u = \ln(x + \sqrt{y^2 + z^2})$ 在点 $A(1,0,1)$ 处沿点 A 指向点 $B(3,-2,2)$ 方向的方向导数.

2. 设 $\vec{n}$ 是曲面 $2x^2 + 3y^2 + z^2 = 6$ 在点 $P(1,1,1)$ 处指向外侧的法向量,求函数 $u = \dfrac{\sqrt{6x^2 + 8y^2}}{z}$ 在点 P 处沿方向 $\vec{n}$ 的方向导数.

3. 求函数 $u = \ln(x^2 + y^2 + z^2)$ 在点 $M(1,2,-2)$ 处的梯度.

4. 求函数 $u = \dfrac{z^2}{c^2} - \dfrac{x^2}{a^2} - \dfrac{y^2}{b^2}$ 在点 (a,b,c) 处的梯度.

5. 设函数 $r = \sqrt{x^2 + y^2 + z^2}$,试求:

（1）$\mathbf{grad}\,r$;   （2）$\mathbf{grad}\,\dfrac{1}{r}$.

§8.8

多元函数的极值与最值

一、多元函数的极值

定义 8.8.1 设函数 $f(x,y)$ 在点 (x_0,y_0) 的某个邻域内有定义. 对于该邻域内异于点 (x_0,y_0) 的所有点 (x,y),若有

$$f(x,y) < f(x_0,y_0),$$

则称 (x_0,y_0) 是函数 $f(x,y)$ 的一个极大值点,并称 $f(x_0,y_0)$ 为函数 $f(x,y)$ 的极大值;若有

$$f(x,y) > f(x_0,y_0),$$

则称 (x_0,y_0) 是函数 $f(x,y)$ 的一个极小值点,并称 $f(x_0,y_0)$ 为函数 $f(x,y)$ 的极小值.

函数的极小值点、极大值点统称为极值点,函数的极小值、极大值统称为极值.

例如,函数 $z = 3x^2 + 4y^2$ 在点 $(0,0)$ 处取得极小值;函数 $z = -\sqrt{x^2+y^2}$ 在点 $(0,0)$ 处取得极大值;函数 $z = xy$ 在点 $(0,0)$ 的任一邻域内既可取正值,又可取负值,故在点 $(0,0)$ 处既不取得极大值,也不取得极小值,即 $(0,0)$ 不是极值点.

与一元函数类似,容易得到下面的二元函数极值存在的必要条件.

定理 8.8.1(必要条件)　若函数 $f(x,y)$ 在点 (x_0,y_0) 处有极值,且 $f_x(x,y)$, $f_y(x,y)$ 均存在,则有

$$f_x(x_0,y_0) = 0, \quad f_y(x_0,y_0) = 0.$$

证明　不妨设函数 $f(x,y)$ 在点 (x_0,y_0) 处取得极大值.根据定义,对于点 (x_0,y_0) 的某个邻域内任一异于 (x_0,y_0) 的点 (x,y),都有

$$f(x,y) < f(x_0,y_0).$$

特别地,对于该邻域内 $y = y_0$ 而 $x \neq x_0$ 的点,也有

$$f(x,y_0) < f(x_0,y_0),$$

即一元函数 $f(x,y_0)$ 在点 $x = x_0$ 处取得极大值,因此必有

$$f_x(x_0,y_0) = 0.$$

同理可证明

$$f_y(x_0,y_0) = 0.$$

满足 $f_x(x,y) = 0$, $f_y(x,y) = 0$ 的点 (x,y) 称为函数 $f(x,y)$ 的驻点.

注　在 $f_x(x,y)$, $f_y(x,y)$ 均存在的情况下,极值点是驻点,但驻点不一定是极值点.例如,点 $(0,0)$ 是函数 $z = xy$ 的驻点,但该函数在点 $(0,0)$ 处无极值.另外,偏导数不存在的点也可能是极值点.例如,函数 $z = \sqrt{x^2+y^2}$ 在点 $(0,0)$ 处的偏导数不存在,且 $(0,0)$ 是该函数的极小值点.

类似地,可以给出 $n(n \geqslant 3)$ 元函数的极值定义,定理 8.8.1 也可推广到 n 元函数的情形.

下面给出二元函数极值存在的充分条件.

定理 8.8.2(充分条件)　若函数 $f(x,y)$ 在点 (x_0,y_0) 的某个邻域内具有二阶连续偏导数,且 (x_0,y_0) 是 $f(x,y)$ 的驻点.令

$$A = f_{xx}(x_0,y_0), \quad B = f_{xy}(x_0,y_0), \quad C = f_{yy}(x_0,y_0).$$

(1) 若 $AC - B^2 > 0$,则 $f(x_0,y_0)$ 是极值,并且当 $A < 0$ 时, $f(x_0,y_0)$ 是极大值,当 $A > 0$ 时, $f(x_0,y_0)$ 是极小值;

(2) 若 $AC - B^2 < 0$,则 $f(x_0,y_0)$ 不是极值;

（3）若 $AC-B^2=0$，则 $f(x_0,y_0)$ 是否为极值还需要用其他方法判断.

下面只给出定理中结论（1）的证明. 为此，先引入二元函数的泰勒公式.

设函数 $f(x,y)$ 在点 (x_0,y_0) 的某个邻域内具有二阶连续偏导数. 令

$$\varphi(t)=f(x_0+t\Delta x,y_0+t\Delta y),$$

根据一元函数的泰勒公式，有

$$\varphi(1)=\varphi(0)+\varphi'(0)+\frac{1}{2!}\varphi''(\theta)\quad(0<\theta<1).$$

显然，

$$\varphi(1)=f(x_0+\Delta x,y_0+\Delta y),\quad \varphi(0)=f(x_0,y_0).$$

由

$$\varphi'(t)=f_x(x_0+t\Delta x,y_0+t\Delta y)\Delta x+f_y(x_0+t\Delta x,y_0+t\Delta y)\Delta y$$

得

$$\varphi'(0)=f_x(x_0,y_0)\Delta x+f_y(x_0,y_0)\Delta y.$$

由

$$\begin{aligned}\varphi''(t)=&f_{xx}(x_0+t\Delta x,y_0+t\Delta y)(\Delta x)^2\\&+2f_{xy}(x_0+t\Delta x,y_0+t\Delta y)\Delta x\Delta y\\&+f_{yy}(x_0+t\Delta x,y_0+t\Delta y)(\Delta y)^2\end{aligned}$$

得

$$\begin{aligned}\varphi''(\theta)=&f_{xx}(x_0+\theta\Delta x,y_0+\theta\Delta y)(\Delta x)^2\\&+2f_{xy}(x_0+\theta\Delta x,y_0+\theta\Delta y)\Delta x\Delta y\\&+f_{yy}(x_0+\theta\Delta x,y_0+\theta\Delta y)(\Delta y)^2\quad(0<\theta<1).\end{aligned}$$

因此

$$\begin{aligned}&f(x_0+\Delta x,y_0+\Delta y)\\&=f(x_0,y_0)+f_x(x_0,y_0)\Delta x+f_y(x_0,y_0)\Delta y\\&\quad+\frac{1}{2!}[f_{xx}(x_0+\theta\Delta x,y_0+\theta\Delta y)(\Delta x)^2\\&\quad+2f_{xy}(x_0+\theta\Delta x,y_0+\theta\Delta y)\Delta x\Delta y\\&\quad+f_{yy}(x_0+\theta\Delta x,y_0+\theta\Delta y)(\Delta y)^2]\quad(0<\theta<1).\end{aligned}$$

这就是二元函数的一阶泰勒公式.

用同样的方法，可以得到二元函数的 n 阶泰勒公式.

若函数 $f(x,y)$ 在点 (x_0,y_0) 的某个邻域内具有 $n+1$ 阶连续偏导数，则

$$\begin{aligned}f(x_0+\Delta x,y_0+\Delta y)=&f(x_0,y_0)+\left[\frac{\partial}{\partial x}(\Delta x)+\frac{\partial}{\partial y}(\Delta y)\right]f(x_0,y_0)\\&+\frac{1}{2!}\left[\frac{\partial}{\partial x}(\Delta x)+\frac{\partial}{\partial y}(\Delta y)\right]^2f(x_0,y_0)+\cdots\\&+\frac{1}{n!}\left[\frac{\partial}{\partial x}(\Delta x)+\frac{\partial}{\partial y}(\Delta y)\right]^nf(x_0,y_0)\\&+\frac{1}{(n+1)!}\left[\frac{\partial}{\partial x}(\Delta x)+\frac{\partial}{\partial y}(\Delta y)\right]^{n+1}f(x_0+\theta\Delta x,y_0+\theta\Delta y)\\&\hspace{8cm}(0<\theta<1),\end{aligned}$$

其中

$$\left[\frac{\partial}{\partial x}(\Delta x)+\frac{\partial}{\partial y}(\Delta y)\right]^{m}f(x_{0},y_{0})$$

$$=\sum_{i=0}^{m}C_{m}^{i}\frac{\partial^{m}}{\partial x^{i}\partial y^{m-i}}f(x_{0},y_{0})(\Delta x)^{i}(\Delta y)^{m-i},\quad m=1,2,\cdots,n.$$

以下是定理 8.8.2 中结论(1)的证明.

由二元函数的一阶泰勒公式和(x_{0},y_{0})是函数$f(x,y)$的驻点,得

$$f(x_{0}+\Delta x,y_{0}+\Delta y)-f(x_{0},y_{0})$$

$$=\frac{1}{2}\big[f_{xx}(x_{0}+\theta\Delta x,y_{0}+\theta\Delta y)(\Delta x)^{2}$$

$$+2f_{xy}(x_{0}+\theta\Delta x,y_{0}+\theta\Delta y)\Delta x\Delta y$$

$$+f_{yy}(x_{0}+\theta\Delta x,y_{0}+\theta\Delta y)(\Delta y)^{2}\big]\quad(0<\theta<1).$$

因为函数$f(x,y)$在点(x_{0},y_{0})的某个邻域内具有二阶连续偏导数,所以

$$f(x_{0}+\Delta x,y_{0}+\Delta y)-f(x_{0},y_{0})$$

$$=\frac{1}{2}\big[f_{xx}(x_{0},y_{0})(\Delta x)^{2}+2f_{xy}(x_{0},y_{0})\Delta x\Delta y+f_{yy}(x_{0},y_{0})(\Delta y)^{2}\big]$$

$$+\frac{1}{2}\big[\varepsilon_{1}(\Delta x)^{2}+2\varepsilon_{2}\Delta x\Delta y+\varepsilon_{3}(\Delta y)^{2}\big],$$

其中$\varepsilon_{1},\varepsilon_{2},\varepsilon_{3}$均为当$\Delta x\to0,\Delta y\to0$时的无穷小,从而有

$$f(x_{0}+\Delta x,y_{0}+\Delta y)-f(x_{0},y_{0})$$

$$=\frac{1}{2}\big[A(\Delta x)^{2}+2B\Delta x\Delta y+C(\Delta y)^{2}\big]$$

$$+\frac{1}{2}\big[\varepsilon_{1}(\Delta x)^{2}+2\varepsilon_{2}\Delta x\Delta y+\varepsilon_{3}(\Delta y)^{2}\big].$$

把上述等式右边的第一项变形,得

$$f(x_{0}+\Delta x,y_{0}+\Delta y)-f(x_{0},y_{0})$$

$$=\frac{1}{2A}\big[(A\Delta x+B\Delta y)^{2}+(AC-B^{2})(\Delta y)^{2}\big]$$

$$+\frac{1}{2}\big[\varepsilon_{1}(\Delta x)^{2}+2\varepsilon_{2}\Delta x\Delta y+\varepsilon_{3}(\Delta y)^{2}\big].$$

因为当$\Delta x\to0,\Delta y\to0$时,$\varepsilon_{1},\varepsilon_{2},\varepsilon_{3}$都是无穷小,所以$\varepsilon_{1}(\Delta x)^{2}+2\varepsilon_{2}\Delta x\Delta y+\varepsilon_{3}(\Delta y)^{2}$与$(A\Delta x+B\Delta y)^{2}+(AC-B^{2})(\Delta y)^{2}$相比较,是一个高阶无穷小.因此,当$|\Delta x|,|\Delta y|$充分小时,$f(x_{0}+\Delta x,y_{0}+\Delta y)-f(x_{0},y_{0})$的正负号与表达式

$$\frac{1}{2A}\big[(A\Delta x+B\Delta y)^{2}+(AC-B^{2})(\Delta y)^{2}\big]$$

的正负号相同,从而得到:

当$AC-B^{2}>0$,且$A>0$时,有$f(x_{0}+\Delta x,y_{0}+\Delta y)-f(x_{0},y_{0})>0$,即$f(x_{0},y_{0})$是极小值;

当$AC-B^{2}>0$,且$A<0$时,有$f(x_{0}+\Delta x,y_{0}+\Delta y)-f(x_{0},y_{0})<0$,

即 $f(x_0,y_0)$ 是极大值.

根据定理 8.8.1 和定理 8.8.2,可归纳出如下求具有二阶连续偏导数的函数 $f(x,y)$ 的极值的步骤:

(1) 解方程组

$$f_x(x,y)=0, \quad f_y(x,y)=0,$$

求出 $f(x,y)$ 的所有驻点.

(2) 对于每一个驻点 (x_0,y_0),求出其对应的二阶偏导数的值 A,B 和 C.

(3) 对于每一个驻点 (x_0,y_0),确定 $AC-B^2$ 的符号. 若 $AC-B^2 \neq 0$,则可以判定 (x_0,y_0) 是否为极值点. 当 (x_0,y_0) 为极值点时,按 A 的符号确定其是极大值点还是极小值点,并求出极值. 若 $AC-B^2=0$,则考虑其他方法来判定.

 例 8.8.1 求函数 $f(x,y)=x^3+y^3-3x^2-3y^2$ 的极值.

解 解方程组

$$\begin{cases} f_x(x,y)=3x^2-6x=0, \\ f_y(x,y)=3y^2-6y=0, \end{cases}$$

得驻点为 $(0,0),(2,2),(0,2),(2,0)$. 求 $f(x,y)$ 的二阶偏导数,得

$$f_{xx}(x,y)=6x-6, \quad f_{xy}(x,y)=0, \quad f_{yy}(x,y)=6y-6.$$

在点 $(0,0)$ 处,有

$$A=f_{xx}(0,0)=-6, \quad B=f_{xy}(0,0)=0, \quad C=f_{yy}(0,0)=-6,$$

即 $AC-B^2=36>0$,且 $A=-6<0$,故 $f(x,y)$ 在点 $(0,0)$ 处取得极大值 $f(0,0)=0$.

在点 $(2,2)$ 处,有 $A=6,B=0,C=6$,即 $AC-B^2=36>0$,且 $A=6>0$,故 $f(x,y)$ 在点 $(2,2)$ 处取得极小值 $f(2,2)=-8$.

在点 $(0,2)$ 处,有 $A=-6,B=0,C=6$,即 $AC-B^2=-36<0$,故 $f(x,y)$ 在点 $(0,2)$ 处无极值.

在点 $(2,0)$ 处,有 $A=6,B=0,C=-6$,即 $AC-B^2=-36<0$,故 $f(x,y)$ 在点 $(2,0)$ 处无极值.

例 8.8.2 设 $z=z(x,y)$ 是由方程 $x^2-6xy+10y^2-2yz-z^2+18=0$ 所确定的隐函数,求 $z=z(x,y)$ 的极值点和极值.

解 先求 $z=z(x,y)$ 的驻点.将所给方程两边分别对 x,y 求偏导数,得

$$x-3y-y\frac{\partial z}{\partial x}-z\frac{\partial z}{\partial x}=0,$$

$$-3x+10y-z-y\frac{\partial z}{\partial y}-z\frac{\partial z}{\partial y}=0,$$

解得

$$\frac{\partial z}{\partial x}=\frac{x-3y}{y+z}, \quad \frac{\partial z}{\partial y}=\frac{-3x+10y-z}{y+z}.$$

令 $\dfrac{\partial z}{\partial x}=0,\dfrac{\partial z}{\partial y}=0$,则

$$\begin{cases} x-3y=0, \\ -3x+10y-z=0, \end{cases} \qquad 即 \qquad \begin{cases} x=3y, \\ y=z. \end{cases}$$

代入所给方程,得 $9y^2-18y^2+10y^2-2y^2-y^2+18=0$,解得 $y=\pm 3$.因此,驻点为 $(9,3)$,$(-9,-3)$,相应的函数值分别为 $3,-3$.

再将方程

$$x-3y-y\frac{\partial z}{\partial x}-z\frac{\partial z}{\partial x}=0,$$

$$-3x+10y-z-y\frac{\partial z}{\partial y}-z\frac{\partial z}{\partial y}=0$$

两边分别对 x,y 求偏导数,得

$$1-y\frac{\partial^2 z}{\partial x^2}-\left(\frac{\partial z}{\partial x}\right)^2-z\frac{\partial^2 z}{\partial x^2}=0,$$

$$-3-\frac{\partial z}{\partial x}-y\frac{\partial^2 z}{\partial x\partial y}-\frac{\partial z}{\partial y}\cdot\frac{\partial z}{\partial x}-z\frac{\partial^2 z}{\partial x\partial y}=0,$$

$$10-\frac{\partial z}{\partial y}-\frac{\partial z}{\partial y}-y\frac{\partial^2 z}{\partial y^2}-\left(\frac{\partial z}{\partial y}\right)^2-z\frac{\partial^2 z}{\partial y^2}=0,$$

解得

$$\frac{\partial^2 z}{\partial x^2}=\frac{-x^2-8y^2+z^2+6xy+2yz}{(y+z)^3},$$

$$\frac{\partial^2 z}{\partial x\partial y}=\frac{3x^2+30y^2-3z^2-20xy-6yz}{(y+z)^3},$$

$$\frac{\partial^2 z}{\partial y^2}=\frac{-9x^2-110y^2+11z^2+66xy+22yz}{(y+z)^3}.$$

在驻点 $(9,3)$ 处,有

$$A=\frac{\partial^2 z}{\partial x^2}\bigg|_{(9,3)}=\frac{1}{6}, \quad B=\frac{\partial^2 z}{\partial x\partial y}\bigg|_{(9,3)}=-\frac{1}{2}, \quad C=\frac{\partial^2 z}{\partial y^2}\bigg|_{(9,3)}=\frac{5}{3}.$$

因为 $AC-B^2=\dfrac{1}{36}>0,A>0$,所以 $(9,3)$ 是 $z=z(x,y)$ 的极小值点,极小值为 3.

在驻点 $(-9,-3)$ 处,有

$$A=\frac{\partial^2 z}{\partial x^2}\bigg|_{(-9,-3)}=-\frac{1}{6}, \quad B=\frac{\partial^2 z}{\partial x\partial y}\bigg|_{(-9,-3)}=\frac{1}{2}, \quad C=\frac{\partial^2 z}{\partial y^2}\bigg|_{(-9,-3)}=-\frac{5}{3}.$$

因为 $AC-B^2=\dfrac{1}{36}>0,A<0$,所以 $(-9,-3)$ 是 $z=z(x,y)$ 的极大值点,极大值为 -3.

因此,$z=z(x,y)$ 的极大值点为 $(-9,-3)$,极大值为 $z(-9,-3)=-3$;极小值点为 $(9,3)$,极小值为 $z(9,3)=3$.

二、多元函数的最值

假设函数 $f(x,y)$ 在有界闭区域 D 上连续，在 D 内可微且只有有限个驻点. 求 $f(x,y)$ 在 D 上的最大值与最小值的步骤如下：

(1) 求出 $f(x,y)$ 在 D 内的全部驻点及各驻点处的函数值；

(2) 求出 $f(x,y)$ 在 D 的边界上的最大值和最小值；

(3) 将 $f(x,y)$ 在各驻点处的函数值与 $f(x,y)$ 在 D 的边界上的最大值和最小值相比较，最大者为 $f(x,y)$ 在 D 上的最大值，最小者为 $f(x,y)$ 在 D 上的最小值.

但是，在实际问题中常常可以从问题的实际意义判定函数 $f(x,y)$ 在所讨论的区域 D 内取得最大值或最小值，因此当 $f(x,y)$ 在 D 内有唯一的驻点时，$f(x,y)$ 在该驻点处必取得最大值或最小值.

例 8.8.3 用铁皮制作一个容积为 V 的无盖长方形水箱，问：如何设计才能最省材料？

解 显然，水箱的表面积最小时材料最省. 设水箱的长、宽、高分别为 x,y,z，表面积为 S，则

$$S = xy + 2yz + 2zx, \quad x > 0, y > 0, z > 0.$$

又 $V = xyz$，故 $z = \dfrac{V}{xy}$，从而

$$S = xy + \frac{2V}{x} + \frac{2V}{y}, \quad \frac{\partial S}{\partial x} = y - \frac{2V}{x^2}, \quad \frac{\partial S}{\partial y} = x - \frac{2V}{y^2}.$$

解方程组 $\begin{cases} y - \dfrac{2V}{x^2} = 0, \\ x - \dfrac{2V}{y^2} = 0, \end{cases}$ 得唯一驻点 $(\sqrt[3]{2V}, \sqrt[3]{2V})$. 根据问题的实际意义，在容积一定的情况下，表面积最小的长方形水箱是存在的. 又因为存在唯一的驻点，所以 $(\sqrt[3]{2V}, \sqrt[3]{2V})$ 就是使得面积 S 取得最小值的点，即当水箱的长、宽、高分别为 $\sqrt[3]{2V}, \sqrt[3]{2V}, \dfrac{\sqrt[3]{2V}}{2}$ 时，所用的材料最省.

例 8.8.4 一个商店有两种品牌的果汁，当地品牌果汁的进价为 30 元/瓶，外地品牌果汁的进价为 40 元/瓶. 店主估计，如果当地品牌果汁的售价为 x（单位：元/瓶），外地品牌果汁的售价为 y（单位：元/瓶），则每天当地品牌果汁的销售量为 $70 - 5x + 4y$（单位：瓶），外地品牌果汁的销售量为 $80 + 6x - 7y$（单位：瓶）. 问：每天以什么价格卖出这两种品牌的果汁时，店主可取得最大收益？

解 由题意知，总收益函数为

$$f(x,y) = (x - 30)(70 - 5x + 4y) + (y - 40)(80 + 6x - 7y)（单位：元）.$$

求 $f(x,y)$ 的偏导数，得

$$\begin{cases} f_x(x,y) = -10x + 10y - 20, \\ f_y(x,y) = 10x - 14y + 240. \end{cases}$$

解方程组

$$\begin{cases} -10x + 10y - 20 = 0, \\ 10x - 14y + 240 = 0, \end{cases}$$

得唯一驻点 $(53,55)$. 因此,当 $x = 53$ 元 / 瓶,$y = 55$ 元 / 瓶时,$f(x,y)$ 取最大值,即当每天以 53 元 / 瓶卖出当地品牌的果汁,而以 55 元 / 瓶卖出外地品牌的果汁时,店主可取得最大收益.

三、条件极值与拉格朗日乘数法

前面讨论的函数极值,对自变量除了限制在函数的定义域内,再没有其他限制,称之为无条件极值. 但在实际问题中,往往对自变量还有附加的约束条件,这类对自变量附加约束条件的极值称为条件极值.

下面介绍求函数 $z = f(x,y)$ 在条件 $\varphi(x,y) = 0$ 下的极值的方法.

设函数 $z = f(x,y)$ 在点 (x_0,y_0) 处取得极值,函数 $\varphi(x,y)$ 具有连续偏导数,且 $\varphi(x_0,y_0) = 0$,$\varphi_y(x_0,y_0) \neq 0$,则由方程 $\varphi(x,y) = 0$ 可以确定一个隐函数 $y = \psi(x)$,满足 $y_0 = \psi(x_0)$. 因此,$z = f(x,y)$ 在点 (x_0,y_0) 处取得极值等价于 $z = f[x,\psi(x)]$ 在点 x_0 处取得极值,从而

$$\frac{\mathrm{d}z}{\mathrm{d}x}\bigg|_{x=x_0} = f_x(x_0,y_0) + f_y(x_0,y_0)\frac{\mathrm{d}y}{\mathrm{d}x}\bigg|_{x=x_0} = 0.$$

由于

$$\frac{\mathrm{d}y}{\mathrm{d}x}\bigg|_{x=x_0} = -\frac{\varphi_x(x_0,y_0)}{\varphi_y(x_0,y_0)},$$

代入得

$$f_x(x_0,y_0) - f_y(x_0,y_0)\frac{\varphi_x(x_0,y_0)}{\varphi_y(x_0,y_0)} = 0.$$

令 $\dfrac{f_y(x_0,y_0)}{\varphi_y(x_0,y_0)} = -\lambda$,则 $z = f(x,y)$ 在点 (x_0,y_0) 处取得极值的必要条件为

$$\begin{cases} f_x(x_0,y_0) + \lambda\varphi_x(x_0,y_0) = 0, \\ f_y(x_0,y_0) + \lambda\varphi_y(x_0,y_0) = 0, \\ \varphi(x_0,y_0) = 0. \end{cases}$$

综合上述讨论,可得如下的拉格朗日乘数法.

利用拉格朗日乘数法求函数 $z = f(x,y)$ 在条件 $\varphi(x,y) = 0$ 下的极值:

作拉格朗日函数

$$L(x,y,\lambda) = f(x,y) + \lambda\varphi(x,y),$$

其中 λ 为参数. 解方程组

$$\begin{cases} L_x(x,y,\lambda) = 0, \\ L_y(x,y,\lambda) = 0, \quad \text{即} \\ L_\lambda(x,y,\lambda) = 0, \end{cases} \begin{cases} f_x(x,y) + \lambda\varphi_x(x,y) = 0, \\ f_y(x,y) + \lambda\varphi_y(x,y) = 0, \\ \varphi(x,y) = 0, \end{cases}$$

得到 x,y 及 λ，其中点 (x,y) 可能就是函数 $z=f(x,y)$ 在条件 $\varphi(x,y)=0$ 下的极值点.

拉格朗日乘数法还可推广到自变量多于两个或约束条件多于一个的情形.

例 8.8.5 某企业计划通过电视广告和电台广告两种方式推销某种产品. 根据统计资料，销售收入 R（单位：万元）与电视广告费用 x（单位：万元）和电台广告费用 y（单位：万元）之间的关系为

$$R=16x+22y-x^2-2xy-2y^2+50.$$

现该企业拟投入 10 万元广告费用，求最优的广告策略.

解 根据题意，此问题可归结为求函数 $R=16x+22y-x^2-2xy-2y^2+50$ 在约束条件 $x+y=10$ 下的最大值.

作拉格朗日函数

$$L(x,y,\lambda)=16x+22y-x^2-2xy-2y^2+50+\lambda(x+y-10),$$

则

$$\begin{cases} L_x=16-2x-2y+\lambda, \\ L_y=22-2x-4y+\lambda, \\ L_\lambda=x+y-10. \end{cases}$$

令 $\begin{cases} L_x=0, \\ L_y=0, \\ L_\lambda=0, \end{cases}$ 解得 $x=7$ 万元，$y=3$ 万元，$\lambda=4$，从而得唯一驻点为 $(7,3)$. 于是，该企业最优的

广告策略为：电视广告投入 7 万元，电台广告投入 3 万元.

例 8.8.6 求表面积为 S_0 而体积最大的无盖长方体的体积.

解 设长方体的长、宽、高分别为 x,y,z，则长方体的体积为 $V=xyz$，且

$$xy+2xz+2yz=S_0.$$

作拉格朗日函数

$$F(x,y,z,\lambda)=xyz+\lambda(xy+2xz+2yz-S_0), \quad x>0,y>0,z>0.$$

令函数 $F(x,y,z,\lambda)$ 的偏导数为零，得

$$\begin{cases} F_x=yz+\lambda(y+2z)=0, \\ F_y=xz+\lambda(x+2z)=0, \\ F_z=xy+\lambda(2x+2y)=0, \\ F_\lambda=xy+2xz+2yz-S_0=0. \end{cases}$$

解此方程组，得 $x=\sqrt{\dfrac{S_0}{3}},y=\sqrt{\dfrac{S_0}{3}},z=\dfrac{1}{2}\sqrt{\dfrac{S_0}{3}}$. 此时，体积最大，且为 $V=\dfrac{S_0\sqrt{S_0}}{6\sqrt{3}}$.

例 8.8.7 求曲线 $\begin{cases} x^2+y^2-2z^2=0, \\ x+y+3z=5 \end{cases}$ 上到 xOy 面距离最远和最近的点.

解 该曲线上的点 $P(x,y,z)$ 到 xOy 面的距离为 $d(x,y,z)=z$,且点 P 满足

$$x^2+y^2-2z^2=0, \quad x+y+3z=5.$$

故这一问题就转化为求函数 $d(x,y,z)=z$ 在条件 $x^2+y^2-2z^2=0,x+y+3z=5$ 下的最大值和最小值.

作拉格朗日函数

$$L(x,y,z,\lambda,\mu)=z+\lambda(x^2+y^2-2z^2)+\mu(x+y+3z-5).$$

令函数 $L(x,y,z,\lambda,\mu)$ 的偏导数为零,得

$$\begin{cases} L_x=2\lambda x+\mu=0, \\ L_y=2\lambda y+\mu=0, \\ L_z=1-4\lambda z+3\mu=0, \\ L_\lambda=x^2+y^2-2z^2=0, \\ L_\mu=x+y+3z-5=0. \end{cases}$$

解此方程组,得到两个可能极值点为 $(1,1,1)$,$(-5,-5,5)$. 又由问题本身可知,最大值和最小值一定存在,故比较所求得两点的竖坐标可知,该曲线上到 xOy 面距离最远的点是 $(-5,-5,5)$,最近的点是 $(1,1,1)$.

例 8.8.8 设一块铜盘的边界是 xOy 面上中心在原点的单位圆,在该铜盘某点处加热,导致该铜盘温度发生变化. 若该铜盘在点 (x,y) 处的温度为 $T(x,y)=x^2+2y^2-x+50$ (单位:℃),求该铜盘温度最高和最低的点.

解 此问题就是求 $T(x,y)=x^2+2y^2-x+50$ 在闭区域 $D=\{(x,y)\mid x^2+y^2\leqslant 1\}$ 上的最大值和最小值.

首先,求出 $T(x,y)$ 在开区域 $\{(x,y)\mid x^2+y^2<1\}$ 内的驻点. 由

$$\frac{\partial T}{\partial x}=2x-1=0, \quad \frac{\partial T}{\partial y}=4y=0,$$

得驻点 $\left(\dfrac{1}{2},0\right)$.

然后,讨论 $T(x,y)$ 在 D 的边界上的最值问题,也就是 $T(x,y)$ 在条件 $x^2+y^2=1$ 下的极值问题. 作拉格朗日函数

$$L(x,y,\lambda)=x^2+2y^2-x+50+\lambda(x^2+y^2-1).$$

令函数 $L(x,y,\lambda)$ 的偏导数等于零,得

$$\begin{cases} L_x=2x-1+2\lambda x=0, \\ L_y=4y+2\lambda y=0, \\ L_\lambda=x^2+y^2-1=0. \end{cases}$$

解此方程组,得到两个可能极值点为 $\left(-\dfrac{1}{2},\dfrac{\sqrt{3}}{2}\right)$,$\left(-\dfrac{1}{2},-\dfrac{\sqrt{3}}{2}\right)$.

综上所述,因为 $T\left(\dfrac{1}{2},0\right)=49.75$,$T\left(-\dfrac{1}{2},\pm\dfrac{\sqrt{3}}{2}\right)=52.25$,所以该铜盘温度最高的点是 $\left(-\dfrac{1}{2},\pm\dfrac{\sqrt{3}}{2}\right)$,最低的点是 $\left(\dfrac{1}{2},0\right)$.

习题 8.8

1. 求函数 $z = 2xy - 3x^2 - 2y^2$ 的极值.

2. 求函数 $z = x^2 + xy + y^2 + x - y + 1$ 的极值.

3. 求函数 $z = e^{2x}(x + y^2 + 2y)$ 的极值.

4. 求函数 $z = xy$ 在闭区域 $D = \{(x, y) \mid x^2 + y^2 \leqslant 1\}$ 上的最大值和最小值.

5. 求函数 $f(x, y) = x^2 y(4 - x - y)$ 在直线 $x + y = 6$ 与 x 轴、y 轴所围成的闭区域 D 上的最大值和最小值.

6. 求旋转抛物面 $z = x^2 + y^2$ 与平面 $x + y - 2z = 2$ 之间的最短距离.

7. 求椭圆 $\begin{cases} x^2 + y^2 = R^2 (R > 0), \\ x + y + z = 1 \end{cases}$ 的长半轴及短半轴.

8. 欲修建一条用于灌溉的水渠, 其横断面是一个等腰梯形, 且面积是一个定数(由水的流量所确定). 若在水渠的表面抹一层水泥, 问: 梯形水渠的下底、腰与上底成什么比例时, 所用的水泥最省?

9. 某厂家生产的一种产品同时在两个市场销售, 售价分别为 P_1 和 P_2, 销售量分别为 Q_1 和 Q_2, 需求函数分别为 $Q_1 = 24 - 0.2P_1$ 和 $Q_2 = 10 - 0.05P_2$, 总成本函数为 $C = 35 + 40(Q_1 + Q_2)$. 问: 该厂家应如何确定两个市场的售价, 才能使得其获得的总利润最大? 最大总利润为多少?

10. 某企业用 A, B 两种原料生产某种产品. 已知原料 A 和 B 的价格分别为 1 万元/kg 和 2 万元/kg, 且当原料 A 和 B 的用量分别为 x(单位: kg) 和 y(单位: kg) 时, 该产品的产量为 $Q = 0.005x^2 y$(单位: 件). 若计划投入 150 万元购买这两种原料, 问: 应如何购买这两种原料, 才能使得产量 Q 最高?

11. 设某工厂生产 A, B 两种产品, 当它们的产量分别为 x(单位: 百件) 和 y(单位: 百件) 时, 利润函数(单位: 万元) 为 $L(x, y) = 18x - x^2 + 16y - 4y^2 - 2$. 已知生产这两种产品时, 每百件产品均需消耗某种原材料 2 000 kg. 现有 12 000 kg 这种原材料, 问: 产品 A 和 B 的产量各为多少时, 才能使得总利润最大? 最大总利润为多少?

12. 有一个椭球面, 其半轴分别为 a, b, c, 求其最大内接直角平行六面体的体积.

13. 设有椭球面 $\Sigma: x^2 + 3y^2 + z^2 = 1$, Π 为 Σ 上第一卦限内点的切平面, 求:
    (1) 使得切平面 Π 与三个坐标面所围成的四面体的体积最小的切点坐标;
    (2) 使得切平面 Π 被三个坐标面截出的三角形平面块的面积最小的切点坐标.

★§8.9

多元函数微分学应用案例

一、竞争性产品生产中的利润最大化

例 8.9.1 一家制造计算机的公司计划生产两种产品: 一种产品为 27 in(1 in = 0.025 4 m) 显示器的计算机; 另一种产品为 31 in 显示器的计算机. 除了 400 000 美元的固定费用外, 每台 27 in 显示器的计算机的成本为 1 950 美元, 而 31 in 显示器的计算机的成本为 2 250

美元.制造商建议每台27 in显示器的计算机的零售价格为3 390美元,而每台31 in显示器的计算机的零售价格为3 990美元.营销人员估计,在销售这些计算机的竞争市场上,这两种类型计算机每多卖出一台,它们的单价就下降0.1美元.此外,一种类型计算机的销售也会影响另一种类型计算机的销售:每销售一台31 in显示器的计算机,估计每台27 in显示器的计算机的零售价格将下降0.03美元;每销售一台27 in显示器的计算机,估计每台31 in显示器的计算机的零售价格将下降0.04美元.问:该公司应分别生产这两种计算机各多少台,才能使得总利润最大?

解 设 x,y(单位:台)分别为生产27 in显示器的计算机和31 in显示器的计算机的数量;P_1,P_2(单位:美元)分别为每台27 in显示器的计算机和31 in显示器的计算机的零售价格;L(单位:美元)为这两种计算机零售的总利润.

由题意可知,$P_1 = 3\,390 - 0.1x - 0.03y$,$P_2 = 3\,990 - 0.04x - 0.1y$,总收益函数为 $P_1 x + P_2 y$,总成本函数为 $400\,000 + 1\,950x + 2\,250y$,故总利润函数为

$$L = (3\,390 - 0.1x - 0.03y)x + (3\,990 - 0.04x - 0.1y)y$$
$$- (400\,000 + 1\,950x + 2\,250y),$$

即

$$L = -0.1x^2 - 0.1y^2 - 0.07xy + 1\,440x + 1\,740y - 400\,000, \quad x \geqslant 0, y \geqslant 0.$$

令

$$\begin{cases} L_x = 1\,440 - 0.2x - 0.07y = 0, \\ L_y = 1\,740 - 0.07x - 0.2y = 0, \end{cases}$$

解得 $x \approx 4\,735$ 台,$y \approx 7\,043$ 台(这里取近似整数解),即$(4\,735,7\,043)$是总利润函数 L 的唯一驻点.由该问题的实际意义可知,总利润函数 L 是存在最大值的,所以$(4\,735,7\,043)$是该函数的最大值点.因此,公司应生产4 735台27 in显示器的计算机和7 043台31 in显示器的计算机,才能使得总利润最大.

二、如何才能使得醋酸回收的效果最好

例 8.9.2 在 A,B 两种物质的溶液中,可以采用这样的方法提取出物质 A:在 A,B 的溶液中加入第三种物质 C,而 C 与 B 不互溶,利用 A 在 C 中的溶解度较大的特点,将 A 提取出来.这种方法就是化工中的萃取过程.假设现在有含醋酸的水溶液,利用苯作为溶剂萃取醋酸.设苯的总体积为 m,计划进行三次萃取来回收醋酸.问:每次应取多少苯,才能使得从水溶液中萃取的醋酸最多?

解 设含醋酸的水溶液的体积为 a,水溶液中醋酸的初始浓度为 x_0,并设每次萃取时都遵守定律:$y_i = kx_i$,$i = 1,2,3$,其中 k 为常数,y_i,x_i 分别表示第 i 次萃取后苯中的醋酸质量浓度和水溶液中的醋酸质量浓度.设第一、二、三次萃取时使用的苯的体积分别为 m_1,m_2,m_3.

对第一次萃取做醋酸量的平衡计算：

醋酸的总量＝苯中的醋酸量＋水溶液中的醋酸量.

由醋酸的物料平衡计算，得

$$ax_0 = m_1 y_1 + ax_1.$$

再结合萃取时遵守的定律，得

$$x_1 = \frac{ax_0}{a + m_1 k}.$$

同理，对第二、三次萃取分别有

$$x_2 = \frac{ax_1}{a + m_2 k}, \quad x_3 = \frac{ax_2}{a + m_3 k}.$$

由此可得

$$x_3 = \frac{a^3 x_0}{(a + m_1 k)(a + m_2 k)(a + m_3 k)}.$$

为了在一定苯量时得到最完全的萃取，x_3 应为极小值. 为此，设

$$u = (a + m_1 k)(a + m_2 k)(a + m_3 k),$$

则问题变为求函数 u 在条件 $m_1 + m_2 + m_3 = m$ 下的极大值.

作拉格朗日函数

$$L = (a + m_1 k)(a + m_2 k)(a + m_3 k) + \lambda(m_1 + m_2 + m_3 - m),$$

将其分别对 m_1, m_2, m_3 及 λ 求偏导数，并令它们为零，即得方程组

$$\begin{cases} k(a + m_2 k)(a + m_3 k) + \lambda = 0, \\ k(a + m_1 k)(a + m_3 k) + \lambda = 0, \\ k(a + m_1 k)(a + m_2 k) + \lambda = 0, \\ m_1 + m_2 + m_3 - m = 0, \end{cases}$$

解得 $m_1 = m_2 = m_3 = \dfrac{m}{3}$. 因此，通过三次萃取来回收醋酸时，每次取苯量应为 $\dfrac{m}{3}$，才能使得从水溶液中萃取的醋酸最多.

三、绿地喷浇设施的节水构想

例 8.9.3 城市水资源问题正随着城市现代化的加速变得日益突出，亟待采取措施进行综合治理. 缓解水资源问题无外乎两种方式：一是开源，二是节流. 开源是一个巨大而又复杂的整体工程，节流则需从小处着眼，汇细流而成大海. 公共绿地的浇灌是一个长期而又大量的用水项目，目前有移动水车浇灌和固定喷水龙头旋转喷浇两种方式. 移动水车主要

用于道路两侧狭长绿地的浇灌,固定喷水龙头主要用于公园、小区、广场等观赏性绿地的浇灌.观赏性绿地的草根很短,根系寻水性能差,不能蓄水,故固定喷水龙头的喷浇区域要保证对绿地的全面覆盖.据观察,绿地固定喷水龙头分布方式和喷射半径的设定具有较大的随意性.现考虑将固定喷水龙头的喷射半径设定为可变量,通过对各喷头喷射半径的优化设定,使得有效覆盖率更高.

解　假设固定喷水龙头对其喷射半径内的绿地做均匀喷浇,喷射半径可取任意值;绿地为正方形区域,记为 S;绿地内放置 n 个固定喷水龙头,其中第 $i(i=1,2,\cdots,n)$ 个喷水龙头的喷射半径为 r_i,旋转角度为 θ_i(单位:rad),喷浇面积为 S_i(也是绿地受水面积).要使得有效覆盖率(绿地面积与受水面积的比)达到最大,相当于求绿地受水面积

$$\sum_{i=1}^n S_i = \frac{1}{2}\sum_{i=1}^n \theta_i r_i^2$$

在条件 $\bigcup_{i=1}^n S_i \supseteq S$ 下的最小值.

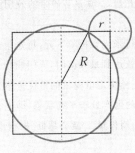

图 8.14

设正方形区域 S 的边长为 $2a$,以 S 的中心为圆心,以 R 为半径作圆,称之为大圆;再分别以四个顶点为圆心,作半径为 r 的圆,称之为小圆,并使 S 被完全覆盖,如图 8.14 所示.

为了使得绿地面积与受水面积的比达到最大,就要选择适当的半径 R 和 r,使得大圆与小圆的面积和达到最小,即问题变为求目标函数

$$f(R,r)=\pi(R^2+r^2)$$

在约束条件 $\sqrt{R^2-a^2}+r=a$ 下的最小值.

作拉格朗日函数

$$L(R,r,\lambda)=\pi(R^2+r^2)+\lambda(\sqrt{R^2-a^2}+r-a),$$

将其分别对 R,r 及 λ 求偏导数,并令它们为零,即得方程组

$$\begin{cases} 2\pi R+\dfrac{\lambda R}{\sqrt{R^2-a^2}}=0, \\[2mm] 2\pi r+\lambda=0, \\[2mm] \sqrt{R^2-a^2}+r-a=0, \end{cases}$$

解得 $R=\dfrac{\sqrt{5}}{2}a$,$r=\dfrac{1}{2}a$.因此,当大圆半径为 $\dfrac{\sqrt{5}}{2}a$,小圆半径为 $\dfrac{1}{2}a$ 时,可使得喷浇效果最佳,有效覆盖率为

$$\frac{4a^2}{\frac{3}{2}\pi a^2}=\frac{8}{3\pi}\approx 84.88\%.$$

习题8.9

1. （最优广告策略问题）某企业拟通过报纸和电台做广告来增加销售收入. 根据统计资料，销售收入 R（单位：百万元）与报纸广告费用 x_1（单位：百万元）及电视广告费用 x_2（单位：百万元）之间的关系有如下经验公式：

$$R = 15 + 14x_1 + 32x_2 - 8x_1x_2 - 2x_1^2 - 10x_2^2.$$

（1）如果不限制广告费用的支出，求最优广告策略.

（2）如果可供使用的广告费用为 150 万元，求相应的最优广告策略.

2. （如何购物最满意）某人有 200 元现金，他决定用来购买两种商品：计算机光盘和录音磁带. 已知他购买 x 张光盘，y 盒录音磁带的效用函数为

$$U(x, y) = \ln x + \ln y.$$

设每张光盘售价 8 元，每盒录音磁带售价 10 元，问：他如何分配这 200 元，才能达到最满意的效果（当效用函数达到最大值时，人们购物分配的方案最佳）？

3. （怎样确定电视机的最优价格）已知某电视机厂生产一台电视机的成本为 C，每台电视机的售价为 P，且该厂的生产处于平衡状态，即电视机的生产量等于销售量. 一般情况下，受市场竞争的影响，电视机售价 P 越高，销售量 x 就会越低. 根据市场调查，可以确定如下关系式：

$$x = Me^{-aP} \quad (M > 0, a > 0),$$

其中 M 是市场的最大需求量，a 是价格系数. 另外，销售量 x 越大，每台电视机的生产成本 C 就会越低. 根据对生产环节的分析，可知

$$C = C_0 - k\ln x \quad (C_0 > 0, k > 0, x > 1),$$

其中 C_0 是只生产一台电视机时的成本，k 是规模系数. 根据上述条件，问：应如何确定电视机的售价 P，才能使得该厂获得最大利润？

总复习题八

1. 填空题：

（1）函数 $f(x, y)$ 在点 (x_0, y_0) 处可微是 $f(x, y)$ 在点 (x_0, y_0) 处连续的 _____ 条件；

（2）函数 $f(x, y)$ 在点 (x_0, y_0) 处可微是偏导数 $f_x(x_0, y_0)$，$f_y(x_0, y_0)$ 都存在的 _____ 条件；

（3）设函数 $f(x, y)$ 在点 (x_0, y_0) 处可微，则 $f_x(x_0, y_0) = f_y(x_0, y_0) = 0$ 是 $f(x, y)$ 在点 (x_0, y_0) 处取得极值的 _____ 条件；

（4）已知 $P_0(x_0, y_0)$ 是函数 $z = f(x, y)$ 的驻点，且曲面 $z = f(x, y)$ 在点 $(x_0, y_0, f(x_0, y_0))$ 处有切平面，则该切平面的方程为 _____ .

2. 选择题：

（1）若函数 $f(x, y)$ 在点 $P_0(x_0, y_0)$ 的某个邻域内（ ），则 $f(x, y)$ 在该点处可微；

A. 连续   B. 偏导数存在   C. 偏导数连续   D. 以上说法都不对

(2) 若函数 $f(x,y)$ 在点 (x_0,y_0) 处的偏导数满足 $f_x(x_0,y_0)=f_y(x_0,y_0)=0$，则 $f(x,y)$ 在该点处（　　）；

　A. 连续且可微　　　　　　　　　　B. 连续但不一定可微

　C. 可微但不一定连续　　　　　　　　D. 不一定连续，也不一定可微

(3) 若函数 $z=f(x,y)$ 在点 (x_0,y_0) 处可微，则下列结论中不一定成立的是（　　）；

　A. $f(x,y)$ 在该点处的偏导数存在　　　B. $f(x,y)$ 在该点处的偏导数连续

　C. $f(x,y)$ 在该点处连续　　　　　　　D. $f(x,y)$ 在该点处的切平面存在

(4) 函数 $z=f(x,y)$ 在点 (x_0,y_0) 处连续是它在该点处的偏导数存在的（　　）；

　A. 必要条件　　　B. 充分条件　　　C. 充要条件　　　D. 无关条件

(5) 函数 $z=f(x,y)$ 在点 (x_0,y_0) 处连续是它在该点处可微的（　　）；

　A. 充分条件　　　B. 必要条件　　　C. 充要条件　　　D. 无关条件

(6) 设函数 $z=\sqrt{x^2+y^2}$，则在点 $(0,0)$ 处（　　）．

　A. $f_x(0,0),f_y(0,0)$ 都存在　　　　　B. $f_x(0,0)$ 存在，$f_y(0,0)$ 不存在

　C. $f_x(0,0)$ 不存在，但 $f_y(0,0)$ 存在　　D. $f_x(0,0),f_y(0,0)$ 都不存在

3. 已知函数 $u=\mathrm{e}^{\frac{x}{y}}$，求 $\dfrac{\partial^2 u}{\partial x \partial y}$．

4. 已知函数 $f(x,y)=x^2\arctan\dfrac{y}{x}-y^2\arctan\dfrac{x}{y}$，求 $\dfrac{\partial^2 f}{\partial x \partial y}$．

5. 设函数 $f(x,y)=\displaystyle\int_0^{xy}\mathrm{e}^{-t^2}\mathrm{d}t$，求 $\dfrac{x}{y}\cdot\dfrac{\partial^2 f}{\partial x^2}-2\dfrac{\partial^2 f}{\partial x \partial y}+\dfrac{y}{x}\cdot\dfrac{\partial^2 f}{\partial y^2}$．

6. 设函数 $z=xyf\left(\dfrac{y}{x}\right)$，其中函数 f 具有连续导数，求 $\dfrac{\partial z}{\partial x},\dfrac{\partial z}{\partial y}$．

7. 设函数 $z=\mathrm{e}^{-x}-f(x-2y)$，其中函数 f 具有连续导数，且当 $y=0$ 时，$z=x^2$，求 $\dfrac{\partial z}{\partial x}$．

8. 设函数 $f(u,v)$ 具有二阶连续偏导数，且满足 $\dfrac{\partial^2 f}{\partial u^2}+\dfrac{\partial^2 f}{\partial v^2}=1$，又 $g(x,y)=f\left[xy,\dfrac{1}{2}(x^2-y^2)\right]$，求
$$\dfrac{\partial^2 g}{\partial x^2}+\dfrac{\partial^2 g}{\partial y^2}.$$

9. 设函数 $f(u,v)$ 由关系式 $f[xg(y),y]=x+g(y)$ 所确定，其中函数 $g(y)$ 可微，且 $g(y)\neq 0$，求 $\dfrac{\partial^2 f}{\partial u \partial v}$．

10. 设函数 $f(x,y,z)=\mathrm{e}^x yz^2$，其中 $z=z(x,y)$ 是由方程 $x+y+z+xyz=0$ 所确定的隐函数，求 $\dfrac{\partial f}{\partial x}\bigg|_{\substack{x=0\\y=1\\z=-1}}$．

11. 设函数 $u=f(x,y,z)$ 具有连续偏导数，又 $y=y(x)$ 及 $z=z(x)$ 分别是由方程 $\mathrm{e}^{xy}-xy=2$ 和 $\mathrm{e}^x=\displaystyle\int_0^{x-z}\dfrac{\sin t}{t}\mathrm{d}t$ 所确定的隐函数，求 $\dfrac{\mathrm{d}u}{\mathrm{d}x}$．

12. 设函数 $u=f[x,y,z(x,y)]$ 具有连续偏导数，其中 $z=z(x,y)$ 是由方程 $x\mathrm{e}^x-y\mathrm{e}^y=z\mathrm{e}^z$ 所确定的隐函数，求 $\mathrm{d}u$．

13. 假设某企业在两个相互分割的市场上出售同一种产品，两个市场的需求函数分别是
$$P_1=18-2Q_1,\quad P_2=12-Q_2,$$
其中 P_1,P_2（单位：万元/t）分别表示该产品在两个市场的价格，Q_1,Q_2（单位：t）分别表示该产品在两个市场的销售量（需求量），并且该企业生产这种产品的总成本函数为

$$C = 2Q + 5(单位：万元)，$$

其中 Q 表示该产品在两个市场的总销售量，即 $Q = Q_1 + Q_2$.

（1）如果该企业实行价格差别策略，试确定该产品在两个市场的销售量和价格，使得该企业获得最大总利润；

（2）如果该企业实行价格无差别策略，试确定该产品在两个市场的销售量及其统一的价格，使得该企业获得最大总利润；

（3）比较以上两种价格策略下的总利润大小.

第9章

重积分及其应用

在第 5 章中介绍了定积分的概念,它是定义在某个闭区间上的一元函数的某种确定形式的和式极限.本章把具有这种确定形式的和式极限概念推广到定义在平面闭区域和空间闭区域上的多元函数的情形,给出重积分(包括二重积分和三重积分)的概念,并介绍它们的计算方法及一些应用.

§9.1

二重积分的概念与性质

一、二重积分的概念

1. 曲顶柱体的体积

设一个立体的底是 xOy 面上的闭区域 D，它的侧面是以 D 的边界曲线为准线而母线平行于 z 轴的柱面，它的顶部是曲面 $z=f(x,y)$［假设 $f(x,y) \geqslant 0$］，其中函数 $f(x,y)$ 在 D 上连续（见图 9.1）. 这种立体称为**曲顶柱体**. 下面讨论如何求这个曲顶柱体的体积 V.

若函数 $f(x,y)$ 在闭区域 D 上恒为常数，则该曲顶柱体就是一个平顶柱体，其体积可以用公式

$$体积 = 底面积 \times 高$$

来计算. 而对于曲顶柱体，当点 (x,y) 在 D 上变动时，高度 $f(x,y)$ 也随着变动. 因此，它的体积不能直接利用上述公式进行计算，需要采用与计算曲边梯形面积类似的方法，即元素法来解决. 具体步骤如下：

（1）分割.

用一组网线把 D 分割成 n 个小闭区域 $\Delta D_1, \Delta D_2, \cdots, \Delta D_n$，这些小闭区域的面积依次记为

$$\Delta\sigma_1, \quad \Delta\sigma_2, \quad \cdots, \quad \Delta\sigma_n.$$

分别以这些小闭区域的边界为准线，作母线平行于 z 轴的柱面，这样整个曲顶柱体就被分割成 n 个小曲顶柱体（见图 9.2）. 记第 $i(i=1,2,\cdots,n)$ 个小曲顶柱体的体积为 ΔV_i，则该曲顶柱体的体积为

$$V = \sum_{i=1}^{n} \Delta V_i.$$

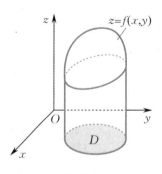

图 9.1

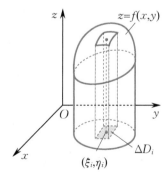

图 9.2

（2）近似代替.

当分割很细时,即每个小闭区域的直径 $d(\Delta D_i)$（区域的直径指的是区域上任意两点间距离的最大值）都很小时,$f(x,y)$ 的变化很小. 在第 $i(i=1,2,\cdots,n)$ 个小闭区域 ΔD_i 内任取一点 (ξ_i,η_i),则 ΔV_i 近似等于以 $f(\xi_i,\eta_i)$ 为高而底面积为 $\Delta\sigma_i$ 的平顶柱体的体积,即

$$\Delta V_i \approx f(\xi_i,\eta_i)\Delta\sigma_i.$$

（3）求和.

将上述 n 个小平顶柱体的体积相加就得到整个曲顶柱体体积的近似值,即

$$V = \sum_{i=1}^{n}\Delta V_i \approx \sum_{i=1}^{n}f(\xi_i,\eta_i)\Delta\sigma_i.$$

（4）取极限.

记 λ 为 n 个小闭区域直径的最大值,即 $\lambda = \max_{1\leqslant i\leqslant n}\{d(\Delta D_i)\}$,则当 $\lambda\to 0$ 时,便得到该曲顶柱体的体积 V,即

$$V = \lim_{\lambda\to 0}\sum_{i=1}^{n}f(\xi_i,\eta_i)\Delta\sigma_i.$$

2. 平面薄片的质量

设一块平面薄片占据 xOy 面上的闭区域 D,它在 D 上点 (x,y) 处的面密度为 $\rho(x,y)$,其中 $\rho(x,y)>0$ 且在 D 上连续. 如何计算此平面薄片的质量 M?

若面密度是均匀的,即面密度是常数,则该平面薄片的质量可以用公式

$$质量 = 面密度 \times 面积$$

来计算. 若面密度 $\rho(x,y)$ 是变量,则该平面薄片的质量就不能直接用此公式来计算,但我们可以用类似于计算曲顶柱体体积的方法（元素法）来计算该平面薄片的质量.

用任意一组网线把 D 分割成 n 个小闭区域 $\Delta D_1,\Delta D_2,\cdots,\Delta D_n$,相应地把平面薄片分成 n 小块. 在每个小闭区域 ΔD_i 上任取一点 (ξ_i,η_i)（见图9.3）. 当 $\Delta D_i(i=1,2,\cdots,n)$ 的直径很小时,可把对应的小块薄片看成面密度为 $\rho(\xi_i,\eta_i)$ 的均匀薄片,则 $\rho(\xi_i,\eta_i)\Delta\sigma_i$（$\Delta\sigma_i$ 表示第 i 个小闭区域 ΔD_i 的面积）可作为 ΔD_i 的质量的近似值,其和式 $\sum_{i=1}^{n}\rho(\xi_i,\eta_i)\Delta\sigma_i$ 即为该平面薄片的质量的近似值. 记 λ 为上述 n 个小闭区域直径的最大值,于是

$$M = \lim_{\lambda\to 0}\sum_{i=1}^{n}\rho(\xi_i,\eta_i)\Delta\sigma_i.$$

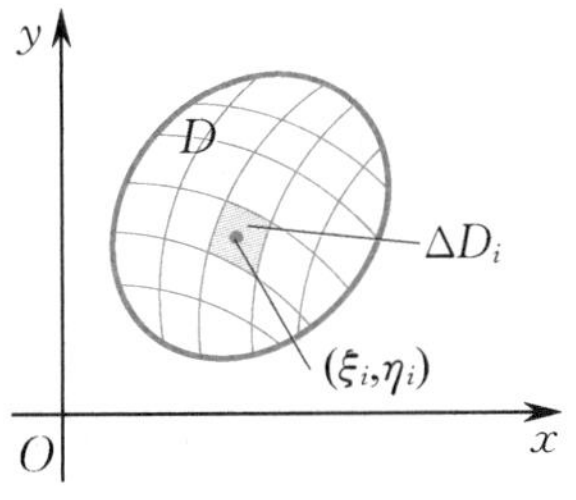

图 9.3

上面两个问题的实际意义虽然不同,但解决问题的思想和方法都是一样的,

都归结为同一形式的和式极限.现将它们的共性加以抽象归纳,给出如下二重积分的定义.

定义 9.1.1 　设 $f(x,y)$ 是有界闭区域 D 上的有界函数,将 D 任意分成 n 个小闭区域

$$\Delta D_1, \quad \Delta D_2, \quad \cdots, \quad \Delta D_n,$$

用 $\Delta\sigma_i(i=1,2,\cdots,n)$ 表示第 i 个小闭区域 ΔD_i 的面积.在每个小闭区域 ΔD_i 上任取一点 (ξ_i,η_i),做乘积 $f(\xi_i,\eta_i)\Delta\sigma_i$,并做和 $\sum\limits_{i=1}^{n}f(\xi_i,\eta_i)\Delta\sigma_i$.如果当各小闭区域直径的最大值 λ 趋向于零时,此和式的极限总存在,并且与 D 的划分及点 (ξ_i,η_i) 的选取无关,则称 $f(x,y)$ 在 D 上的二重积分存在,并称此极限值为 $f(x,y)$ 在 D 上的二重积分,记作 $\iint\limits_{D}f(x,y)\mathrm{d}\sigma$,即

$$\iint\limits_{D}f(x,y)\mathrm{d}\sigma=\lim\limits_{\lambda\to0}\sum\limits_{i=1}^{n}f(\xi_i,\eta_i)\Delta\sigma_i,$$

其中 $f(x,y)$ 称为**被积函数**,$f(x,y)\mathrm{d}\sigma$ 称为**被积表达式**,$\mathrm{d}\sigma$ 称为**面积元素**,x 与 y 称为**积分变量**,D 称为**积分区域**,$\sum\limits_{i=1}^{n}f(\xi_i,\eta_i)\Delta\sigma_i$ 称为**积分和**.

由二重积分的定义知,二重积分的值与积分区域 D 的划分无关.故在直角坐标系下,可以用平行于两条坐标轴的直网线来划分积分区域 D,那么除了包含边界点的一些小闭区域外,其余小闭区域 ΔD_i 都是小矩形闭区域.设小矩形闭区域 ΔD_i 的边长为 Δx_j 和 Δy_k,则 $\Delta\sigma_i=\Delta x_j\Delta y_k$.因此,在直角坐标系中,常将面积元素 $\mathrm{d}\sigma$ 记作 $\mathrm{d}x\,\mathrm{d}y$,而将二重积分记作

$$\iint\limits_{D}f(x,y)\mathrm{d}x\,\mathrm{d}y,$$

其中 $\mathrm{d}x\,\mathrm{d}y$ 叫作直角坐标系中的**面积元素**.

可以证明,当函数 $f(x,y)$ 在有界闭区域 D 上连续时,二重积分 $\iint\limits_{D}f(x,y)\mathrm{d}x\,\mathrm{d}y$ 必存在.

由二重积分的定义知,前面提到的曲顶柱体的体积为

$$V=\iint\limits_{D}f(x,y)\mathrm{d}\sigma;$$

而平面薄片的质量为

$$M=\iint\limits_{D}\rho(x,y)\mathrm{d}\sigma.$$

二重积分的几何意义是:如果 $f(x,y)\geqslant0$,则二重积分 $\iint\limits_{D}f(x,y)\mathrm{d}\sigma$ 表示以闭区域 D 为底,以曲面 $z=f(x,y)$ 为顶的曲顶柱体的体积;如果 $f(x,y)\leqslant0$,则相应的曲顶柱体在 xOy 面的下方,此时二重积分 $\iint\limits_{D}f(x,y)\mathrm{d}\sigma$ 为该曲顶柱体

体积的负值;如果 $f(x,y)$ 在 D 的部分区域上是正的,其余部分区域上是负的,则二重积分 $\iint\limits_{D} f(x,y)\mathrm{d}\sigma$ 等于 D 上若干曲顶柱体体积的代数和,即等于 xOy 面上方的曲顶柱体的体积减去 xOy 面下方的曲顶柱体的体积.

二、二重积分的性质

二重积分具有与定积分类似的性质,而且其证明也与定积分性质的证明类似.假设下面性质中所涉及的二重积分都存在.

性质 9.1.1 设 C 为常数,则 $\iint\limits_{D} Cf(x,y)\mathrm{d}\sigma = C\iint\limits_{D} f(x,y)\mathrm{d}\sigma.$

性质 9.1.2 $\iint\limits_{D} [f(x,y) \pm g(x,y)]\mathrm{d}\sigma$

$$= \iint\limits_{D} f(x,y)\mathrm{d}\sigma \pm \iint\limits_{D} g(x,y)\mathrm{d}\sigma.$$

性质 9.1.3 设在有界闭区域 D 上 $f(x,y) \equiv 1$,S 为 D 的面积,则

$$S = \iint\limits_{D} 1\mathrm{d}\sigma.$$

通常把 $\iint\limits_{D} 1\mathrm{d}\sigma$ 简写为 $\iint\limits_{D} \mathrm{d}\sigma$.从几何意义上看,高为 1 的平顶柱体的体积在数值上就等于柱体的底面面积.

性质 9.1.4(积分区域的可加性) 若有界闭区域 D 被有限条曲线分为有限个部分闭区域,则在 D 上的二重积分等于各部分闭区域上的二重积分之和.

例如,设 D 分为两个部分闭区域 D_1 和 D_2,则

$$\iint\limits_{D} f(x,y)\mathrm{d}\sigma = \iint\limits_{D_1} f(x,y)\mathrm{d}\sigma + \iint\limits_{D_2} f(x,y)\mathrm{d}\sigma.$$

性质 9.1.5 若在有界闭区域 D 上 $f(x,y) \leqslant g(x,y)$,则

$$\iint\limits_{D} f(x,y)\mathrm{d}\sigma \leqslant \iint\limits_{D} g(x,y)\mathrm{d}\sigma.$$

性质 9.1.6 若 M 和 m 分别为函数 $f(x,y)$ 在有界闭区域 D 上的最大值和最小值,S 为 D 的面积,则

$$mS \leqslant \iint\limits_{D} f(x,y)\mathrm{d}\sigma \leqslant MS.$$

性质 9.1.7(二重积分的中值定理) 设函数 $f(x,y)$ 在有界闭区域 D 上连续,S 为 D 的面积,则在 D 上至少存在一点 (ξ,η),使得

$$\iint\limits_{D} f(x,y)\mathrm{d}\sigma = f(\xi,\eta)S.$$

性质 9.1.8 设有界闭区域 D 关于 x 轴对称,函数 $f(x,y)$ 在 D 上

连续.

(1) 若 $f(x,y)$ 在 D 上关于 y 是偶函数，即对于任意的 $(x,y) \in D$，有 $f(x,-y) = f(x,y)$，则

$$\iint\limits_{D} f(x,y)\mathrm{d}x\mathrm{d}y = 2\iint\limits_{D_-} f(x,y)\mathrm{d}x\mathrm{d}y = 2\iint\limits_{D_+} f(x,y)\mathrm{d}x\mathrm{d}y,$$

其中 $D_- = \{(x,y) \mid (x,y) \in D, y \leqslant 0\}$，$D_+ = \{(x,y) \mid (x,y) \in D, y \geqslant 0\}$；

(2) 若 $f(x,y)$ 在 D 上关于 y 是奇函数，即对于任意的 $(x,y) \in D$，有 $f(x,-y) = -f(x,y)$，则

$$\iint\limits_{D} f(x,y)\mathrm{d}x\mathrm{d}y = 0.$$

注 若积分区域 D 关于 y 轴对称，被积函数 $f(x,y)$ 关于 x 为奇函数或偶函数，则也有类似于性质 9.1.8 的结论. 若将积分区域 D 中的 x,y 互换，D 不变，则 D 关于直线 $y = x$ 对称，此时有

$$\iint\limits_{D} f(x,y)\mathrm{d}x\mathrm{d}y = \iint\limits_{D} f(y,x)\mathrm{d}x\mathrm{d}y.$$

这一性质称为**轮换对称性**.

例如，设 D 是由圆 $x^2 + y^2 = 1$ 所围成的闭区域，其位于第一象限的部分记为 D_1，则

$$\iint\limits_{D} (x^2 + y^2)\mathrm{d}x\mathrm{d}y = 4\iint\limits_{D_1} (x^2 + y^2)\mathrm{d}x\mathrm{d}y,$$

$$\iint\limits_{D} \frac{\sin x}{\ln(2 + x^4 + y^2)}\mathrm{d}x\mathrm{d}y = 0,$$

$$\iint\limits_{D} x^2\mathrm{d}x\mathrm{d}y = \iint\limits_{D} y^2\mathrm{d}x\mathrm{d}y = \frac{1}{2}\iint\limits_{D} (x^2 + y^2)\mathrm{d}x\mathrm{d}y.$$

例 9.1.1 设闭区域 $D = \{(x,y) \mid 1 \leqslant x^2 + y^2 \leqslant 4\}$，求二重积分 $\iint\limits_{D} 5\mathrm{d}\sigma$.

解 D 是半径分别为 $1,2$ 的两个同心圆所围成的圆环形闭区域（见图 9.4），其面积为

$$S = \pi \times 2^2 - \pi \times 1^2 = 3\pi,$$

故

$$\iint\limits_{D} 5\mathrm{d}\sigma = 5\iint\limits_{D} \mathrm{d}\sigma = 5 \times 3\pi = 15\pi.$$

例 9.1.2 利用二重积分的性质比较 $\iint\limits_{D} (x+y)^2\mathrm{d}\sigma$ 与 $\iint\limits_{D} (x+y)^3\mathrm{d}\sigma$ 的大小，其中积分区域 D 由直线 $x = 1, y = 1$ 及 $x + y = 1$ 所围成（见图 9.5）.

解 显然，在积分区域 D 上，有 $x + y \geqslant 1$，故 $(x+y)^2 \leqslant (x+y)^3$. 于是

$$\iint\limits_{D}(x+y)^{2}\mathrm{d}\sigma \leqslant \iint\limits_{D}(x+y)^{3}\mathrm{d}\sigma.$$

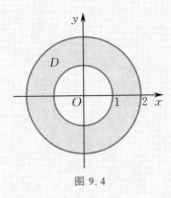

图 9.4

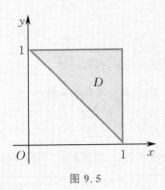

图 9.5

例 9.1.3 设函数 $f(x,y),g(x,y)$ 在有界闭区域 D 上连续,且 $g(x,y)\geqslant 0$,证明:至少存在一点 $(\xi,\eta)\in D$,使得

$$\iint\limits_{D}f(x,y)g(x,y)\mathrm{d}\sigma = f(\xi,\eta)\iint\limits_{D}g(x,y)\mathrm{d}\sigma.$$

证明 因为 $f(x,y)$ 在有界闭区域 D 上连续,所以 $f(x,y)$ 在 D 上有最大值 M 和最小值 m,即 $m\leqslant f(x,y)\leqslant M$. 又 $g(x,y)\geqslant 0$,则

$$mg(x,y)\leqslant f(x,y)g(x,y)\leqslant Mg(x,y).$$

故由二重积分的性质有

$$m\iint\limits_{D}g(x,y)\mathrm{d}\sigma \leqslant \iint\limits_{D}f(x,y)g(x,y)\mathrm{d}\sigma \leqslant M\iint\limits_{D}g(x,y)\mathrm{d}\sigma.$$

若 $g(x,y)\equiv 0$,则结论显然成立;若 $g(x,y)\not\equiv 0$,则 $\iint\limits_{D}g(x,y)\mathrm{d}\sigma > 0$,从而

$$m\leqslant \frac{\iint\limits_{D}f(x,y)g(x,y)\mathrm{d}\sigma}{\iint\limits_{D}g(x,y)\mathrm{d}\sigma}\leqslant M.$$

此时由连续函数的介值定理知,至少存在一点 $(\xi,\eta)\in D$,使得

$$f(\xi,\eta)=\frac{\iint\limits_{D}f(x,y)g(x,y)\mathrm{d}\sigma}{\iint\limits_{D}g(x,y)\mathrm{d}\sigma},$$

于是

$$\iint\limits_{D}f(x,y)g(x,y)\mathrm{d}\sigma = f(\xi,\eta)\iint\limits_{D}g(x,y)\mathrm{d}\sigma.$$

习题9.1

1. 利用二重积分的定义证明：

(1) $\iint\limits_{D} d\sigma = S$，其中 S 为 D 的面积；

(2) $\iint\limits_{D} Cf(x,y)d\sigma = C\iint\limits_{D} f(x,y)d\sigma$，其中 C 为常数.

2. 利用二重积分的性质，比较下列二重积分的大小：

(1) $\iint\limits_{D} \sqrt{1+x^2+y^2}\,d\sigma$ 与 $\iint\limits_{D} \sqrt{1+x^4+y^4}\,d\sigma$，其中 $D = \{(x,y)\mid x^2+y^2 \leqslant 1\}$；

(2) $\iint\limits_{D}(x+y)^2 d\sigma$ 与 $\iint\limits_{D}(x+y)^3 d\sigma$，其中 D 是由圆 $(x-2)^2+(y-1)^2 = 2$ 所围成的闭区域；

(3) $\iint\limits_{D}\ln(x+y)d\sigma$ 与 $\iint\limits_{D}[\ln(x+y)]^2 d\sigma$，其中 D 是三顶点分别为 $(1,0),(1,1),(2,0)$ 的三角形闭区域；

(4) $I_1 = \iint\limits_{D_1}(x+y+2)d\sigma$，$I_2 = \iint\limits_{D_2}(x+y+2)d\sigma$ 及 $I_3 = \iint\limits_{D_3}(x+y+2)d\sigma$，其中

$$D_1 = \{(x,y)\mid x^2+y^2 \leqslant 1\},$$
$$D_2 = \{(x,y)\mid |x|+|y| \leqslant 1\},$$
$$D_3 = \{(x,y)\mid |x|+|y| \leqslant \sqrt{2}\}.$$

3. 设函数 $f(x,y)$ 在有界闭区域 D 上连续，S 是 D 的面积，证明：在 D 上至少存在一点 (ξ,η)，使得

$$\iint\limits_{D} f(x,y)d\sigma = f(\xi,\eta)S.$$

4. 设 $f(x,y)$ 为连续函数，求 $\lim\limits_{t\to 0^+}\dfrac{1}{\pi t^2}\iint\limits_{D} f(x,y)dx\,dy$，其中 $D = \{(x,y)\mid x^2+y^2 \leqslant t^2\}$.

5. 试用二重积分的性质证明不等式：

$$1 \leqslant \iint\limits_{D}(\sin x^2 + \cos y^2)d\sigma \leqslant \sqrt{2},$$

其中 $D = \{(x,y)\mid 0 \leqslant x \leqslant 1, 0 \leqslant y \leqslant 1\}$.

§9.2

二重积分的计算方法

　　与定积分类似，根据定义计算二重积分一般是很困难的. 本节介绍二重积分的计算方法，其基本思想是把二重积分化为逐次计算的两个定积分来计算（计算两次定积分）.

一、利用直角坐标系计算二重积分

在具体考虑二重积分的计算之前,先介绍所谓的 X-型区域和 Y-型区域的概念.

X-型区域的一般形式为
$$D = \{(x,y) \mid a \leqslant x \leqslant b, \varphi_1(x) \leqslant y \leqslant \varphi_2(x)\},$$
其中函数 $\varphi_1(x)$ 与 $\varphi_2(x)$ 在区间 $[a,b]$ 上连续. 这种闭区域 D 的特点是:穿过 D 内部且平行于 y 轴的直线与 D 的边界恰好有两个交点(见图 9.6).

Y-型区域的一般形式为
$$D = \{(x,y) \mid c \leqslant y \leqslant d, \psi_1(y) \leqslant x \leqslant \psi_2(y)\},$$
其中函数 $\psi_1(y)$ 与 $\psi_2(y)$ 在区间 $[c,d]$ 上连续. 这种闭区域 D 的特点是:穿过 D 内部且平行于 x 轴的直线与 D 的边界恰好有两个交点(见图 9.7).

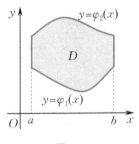

图 9.6

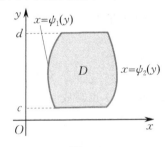

图 9.7

假定积分区域 D 为 X-型区域:
$$D = \{(x,y) \mid a \leqslant x \leqslant b, \varphi_1(x) \leqslant y \leqslant \varphi_2(x)\},$$
其中函数 $\varphi_1(x)$ 与 $\varphi_2(x)$ 在区间 $[a,b]$ 上连续,被积函数 $f(x,y)$ 在 D 上连续且 $f(x,y) \geqslant 0$. 由二重积分的几何意义可知,二重积分 $\iint\limits_{D} f(x,y)\mathrm{d}\sigma$ 的值表示以积分区域 D 为底、以曲面 $z = f(x,y)$ 为顶的曲顶柱体的体积. 下面应用第6章中"平行截面面积容易计算的立体的体积"的计算方法来求这个曲顶柱体的体积.

先计算截面的面积. 为此,在区间 $[a,b]$ 上任取一点 x_0,作平行于 yOz 面的平面 $x = x_0$. 此平面截该曲顶柱体所得的截面是一个以区间 $[\varphi_1(x_0), \varphi_2(x_0)]$ 为底,以曲线 $z = f(x_0, y)$ 为曲边的曲边梯形,如图 9.8 中阴影部分所示,从而此截面的面积为
$$A(x_0) = \int_{\varphi_1(x_0)}^{\varphi_2(x_0)} f(x_0, y)\mathrm{d}y.$$

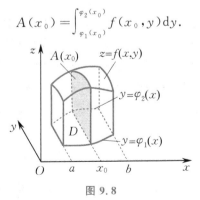

图 9.8

一般地，通过$[a,b]$上任一点x且平行于yOz面的平面截该曲顶柱体所得截面的面积为

$$A(x)=\int_{\varphi_1(x)}^{\varphi_2(x)}f(x,y)\mathrm{d}y.$$

于是，该曲顶柱体的体积为

$$V=\int_a^b A(x)\mathrm{d}x=\int_a^b\left[\int_{\varphi_1(x)}^{\varphi_2(x)}f(x,y)\mathrm{d}y\right]\mathrm{d}x,$$

即

$$\iint\limits_D f(x,y)\mathrm{d}x\mathrm{d}y=\int_a^b\left[\int_{\varphi_1(x)}^{\varphi_2(x)}f(x,y)\mathrm{d}y\right]\mathrm{d}x. \tag{9.2.1}$$

上式右边称为先对y、后对x的二次积分（也称累次积分），即先把x当成常数，把$f(x,y)$只看作y的函数，并计算从$\varphi_1(x)$到$\varphi_2(x)$对y的定积分；然后，把得到的结果（结果为x的函数）在$[a,b]$上计算对x的定积分.这个二次积分也常记作

$$\int_a^b\mathrm{d}x\int_{\varphi_1(x)}^{\varphi_2(x)}f(x,y)\mathrm{d}y,$$

因此公式（9.2.1）也写成

$$\iint\limits_D f(x,y)\mathrm{d}\sigma=\int_a^b\mathrm{d}x\int_{\varphi_1(x)}^{\varphi_2(x)}f(x,y)\mathrm{d}y. \tag{9.2.2}$$

这就是把二重积分化为先对y、后对x的二次积分的公式.

在上述讨论中，我们假定$f(x,y)\geqslant 0$，这只是为几何上方便说明而引入的条件，实际上公式（9.2.2）的成立并不受此条件的限制.

类似地，假定积分区域D为Y-型区域：

$$D=\{(x,y)\,|\,c\leqslant y\leqslant d,\psi_1(y)\leqslant x\leqslant\psi_2(y)\},$$

其中函数$\psi_1(y)$与$\psi_2(y)$在区间$[c,d]$上连续，被积函数$f(x,y)$在D上连续，则有

$$\iint\limits_D f(x,y)\mathrm{d}\sigma=\int_c^d\left[\int_{\psi_1(y)}^{\psi_2(y)}f(x,y)\mathrm{d}x\right]\mathrm{d}y.$$

上式右边称为先对x、后对y的二次积分.上式也常写成

$$\iint\limits_D f(x,y)\mathrm{d}\sigma=\int_c^d\mathrm{d}y\int_{\psi_1(y)}^{\psi_2(y)}f(x,y)\mathrm{d}x. \tag{9.2.3}$$

若积分区域D既不是X-型区域，也不是Y-型区域，则可以先将它分割成若干个X-型或Y-型区域（见图9.9），然后在每个X-型或Y-型区域上用公式（9.2.2）或公式（9.2.3），最后根据积分区域的可加性，即可计算二重积分.

若积分区域D既是X-型区域：$D=\{(x,y)\mid a\leqslant x\leqslant b,\varphi_1(x)\leqslant y\leqslant\varphi_2(x)\}$，也是$Y$-型区域：$D=\{(x,y)\,|\,c\leqslant y\leqslant d,\psi_1(y)\leqslant x\leqslant\psi_2(y)\}$（见图9.10），则由公式（9.2.2）及公式（9.2.3）可得

$$\int_a^b\mathrm{d}x\int_{\varphi_1(x)}^{\varphi_2(x)}f(x,y)\mathrm{d}y=\int_c^d\mathrm{d}y\int_{\psi_1(y)}^{\psi_2(y)}f(x,y)\mathrm{d}x.$$

上式表明，两个不同次序的二次积分之间可以相互转化，因为它们都等于二重积

分 $\iint\limits_{D} f(x,y)\mathrm{d}\sigma$.

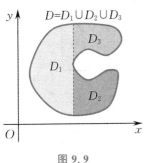

图 9.9

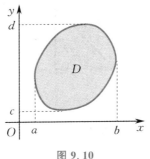

图 9.10

将二重积分化为二次积分时,关键是确定积分限.而由以上分析可知,积分次序和积分限是根据积分区域 D 来确定的,因此计算二重积分时,先要画出积分区域 D 的图形.一般地,若积分区域 D 是 X-型区域,则先对 y 积分、后对 x 积分;若积分区域 D 是 Y-型区域,则先对 x 积分、后对 y 积分.例如,当积分区域 D 是 X-型区域时(见图 9.11),在区间 $[a,b]$ 上任取一点 x,积分区域 D 上以这个 x 值为横坐标的点在一条线段上,此线段平行于 y 轴,其上点的纵坐标从 $\varphi_1(x)$ 变到 $\varphi_2(x)$,这就是公式(9.2.2)中先把 x 当成常数而对 y 积分时的下限和上限.又因为 x 的值是在 $[a,b]$ 上任意取定的,所以再把 x 看作变量而对 x 积分时,积分区间是 $[a,b]$.

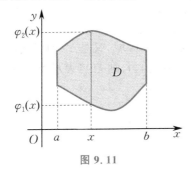

图 9.11

例 9.2.1 计算二重积分 $\iint\limits_{D}(x^2+y)\mathrm{d}\sigma$,其中 D 是由直线 $y=1$,$y=x$ 及 $x=2$ 所围成的闭区域.

解 画出积分区域 D 的图形,易见 D 既是 X-型区域,又是 Y-型区域.

方法一 如果将 D 看成 X-型区域(见图 9.12),那么 D 可表示为 $D=\{(x,y)\mid 1\leqslant x\leqslant 2,$ $1\leqslant y\leqslant x\}$.因此

$$\iint\limits_{D}(x^2+y)\mathrm{d}\sigma=\int_1^2\left[\int_1^x(x^2+y)\mathrm{d}y\right]\mathrm{d}x=\int_1^2\left[\left(x^2 y+\frac{y^2}{2}\right)\Big|_1^x\right]\mathrm{d}x$$

$$=\int_1^2\left(x^3-\frac{x^2}{2}-\frac{1}{2}\right)\mathrm{d}x=\left(\frac{x^4}{4}-\frac{x^3}{6}-\frac{x}{2}\right)\Big|_1^2=\frac{25}{12}.$$

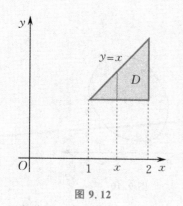

图 9.12

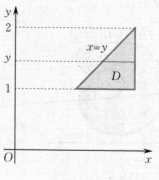

图 9.13

方法二 如果将 D 看成 Y-型区域（见图 9.13），那么 D 可表示为 $D = \{(x,y) \mid 1 \leqslant y \leqslant 2,$ $y \leqslant x \leqslant 2\}$. 因此

$$\iint\limits_{D}(x^2+y)\mathrm{d}\sigma = \int_{1}^{2}\left[\int_{y}^{2}(x^2+y)\mathrm{d}x\right]\mathrm{d}y = \int_{1}^{2}\left[\left(\frac{x^3}{3}+yx\right)\Big|_{y}^{2}\right]\mathrm{d}y$$

$$= \int_{1}^{2}\left(\frac{8}{3}+2y-\frac{y^3}{3}-y^2\right)\mathrm{d}y = \left(\frac{8}{3}y+y^2-\frac{y^4}{12}-\frac{y^3}{3}\right)\Big|_{1}^{2} = \frac{25}{12}.$$

例 9.2.2 计算二重积分 $\iint\limits_{D}xy\mathrm{d}\sigma$，其中 D 是由抛物线 $y^2=x$ 及直线 $y=x-2$ 所围成的闭区域.

解 画出积分区域 D，易见 D 既是 X-型区域，又是 Y-型区域.

方法一 若将 D 看成 Y-型区域（见图 9.14），则 D 可表示为 $D = \{(x,y) \mid -1 \leqslant y \leqslant 2,$ $y^2 \leqslant x \leqslant y+2\}$. 因此

$$\iint\limits_{D}xy\mathrm{d}\sigma = \int_{-1}^{2}\left(\int_{y^2}^{y+2}xy\mathrm{d}x\right)\mathrm{d}y = \int_{-1}^{2}\left(y\,\frac{x^2}{2}\Big|_{y^2}^{y+2}\right)\mathrm{d}y$$

$$= \frac{1}{2}\int_{-1}^{2}\left[y(y+2)^2-y^5\right]\mathrm{d}y$$

$$= \frac{1}{2}\left(\frac{y^4}{4}+\frac{4}{3}y^3+2y^2-\frac{y^6}{6}\right)\Big|_{-1}^{2} = \frac{45}{8}.$$

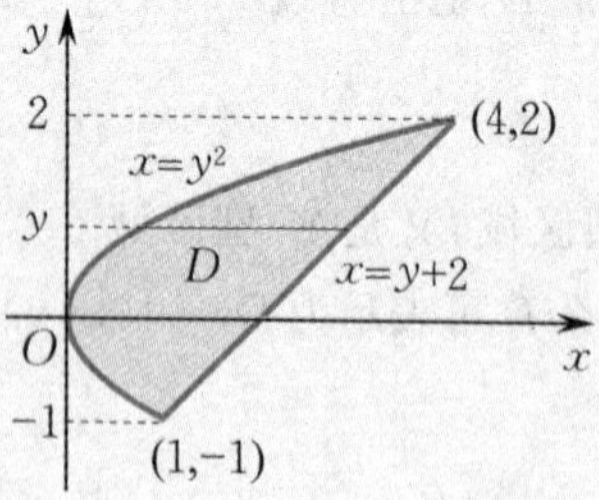

图 9.14

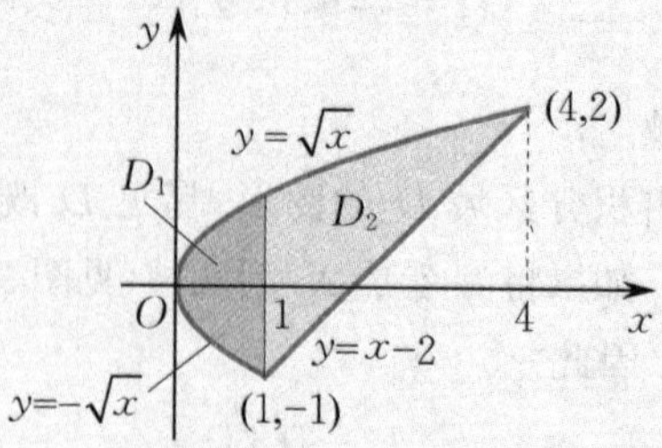

图 9.15

方法二 若将 D 看成 X-型区域，则计算时需要把 D 分成 D_1 和 D_2 两部分（见图 9.15），其中 D_1 与 D_2 分别表示为

$$D_1 = \{(x,y) \mid 0 \leqslant x \leqslant 1, -\sqrt{x} \leqslant y \leqslant \sqrt{x}\},$$
$$D_2 = \{(x,y) \mid 1 \leqslant x \leqslant 4, x-2 \leqslant y \leqslant \sqrt{x}\}.$$

因为

$$\iint\limits_{D_1} xy\,\mathrm{d}\sigma = \int_0^1 \mathrm{d}x \int_{-\sqrt{x}}^{\sqrt{x}} xy\,\mathrm{d}y = \int_0^1 \left(\frac{1}{2}xy^2 \Big|_{-\sqrt{x}}^{\sqrt{x}}\right)\mathrm{d}x = 0;$$

$$\iint\limits_{D_2} xy\,\mathrm{d}\sigma = \int_1^4 \mathrm{d}x \int_{x-2}^{\sqrt{x}} xy\,\mathrm{d}y = \int_1^4 \left(\frac{1}{2}xy^2 \Big|_{x-2}^{\sqrt{x}}\right)\mathrm{d}x$$

$$= \frac{1}{2}\int_1^4 \left[x^2 - x(x-2)^2\right]\mathrm{d}x = \frac{1}{2}\int_1^4 (5x^2 - x^3 - 4x)\,\mathrm{d}x$$

$$= \frac{1}{2}\left(\frac{5}{3}x^3 - \frac{1}{4}x^4 - 2x^2\right)\Big|_1^4 = \frac{45}{8},$$

所以

$$\iint\limits_{D} xy\,\mathrm{d}\sigma = \iint\limits_{D_1} xy\,\mathrm{d}\sigma + \iint\limits_{D_2} xy\,\mathrm{d}\sigma = 0 + \frac{45}{8} = \frac{45}{8}.$$

不难发现，在例 9.2.2 中，方法一比方法二简单. 由此可见，在化二重积分为二次积分时，为了计算方便，需要选择恰当的积分次序，这时不仅要考虑积分区域的形状，而且还要考虑被积函数的特性.

例 9.2.3 计算二重积分 $\iint\limits_{D} \cos y^2\,\mathrm{d}\sigma$，其中 D 是由直线 $y=x$，$y=1$ 及 y 轴所围成的闭区域.

解 画出积分区域 D 的图形，如图 9.16 所示. 现将 D 看成 Y-型区域：$D=\{(x,y) \mid 0 \leqslant y \leqslant 1, 0 \leqslant x \leqslant y\}$. 于是

$$\iint\limits_{D} \cos y^2\,\mathrm{d}\sigma = \int_0^1 \mathrm{d}y \int_0^y \cos y^2\,\mathrm{d}x = \int_0^1 y\cos y^2\,\mathrm{d}y$$

$$= \frac{1}{2}\int_0^1 \cos y^2\,\mathrm{d}(y^2) = \frac{1}{2}\sin y^2 \Big|_0^1$$

$$= \frac{1}{2}\sin 1.$$

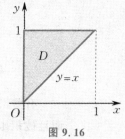

图 9.16

注 在例 9.2.3 中，如果将积分区域 D 看成 X-型区域，那么 D 可表示为 $D = \{(x,y) \mid 0 \leqslant x \leqslant 1, x \leqslant y \leqslant 1\}$. 于是 $\iint\limits_{D} \cos y^2\,\mathrm{d}\sigma = \int_0^1 \mathrm{d}x \int_x^1 \cos y^2\,\mathrm{d}y$. 然而 $\int \cos y^2\,\mathrm{d}y$ 无法用初等函数表示，故不能按这个积分次序进行计算.

 9.2.4 求两个底圆半径都等于 R 的直交圆柱面所围成立体的体积.

解 设两个圆柱面的方程分别为

$$x^2 + y^2 = R^2 \quad 及 \quad x^2 + z^2 = R^2.$$

利用立体关于坐标面的对称性，只要计算出它在第一卦限部分的体积 V_1［见图 9.17(a)］，然后乘以 8 即可.

易见，所围成的立体在第一卦限部分可以看成一个曲顶柱体，它的底为［见图 9.17(b)］

$$D = \{(x, y) \mid 0 \leqslant x \leqslant R, 0 \leqslant y \leqslant \sqrt{R^2 - x^2}\},$$

顶为柱面 $z = \sqrt{R^2 - x^2}$，故

$$V_1 = \iint\limits_{D} \sqrt{R^2 - x^2}\, \mathrm{d}x\, \mathrm{d}y = \int_0^R \mathrm{d}x \int_0^{\sqrt{R^2 - x^2}} \sqrt{R^2 - x^2}\, \mathrm{d}y$$

$$= \int_0^R (R^2 - x^2)\, \mathrm{d}x = \frac{2}{3} R^3,$$

从而所围成立体的体积为

$$V = 8V_1 = \frac{16}{3} R^3.$$

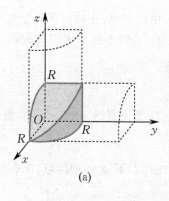

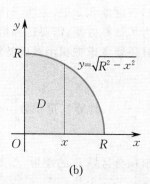

(a)　　　　　　　　　　　　(b)

图 9.17

二、利用极坐标变换计算二重积分

有些二重积分，其积分区域 D 的边界曲线用极坐标方程来表示比较方便，而且被积函数 $f(x, y)$ 用极坐标变量 r, θ 表示比较简单. 这时可以考虑用极坐标来计算二重积分 $\iint\limits_{D} f(x, y)\, \mathrm{d}\sigma$.

假定积分区域 D 的边界与通过极点的射线恰好相交于两点（该射线穿过 D 内部），被积函数 $f(x, y)$ 在 D 上连续. 我们采用以极点为中心的一族同心圆（$r =$ 常数）及从极点出发的一族射线（$\theta =$ 常数），把 D 划分成 n 个小闭区域（见图 9.18）. 设其中的一个小闭区域 ΔD 由半径分别为 r 和 $r + \Delta r$ 的同心圆及极角分别为 θ 和 $\theta + \Delta\theta$ 的射线所围成，则小闭区域 ΔD 的面积为

$$\Delta\sigma = \frac{1}{2}(r+\Delta r)^2\Delta\theta - \frac{1}{2}r^2\Delta\theta = \frac{1}{2}(2r+\Delta r)\Delta r\Delta\theta$$

$$= \frac{r+(r+\Delta r)}{2}\Delta r\Delta\theta \approx r\Delta r\Delta\theta.$$

于是,根据元素法,极坐标系下的面积元素为

$$\mathrm{d}\sigma = r\mathrm{d}r\mathrm{d}\theta.$$

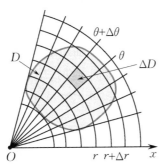

图 9.18

注意到直角坐标与极坐标之间的转换关系为

$$x = r\cos\theta, \quad y = r\sin\theta,$$

从而可得到直角坐标系下的二重积分与极坐标系下的二重积分的转换公式:

$$\iint\limits_{D} f(x,y)\mathrm{d}x\mathrm{d}y = \iint\limits_{D} f(r\cos\theta, r\sin\theta)r\mathrm{d}r\mathrm{d}\theta. \tag{9.2.4}$$

对于极坐标系下的二重积分,同样可以化成二次积分来计算.

设积分区域为

$$D = \{(r,\theta) \mid \alpha \leqslant \theta \leqslant \beta, \varphi_1(\theta) \leqslant r \leqslant \varphi_2(\theta)\},$$

如图 9.19(a),(b) 所示,其中 $\varphi_1(\theta)$,$\varphi_2(\theta)$ 在区间 $[\alpha,\beta]$ 上连续.

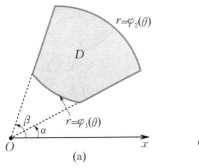
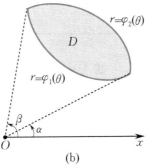

图 9.19

先在区间 $[\alpha,\beta]$ 上任取一个值 θ,对应于这个 θ(见图 9.20),D 上的点的极半径 r 从 $\varphi_1(\theta)$ 变到 $\varphi_2(\theta)$. 又因为 θ 是在 $[\alpha,\beta]$ 上任意取定的,所以 θ 的变化范围是 $[\alpha,\beta]$. 这样就可看出,极坐标系下的二重积分化为二次积分的公式为

$$\iint\limits_{D} f(r\cos\theta, r\sin\theta)r\mathrm{d}r\mathrm{d}\theta = \int_{\alpha}^{\beta}\mathrm{d}\theta\int_{\varphi_1(\theta)}^{\varphi_2(\theta)} f(r\cos\theta, r\sin\theta)r\mathrm{d}r. \quad (9.2.5)$$

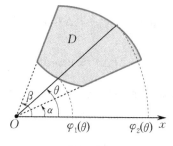

图 9.20

若积分区域 D 是如图 9.21 所示的曲边扇形，则它可看作图 9.19(a)，(b) 中当 $\varphi_1(\theta)=0$，$\varphi_2(\theta)=\varphi(\theta)$ 时的特例. 这时，D 可表示为

$$D=\{(r,\theta) \mid \alpha \leqslant \theta \leqslant \beta, 0 \leqslant r \leqslant \varphi(\theta)\},$$

从而公式(9.2.5)变为

$$\iint\limits_{D} f(r\cos\theta, r\sin\theta) r\,\mathrm{d}r\,\mathrm{d}\theta = \int_{\alpha}^{\beta} \mathrm{d}\theta \int_{0}^{\varphi(\theta)} f(r\cos\theta, r\sin\theta) r\,\mathrm{d}r. \qquad (9.2.6)$$

若积分区域 D 如图 9.22 所示，极点 O 在 D 的内部，则它可看作图 9.21 中当 $\alpha=0$，$\beta=2\pi$ 时的特例. 这时，D 可表示为

$$D=\{(r,\theta) \mid 0 \leqslant \theta \leqslant 2\pi, 0 \leqslant r \leqslant \varphi(\theta)\},$$

从而公式(9.2.6)变为

$$\iint\limits_{D} f(r\cos\theta, r\sin\theta) r\,\mathrm{d}r\,\mathrm{d}\theta = \int_{0}^{2\pi} \mathrm{d}\theta \int_{0}^{\varphi(\theta)} f(r\cos\theta, r\sin\theta) r\,\mathrm{d}r. \qquad (9.2.7)$$

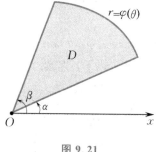

图 9.21

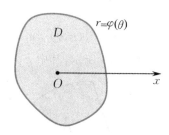

图 9.22

由二重积分的性质 9.1.3，闭区域 D 的面积 S 可以表示为

$$S=\iint\limits_{D} \mathrm{d}\sigma = \iint\limits_{D} r\,\mathrm{d}r\,\mathrm{d}\theta.$$

若闭区域 D 如图 9.19(a)，(b) 所示，则 D 的面积为

$$S=\iint\limits_{D} r\,\mathrm{d}r\,\mathrm{d}\theta = \int_{\alpha}^{\beta} \mathrm{d}\theta \int_{\varphi_1(\theta)}^{\varphi_2(\theta)} r\,\mathrm{d}r = \frac{1}{2}\int_{\alpha}^{\beta}\left[\varphi_2^2(\theta)-\varphi_1^2(\theta)\right]\mathrm{d}\theta.$$

特别地，若闭区域 D 如图 9.21 所示，则 D 的面积为

$$S=\iint\limits_{D} r\,\mathrm{d}r\,\mathrm{d}\theta = \int_{\alpha}^{\beta} \mathrm{d}\theta \int_{0}^{\varphi(\theta)} r\,\mathrm{d}r = \frac{1}{2}\int_{\alpha}^{\beta}\varphi^2(\theta)\,\mathrm{d}\theta.$$

例 **9.2.5** 计算二重积分 $\iint\limits_{D}\dfrac{x^2}{y^2}\mathrm{d}x\,\mathrm{d}y$,其中 D 是由曲线 $x^2+y^2=2y$ 所围成的闭区域.

解 积分区域 D 如图 9.23 所示,其边界曲线 $x^2+y^2=2y$ 的极坐标方程为 $r=2\sin\theta$,于是在极坐标系下 D 可以表示为 $D=\{(r,\theta)\mid 0\leqslant\theta\leqslant\pi,0\leqslant r\leqslant 2\sin\theta\}$.因此

$$\iint\limits_{D}\dfrac{x^2}{y^2}\mathrm{d}x\,\mathrm{d}y=\int_0^\pi\mathrm{d}\theta\int_0^{2\sin\theta}\dfrac{\cos^2\theta}{\sin^2\theta}r\,\mathrm{d}r=\int_0^\pi 2\cos^2\theta\,\mathrm{d}\theta=\int_0^\pi(1+\cos 2\theta)\mathrm{d}\theta=\pi.$$

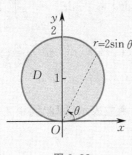

图 9.23

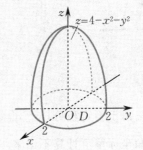

图 9.24

例 **9.2.6** 求曲面 $z=4-x^2-y^2$ 与平面 $z=0$ 所围成立体的体积.

解 易知,曲面 $z=4-x^2-y^2$ 与平面 $z=0$ 的交线为 xOy 面上的圆:$x^2+y^2=4$.记闭区域 $D=\{(x,y)\mid x^2+y^2\leqslant 4\}$,则所围成的立体是以闭区域 D 为底,以曲面 $z=4-x^2-y^2$ 为顶的曲顶柱体(见图 9.24).因此,所求的体积为

$$V=\iint\limits_{D}(4-x^2-y^2)\mathrm{d}x\,\mathrm{d}y=\int_0^{2\pi}\mathrm{d}\theta\int_0^2(4-r^2)r\,\mathrm{d}r$$

$$=\int_0^{2\pi}\mathrm{d}\theta\int_0^2(4r-r^3)\mathrm{d}r=2\pi\left(2r^2-\dfrac{1}{4}r^4\right)\Big|_0^2=8\pi.$$

例 **9.2.7** 设函数 $f(x)$ 连续,且 $f(1)=2$.令

$$F(t)=\iint\limits_{D}f(1+x^2+y^2)\mathrm{d}x\,\mathrm{d}y,$$

其中 $D=\{(x,y)\mid x^2+y^2\leqslant t^2,t\geqslant 0\}$,求 $F''_+(0)$.

解 利用极坐标变换 $x=r\cos\theta,y=r\sin\theta$,得

$$F(t)=\iint\limits_{D}f(1+r^2)r\,\mathrm{d}r\,\mathrm{d}\theta=\int_0^{2\pi}\mathrm{d}\theta\int_0^t f(1+r^2)r\,\mathrm{d}r=2\pi\int_0^t f(1+r^2)r\,\mathrm{d}r.$$

因 $f(x)$ 连续,故 $F'(t)=2\pi t f(1+t^2)$,从而 $F'(0)=0$.于是

$$F''_+(0)=\lim_{t\to 0^+}\dfrac{F'(t)-F'(0)}{t-0}=\lim_{t\to 0^+}\dfrac{2\pi t f(1+t^2)}{t}$$

$$=\lim_{t\to 0^+}2\pi f(1+t^2)=2\pi f(1)=4\pi.$$

例 9.2.8 计算二重积分 $\iint\limits_{D} e^{-x^2-y^2} dx\, dy$，其中 D 是由不等式 $x^2+y^2 \leqslant a^2 (a > 0)$，$x \geqslant 0, y \geqslant 0$ 所确定的闭区域.

解 积分区域 D 如图 9.25 所示，它在极坐标系下可表示为

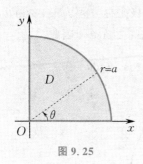

图 9.25

$$D = \left\{ (r, \theta) \,\middle|\, 0 \leqslant \theta \leqslant \frac{\pi}{2}, 0 \leqslant r \leqslant a \right\},$$

因此

$$\iint\limits_{D} e^{-x^2-y^2} dx\, dy = \int_0^{\frac{\pi}{2}} d\theta \int_0^a e^{-r^2} r\, dr = -\frac{1}{2} \int_0^{\frac{\pi}{2}} \left(e^{-r^2} \,\middle|_0^a \right) d\theta$$

$$= \frac{1}{2} (1 - e^{-a^2}) \int_0^{\frac{\pi}{2}} d\theta = \frac{\pi}{4} (1 - e^{-a^2}).$$

由于不定积分 $\int e^{-x^2} dx$ 不能用初等函数表示，因此例 9.2.8 中的二重积分在直角坐标系下计算不出来.

现在利用例 9.2.8 的结果计算工程上常用到的反常积分 $\int_0^{+\infty} e^{-x^2} dx$.

设有三个闭区域（见图 9.26）：

$$D = \{ (x, y) \,|\, 0 \leqslant x \leqslant a, 0 \leqslant y \leqslant a \},$$

$$D_1 = \{ (x, y) \,|\, x^2 + y^2 \leqslant a^2, x \geqslant 0, y \geqslant 0 \},$$

$$D_2 = \{ (x, y) \,|\, x^2 + y^2 \leqslant 2a^2, x \geqslant 0, y \geqslant 0 \}.$$

记 $I = \iint\limits_{D} e^{-x^2-y^2} dx\, dy$，$I_1 = \iint\limits_{D_1} e^{-x^2-y^2} dx\, dy$，$I_2 = \iint\limits_{D_2} e^{-x^2-y^2} dx\, dy$，则

$$I = \iint\limits_{D} e^{-x^2-y^2} dx\, dy = \int_0^a e^{-x^2} dx \int_0^a e^{-y^2} dy$$

$$= \left(\int_0^a e^{-x^2} dx \right)^2,$$

且显然 $I_1 \leqslant I \leqslant I_2$. 又由例 9.2.8 的结果有

$$I_1 = \frac{\pi}{4} (1 - e^{-a^2}), \quad I_2 = \frac{\pi}{4} (1 - e^{-2a^2}),$$

故

$$\frac{\pi}{4} (1 - e^{-a^2}) \leqslant \left(\int_0^a e^{-x^2} dx \right)^2 \leqslant \frac{\pi}{4} (1 - e^{-2a^2}).$$

令 $a \to +\infty$，则上式两边的极限均为 $\frac{\pi}{4}$. 于是，由夹逼准则得 $\left(\int_0^{+\infty} e^{-x^2} dx \right)^2 = \frac{\pi}{4}$.

因此

$$\int_0^{+\infty} e^{-x^2} dx = \frac{\sqrt{\pi}}{2}.$$

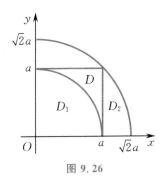

图 9.26

★三、二重积分的换元积分法

与定积分一样,二重积分也有换元积分法,但比定积分的换元积分法复杂得多.下面给出二重积分的换元积分公式,并简单介绍它的应用.

定理 9.2.1 设函数 $f(x,y)$ 在 xOy 面上的有界闭区域 D_{xy} 上连续,变换

$$T : x = x(u,v), y = y(u,v)$$

将 uOv 面上的有界闭区域 D_{uv} 变为 xOy 面上的闭区域 D_{xy}. 若变换 T 满足

(1) 函数 $x = x(u,v)$, $y = y(u,v)$ 在 D_{uv} 上均具有连续偏导数;

(2) 在 D_{uv} 上,雅可比行列式

$$J(u,v) = \frac{\partial(x,y)}{\partial(u,v)} \neq 0;$$

(3) 变换 $T : D_{uv} \to D_{xy}$ 是一一的,

则有

$$\iint\limits_{D_{xy}} f(x,y) \mathrm{d}x\,\mathrm{d}y = \iint\limits_{D_{uv}} f[x(u,v),y(u,v)] |J(u,v)| \mathrm{d}u\,\mathrm{d}v. \quad (9.2.8)$$

公式(9.2.8)称为二重积分的**换元积分公式**.

特别地,若做极坐标变换 $x = r\cos\theta$, $y = r\sin\theta$,则

$$J(r,\theta) = \frac{\partial(x,y)}{\partial(r,\theta)} = \begin{vmatrix} \cos\theta & -r\sin\theta \\ \sin\theta & r\cos\theta \end{vmatrix} = r,$$

从而

$$\iint\limits_{D_{xy}} f(x,y)\mathrm{d}x\,\mathrm{d}y = \iint\limits_{D_{r\theta}} f(r\cos\theta, r\sin\theta) r\,\mathrm{d}r\,\mathrm{d}\theta.$$

这就是我们前面所介绍的利用极坐标变换计算二重积分的公式.

例 9.2.9 计算二重积分 $\displaystyle\iint\limits_{D} \frac{(x+y)\ln\left(1+\dfrac{y}{x}\right)}{\sqrt{1-x-y}} \mathrm{d}x\,\mathrm{d}y$,其中 D 是由直线 $x = 0$, $x +$

$y = 1$ 及 $y = 0$ 所围成的闭区域[见图9.27(a)].

解 令 $\begin{cases} u = x + y, \\ v = x, \end{cases}$ 则 $\begin{cases} x = v, \\ y = u - v. \end{cases}$ 在此变换下，xOy 面上的闭区域

$$D = \{(x,y) \mid 0 \leqslant x \leqslant 1, 0 \leqslant y \leqslant 1 - x\}$$

变成 uOv 面上的闭区域

$$D_{uv} = \{(u,v) \mid 0 \leqslant u \leqslant 1, 0 \leqslant v \leqslant u\},$$

如图 9.27(b) 所示.

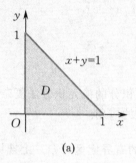 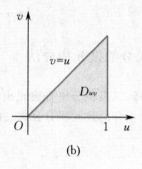

(a)　　　　　　　　　　　　　(b)

图 9.27

因雅可比行列式 $J(u,v) = \dfrac{\partial(x,y)}{\partial(u,v)} = \begin{vmatrix} 0 & 1 \\ 1 & -1 \end{vmatrix} = -1$，故

$$\iint\limits_{D} \frac{(x+y)\ln\left(1 + \dfrac{y}{x}\right)}{\sqrt{1 - x - y}} \,dx\,dy = \iint\limits_{D_{uv}} \frac{u\ln\dfrac{u}{v}}{\sqrt{1-u}} \,|-1| \,du\,dv = \int_0^1 du \int_0^u \frac{u}{\sqrt{1-u}} \ln\frac{u}{v} \,dv$$

$$= \int_0^1 \frac{u^2}{\sqrt{1-u}} \,du = \frac{16}{15}.$$

例 9.2.10 求由抛物线 $y^2 = mx$，$y^2 = nx$ 与直线 $y = ax$，$y = bx$ 所围成的闭区域 D 的面积，其中 $0 < m < n$，$0 < a < b$.

解 令 $u = \dfrac{y^2}{x}$，$v = \dfrac{y}{x}$，则 $x = \dfrac{u}{v^2}$，$y = \dfrac{u}{v}$，且

$$J(u,v) = \frac{\partial(x,y)}{\partial(u,v)} = \begin{vmatrix} \dfrac{1}{v^2} & -\dfrac{2u}{v^3} \\ \dfrac{1}{v} & -\dfrac{u}{v^2} \end{vmatrix} = \frac{u}{v^4}.$$

在上述变换下，xOy 面上的闭区域 D［见图 9.28(a)］变成 uOv 面上的闭区域 D_{uv}［见图 9.28(b)］，故闭区域 D 的面积为

$$S = \iint\limits_{D} dx\,dy = \iint\limits_{D_{uv}} \frac{u}{v^4} \,du\,dv = \int_a^b \frac{1}{v^4} \,dv \int_m^n u\,du$$

$$= \frac{(n^2 - m^2)(b^3 - a^3)}{6a^3b^3}.$$

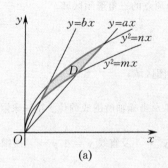 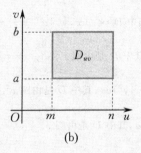

(a)　　　　　　　(b)

图 9.28

例 9.2.11　计算二重积分 $\iint\limits_{D}\sqrt{1-\dfrac{x^2}{a^2}-\dfrac{y^2}{b^2}}\,\mathrm{d}x\,\mathrm{d}y$，其中 D 为椭圆 $\dfrac{x^2}{a^2}+\dfrac{y^2}{b^2}=1(a>0,$

$b>0)$ 所围成的椭圆盘.

解　做广义极坐标变换 $x=ar\cos\theta,y=br\sin\theta$.在此变换下,直角坐标系下的椭圆盘

$D=\left\{(x,y)\,\Big|\,\dfrac{x^2}{a^2}+\dfrac{y^2}{b^2}\leqslant 1\right\}$ 变为极坐标系下的圆盘 $D_{r\theta}=\{(r,\theta)\,|\,0\leqslant r\leqslant 1,0\leqslant\theta\leqslant 2\pi\}$,

且

$$J(r,\theta)=\frac{\partial(x,y)}{\partial(r,\theta)}=\begin{vmatrix}a\cos\theta & -ar\sin\theta\\ b\sin\theta & br\cos\theta\end{vmatrix}=abr,$$

从而有

$$\iint\limits_{D}\sqrt{1-\frac{x^2}{a^2}-\frac{y^2}{b^2}}\,\mathrm{d}x\,\mathrm{d}y=\iint\limits_{D_{r\theta}}\sqrt{1-r^2}\,abr\,\mathrm{d}r\,\mathrm{d}\theta$$

$$=ab\int_0^{2\pi}\mathrm{d}\theta\int_0^1\sqrt{1-r^2}\,r\,\mathrm{d}r$$

$$=\frac{2}{3}\pi ab.$$

 习题9.2

1. 计算下列二重积分:

(1) $\iint\limits_{D}(3x+2y)\mathrm{d}\sigma$,其中 D 是由两条坐标轴及直线 $x+y=2$ 所围成的闭区域;

(2) $\iint\limits_{D}\dfrac{x^2}{1+y^2}\mathrm{d}\sigma$,其中 $D=\{(x,y)\,|\,0\leqslant x\leqslant 1,0\leqslant y\leqslant 1\}$;

(3) $\iint\limits_{D}(x^2+y)\mathrm{d}\sigma$,其中 D 是由曲线 $x^2=y$ 及 $y^2=x$ 所围成的闭区域;

(4) $\iint\limits_{D} x^2 e^{-y^2} d\sigma$，其中 D 是以点 $(0,0),(1,1),(0,1)$ 为顶点的三角形闭区域；

(5) $\iint\limits_{D} x^3 y^2 d\sigma$，其中 $D = \{(x,y) \mid x^2 + y^2 \leqslant 1\}$；

(6) $\iint\limits_{D} e^{x^2+y^2} d\sigma$，其中 D 是由圆 $x^2 + y^2 = 4$ 所围成的闭区域；

(7) $\iint\limits_{D} \ln(1 + x^2 + y^2) d\sigma$，其中 D 是由圆 $x^2 + y^2 = 1$ 及坐标轴所围成的位于第一象限的闭区域；

(8) $\iint\limits_{D} \arctan \dfrac{y}{x} d\sigma$，其中 D 是由圆 $x^2 + y^2 = 4, x^2 + y^2 = 1$ 及直线 $y = 0, y = x$ 所围成的位于第一象限的闭区域.

2. 交换下列二次积分的积分次序：

(1) $\displaystyle\int_0^1 dy \int_0^y f(x,y) dx$；

(2) $\displaystyle\int_0^1 dy \int_y^{\sqrt{y}} f(x,y) dx$；

(3) $\displaystyle\int_0^1 dx \int_0^x f(x,y) dy + \int_1^2 dx \int_0^{2-x} f(x,y) dy$；

(4) $\displaystyle\int_0^1 dy \int_{1-y}^{e^y} f(x,y) dx$.

3. 把下列二次积分化为极坐标形式的二次积分：

(1) $\displaystyle\int_0^R dx \int_0^{\sqrt{R^2-x^2}} f(x,y) dy$；

(2) $\displaystyle\int_0^{2R} dy \int_0^{\sqrt{2Ry-y^2}} f(x,y) dx$；

(3) $\displaystyle\int_0^1 dx \int_{1-x}^{\sqrt{1-x^2}} f(x,y) dy$；

(4) $\displaystyle\int_0^1 dx \int_0^{x^2} f(x,y) dy$.

4. 利用极坐标计算下列二次积分：

(1) $\displaystyle\int_0^u dx \int_0^x \dfrac{1}{\sqrt{x^2+y^2}} dy$；

(2) $\displaystyle\int_0^a dx \int_0^{\sqrt{a^2-x^2}} (x^2+y^2) dy$.

5. 设 D 是由不等式 $|x| + |y| \leqslant 1$ 所确定的闭区域，计算二重积分 $\iint\limits_{D} (|x| + \sin y) dx dy$.

6. 计算由四个平面 $x = 0, y = 0, x = 1, y = 1$ 所围成的柱体被平面 $z = 0$ 及 $2x + 3y + z = 6$ 所截得立体的体积.

7. 求由平面 $x = 0, x = 4, y = 0, y = 4, z = 0$ 及抛物面 $z = x^2 + y^2 + 1$ 所围成立体的体积.

8. 计算二重积分 $\iint\limits_{D} xy dx dy$，其中 $D = \{(x,y) \mid y \geqslant 0, x^2 + y^2 \geqslant 1, x^2 + y^2 - 2x \leqslant 0\}$.

9. 计算二重积分 $\iint\limits_{D} \sqrt{x^2 + y^2} dx dy$，其中 D 是由 y 轴及两个圆 $x^2 + y^2 = 1, x^2 + y^2 - 2x = 0$ 所围成的位于第一象限的闭区域.

10. 设一块平面薄片占据的闭区域 D 由直线 $x + y = 2, y = x$ 和 x 轴所围成，它的面密度为 $\rho(x,y) = x^2 + y^2$，求该薄片的质量.

*11. 证明不等式：

$$\dfrac{61}{165}\pi \leqslant \iint\limits_{D} \sqrt{\sin(x^2+y^2)^3} \, d\sigma \leqslant \dfrac{2}{5}\pi,$$

其中 $D = \{(x,y) \mid x^2 + y^2 \leqslant 1\}$.

*12. 做适当变换，计算下列二重积分：

(1) $\iint\limits_{D} x^2 y^2 dx dy$，其中 D 是由曲线 $xy = 2, xy = 4$ 与直线 $y = x, y = 3x$ 所围成的位于第一象限的闭区域；

(2) $\iint\limits_{D}(x^2+y^2)^2 \mathrm{d}x\,\mathrm{d}y$,其中 $D = \{(x,y)\mid |x|+|y|\leqslant 1\}$;

(3) $\iint\limits_{D}\left(\dfrac{x^2}{a^2}+\dfrac{y^2}{b^2}\right)\mathrm{d}x\,\mathrm{d}y$,其中 $D = \left\{(x,y)\,\Big|\,\dfrac{x^2}{a^2}+\dfrac{y^2}{b^2}\leqslant 1\right\}(a>0,b>0)$;

(4) $\iint\limits_{D}\mathrm{e}^{\frac{y}{x+y}}\mathrm{d}x\,\mathrm{d}y$,其中 D 是由直线 $x=0,y=0$ 及 $x+y=1$ 所围成的闭区域;

(5) $\iint\limits_{D}\cos\dfrac{x-y}{x+y}\mathrm{d}x\,\mathrm{d}y$,其中 D 是由直线 $x=0,y=0$ 及 $x+y=1$ 所围成的闭区域;

(6) $\iint\limits_{D}(\sqrt{x}+\sqrt{y})\mathrm{d}x\,\mathrm{d}y$,其中 $D = \{(x,y)\mid\sqrt{x}+\sqrt{y}\leqslant 1\}$.

§9.3 三 重 积 分

一、三重积分的概念与性质

之前在引入二重积分的概念时,曾考虑过平面薄片的质量计算问题.类似地,现在考虑空间物体的质量计算问题.

设一个物体占据空间闭区域 Ω,它在 Ω 上点 (x,y,z) 处的体密度为 $\rho(x,y,z)$,且 $\rho(x,y,z)$ 是 Ω 上的正值连续函数.下面讨论如何求这个物体的质量 M.

先将 Ω 任意分割成 n 个小闭区域 $\Delta\Omega_1,\Delta\Omega_2,\cdots,\Delta\Omega_n$,用 $\Delta v_i(i=1,2,\cdots,n)$ 表示小闭区域 $\Delta\Omega_i$ 的体积.在每个小闭区域 $\Delta\Omega_i$ 上任取一点 (ξ_i,η_i,ζ_i),由于 $\rho(x,y,z)$ 连续,当 $\Delta\Omega_i$ 的直径很小时,可把 $\Delta\Omega_i$ 对应的部分物体看成体密度为 $\rho(\xi_i,\eta_i,\zeta_i)$ 的均匀小物体,其质量近似等于

$$\rho(\xi_i,\eta_i,\zeta_i)\Delta v_i,$$

而整个物体的质量近似等于

$$\sum_{i=1}^{n}\rho(\xi_i,\eta_i,\zeta_i)\Delta v_i.$$

记 λ 为 n 个小闭区域直径的最大值,于是该物体的质量为

$$M=\lim_{\lambda\to 0}\sum_{i=1}^{n}\rho(\xi_i,\eta_i,\zeta_i)\Delta v_i.$$

仿照二重积分的定义可类似地给出三重积分的定义.

定义 9.3.1 设 $f(x,y,z)$ 是空间有界闭区域 Ω 上的有界函数,将 Ω 任意分成 n 个小闭区域

$$\Delta\Omega_1,\quad \Delta\Omega_2,\quad \cdots,\quad \Delta\Omega_n,$$

用 $\Delta v_i(i=1,2,\cdots,n)$ 表示小闭区域 $\Delta\Omega_i$ 的体积.在每个小闭区域 $\Delta\Omega_i$ 上任取一

点 (ξ_i,η_i,ζ_i)，做乘积 $f(\xi_i,\eta_i,\zeta_i)\Delta v_i$，并做和

$$\sum_{i=1}^{n} f(\xi_i,\eta_i,\zeta_i)\Delta v_i.$$

若当各小闭区域直径的最大值 λ 趋向于零时，此和式的极限总存在，并且与 Ω 的划分及点 (ξ_i,η_i,ζ_i) 的选取无关，则称此极限值为 $f(x,y,z)$ 在 Ω 上的三重积分，记作

$$\iiint\limits_{\Omega} f(x,y,z)\mathrm{d}v,$$

即

$$\iiint\limits_{\Omega} f(x,y,z)\mathrm{d}v = \lim_{\lambda\to 0}\sum_{i=1}^{n} f(\xi_i,\eta_i,\zeta_i)\Delta v_i,$$

其中 $f(x,y,z)$ 称为被积函数，$\mathrm{d}v$ 称为体积元素，Ω 称为积分区域.

由三重积分的定义可知，三重积分的值是与积分区域 Ω 的划分没有关系的. 在直角坐标系下，如果用平行于坐标面的平面来划分积分区域 Ω，那么除了包含边界点的一些不规则小闭区域外，其余小闭区域 $\Delta\Omega_i$ 均为小长方体. 设小长方体 $\Delta\Omega_i$ 的长、宽、高分别为 $\Delta x_j,\Delta y_k,\Delta z_l$，则 $\Delta v_i = \Delta x_j \Delta y_k \Delta z_l$. 故在直角坐标系中，常将体积元素 $\mathrm{d}v$ 记作 $\mathrm{d}x\,\mathrm{d}y\,\mathrm{d}z$，而将三重积分记作

$$\iiint\limits_{\Omega} f(x,y,z)\mathrm{d}x\,\mathrm{d}y\,\mathrm{d}z,$$

其中 $\mathrm{d}x\,\mathrm{d}y\,\mathrm{d}z$ 叫作直角坐标系中的体积元素.

由三重积分的定义知，前面提到的空间物体的质量 M 可用体密度 $\rho(x,y,z)$ 在闭区域 Ω 上的三重积分表示，即

$$M = \iiint\limits_{\Omega} \rho(x,y,z)\mathrm{d}v.$$

特别地，若在有界闭区域 Ω 上，$\rho(x,y,z)\equiv 1$，并且 Ω 的体积记作 V，则由三重积分的定义可知

$$V = \iiint\limits_{\Omega} 1\mathrm{d}v.$$

这就是说，三重积分 $\iiint\limits_{\Omega} 1\mathrm{d}v$ 在数值上等于积分区域 Ω 的体积. 通常把 $\iiint\limits_{\Omega} 1\mathrm{d}v$ 简写为 $\iiint\limits_{\Omega} \mathrm{d}v$.

可以证明，当函数 $f(x,y,z)$ 在有界闭区域 Ω 上连续时，三重积分 $\iiint\limits_{\Omega} f(x,y,z)\mathrm{d}v$ 必存在.

三重积分的性质与二重积分的性质类似，例如有下面的性质.

性质 9.3.1 设有界闭区域 Ω 关于 xOy 面对称，函数 $f(x,y,z)$ 在 Ω 上连续.

(1) 若 $f(x,y,z)$ 关于 z 是偶函数，即对于任意的 $(x,y,z)\in\Omega$，有 $f(x,y,-z)=f(x,y,z)$，则

$$\iiint\limits_{\Omega} f(x,y,z)\mathrm{d}x\,\mathrm{d}y\,\mathrm{d}z = 2\iiint\limits_{\Omega_-} f(x,y,z)\mathrm{d}x\,\mathrm{d}y\,\mathrm{d}z$$

$$= 2\iiint\limits_{\Omega_+} f(x,y,z)\mathrm{d}x\,\mathrm{d}y\,\mathrm{d}z,$$

其中

$$\Omega_- = \{(x,y,z) \mid (x,y,z) \in \Omega, z \leqslant 0\},$$

$$\Omega_+ = \{(x,y,z) \mid (x,y,z) \in \Omega, z \geqslant 0\};$$

（2）若 $f(x,y,z)$ 关于 z 是奇函数，即对于任意的 $(x,y,z) \in \Omega$，有 $f(x,y,-z) = -f(x,y,z)$，则

$$\iiint\limits_{\Omega} f(x,y,z)\mathrm{d}x\,\mathrm{d}y\,\mathrm{d}z = 0.$$

注 （1）当积分区域关于 yOz 面对称，且被积分函数关于 x 为奇函数或偶函数，或者积分区域关于 zOx 面对称，且被积分函数关于 y 为奇函数或偶函数时，也有类似于性质 9.3.1 的结论.

例如，设 Ω 是由球面 $x^2 + y^2 + z^2 = 1$ 所围成的闭区域，其位于第一卦限的部分为 Ω_1，则

$$\iiint\limits_{\Omega} (x^2 + y^2 + z^2)\mathrm{d}x\,\mathrm{d}y\,\mathrm{d}z = 8\iiint\limits_{\Omega_1} (x^2 + y^2 + z^2)\mathrm{d}x\,\mathrm{d}y\,\mathrm{d}z,$$

$$\iiint\limits_{\Omega} xy^2 \sin\sqrt{x^2 + y^2 + z^2}\,\mathrm{d}x\,\mathrm{d}y\,\mathrm{d}z = 0.$$

（2）**轮换对称性** 若将积分区域 Ω 中的 x 和 y 互换，Ω 不变，则

$$\iiint\limits_{\Omega} f(x,y,z)\mathrm{d}v = \iiint\limits_{\Omega} f(y,x,z)\mathrm{d}v.$$

对 x 和 z（或 y 和 z）可互换的情形，也有类似的结论.

二、三重积分的计算

计算三重积分的基本思想是将三重积分化为三次积分来计算. 下面讨论用不同坐标系计算三重积分的方法.

1. 利用直角坐标系计算三重积分

把三重积分 $\iiint\limits_{\Omega} f(x,y,z)\mathrm{d}v$ 看成体密度为 $f(x,y,z)$ 且占据空间闭区域 Ω 的物体的质量. 假设 Ω 有这样一些特点［见图 9.29(a)］：平行于 z 轴且穿过 Ω 内部的直线与 Ω 的边界曲面恰好相交于两点；Ω 的侧面是以闭区域 D_{xy} 的边界曲线为准线而母线平行于 z 轴的柱面，其中 D_{xy} 是 Ω 在 xOy 面上的投影区域；Ω 的顶和底分别是连续曲面 $z = z_2(x,y), z = z_1(x,y)$. 故 Ω 可表示为

$$\Omega = \{(x,y,z) \mid z_1(x,y) \leqslant z \leqslant z_2(x,y), (x,y) \in D_{xy}\}.$$

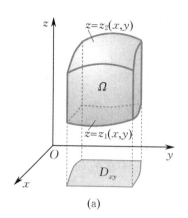

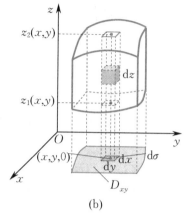

(a)　　　　　　　　　　(b)

图 9.29

采用元素法来计算该物体的质量. 先在 D_{xy} 内任取一个面积为 $\mathrm{d}\sigma = \mathrm{d}x\,\mathrm{d}y$ 的小闭区域(仍用 $\mathrm{d}\sigma$ 表示这个小闭区域),它对应于 Ω 中的一个小窄柱体;再用平行于 xOy 面的两个平面(设这两个平面间的距离为 $\mathrm{d}z$)去截这个小窄柱体,得到一块小薄片[见图 9.29(b)]. 于是,这块以 $\mathrm{d}\sigma$ 为底、$\mathrm{d}z$ 为高的小薄片的质量为

$$f(x,y,z)\mathrm{d}x\,\mathrm{d}y\,\mathrm{d}z.$$

首先,由上式对 z 积分便得到这个小窄柱体的质量：

$$\int_{z_1(x,y)}^{z_2(x,y)} f(x,y,z)\mathrm{d}x\,\mathrm{d}y\,\mathrm{d}z = \left[\int_{z_1(x,y)}^{z_2(x,y)} f(x,y,z)\mathrm{d}z\right]\mathrm{d}x\,\mathrm{d}y;$$

然后,在 D_{xy} 上对上式积分便得到整个物体的质量：

$$\iint_{D_{xy}} \left[\int_{z_1(x,y)}^{z_2(x,y)} f(x,y,z)\mathrm{d}z\right]\mathrm{d}x\,\mathrm{d}y.$$

也就是说,得到了三重积分的计算公式

$$\iiint_{\Omega} f(x,y,z)\mathrm{d}v = \iint_{D_{xy}} \left[\int_{z_1(x,y)}^{z_2(x,y)} f(x,y,z)\mathrm{d}z\right]\mathrm{d}x\,\mathrm{d}y.$$

这个公式常记作

$$\iiint_{\Omega} f(x,y,z)\mathrm{d}v = \iint_{D_{xy}} \mathrm{d}x\,\mathrm{d}y \int_{z_1(x,y)}^{z_2(x,y)} f(x,y,z)\mathrm{d}z. \tag{9.3.1}$$

利用公式(9.3.1)计算三重积分时,把积分区域 Ω 投影到 xOy 面上,先对 z 积分,再计算二重积分.

特别地,若 Ω 的投影区域 D_{xy} 是 X-型区域：

$$D_{xy} = \{(x,y) \mid a \leqslant x \leqslant b, y_1(x) \leqslant y \leqslant y_2(x)\},$$

则可把公式(9.3.1)进一步化为

$$\iiint_{\Omega} f(x,y,z)\mathrm{d}v = \int_a^b \mathrm{d}x \int_{y_1(x)}^{y_2(x)} \mathrm{d}y \int_{z_1(x,y)}^{z_2(x,y)} f(x,y,z)\mathrm{d}z. \tag{9.3.2}$$

上式右端称为先对 z、再对 y、最后对 x 的三次积分.

如果平行于 x 轴(或 y 轴)且穿过积分区域 Ω 内部的直线与 Ω 的边界曲面

恰好相交于两点,也可把 Ω 投影到 yOz 面(或 zOx 面)上,这样便把三重积分化成其他顺序的三次积分. 如果积分区域 Ω 不具有上述特征,即平行于坐标轴且穿过 Ω 内部的直线与 Ω 的边界曲面的交点多于两点,则与二重积分类似,可把 Ω 划分成若干个具有上述特征的部分闭区域来进行计算.

例 9.3.1 计算三重积分 $\iiint\limits_{\Omega}(x+y+2z)\mathrm{d}v$,其中 Ω 是由三个坐标面和平面 $x+y+2z=1$ 所围成的闭区域.

解 积分区域 Ω 如图 9.30 所示,它的顶和底分别是平面 $z=\dfrac{1-x-y}{2}$ 及 $z=0$ 的一部分,它在 xOy 面上的投影区域为

$$D_{xy}=\{(x,y)\,|\,0\leqslant x\leqslant 1,0\leqslant y\leqslant 1-x\},$$

故

$$
\begin{aligned}
\iiint\limits_{\Omega}(x+y+2z)\mathrm{d}v &=\iint\limits_{D_{xy}}\mathrm{d}x\,\mathrm{d}y\int_{0}^{\frac{1-x-y}{2}}(x+y+2z)\mathrm{d}z\\
&=\int_{0}^{1}\mathrm{d}x\int_{0}^{1-x}\mathrm{d}y\int_{0}^{\frac{1-x-y}{2}}(x+y+2z)\mathrm{d}z\\
&=\frac{1}{4}\int_{0}^{1}\mathrm{d}x\int_{0}^{1-x}\left[1-(x+y)^2\right]\mathrm{d}y\\
&=\frac{1}{4}\int_{0}^{1}\left(\frac{2}{3}-x+\frac{1}{3}x^3\right)\mathrm{d}x=\frac{1}{16}.
\end{aligned}
$$

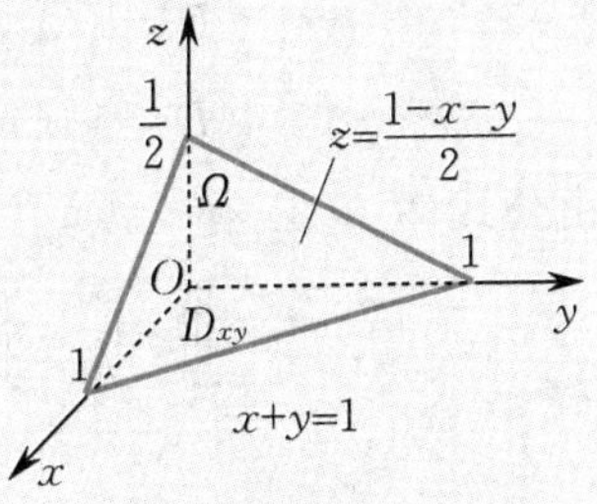

图 9.30

利用公式(9.3.1)计算三重积分时,先计算一个定积分,再计算一个二重积分,它就是所谓的"先一后二"的**投影法**. 有时,我们也可以用"先二后一"的**截面法**来计算三重积分,即在计算三重积分时,先计算一个二重积分,再计算一个定积分. 由此便得到三重积分的另一种计算公式.

设积分区域

$$\Omega=\{(x,y,z)\,|\,(x,y)\in D_z,c_1\leqslant z\leqslant c_2\},$$

其中 D_z 是竖坐标为 z 的平面截 Ω 所得到的一个平面闭区域(见图 9.31),这时,可以证明有如下三重积分的计算公式:

$$\iiint\limits_{\Omega}f(x,y,z)\mathrm{d}v=\int_{c_1}^{c_2}\left[\iint\limits_{D_z}f(x,y,z)\mathrm{d}x\,\mathrm{d}y\right]\mathrm{d}z.$$

这个公式常记作

$$\iiint\limits_{\Omega}f(x,y,z)\mathrm{d}v=\int_{c_1}^{c_2}\mathrm{d}z\iint\limits_{D_z}f(x,y,z)\mathrm{d}x\,\mathrm{d}y. \tag{9.3.3}$$

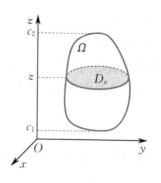

图 9.31

例 9.3.2　计算三重积分 $\iiint\limits_{\Omega} z\mathrm{d}v$，其中 Ω 是由三个坐标面和球面 $x^2+y^2+z^2=a^2\,(a>0)$ 所围成的位于第一卦限的闭区域.

解　如图 9.32 所示，易知
$$\Omega=\{(x,y,z)\,|\,(x,y)\in D_z,0\leqslant z\leqslant a\},$$
$$D_z=\{(x,y)\,|\,x^2+y^2\leqslant a^2-z^2,x\geqslant0,y\geqslant0\},$$
则由公式(9.3.3)有
$$\iiint\limits_{\Omega} z\mathrm{d}v=\int_0^a z\mathrm{d}z\iint\limits_{D_z}\mathrm{d}x\mathrm{d}y=\frac{\pi}{4}\int_0^a z(a^2-z^2)\mathrm{d}z=\frac{\pi}{16}a^4.$$

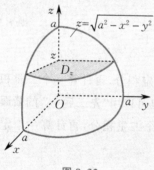

图 9.32

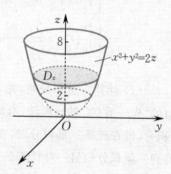

图 9.33

例 9.3.3　计算三重积分 $\iiint\limits_{\Omega}(x^2+y^2)\mathrm{d}v$，其中 Ω 是由曲线 $\begin{cases}y^2=2z\\x=0\end{cases}$ 绕 z 轴旋转一周而形成的曲面与平面 $z=2$ 及 $z=8$ 所围成的闭区域.

解　用竖坐标为 z 的平面截积分区域 Ω，得截面 D_z，如图 9.33 所示，则
$$\Omega=\{(x,y,z)\,|\,(x,y)\in D_z,2\leqslant z\leqslant8\},$$
$$D_z=\{(x,y)\,|\,x^2+y^2\leqslant2z\}.$$
由公式(9.3.3)有

$$\iiint\limits_{\Omega}(x^2+y^2)\mathrm{d}v=\int_2^8\mathrm{d}z\iint\limits_{D_z}(x^2+y^2)\mathrm{d}x\,\mathrm{d}y=\int_2^8\mathrm{d}z\int_0^{2\pi}\mathrm{d}\theta\int_0^{\sqrt{2z}}r^2\cdot r\,\mathrm{d}r$$

$$=2\pi\int_2^8 z^2\mathrm{d}z=336\pi.$$

2. 利用柱面坐标系计算三重积分

设 $M(x,y,z)$ 为空间中任一点，它在 xOy 面上的投影点 P 的极坐标为 (r,θ)，则称 (r,θ,z) 为点 M 的**柱面坐标**（见图 9.34）. 这里规定 r,θ,z 的取值范围为

$$0\leqslant r<+\infty,$$
$$0\leqslant\theta\leqslant 2\pi,$$
$$-\infty<z<+\infty.$$

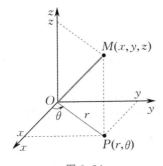

图 9.34

与柱面坐标相应的坐标系称为**柱面坐标系**. 柱面坐标系的三组坐标面分别为：

(1) $r=C$（C 为常数，$C>0$），表示以 z 轴为轴，以 r 为底圆半径的圆柱面；

(2) $\theta=C$（C 为常数，$0\leqslant C\leqslant 2\pi$），表示过 z 轴的半平面；

(3) $z=C$（C 为常数），表示 xOy 面或平行于 xOy 面的平面.

显然，点 M 的直角坐标 (x,y,z) 与柱面坐标 (r,θ,z) 的变换关系为

$$\begin{cases}x=r\cos\theta,\\ y=r\sin\theta,\\ z=z.\end{cases}$$

下面在柱面坐标系下计算三重积分 $\iiint\limits_{\Omega}f(x,y,z)\mathrm{d}v$. 首先，用三组坐标面 （$r=$ 常数，$\theta=$ 常数，$z=$ 常数）把积分区域 Ω 划分成许多小闭区域，则除了包含 Ω 边界点的一些不规则小闭区域外，其余小闭区域均是小柱体. 然后，考虑三个坐标变量 r,θ,z 取得微小增量 $\mathrm{d}r,\mathrm{d}\theta,\mathrm{d}z$ 时所形成的小柱体的体积（见图 9.35）. 易知，这个小柱体的体积近似为

$$\mathrm{d}v=r\mathrm{d}r\mathrm{d}\theta\mathrm{d}z,$$

这就是柱面坐标系中的体积元素. 最后，由直角坐标与柱面坐标的转换关系便得到柱面坐标系下三重积分的计算公式：

$$\iiint_\Omega f(x,y,z)\mathrm{d}v = \iiint_\Omega f(r\cos\theta, r\sin\theta, z)r\mathrm{d}r\mathrm{d}\theta\mathrm{d}z. \qquad (9.3.4)$$

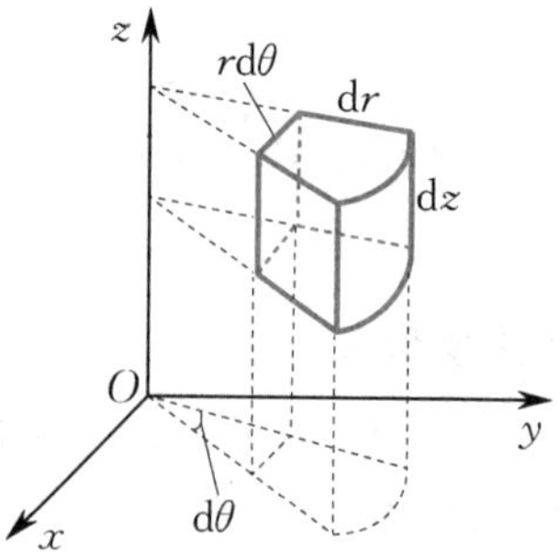

图 9.35

变换为柱面坐标后的三重积分，可化为三次积分进行计算. 通常把积分区域 Ω 投影到 xOy 面得到投影区域 $D_{r\theta}$，以确定 r,θ 的范围，而 z 的范围的确定与在直角坐标系时相同. 因此，当

$$\Omega = \{(r,\theta,z) \mid z_1(r,\theta) \leqslant z \leqslant z_2(r,\theta), (r,\theta) \in D_{r\theta}\}$$

时，有

$$\iiint_\Omega f(x,y,z)\mathrm{d}v = \iint_{D_{r\theta}} r\mathrm{d}r\mathrm{d}\theta \int_{z_1(r,\theta)}^{z_2(r,\theta)} f(r\cos\theta, r\sin\theta, z)\mathrm{d}z, \qquad (9.3.5)$$

其右边的二重积分采用极坐标系计算.

从公式 (9.3.5) 可看出，利用柱面坐标系计算三重积分时，往往是先计算一个定积分，再利用极坐标系计算一个二重积分.

例 9.3.4 计算三重积分 $\iiint_\Omega \sqrt{x^2+y^2}\,\mathrm{d}v$，其中 Ω 是由圆锥面 $z = \sqrt{x^2+y^2}$ 与半球面 $z = \sqrt{1-x^2-y^2}$ 所围成的闭区域.

解 如图 9.36 所示，在柱面坐标系下，积分区域为

$$\Omega = \left\{(r,\theta,z) \,\middle|\, 0 \leqslant r \leqslant \frac{\sqrt{2}}{2}, 0 \leqslant \theta \leqslant 2\pi, r \leqslant z \leqslant \sqrt{1-r^2}\right\},$$

故

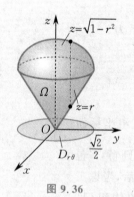

图 9.36

$$\iiint_\Omega \sqrt{x^2+y^2}\,\mathrm{d}v = \int_0^{2\pi}\mathrm{d}\theta \int_0^{\frac{\sqrt{2}}{2}}\mathrm{d}r \int_r^{\sqrt{1-r^2}} r \cdot r\mathrm{d}z$$

$$= 2\pi \int_0^{\frac{\sqrt{2}}{2}} r^2(\sqrt{1-r^2}-r)\mathrm{d}r$$

$$= \frac{\pi}{16}(\pi-2).$$

3. 利用球面坐标系计算三重积分

如图 9.37 所示，设 $M(x,y,z)$ 为空间中任一点，点 P 为点 M 在 xOy 面上

的投影,r 为点 M 到原点的距离,φ 为有向线段 $\overrightarrow{OM}$ 与 z 轴正向的夹角,θ 为从 z 轴正向看自 x 轴正向按逆时针方向旋转到有向线段 $\overrightarrow{OP}$ 的转角,则点 M 也可以用(r,φ,θ) 来表示,并称(r,φ,θ) 为点 M 的**球面坐标**(相应的坐标系称为**球面坐标系**). 这里规定 r,φ,θ 的取值范围为

$$0 \leqslant r < +\infty, \quad 0 \leqslant \varphi \leqslant \pi, \quad 0 \leqslant \theta \leqslant 2\pi.$$

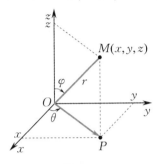

图 9.37

球面坐标系的三组坐标面分别为:

(1) $r = C$(C 为常数,$C > 0$),表示以原点为中心,以 r 为半径的球面;

(2) $\varphi = C$(C 为常数,$0 < C \leqslant \pi$),表示以原点为顶点,以 z 轴为轴,以 φ 为半顶角的圆锥面;

(3) $\theta = C$(C 为常数,$0 \leqslant C \leqslant 2\pi$),表示过 z 轴的半平面.

显然,点 M 的直角坐标(x,y,z) 与球面坐标(r,φ,θ) 的变换关系为

$$\begin{cases} x = |\overrightarrow{OP}|\cos\theta = r\sin\varphi\cos\theta, \\ y = |\overrightarrow{OP}|\sin\theta = r\sin\varphi\sin\theta, \\ z = r\cos\varphi. \end{cases}$$

下面在球面坐标系下计算三重积分 $\iiint\limits_{\Omega} f(x,y,z)\mathrm{d}v$. 首先,用三组坐标面 ($r =$ 常数,$\varphi =$ 常数,$\theta =$ 常数) 把积分区域 Ω 划分成许多小闭区域,则除了包含 Ω 边界点的一些不规则小闭区域外,其余小闭区域均是一些小六面体. 然后,考虑三个坐标变量 r,φ,θ 取得微小增量 $\mathrm{d}r,\mathrm{d}\varphi,\mathrm{d}\theta$ 时所形成的小六面体的体积 (见图 9.38). 不计高阶无穷小,可把这个小六面体近似看作长为 $r\mathrm{d}\varphi$,宽为 $r\sin\varphi\mathrm{d}\theta$,高为 $\mathrm{d}r$ 的小长方体,其体积为

$$\mathrm{d}v = r^2\sin\varphi\,\mathrm{d}r\mathrm{d}\varphi\mathrm{d}\theta.$$

这就是球面坐标系中的体积元素. 最后,由直角坐标与球面坐标的变换关系便得到球面坐标系下三重积分的计算公式:

$$\iiint\limits_{\Omega} f(x,y,z)\mathrm{d}v = \iiint\limits_{\Omega} f(r\sin\varphi\cos\theta,r\sin\varphi\sin\theta,r\cos\varphi)r^2\sin\varphi\,\mathrm{d}r\mathrm{d}\varphi\mathrm{d}\theta.$$

$$(9.3.6)$$

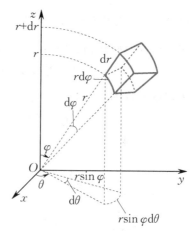

图 9.38

变换为球面坐标后的三重积分，可化成对 r,φ,θ 的三次积分进行计算. 在球面坐标系下，当积分区域为 $\Omega=\{(r,\varphi,\theta)\,|\,\alpha\leqslant\theta\leqslant\beta,\varphi_1(\theta)\leqslant\varphi\leqslant\varphi_2(\theta),r_1(\varphi,\theta)\leqslant r\leqslant r_2(\varphi,\theta)\}$ 时，公式(9.3.6)可化为三次积分，即

$$\iiint\limits_{\Omega}f(x,y,z)\mathrm{d}v=\int_{\alpha}^{\beta}\mathrm{d}\theta\int_{\varphi_1(\theta)}^{\varphi_2(\theta)}\mathrm{d}\varphi\int_{r_1(\varphi,\theta)}^{r_2(\varphi,\theta)}F(r,\varphi,\theta)r^2\sin\varphi\,\mathrm{d}r,\quad(9.3.7)$$

其中 $F(r,\varphi,\theta)=f(r\sin\varphi\cos\theta,r\sin\varphi\sin\theta,r\cos\varphi)$.

当积分区域 Ω 由球面 $r=a$ 所围成时，有

$$\iiint\limits_{\Omega}f(x,y,z)\mathrm{d}v=\int_0^{2\pi}\mathrm{d}\theta\int_0^{\pi}\mathrm{d}\varphi\int_0^a F(r,\varphi,\theta)r^2\sin\varphi\,\mathrm{d}r.$$

特别地，当 $f(x,y,z)\equiv1$ 时，由上式即得半径为 a 的球的体积

$$V=\int_0^{2\pi}\mathrm{d}\theta\int_0^{\pi}\sin\varphi\,\mathrm{d}\varphi\int_0^a r^2\mathrm{d}r=2\pi\cdot2\cdot\frac{a^3}{3}=\frac{4}{3}\pi a^3.$$

这是我们所熟悉的结果.

例 9.3.5 计算三重积分 $\iiint\limits_{\Omega}(x^2+y^2+z^2)\mathrm{d}x\mathrm{d}y\mathrm{d}z$，其中 Ω 是由圆锥面 $z=\sqrt{x^2+y^2}$ 与半球面 $x^2+y^2+z^2=2Rz(z\geqslant R,R>0)$ 所围成的闭区域.

解 在球面坐标系下，所给的半球面方程可表示为 $r=2R\cos\varphi\left(0\leqslant\varphi\leqslant\dfrac{\pi}{4}\right)$，所给的圆锥面方程可表示为 $\varphi=\dfrac{\pi}{4}$，这时积分区域 Ω（见图 9.39）可表示为

$$\Omega=\left\{(r,\varphi,\theta)\,\Big|\,0\leqslant\theta\leqslant2\pi,0\leqslant\varphi\leqslant\frac{\pi}{4},0\leqslant r\leqslant2R\cos\varphi\right\},$$

从而

$$\iiint\limits_{\Omega}(x^2+y^2+z^2)\mathrm{d}x\,\mathrm{d}y\,\mathrm{d}z=\iiint\limits_{\Omega}r^2\cdot r^2\sin\varphi\,\mathrm{d}r\,\mathrm{d}\varphi\,\mathrm{d}\theta=\int_0^{2\pi}\mathrm{d}\theta\int_0^{\frac{\pi}{4}}\mathrm{d}\varphi\int_0^{2R\cos\varphi}r^4\sin\varphi\,\mathrm{d}r$$

$$=\frac{64\pi R^5}{5}\int_0^{\frac{\pi}{4}}\cos^5\varphi\sin\varphi\,\mathrm{d}\varphi=\frac{28\pi R^5}{15}.$$

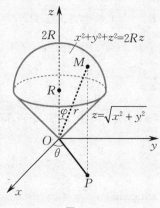

图 9.39

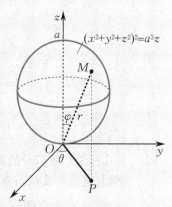

图 9.40

例 9.3.6 计算由曲面 $(x^2+y^2+z^2)^2=a^3z(a>0)$ 所围成立体的体积.

解 由直角坐标与球面坐标的变换关系知,所给的曲面方程可用球面坐标表示为

$$r=a\sqrt[3]{\cos\varphi}\quad\left(0\leqslant\varphi\leqslant\frac{\pi}{2}\right).$$

由曲面方程知,立体位于 xOy 面上方,且关于 zOx 面及 yOz 面对称,并与 xOy 面相切(见图 9.40),故在球面坐标系下该曲面所围成的立体 Ω 可表示为

$$\Omega=\left\{(r,\varphi,\theta)\,\middle|\,0\leqslant\theta\leqslant 2\pi,0\leqslant\varphi\leqslant\frac{\pi}{2},0\leqslant r\leqslant a\sqrt[3]{\cos\varphi}\right\}.$$

利用对称性,所求的立体体积为其在第一卦限内部分体积的 4 倍,因此

$$V=\iiint\limits_{\Omega}\mathrm{d}v=4\int_0^{\frac{\pi}{2}}\mathrm{d}\theta\int_0^{\frac{\pi}{2}}\mathrm{d}\varphi\int_0^{a\sqrt[3]{\cos\varphi}}r^2\sin\varphi\,\mathrm{d}r=\frac{2a^3\pi}{3}\int_0^{\frac{\pi}{2}}\sin\varphi\cos\varphi\,\mathrm{d}\varphi=\frac{a^3\pi}{3}.$$

以上介绍了利用直角坐标系、柱面坐标系及球面坐标系计算三重积分的方法.选择何种坐标系计算三重积分,通常要综合考虑积分区域和被积函数的特点.

另外,也可利用被积函数在对称闭区域上关于其自变量的奇偶性来简化计算.

★ 4. 三重积分的换元积分法

与二重积分类似,三重积分也有换元积分法.在此不加证明地给出三重积分 $\iiint\limits_{\Omega}f(x,y,z)\mathrm{d}x\,\mathrm{d}y\,\mathrm{d}z$ 的换元积分公式.

定理 9.3.1 设 $\Omega\subset\mathbf{R}^3$ 是一个有界闭区域,函数 $f(x,y,z)$ 在 Ω 上连续.若一一变换

$$
T: \begin{cases} x = x(u,v,w), \\ y = y(u,v,w), & (u,v,w) \in \Omega^* \\ z = z(u,v,w), \end{cases}
$$

将 $Ouvw$ 空间中的有界闭区域 Ω^* 变成了 $Oxyz$ 空间中的闭区域 Ω，其中 $x(u,v,w),y(u,v,w)$ 及 $z(u,v,w)$ 具有连续偏导数，且

$$
J(u,v,w) = \frac{\partial(x,y,z)}{\partial(u,v,w)} \neq 0, \quad \forall (u,v,w) \in \Omega^*,
$$

则有

$$
\iiint\limits_{\Omega} f(x,y,z)\mathrm{d}x\,\mathrm{d}y\,\mathrm{d}z
$$
$$
= \iiint\limits_{\Omega^*} f[x(u,v,w),y(u,v,w),z(u,v,w)] \, |J(u,v,w)| \, \mathrm{d}u\,\mathrm{d}v\,\mathrm{d}w.
$$

上式称为三重积分的换元积分公式.

例如，当做广义球面坐标变换

$$
x = ar\sin\varphi\cos\theta, \quad y = br\sin\varphi\sin\theta, \quad z = cr\cos\varphi
$$

时，有

$$
J(r,\varphi,\theta) = \frac{\partial(x,y,z)}{\partial(r,\varphi,\theta)} = \begin{vmatrix} a\sin\varphi\cos\theta & ar\cos\varphi\cos\theta & -ar\sin\varphi\sin\theta \\ b\sin\varphi\sin\theta & br\cos\varphi\sin\theta & br\sin\varphi\cos\theta \\ c\cos\varphi & -cr\sin\varphi & 0 \end{vmatrix}
$$
$$
= abcr^2\sin\varphi,
$$

从而

$$
\iiint\limits_{\Omega} f(x,y,z)\mathrm{d}x\,\mathrm{d}y\,\mathrm{d}z = \iiint\limits_{\Omega^*} F(r,\varphi,\theta) \, |abcr^2\sin\varphi| \, \mathrm{d}r\,\mathrm{d}\varphi\,\mathrm{d}\theta, \quad (9.3.8)
$$

其中 $F(r,\varphi,\theta) = f(ar\sin\varphi\cos\theta, br\sin\varphi\sin\theta, cr\cos\varphi)$. 这就是广义球面坐标系下三重积分的计算公式. 特别地，当 $a = b = c = 1$ 时，便得到球面坐标系下三重积分的计算公式(9.3.6).

例 9.3.7 计算三重积分 $\iiint\limits_{\Omega} \left(\dfrac{x^2}{a^2} + \dfrac{y^2}{b^2} + \dfrac{z^2}{c^2} \right) \mathrm{d}x\,\mathrm{d}y\,\mathrm{d}z$，其中积分区域 Ω 为椭球面 $\dfrac{x^2}{a^2} + \dfrac{y^2}{b^2} + \dfrac{z^2}{c^2} = 1 (a > 0, b > 0, c > 0)$ 所围成的闭区域.

解 做广义球面坐标变换 $x = ar\sin\varphi\cos\theta, y = br\sin\varphi\sin\theta, z = cr\cos\varphi$，则题设的 $Oxyz$ 空间中的椭球面变为 $Or\varphi\theta$ 空间中的球面 $r = 1$. 于是，由公式(9.3.8)便有

$$
\iiint\limits_{\Omega} \left(\frac{x^2}{a^2} + \frac{y^2}{b^2} + \frac{z^2}{c^2} \right) \mathrm{d}x\,\mathrm{d}y\,\mathrm{d}z = \iiint\limits_{\Omega^*} r^2 \, |abcr^2\sin\varphi| \, \mathrm{d}r\,\mathrm{d}\varphi\,\mathrm{d}\theta
$$
$$
= abc \int_0^{2\pi} \mathrm{d}\theta \int_0^{\pi} \sin\varphi\,\mathrm{d}\varphi \int_0^1 r^4\,\mathrm{d}r = \frac{4}{5}\pi abc.
$$

习题9.3

1. 在直角坐标系下计算下列三重积分：

(1) $\iiint\limits_{\Omega} xy^2z^3\,\mathrm{d}x\,\mathrm{d}y\,\mathrm{d}z$，其中 Ω 是由曲面 $z=xy$ 与平面 $y=x,x=1$ 及 $z=0$ 所围成的闭区域；

(2) $\iiint\limits_{\Omega} \dfrac{1}{(1+x+y+z)^3}\,\mathrm{d}x\,\mathrm{d}y\,\mathrm{d}z$，其中 Ω 是由三个坐标面及平面 $x+y+z=1$ 所围成的位于第一卦限的闭区域；

(3) $\iiint\limits_{\Omega} \dfrac{y\sin z}{x}\,\mathrm{d}x\,\mathrm{d}y\,\mathrm{d}z$，其中 Ω 是由曲面 $y=\sqrt{x}$ 与平面 $y=0,z=0,x+z=\dfrac{\pi}{2}$ 所围成的闭区域；

(4) $\iiint\limits_{\Omega} z\,\mathrm{d}x\,\mathrm{d}y\,\mathrm{d}z$，其中 Ω 是由曲面 $x^2+y^2-2z^2=1$ 与平面 $z=1,z=2$ 所围成的闭区域；

(5) $\iiint\limits_{\Omega} x\,\mathrm{d}x\,\mathrm{d}y\,\mathrm{d}z$，其中 Ω 是由三个坐标面及平面 $x+y+2z=2$ 所围成的闭区域.

2. 在柱面坐标系下计算下列三重积分：

(1) $\iiint\limits_{\Omega} (x^2+y^2)\,\mathrm{d}x\,\mathrm{d}y\,\mathrm{d}z$，其中 Ω 是由曲面 $x^2+y^2=2z$ 与平面 $z=2$ 所围成的闭区域；

(2) $\iiint\limits_{\Omega} z\,\mathrm{d}v$，其中 Ω 是由曲面 $z=\sqrt{2-x^2-y^2},z=x^2+y^2$ 所围成的闭区域.

3. 在球面坐标系下计算下列三重积分：

(1) $\iiint\limits_{\Omega} z\,\mathrm{d}x\,\mathrm{d}y\,\mathrm{d}z$，其中 Ω 是由圆锥面 $z=\sqrt{x^2+y^2}$ 与半球面 $z=\sqrt{a^2-x^2-y^2}\,(a>0)$ 所围成的闭区域；

(2) $\iiint\limits_{\Omega} z\,\mathrm{d}x\,\mathrm{d}y\,\mathrm{d}z$，其中 $\Omega=\{(x,y,z)\mid x^2+y^2+(z-a)^2\leqslant a^2,x^2+y^2\leqslant z^2\}\,(a>0)$；

(3) $\iiint\limits_{\Omega} (x^2+y^2+z^2)\,\mathrm{d}x\,\mathrm{d}y\,\mathrm{d}z$，其中 Ω 是球体 $x^2+y^2+z^2\leqslant 1$.

4. 选用适当的坐标系计算下列三重积分：

(1) $\iiint\limits_{\Omega} xy\,\mathrm{d}v$，其中 Ω 为柱面 $x^2+y^2=1$ 与平面 $z=1,z=0,x=0,y=0$ 所围成的位于第一卦限的闭区域；

(2) $\iiint\limits_{\Omega} \sqrt{x^2+y^2+z^2}\,\mathrm{d}v$，其中 Ω 是由球面 $x^2+y^2+z^2=z$ 所围成的闭区域；

(3) $\iiint\limits_{\Omega} (x^2+y^2)\,\mathrm{d}v$，其中 Ω 是由曲面 $4z^2=25(x^2+y^2)$ 与平面 $z=5$ 所围成的闭区域；

(4) $\iiint\limits_{\Omega} (x^2+y^2)\,\mathrm{d}v$，其中 Ω 是由不等式 $0<a\leqslant\sqrt{x^2+y^2+z^2}\leqslant b,z\geqslant 0$ 所确定的闭区域.

5. 计算下列三重积分：

(1) $\iiint\limits_{\Omega} (x^2+y^2+z)\,\mathrm{d}v$，其中 Ω 是由曲线 $\begin{cases} y^2=2z, \\ x=0 \end{cases}$ 绕 z 轴旋转一周而形成的曲面与平面 $z=4$ 所围成的闭区域；

(2) $\iiint\limits_{\Omega} |z-\sqrt{x^2+y^2}|\,\mathrm{d}v$，其中 Ω 是由柱面 $x^2+y^2=2$ 与平面 $z=0,z=1$ 所围成的闭区域；

(3) $\iiint\limits_{\Omega} (3x^2+5y^2+7z^2)\,\mathrm{d}v$，其中 Ω 是由曲面 $z=\sqrt{a^2-x^2-y^2}\,(a>0)$ 与平面 $z=0$ 所围成的上半

球体.

6. 利用三重积分计算由下列曲面所围成立体的体积：

(1) $z = \sqrt{6 - x^2 - y^2}$ 及 $z = x^2 + y^2$；

(2) $z = \sqrt{a^2 - x^2 - y^2}$，$z = \sqrt{b^2 - x^2 - y^2}$ 及 $z = \sqrt{x^2 + y^2}$ $(0 < a < b)$.

7. 计算三重积分 $\iiint\limits_{\Omega}(x + y + z)^2 \mathrm{d}v$，其中 Ω 是椭球体：$\dfrac{x^2}{a^2} + \dfrac{y^2}{b^2} + \dfrac{z^2}{c^2} \leqslant 1 (a > 0, b > 0, c > 0)$.

8. 设函数 $f(u)$ 连续，$\Omega = \{(x, y, z) \mid 0 \leqslant z \leqslant h, x^2 + y^2 \leqslant t^2\}$ $(h > 0)$，$F(t) = \iiint\limits_{\Omega}[z^2 + f(x^2 + y^2)]\mathrm{d}v$，求 $\dfrac{\mathrm{d}F}{\mathrm{d}t}$ 及 $\lim\limits_{t \to 0^+}\dfrac{F(t)}{t^2}$.

*9. 计算三重积分 $\iiint\limits_{\Omega}(x + y + z)\cos(x + y + z)^2 \mathrm{d}v$，其中

$$\Omega = \{(x, y, z) \mid 0 \leqslant x - y \leqslant 1, 0 \leqslant x - z \leqslant 1, 0 \leqslant x + y + z \leqslant 1\}.$$

§9.4

重积分的应用

前面讨论了曲顶柱体的体积、平面薄片的质量及空间物体的质量计算问题，本节继续讨论重积分在几何学及物理学中的一些应用.

一、曲面的面积

设曲面 S 的方程为 $z = f(x, y)$，它在 xOy 面上的投影区域为 D_{xy}，函数 $f(x, y)$ 在闭区域 D_{xy} 上具有连续偏导数 $f_x(x, y)$ 及 $f_y(x, y)$. 现在讨论如何计算曲面 S 的面积 A.

在闭区域 D_{xy} 上任取一个面积为 $\mathrm{d}\sigma$ 的小闭区域，并在该小闭区域内任取一点 $P(x, y, 0)$，它对应于曲面 S 上的点 $M(x, y, f(x, y))$（点 M 在 xOy 面上的投影为点 P）. 设曲面 S 在点 M 处的切平面为 T（见图 9.41），以所取小闭区域的边界为准线，作母线平行于 z 轴的柱面，此柱面在曲面 S 上截下一小块曲面，其面积记为 ΔA；同时，这个柱面也在切平面 T 上截下一小块平面，其面积记为 $\mathrm{d}A$. 由于所取小闭区域的直径很小，我们可用切平面 T 上的那一小块平面的面积近似代替曲面 S 上的那一小块曲面的面积，即

$$\Delta A \approx \mathrm{d}A.$$

设曲面 S 在点 M 处的法向量 $\vec{n}$（指向朝上）与 z 轴正向的夹角为 γ，则有

$$\mathrm{d}A = \frac{\mathrm{d}\sigma}{\cos \gamma}.$$

又 $\vec{n} = (-f_x(x, y), -f_y(x, y), 1)$，故

$$\cos \gamma = \frac{1}{\sqrt{1 + f_x^2(x, y) + f_y^2(x, y)}},$$

从而

$$dA = \sqrt{1 + f_x^2(x,y) + f_y^2(x,y)}\, d\sigma.$$

这就是曲面 S 的面积元素. 对上式在 D_{xy} 上积分即可得到曲面 S 的面积,即

$$A = \iint\limits_{D_{xy}} \sqrt{1 + f_x^2(x,y) + f_y^2(x,y)}\, d\sigma.$$

上式也可写成

$$A = \iint\limits_{D_{xy}} \sqrt{1 + \left(\frac{\partial z}{\partial x}\right)^2 + \left(\frac{\partial z}{\partial y}\right)^2}\, dx\, dy. \tag{9.4.1}$$

这就是曲面的面积计算公式.

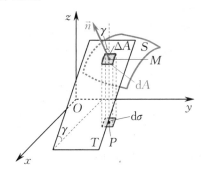

图 9.41

类似地,若曲面的方程为 $x = g(y,z)$ 或 $y = h(z,x)$,则可把它投影到 yOz 面或 zOx 面上,得到投影区域 D_{yz} 或 D_{zx},且有

$$A = \iint\limits_{D_{yz}} \sqrt{1 + \left(\frac{\partial x}{\partial y}\right)^2 + \left(\frac{\partial x}{\partial z}\right)^2}\, dy\, dz$$

$$A = \iint\limits_{D_{zx}} \sqrt{1 + \left(\frac{\partial y}{\partial z}\right)^2 + \left(\frac{\partial y}{\partial x}\right)^2}\, dz\, dx.$$

例 9.4.1 求圆锥面 $z = \sqrt{x^2 + y^2}$ 被圆柱面 $x^2 + y^2 = y$ 所截得部分的面积.

解 如图 9.42 所示,圆锥面 $z = \sqrt{x^2 + y^2}$ 被圆柱面 $x^2 + y^2 = y$ 所截得部分在 xOy 面上的投影区域为

$$D_{xy} = \{(x,y) \mid x^2 + y^2 \leqslant y\},$$

其面积为 $\dfrac{\pi}{4}$. 又圆锥面的方程为 $z = \sqrt{x^2 + y^2}$,故

$$\frac{\partial z}{\partial x} = \frac{x}{\sqrt{x^2 + y^2}}, \qquad \frac{\partial z}{\partial y} = \frac{y}{\sqrt{x^2 + y^2}}.$$

因为

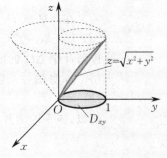

图 9.42

$$\sqrt{1+\left(\frac{\partial z}{\partial x}\right)^2+\left(\frac{\partial z}{\partial y}\right)^2}=\sqrt{1+\frac{x^2}{x^2+y^2}+\frac{y^2}{x^2+y^2}}=\sqrt{2},$$

所以所求的面积为

$$A=\iint\limits_{D_{xy}}\sqrt{1+\left(\frac{\partial z}{\partial x}\right)^2+\left(\frac{\partial z}{\partial y}\right)^2}\,\mathrm{d}x\,\mathrm{d}y=\iint\limits_{D_{xy}}\sqrt{2}\,\mathrm{d}x\,\mathrm{d}y=\frac{\sqrt{2}\,\pi}{4}.$$

二、质心

先讨论平面薄片的质心.

设 xOy 面上有 n 个质点,它们分别位于点 $(x_1,y_1),(x_2,y_2),\cdots,(x_n,y_n)$ 处,质量分别为 $m_1,m_2,\cdots,m_n$. 根据力学知识,该质点系的质心坐标为

$$\overline{x}=\frac{M_y}{M}=\frac{\sum\limits_{i=1}^{n}m_ix_i}{\sum\limits_{i=1}^{n}m_i},\quad \overline{y}=\frac{M_x}{M}=\frac{\sum\limits_{i=1}^{n}m_iy_i}{\sum\limits_{i=1}^{n}m_i},$$

其中 $M=\sum\limits_{i=1}^{n}m_i$ 为该质点系的总质量,而

$$M_y=\sum\limits_{i=1}^{n}m_ix_i,\quad M_x=\sum\limits_{i=1}^{n}m_iy_i$$

分别为该质点系对 y 轴和 x 轴的静矩.

设一块平面薄片占据 xOy 面上的闭区域 D（见图 9.43）,其在 D 中任一点 (x,y) 处的面密度为 $\rho(x,y)$,且 $\rho(x,y)$ 在 D 上连续.下面应用元素法求此平面薄片的质心坐标.

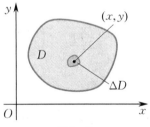

图 9.43

在闭区域 D 上任取一个直径很小的闭区域 ΔD（用 $\mathrm{d}\sigma$ 表示其面积）,再在 ΔD 上任取一点 (x,y).因为 ΔD 的直径很小,且面密度 $\rho(x,y)$ 在 D 上连续,所以薄片中 ΔD 的质量近似等于 $\rho(x,y)\mathrm{d}\sigma$. ΔD 可以近似地看作质量集中在点 (x,y) 处的一个质点,于是关于 x 轴和 y 轴的静矩元素分别为

$$\mathrm{d}M_y=x\rho(x,y)\mathrm{d}\sigma,\quad \mathrm{d}M_x=y\rho(x,y)\mathrm{d}\sigma.$$

所以,该平面薄片关于 x 轴和 y 轴的静矩分别为

$$M_y=\iint\limits_{D}x\rho(x,y)\mathrm{d}\sigma,\quad M_x=\iint\limits_{D}y\rho(x,y)\mathrm{d}\sigma.$$

又该平面薄片的质量为

$$M = \iint\limits_{D} \rho(x,y)\mathrm{d}\sigma,$$

从而该平面薄片的质心坐标为

$$\overline{x} = \frac{M_y}{M} = \frac{\iint\limits_{D} x\rho(x,y)\mathrm{d}\sigma}{\iint\limits_{D}\rho(x,y)\mathrm{d}\sigma}, \quad \overline{y} = \frac{M_x}{M} = \frac{\iint\limits_{D} y\rho(x,y)\mathrm{d}\sigma}{\iint\limits_{D}\rho(x,y)\mathrm{d}\sigma}. \qquad (9.4.2)$$

特别地,当平面薄片的密度均匀[面密度 $\rho(x,y)$ 为常数]时,其质心常称为形心.显然,形心坐标为

$$\overline{x} = \frac{\iint\limits_{D} x\,\mathrm{d}\sigma}{A}, \quad \overline{y} = \frac{\iint\limits_{D} y\,\mathrm{d}\sigma}{A}, \qquad (9.4.3)$$

其中 $A = \iint\limits_{D}\mathrm{d}\sigma$ 为闭区域 D 的面积.

类似地,对于空间物体,也有相应结论.若一个物体占据空间闭区域 Ω,其在 Ω 中任一点 (x,y,z) 处的体密度为 $\rho(x,y,z)$,且 $\rho(x,y,z)$ 在 Ω 上连续,则此物体的质心坐标是

$$\overline{x} = \frac{1}{M}\iiint\limits_{\Omega} x\rho(x,y,z)\mathrm{d}v,$$

$$\overline{y} = \frac{1}{M}\iiint\limits_{\Omega} y\rho(x,y,z)\mathrm{d}v,$$

$$\overline{z} = \frac{1}{M}\iiint\limits_{\Omega} z\rho(x,y,z)\mathrm{d}v,$$

其中 $M = \iiint\limits_{\Omega}\rho(x,y,z)\mathrm{d}v$ 为此物体的质量.

例 9.4.2 设一块密度均匀的半椭圆形薄片占据 xOy 面上的闭区域

$$D = \left\{ (x,y) \,\middle|\, \frac{x^2}{a^2} + \frac{y^2}{b^2} \leqslant 1(a>0,b>0), y \geqslant 0 \right\},$$

求该平面薄片的质心.

解 画出闭区域 D(见图 9.44).因薄片密度均匀且 D 关于 y 轴对称,故该平面薄片的质心必在 y 轴上,即 $\overline{x}=0$.由半椭圆的面积知 D 的面积为 $A = \dfrac{1}{2}\pi ab$,又有

$$\iint\limits_{D} y\,\mathrm{d}\sigma = \int_{-a}^{a}\mathrm{d}x\int_{0}^{\frac{b}{a}\sqrt{a^2-x^2}} y\,\mathrm{d}y = \frac{1}{2}\int_{-a}^{a} y^2 \Big|_{0}^{\frac{b}{a}\sqrt{a^2-x^2}}\mathrm{d}x$$

$$= \frac{b^2}{2a^2}\int_{-a}^{a}(a^2-x^2)\mathrm{d}x = \frac{b^2}{2a^2}\left(a^2 x - \frac{x^3}{3}\right)\Big|_{-a}^{a}$$

$$= \frac{2}{3}ab^2,$$

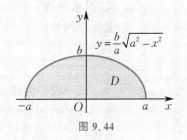

图 9.44

于是由公式(9.4.3)有

$$\bar{y} = \frac{\iint\limits_{D} y \, d\sigma}{A} = \frac{\frac{2}{3} a b^2}{\frac{1}{2} \pi a b} = \frac{4b}{3\pi}.$$

故该平面薄片的质心是 $\left(0, \dfrac{4b}{3\pi}\right)$.

例 9.4.3 求恰好介于两个球面 $x^2 + y^2 + (z-2)^2 = 4$ 和 $x^2 + y^2 + (z-1)^2 = 1$ 之间的均匀物体的质心.

解 该物体所占据的闭区域 Ω 如图 9.45 所示,不妨设其体密度为常数 ρ. 由对称性可知,该物体的质心必在 z 轴上,即 $\bar{x} = 0, \bar{y} = 0$. 因为

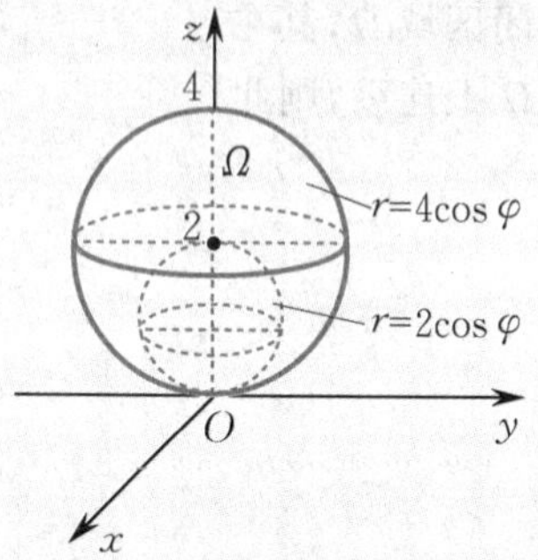

图 9.45

$$\iiint\limits_{\Omega} z \rho \, dv = \rho \int_0^{2\pi} d\theta \int_0^{\frac{\pi}{2}} d\varphi \int_{2\cos\varphi}^{4\cos\varphi} r \cos\varphi \cdot r^2 \sin\varphi \, dr$$

$$= 2\pi\rho \int_0^{\frac{\pi}{2}} \cos\varphi \sin\varphi \, d\varphi \int_{2\cos\varphi}^{4\cos\varphi} r^3 \, dr$$

$$= 120\pi\rho \int_0^{\frac{\pi}{2}} \cos^5\varphi \sin\varphi \, d\varphi = 20\pi\rho,$$

且

$$\iiint\limits_{\Omega} \rho \, dv = \rho \iiint\limits_{\Omega} dv = \rho\left(\frac{4}{3}\pi \times 2^3 - \frac{4}{3}\pi \times 1^3\right) = \frac{28}{3}\pi\rho,$$

所以 $\bar{z} = \dfrac{\iiint\limits_{\Omega} z\rho \, dv}{\iiint\limits_{\Omega} \rho \, dv} = \dfrac{20\pi\rho}{\frac{28}{3}\pi\rho} = \dfrac{15}{7}$, 从而该物体的质心为 $\left(0, 0, \dfrac{15}{7}\right)$.

三、转动惯量

先讨论平面薄片的转动惯量.

设 xOy 面上有 n 个质点,它们分别位于点 $(x_1, y_1), (x_2, y_2), \cdots, (x_n, y_n)$ 处,质量分别为 $m_1, m_2, \cdots, m_n$. 根据力学知识,该质点系对 x 轴和对 y 轴的转动惯量分别为

$$I_x = \sum_{i=1}^{n} m_i y_i^2, \quad I_y = \sum_{i=1}^{n} m_i x_i^2.$$

设一块平面薄片占据 xOy 面上的闭区域 D（见图 9.43）,其在 D 中任一点 (x, y) 处的面密度为 $\rho(x, y)$,且 $\rho(x, y)$ 在 D 上连续.下面应用元素法求此平面薄片对 x 轴和对 y 轴的转动惯量.

该平面薄片对 x 轴和对 y 轴的转动惯量元素分别为

$$\mathrm{d}I_x = y^2 \rho(x,y)\mathrm{d}\sigma, \quad \mathrm{d}I_y = x^2 \rho(x,y)\mathrm{d}\sigma.$$

将上式在闭区域 D 上积分,便得到该平面薄片对 x 轴和对 y 轴的转动惯量,它们分别为

$$I_x = \iint\limits_{D} y^2 \rho(x,y)\mathrm{d}\sigma, \quad I_y = \iint\limits_{D} x^2 \rho(x,y)\mathrm{d}\sigma. \tag{9.4.4}$$

对于空间物体,也有类似的结论. 若一个物体占据空间闭区域 Ω,其在 Ω 内任一点 (x,y,z) 处的体密度为 $\rho(x,y,z)$,且 $\rho(x,y,z)$ 在 Ω 上连续,则此物体对 x 轴、y 轴、z 轴的转动惯量分别为

$$I_x = \iiint\limits_{\Omega} (y^2 + z^2)\rho(x,y,z)\mathrm{d}v,$$

$$I_y = \iiint\limits_{\Omega} (x^2 + z^2)\rho(x,y,z)\mathrm{d}v,$$

$$I_z = \iiint\limits_{\Omega} (x^2 + y^2)\rho(x,y,z)\mathrm{d}v.$$

例 9.4.4 设有一块密度均匀(设面密度为常数 ρ)的圆环形薄片,其占据的闭区域由半径分别为 a 和 $b(0 < a < b)$ 的同心圆所围成,求此薄片对其直径的转动惯量.

解 建立直角坐标系如图 9.46 所示,则该圆环形薄片所占据的闭区域 D 可表示为

$$D = \{(x,y) \mid a^2 \leqslant x^2 + y^2 \leqslant b^2\}.$$

故所求的转动惯量为

$$I_x = \iint\limits_{D} y^2 \rho \mathrm{d}\sigma = \rho \iint\limits_{D} r^2 \sin^2\theta \cdot r\,\mathrm{d}r\,\mathrm{d}\theta$$

$$= \rho \int_0^{2\pi} \sin^2\theta\,\mathrm{d}\theta \int_a^b r^3\,\mathrm{d}r = \frac{1}{4}\pi\rho(b^4 - a^4).$$

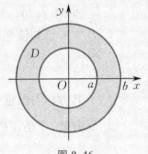

图 9.46

注 例 9.4.4 也可以这样求解:由对称性知 $I_x = I_y$,于是有

$$I_x = \frac{1}{2}(I_x + I_y) = \frac{1}{2}\iint\limits_{D}(x^2 + y^2)\rho\mathrm{d}\sigma$$

$$= \frac{1}{2}\rho\iint\limits_{D} r^2 \cdot r\,\mathrm{d}r\,\mathrm{d}\theta = \frac{1}{2}\rho\int_0^{2\pi}\mathrm{d}\theta\int_a^b r^3\,\mathrm{d}r$$

$$= \frac{1}{4}\pi\rho(b^4 - a^4).$$

例 9.4.5　设一块密度均匀(设面密度为常数 ρ)薄片占据的闭区域 D 由曲线 $y=x^2$ 与直线 $y=1$ 所围成,求该平面薄片对直线 $L:y=-1$ 的转动惯量.

解　如图 9.47 所示,在区域 D 内任取一点 $P(x,y)$,则点 P 到直线 L 的距离为 $d=y+1$,从而对直线 L 的转动惯量元素为

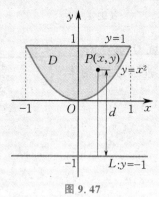

$$dI=(y+1)^2\rho\,d\sigma.$$

于是,该平面薄片对直线 L 的转动惯量为

$$I=\iint\limits_D (y+1)^2\rho\,d\sigma=\int_{-1}^1 \rho\,dx\int_{x^2}^1 (y+1)^2\,dy$$

$$=\frac{\rho}{3}\int_{-1}^1 (y+1)^3\Big|_{x^2}^1\,dx=\frac{\rho}{3}\int_{-1}^1 \big[8-(x^2+1)^3\big]\,dx$$

$$=-\frac{2\rho}{3}\int_0^1 (x^6+3x^4+3x^2-7)\,dx=\frac{368}{105}\rho.$$

图 9.47

四、引力

设一块平面薄片占据 xOy 面上的闭区域 D,其在 D 中任一点 (x,y) 处的面密度为 $\rho(x,y)$,且 $\rho(x,y)$ 在 D 上连续.计算该平面薄片对位于 D 以外 z 轴上点 $M_0(0,0,a)(a>0)$ 处的质量为 m 的质点的引力.

已知该平面薄片对位于点 M_0 处的质点的引力元素为

$$d\vec{F}=G\frac{m\rho(x,y)}{r^2}d\sigma,$$

其方向与向量 $(x,y,-a)$ 的方向一致,其中 $r=\sqrt{x^2+y^2+a^2}$,G 为万有引力常数.于是,$d\vec{F}$ 在三条坐标轴上的分量分别为

$$dF_x=G\frac{m\rho(x,y)}{r^2}d\sigma\cdot\frac{x}{r}=G\frac{m\rho(x,y)x}{r^3}d\sigma,$$

$$dF_y=G\frac{m\rho(x,y)}{r^2}d\sigma\cdot\frac{y}{r}=G\frac{m\rho(x,y)y}{r^3}d\sigma,$$

$$dF_z=G\frac{m\rho(x,y)}{r^2}d\sigma\cdot\frac{-a}{r}=-G\frac{m\rho(x,y)a}{r^3}d\sigma.$$

将上述三个分量在闭区域 D 上积分,便得到

$$F_x=\iint\limits_D G\frac{m\rho(x,y)x}{r^3}d\sigma=Gm\iint\limits_D \frac{\rho(x,y)x}{(x^2+y^2+a^2)^{\frac{3}{2}}}d\sigma,$$

$$F_y=\iint\limits_D G\frac{m\rho(x,y)y}{r^3}d\sigma=Gm\iint\limits_D \frac{\rho(x,y)y}{(x^2+y^2+a^2)^{\frac{3}{2}}}d\sigma, \qquad (9.4.5)$$

$$F_z=-\iint\limits_D G\frac{m\rho(x,y)a}{r^3}d\sigma=-Gam\iint\limits_D \frac{\rho(x,y)}{(x^2+y^2+a^2)^{\frac{3}{2}}}d\sigma.$$

因此，该平面薄片对位于点 $M_0(0,0,a)$ 处的质点的引力为

$$\vec{F} = (F_x, F_y, F_z).$$

类似地，对于空间物体，也有相应结论. 若一个物体占据空间闭区域 Ω，其在 Ω 内任一点 (x,y,z) 处的体密度为 $\rho(x,y,z)$，且 $\rho(x,y,z)$ 在 Ω 上连续，则此物体对位于 Ω 以外点 $M_0(x_0,y_0,z_0)$ 处的质量为 m 的质点的引力在三条坐标轴上的分量分别为

$$F_x = Gm \iiint\limits_{\Omega} \frac{(x-x_0)\rho(x,y,z)}{[(x-x_0)^2+(y-y_0)^2+(z-z_0)^2]^{\frac{3}{2}}} dv,$$

$$F_y = Gm \iiint\limits_{\Omega} \frac{(y-y_0)\rho(x,y,z)}{[(x-x_0)^2+(y-y_0)^2+(z-z_0)^2]^{\frac{3}{2}}} dv,$$

$$F_z = Gm \iiint\limits_{\Omega} \frac{(z-z_0)\rho(x,y,z)}{[(x-x_0)^2+(y-y_0)^2+(z-z_0)^2]^{\frac{3}{2}}} dv.$$

例 9.4.6 设有一块面密度为常数 ρ，半径为 R 的匀质圆形薄片占据 xOy 面上的闭区域 $D = \{(x,y) \mid x^2+y^2 \leqslant R^2\} (R>0)$，求该薄片对位于点 $M_0(0,0,a)(a>0)$ 处的单位质量质点的引力 $\vec{F}$.

解 由对称性易知 $F_x = F_y = 0$，而

$$F_z = -a\rho G \iint\limits_{D} \frac{1}{(x^2+y^2+a^2)^{\frac{3}{2}}} d\sigma = -a\rho G \int_0^{2\pi} d\theta \int_0^R \frac{r}{(r^2+a^2)^{\frac{3}{2}}} dr$$

$$= -\pi a\rho G \int_0^R \frac{1}{(r^2+a^2)^{\frac{3}{2}}} d(r^2+a^2) = 2\pi a\rho G \left(\frac{1}{\sqrt{R^2+a^2}} - \frac{1}{a} \right),$$

故所求的引力为 $\vec{F} = \left(0, 0, 2\pi a\rho G \left(\frac{1}{\sqrt{R^2+a^2}} - \frac{1}{a} \right) \right)$.

习题9.4

1. 设一块平面薄片占据的闭区域 D 由抛物线 $y=x^2$ 及直线 $y=x$ 所围成，它在 D 中任一点 (x,y) 处的面密度为 $\rho(x,y)=x^2y$，求此平面薄片的质心.

2. 设一块等腰直角三角形薄片的腰长为 a（见图 9.48），其各点处的面密度等于该点到直角顶点的距离的平方，求此三角形薄片的质心.

3. 设一块半径为 R 的半圆形薄片上各点处的面密度等于该点到圆心的距离（见图 9.49），求此半圆形薄片的

质心.

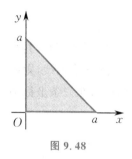

图 9.48

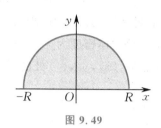

图 9.49

4. 设一块密度均匀（设面密度为 1）的平面薄片占据的闭区域 D 由抛物线 $y^2 = \dfrac{9}{2}x$ 及直线 $x = 2$ 所围成,求它对 x 轴和 y 轴的转动惯量.

5. 设一块密度均匀（设面密度为 1）的直角三角形薄片的两条直角边的长度分别为 a 和 b,求此三角形薄片对它的直角边的转动惯量.

6. 设一块密度均匀（设面密度为 1）的平面薄片占据的闭区域 D 由直线 $x + y = 1, \dfrac{x}{2} + y = 1$ 及 x 轴所围成,求此平面薄片的质心及对 x 轴和 y 轴的转动惯量.

7. 设一块密度均匀（设面密度为 1）的平面薄片占据的闭区域 D 由曲线 $y = x^2$ 及直线 $y = 1$ 所围成,求:

    (1) 此平面薄片的质心;

    (2) 此平面薄片对通过其质心及点 $(1,1)$ 的直线的转动惯量.

8. 求曲面 $z = xy$ 包含在圆柱面 $x^2 + y^2 = 1$ 内那部分的面积.

9. 求圆锥面 $z = \sqrt{x^2 + y^2}$ 被柱面 $z^2 = 2x$ 所截得部分的面积.

10. 求两个直交圆柱面 $x^2 + y^2 = R^2$ 与 $x^2 + z^2 = R^2 (R > 0)$ 所围成立体的表面积.

11. 设一些密度均匀的空间物体占据的闭区域分别由下列曲面所围成,求这些物体的质心:

    (1) $z = 1 - x^2 - y^2, z = 0$;

    (2) $x = 0, y = 0, z = 0, x + 2y - z = 1$;

    (3) $z = \sqrt{R^2 - x^2 - y^2} (R > 0), z = 0$.

12. 设球体 $\Omega = \{(x,y,z) \mid x^2 + y^2 + z^2 \leqslant 2z\}$ 上各点的体密度等于该点到原点的距离,求此球体的质量.

13. 求边长为 a,密度均匀（设体密度为常数 ρ）的立方体对其任一棱的转动惯量.

14. 求球心在原点,半径为 R 的密度均匀（设体密度 $\rho = 1$）的球体对 z 轴的转动惯量.

15. 求底圆半径为 a,高为 h 的密度均匀（设体密度为常数 ρ）的圆柱体对通过其底圆中心且平行于母线的轴的转动惯量.

16. 设一个密度均匀（设体密度为常数 ρ）的物体占据的闭区域 Ω 由曲面 $z = x^2 + y^2$ 和平面 $|x| = a, |y| = a, z = 0$ 所围成,求:

    (1) 此物体的体积;

    (2) 此物体的质心;

    (3) 此物体对 z 轴的转动惯量.

17. 求密度均匀（设体密度为常数 ρ）的圆柱体 $\Omega = \{(x,y,z) \mid x^2 + y^2 \leqslant R^2, 0 \leqslant z \leqslant h\} (R > 0)$ 对位于点 $M_0(0,0,a)(a > h)$ 处的单位质量质点的引力.

18. 求球心在原点,半径为 R 的密度均匀（设体密度为常数 ρ）的球体对位于点 $M_0(0,0,a)(a > R)$ 处的单位质量质点的引力.

★§9.5

含参变量的积分

设 $f(x,y)$ 是在矩形闭区域 $D=[a,b]\times[c,d]$ 上连续的函数. 在区间 $[a,b]$ 上任意取定变量 x 的一个值 x_0，则 $f(x_0,y)$ 是关于变量 y 的在区间 $[c,d]$ 上连续的一元函数. 故积分

$$\int_c^d f(x,y)\mathrm{d}y$$

存在，称此积分为含参变量的积分（此处 x 为参变量），其值依赖于参变量 x 的取值. 一般地，当 x 的值改变时，这个积分值也跟着改变. 记

$$g(x)=\int_c^d f(x,y)\mathrm{d}y, \quad x\in[a,b],$$

则 $g(x)$ 是区间 $[a,b]$ 上的函数. 下面讨论函数 $g(x)$ 的一些性质.

首先研究含参变量的积分的连续性.

定理 9.5.1 设函数 $g(x)=\displaystyle\int_c^d f(x,y)\mathrm{d}y$. 若函数 $f(x,y)$ 在矩形闭区域 $D=[a,b]\times[c,d]$ 上连续，则 $g(x)$ 在区间 $[a,b]$ 上连续.

证明 任取 $x_0\in[a,b]$，注意到

$$\begin{aligned}
|g(x)-g(x_0)|&=\left|\int_c^d f(x,y)\mathrm{d}y-\int_c^d f(x_0,y)\mathrm{d}y\right|\\
&=\left|\int_c^d (f(x,y)-f(x_0,y))\mathrm{d}y\right|\\
&\leqslant\int_c^d |f(x,y)-f(x_0,y)|\mathrm{d}y.
\end{aligned}$$

对于任意给定的 $\varepsilon>0$，因 $f(x,y)$ 在有界闭区域 $D=[a,b]\times[c,d]$ 上连续，从而一致连续，故存在 $\delta>0$，只要 $|x-x_0|<\delta$，就对于所有的 $y\in[c,d]$，均有

$$|f(x,y)-f(x_0,y)|<\frac{\varepsilon}{d-c}.$$

因此，只要 $|x-x_0|<\delta$，便有

$$|g(x)-g(x_0)|\leqslant\int_c^d \frac{\varepsilon}{d-c}\mathrm{d}y=\varepsilon,$$

即 $g(x)$ 在点 x_0 处连续. 而点 x_0 是在区间 $[a,b]$ 上任取的，故 $g(x)$ 在区间 $[a,b]$ 上连续.

由上述定理知，函数 $g(x)$ 在区间 $[a,b]$ 上连续，故积分 $\displaystyle\int_a^b g(x)\mathrm{d}x$ 存在，且

$$\int_a^b g(x)\mathrm{d}x=\int_a^b \left[\int_c^d f(x,y)\mathrm{d}y\right]\mathrm{d}x=\int_a^b \mathrm{d}x\int_c^d f(x,y)\mathrm{d}y$$

$$= \iint\limits_{D} f(x,y) \mathrm{d}x \, \mathrm{d}y.$$

又 $\iint\limits_{D} f(x,y)\mathrm{d}x\,\mathrm{d}y = \int_c^d \mathrm{d}y \int_a^b f(x,y)\mathrm{d}x$，因此便有下面的定理.

定理 9.5.2 如果函数 $f(x,y)$ 在矩形闭区域 $D = [a,b] \times [c,d]$ 上连续，则

$$\int_a^b \mathrm{d}x \int_c^d f(x,y)\mathrm{d}y = \int_c^d \mathrm{d}y \int_a^b f(x,y)\mathrm{d}x.$$

定理 9.5.2 的意义在于它为计算含参变量的积分提供了一种方法，即可以通过交换积分顺序来计算. 这为计算定积分和广义积分提供了一种技巧.

例 9.5.1 计算广义积分 $\int_0^1 \dfrac{x^b - x^a}{\ln x}\mathrm{d}x \, (0 < a < b).$

解 由于被积函数的原函数不是初等函数，因此不能直接用牛顿-莱布尼茨公式计算这个广义积分. 因为

$$\int_a^b x^y \mathrm{d}y = \frac{x^y}{\ln x}\bigg|_a^b = \frac{x^b - x^a}{\ln x},$$

所以

$$\int_0^1 \frac{x^b - x^a}{\ln x}\mathrm{d}x = \int_0^1 \mathrm{d}x \int_a^b x^y \mathrm{d}y = \int_a^b \mathrm{d}y \int_0^1 x^y \mathrm{d}x$$

$$= \int_a^b \frac{x^{y+1}}{y+1}\bigg|_0^1 \mathrm{d}y = \int_a^b \frac{1}{y+1}\mathrm{d}y$$

$$= \ln(b+1) - \ln(a+1).$$

接下来研究含参变量的积分的可导性问题.

定理 9.5.3 设函数 $g(x) = \int_c^d f(x,y)\mathrm{d}y$. 若函数 $f(x,y)$ 及 $f_x(x,y)$ 均在矩形闭区域 $D = [a,b] \times [c,d]$ 上连续，则 $g(x)$ 在区间 $[a,b]$ 上可导，且

$$g'(x) = \frac{\mathrm{d}}{\mathrm{d}x}\left[\int_c^d f(x,y)\mathrm{d}y\right] = \int_c^d f_x(x,y)\mathrm{d}y.$$

证明 已知 $g'(x) = \lim\limits_{\Delta x \to 0} \dfrac{g(x+\Delta x) - g(x)}{\Delta x}$，而

$$\frac{g(x+\Delta x) - g(x)}{\Delta x} = \frac{\displaystyle\int_c^d f(x+\Delta x, y)\mathrm{d}y - \int_c^d f(x,y)\mathrm{d}y}{\Delta x}$$

$$= \int_c^d \frac{f(x+\Delta x, y) - f(x,y)}{\Delta x}\mathrm{d}y.$$

由拉格朗日中值定理及 $f_x(x,y)$ 的一致连续性可得

$$\frac{f(x+\Delta x,y)-f(x,y)}{\Delta x}=f_x(x+\theta\Delta x,y)$$
$$=f_x(x,y)+\eta(x,y,\Delta x),$$

其中 $0<\theta<1$，$|\eta(x,y,\Delta x)|$ 可小于任意给定的正数 ε，只要 $|\Delta x|$ 小于某个正数 δ，于是

$$\left|\int_c^d\eta(x,y,\Delta x)\mathrm{d}y\right|\leqslant\int_c^d\varepsilon\mathrm{d}y=\varepsilon(d-c)\quad(|\Delta x|<\delta),$$

即 $\lim\limits_{\Delta x\to0}\int_c^d\eta(x,y,\Delta x)\mathrm{d}y=0$. 由上述讨论知

$$\frac{g(x+\Delta x)-g(x)}{\Delta x}=\int_c^d f_x(x,y)\mathrm{d}y+\int_c^d\eta(x,y,\Delta x)\mathrm{d}y,$$

所以当 $\Delta x\to0$ 时，便有

$$g'(x)=\int_c^d f_x(x,y)\mathrm{d}y.$$

例 9.5.2 计算定积分 $\int_0^\pi\ln\left(1+\frac12\cos x\right)\mathrm{d}x$.

解 记 $g(t)=\int_0^\pi\ln(1+t\cos x)\mathrm{d}x(-1<t<1)$，则由定理 9.5.3 有

$$g'(t)=\int_0^\pi\frac{\partial}{\partial t}[\ln(1+t\cos x)]\mathrm{d}x=\int_0^\pi\frac{\cos x}{1+t\cos x}\mathrm{d}x$$
$$=\frac1t\int_0^\pi\left(1-\frac{1}{1+t\cos x}\right)\mathrm{d}x$$
$$=\frac\pi t-\frac1t\int_0^\pi\frac{1}{1+t\cos x}\mathrm{d}x.$$

对于 $\int_0^\pi\frac{1}{1+t\cos x}\mathrm{d}x$，令 $u=\tan\frac x2$，则 $\cos x=\frac{1-u^2}{1+u^2}$，$\mathrm{d}x=\frac{2}{1+u^2}\mathrm{d}u$，从而

$$\int_0^\pi\frac{1}{1+t\cos x}\mathrm{d}x=\int_0^{+\infty}\frac{\frac{2}{1+u^2}}{1+t\frac{1-u^2}{1+u^2}}\mathrm{d}u=\int_0^{+\infty}\frac{2}{1+t+u^2(1-t)}\mathrm{d}u$$
$$=\frac{2}{\sqrt{1-t^2}}\arctan\left(u\sqrt{\frac{1-t}{1+t}}\right)\Big|_0^{+\infty}$$
$$=\frac{\pi}{\sqrt{1-t^2}}.$$

于是

$$g'(t)=\pi\left(\frac1t-\frac{1}{t\sqrt{1-t^2}}\right).$$

对上式两端积分便得

$$g(t)=\pi\ln(1+\sqrt{1-t^2})+C_0,$$

其中 C_0 为待定常数. 因为 $g(0) = \int_0^\pi \ln(1 + 0\cos x)\,\mathrm{d}x = 0$, 所以 $C_0 = -\pi\ln 2$, 从而

$$g(t) = \pi\ln(1 + \sqrt{1 - t^2}) - \pi\ln 2.$$

因此

$$\int_0^\pi \ln\left(1 + \frac{1}{2}\cos x\right)\mathrm{d}x = g\left(\frac{1}{2}\right) = \pi\ln\left(1 + \frac{\sqrt{3}}{2}\right) - \pi\ln 2$$

$$= \pi\ln\frac{2 + \sqrt{3}}{4}.$$

在实际应用中,经常会见到具有如下形式的含参变量的积分:

$$G(x) = \int_{\alpha(x)}^{\beta(x)} f(x, y)\mathrm{d}y.$$

有关它的求导运算有下面的定理.

定理 9.5.4 设函数 $G(x) = \int_{\alpha(x)}^{\beta(x)} f(x, y)\mathrm{d}y$. 若函数 $f(x, y)$ 及 $f_x(x, y)$ 均在矩形闭区域 $D = [a, b] \times [c, d]$ 上连续,函数 $\alpha(x)$ 及 $\beta(x)$ 都在区间 $[a, b]$ 上可导,且

$$c \leqslant \alpha(x) \leqslant d, \quad c \leqslant \beta(x) \leqslant d, \quad x \in [a, b],$$

则 $G(x)$ 在 $[a, b]$ 上可导,且

$$G'(x) = \int_{\alpha(x)}^{\beta(x)} f_x(x, y)\mathrm{d}y + f[x, \beta(x)]\beta'(x) - f[x, \alpha(x)]\alpha'(x).$$

证明 可把 $G(x)$ 看作复合函数,即

$$G(x) = \int_u^v f(x, y)\mathrm{d}y \xRightarrow{\text{记为}} H(x, u, v),$$

其中 $u = \alpha(x), v = \beta(x)$.

由多元复合函数的链式法则和定理 9.5.3 可得

$$\frac{\mathrm{d}G(x)}{\mathrm{d}x} = \frac{\partial H}{\partial x} + \frac{\partial H}{\partial v} \cdot \frac{\mathrm{d}v}{\mathrm{d}x} + \frac{\partial H}{\partial u} \cdot \frac{\mathrm{d}u}{\mathrm{d}x}$$

$$= \int_{\alpha(x)}^{\beta(x)} f_x(x, y)\mathrm{d}y + f[x, \beta(x)]\beta'(x) - f[x, \alpha(x)]\alpha'(x).$$

例 9.5.3 设函数 $G(x) = \int_x^{x^2} \frac{\sin(xy)}{y}\mathrm{d}y$, 求 $G'(x)$.

解 由定理 9.5.4 有

$$G'(x) = \int_x^{x^2} \cos(xy)\mathrm{d}y + \frac{\sin x^3}{x^2} \cdot 2x - \frac{\sin x^2}{x} \cdot 1$$

$$= \frac{\sin(xy)}{x}\bigg|_x^{x^2} + \frac{2\sin x^3}{x} - \frac{\sin x^2}{x}$$

$$= \frac{3\sin x^3 - 2\sin x^2}{x}.$$

习题9.5

1. 计算下列定积分或广义积分:

(1) $\int_0^{\frac{\pi}{2}} \ln \frac{1+a\cos x}{1-a\cos x} \cdot \frac{1}{\cos x} \mathrm{d}x$ $\quad(\mid a \mid < 1)$;

(2) $\int_0^1 \frac{\arctan x}{x} \cdot \frac{1}{\sqrt{1-x^2}} \mathrm{d}x$;

(3) $\int_0^1 \sin \ln \frac{1}{x} \cdot \frac{x^b - x^a}{\ln x} \mathrm{d}x$ $\quad(0 < a < b)$;

(4) $\int_0^1 \frac{\ln(1+x)}{1+x^2} \mathrm{d}x$.

2. 求下列函数的导数:

(1) $G(x) = \int_{x^2}^{x^3} \arctan \frac{y}{x} \mathrm{d}y$;

(2) $G(x) = \int_0^x \frac{\ln(1+xy)}{y} \mathrm{d}y$.

★§9.6

重积分应用案例

一、飓风的能量有多大

例 9.6.1 在一个简化的飓风模型中,假定速度只取单纯的圆切线方向,其大小为 $v(r,z) = \omega r \mathrm{e}^{-\frac{z}{h} - \frac{r}{a}}$,其中 r,z 是柱面坐标系中的两个坐标变量,ω, h, a 为正常数. 以海平面飓风中心处作为原点,如果大气密度为 $\rho(z) = \rho_0 \mathrm{e}^{-\frac{z}{h}}$,求飓风运动的动能,并讨论在哪一位置的速度具有最大值.(ω 为角速度,a 为风眼半径,一般为 $15 \sim 25$ km,大的可达 $30 \sim 50$ km,h 为等温大气高度,ρ_0 为地面大气密度. 在飓风中,由于气压很大,ρ_0 的变化也很大,这里是理想化模型,认为它们是常数,与飓风的级别无关.)

解 计算动能 E. 因为 $E = \frac{1}{2} m v^2$,从而动能元素为

$$\mathrm{d}E = \frac{1}{2} v^2 \Delta m = \frac{1}{2} v^2 \rho \mathrm{d}v,$$

所以

$$E = \frac{1}{2} \iiint\limits_V \rho_0 \mathrm{e}^{-\frac{z}{h}} (\omega r \mathrm{e}^{-\frac{z}{h} - \frac{r}{a}})^2 \mathrm{d}v.$$

因为飓风活动空间很大,所以在选用柱面坐标系计算时,z 由零趋向于 $+\infty$,r 由零趋向于 $+\infty$. 于是

$$E = \frac{1}{2}\rho_0 \omega^2 \int_0^{2\pi} d\theta \int_0^{+\infty} r^2 e^{-\frac{2r}{a}} r dr \int_0^{+\infty} e^{-\frac{3z}{h}} dz,$$

其中 $\int_0^{+\infty} r^3 e^{-\frac{2r}{a}} dr$ 用分部积分法计算，得结果为 $\frac{3}{8}a^4$，而

$$\int_0^{+\infty} e^{-\frac{3z}{h}} dz = -\frac{h}{3} e^{-\frac{3z}{h}} \Big|_0^{+\infty} = \frac{h}{3}.$$

因此

$$E = \frac{1}{2}\rho_0 \omega^2 \cdot 2\pi \cdot \frac{3}{8}a^4 \cdot \frac{h}{3} = \frac{h\rho_0 \pi}{8}\omega^2 a^4.$$

下面讨论何处的速度最大. 已知

$$v(r,z) = \omega r e^{-\frac{z}{h} - \frac{r}{a}}.$$

令

$$\begin{cases} \dfrac{\partial v}{\partial z} = \omega r \left(-\dfrac{1}{h}\right) e^{-\frac{z}{h} - \frac{r}{a}} = 0, & (9.6.1) \\[3mm] \dfrac{\partial v}{\partial r} = \omega \left[e^{-\frac{z}{h} - \frac{r}{a}} + r \left(-\dfrac{1}{a} e^{-\frac{z}{h} - \frac{r}{a}}\right) \right] = 0. & (9.6.2) \end{cases}$$

由式(9.6.1)解得 $r = 0$. 显然，当 $r = 0$ 时，$v = \omega r e^{-\frac{z}{h} - \frac{r}{a}} = 0$ 不是最大值（实际上是最小值），故舍去. 由式(9.6.2)解得 $r = a$，此时 $v(a,z) = \omega a e^{-1} e^{-\frac{z}{h}}$，它是关于变量 z 的单调减少函数，故 $r = a, z = 0$ 处的速度最大，即海平面上风眼边缘处的速度最大.

二、覆盖全球需多少颗卫星

例 9.6.2 一颗地球同步轨道通信卫星的轨道位于地球的赤道平面内，且可近似认为是圆轨道. 若使通信卫星运行的角速度与地球自转的角速度相同，即人们看到它在天空中是不动的，问：

(1) 卫星相对于地面的高度 h 应为多少？

(2) 一颗通信卫星的覆盖面积有多大？

(3) 如果要覆盖全球，则需多少颗这类卫星（取地球半径 $R = 6\,400\ \text{km}$）？

解 (1) 卫星所受的万有引力为 $G\dfrac{Mm}{(R+h)^2}$，卫星所受的离心力为 $m\omega^2(R+h)$，其中 M 是地球质量，m 是卫星质量，ω 是卫星运行的角速度，G 是万有引力常数. 根据牛顿第二定律，有

$$G\frac{Mm}{(R+h)^2} = m\omega^2(R+h),$$

从而

$$(R+h)^3 = \frac{GM}{\omega^2} = \frac{GM}{R^2} \cdot \frac{R^2}{\omega^2} = g\frac{R^2}{\omega^2}, \tag{9.6.3}$$

其中 g 为重力加速度.

取 $g=9.8\ \mathrm{m/s^2}$,将它及 $R=6.4\times10^6\ \mathrm{m}$,$\omega=\dfrac{2\pi}{24\times3\ 600}\ \mathrm{rad/s}$ 代入式(9.6.3),则有

$$h = \sqrt[3]{g\frac{R^2}{\omega^2}} - R = \sqrt[3]{9.8\times\frac{(6.4\times10^6)^2\times24^2\times3\ 600^2}{4\pi^2}}\ \mathrm{m} - 6.4\times10^6\ \mathrm{m}$$

$$\approx 3.6\times10^7\ \mathrm{m} = 36\ 000\ \mathrm{km}.$$

（2）计算一颗通信卫星的覆盖面积. 取地心为原点,取地心到卫星中心的连线为 z 轴建立直角坐标系,如图 9.50 所示（为了简明,仅画出了 zOx 面）. 于是,一颗通信卫星的覆盖面积 S 为上半球面 $x^2+y^2+z^2=R^2$ $(z\geqslant0)$ 上被圆锥角 β 所限定的部分曲面的面积,即

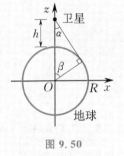

图 9.50

$$S = \iint\limits_{D_{xy}} \sqrt{\left(\frac{\partial z}{\partial x}\right)^2 + \left(\frac{\partial z}{\partial y}\right)^2 + 1}\ \mathrm{d}x\,\mathrm{d}y$$

$$= \iint\limits_{D_{xy}} \frac{R}{\sqrt{R^2-x^2-y^2}}\mathrm{d}x\,\mathrm{d}y,$$

其中 $D_{xy}=\{(x,y)\mid x^2+y^2\leqslant R^2\sin^2\beta\}$. 利用极坐标变换,得

$$S = \int_0^{2\pi}\mathrm{d}\theta\int_0^{R\sin\beta}\frac{R}{\sqrt{R^2-r^2}}r\,\mathrm{d}r = 2\pi R\int_0^{R\sin\beta}\frac{r}{\sqrt{R^2-r^2}}\mathrm{d}r$$

$$= 2\pi R\left(-\sqrt{R^2-r^2}\right)\Big|_0^{R\sin\beta} = 2\pi R(R-\sqrt{R^2-R^2\sin\beta})$$

$$= 2\pi R^2(1-\cos\beta).$$

由于 $\cos\beta=\sin\alpha=\dfrac{R}{R+h}$,代入上式得

$$S = 2\pi R^2\left(1-\frac{R}{R+h}\right) = 2\pi R^2\frac{h}{R+h} = 4\pi R^2\cdot\frac{h}{2(R+h)}. \tag{9.6.4}$$

将 $R=6.4\times10^6\ \mathrm{m}$,$h\approx3.6\times10^7\ \mathrm{m}$ 代入式(9.6.4),即可计算出一颗通信卫星的实际覆盖面积:

$$S = 4\pi\times(6.4\times10^6)^2\times\frac{3.6\times10^7}{2\times(6.4+36)\times10^6}\ \mathrm{m^2}$$

$$\approx 2.19\times10^8\ \mathrm{km^2}.$$

（3）注意到地球的表面积为 $4\pi R^2$,故式(9.6.4)中的因子 $\dfrac{h}{2(R+h)}$ 恰为卫星覆盖面积与地球表面积的比例系数. 将 $R=6.4\times10^6\ \mathrm{m}$,$h\approx3.6\times10^7\ \mathrm{m}$ 代入此因子,得

$$\frac{h}{2(R+h)} = \frac{3.6\times10^7}{2\times(6.4+36)\times10^6} \approx 0.425.$$

由此可以看到,一颗通信卫星覆盖了三分之一以上的地球表面积,即需要使用三颗角度相间

为 $\dfrac{2\pi}{3}$ 的通信卫星就可以覆盖全部地球表面（覆盖全球）.

注 一颗通信卫星的覆盖面积也可用球冠面积公式 $S=2\pi RH$（R 为球的半径，H 为球冠的高）直接计算.显然，当卫星相对于地面的距离为 h 时，

$$H = R - R\cos\beta = R\left(1 - \dfrac{R}{R+h}\right) = \dfrac{Rh}{R+h},$$

故

$$S = 2\pi RH = 2\pi R^2\,\dfrac{h}{R+h}.$$

三、地球环带的面积

例 9.6.3 假定的沿地球表面与赤道平行的线称为纬线，两条纬线之间的区域叫作环带.假定地球是球形的，证明：任何一个环带的面积均为 $S=2\pi Rh$，其中 R 是地球的半径，h 是构成环带的两条纬线间的距离（两条纬线间的距离指的是它们所在的两个平行平面间的距离，而不是所夹经线的长度）.

证明 先计算球心在原点，半径为 R 的球面被平面 $z=b(0\leqslant b\leqslant R)$ 所截得上面部分的球壳的面积 A.这一球壳在 xOy 面上的投影区域为 $D=\{(x,y)\mid x^2+y^2\leqslant R^2-b^2\}$，如图 9.51 所示.因为上半球面的方程为 $z=\sqrt{R^2-x^2-y^2}$，所以

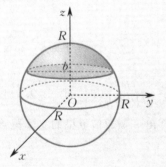

图 9.51

$$A = \iint\limits_{D}\sqrt{1+z_x^2+z_y^2}\,\mathrm{d}x\,\mathrm{d}y = \iint\limits_{D}\dfrac{R}{\sqrt{R^2-x^2-y^2}}\mathrm{d}x\,\mathrm{d}y$$

$$= \int_0^{2\pi}\mathrm{d}\theta\int_0^{\sqrt{R^2-b^2}}\dfrac{R}{\sqrt{R^2-r^2}}r\,\mathrm{d}r = 2\pi R(R-b).$$

因此，纬线（平面 $z=b$ 与球面的交线）与赤道所构成的环带的面积为 $2\pi Rb$.

再计算两条距离为 h 的纬线所构成的环带的面积.

如果两条纬线在同一半球，不妨设两条纬线在北半球，且分别为平面 $z=a$ 和 $z=a+h$（$0\leqslant a\leqslant R$）与球面的交线，则这两条纬线所构成的环带的面积为

$$S = 2\pi R(R-a) - 2\pi R\left[R-(a+h)\right] = 2\pi Rh.$$

如果两条纬线有一条在北半球，另一条在南半球，不妨设它们分别为平面 $z=a$ 和 $z=a-h$（$0\leqslant a\leqslant R$）与球面的交线，则这两条纬线所构成的环带的面积为

$$S = 2\pi Ra + 2\pi R(h-a) = 2\pi Rh.$$

由此可知，环带的面积与环带在地球上的位置无关.也就是说，只要环带的两条纬线间的距离为 h，则环带的面积均为 $2\pi Rh$.

习题9.6

1. (湖泊体积及平均水深的估算)椭球正弦曲面是许多湖泊的湖床形状的一个很好的近似.假定湖面的边界为椭圆 $\dfrac{x^2}{a^2} + \dfrac{y^2}{b^2} = 1(a > 0, b > 0)$.若湖的最深水深为 h_m,则椭球正弦曲面由

$$f(x, y) = -h_m \cos\left(\frac{\pi}{2} \sqrt{\frac{x^2}{a^2} + \frac{y^2}{b^2}}\right)$$

给出,其中 $\dfrac{x^2}{a^2} + \dfrac{y^2}{b^2} \leqslant 1$.求湖水的总体积 V 及平均水深 h.

2. (计算土方量)为了修建高速公路,要在某一山坡中辟出一条长 500 m,宽 20 m 的通道.现以出发点为原点,往其一侧方向为 x 轴,往公路延伸方向为 y 轴建立直角坐标系.据测量得山坡的高度

$$z = 10\left(\sin\frac{\pi}{500}y + \sin\frac{\pi}{20}x\right) \quad (0 \leqslant x \leqslant 20, 0 \leqslant y \leqslant 500).$$

试计算所需要挖掉的土方量.

3. (小岛在涨潮和落潮之间面积的变化)设在海湾中,海潮的高潮与低潮之间的高度差是 2 m,一个小岛的陆地高度为 $z = 30\left(1 - \dfrac{x^2 + y^2}{10^6}\right)$(单位:m),并设水平面 $z = 0$ 对应低潮的位置,求高潮与低潮时小岛露出水面的面积之比.

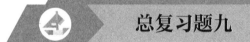

总复习题九

1. 计算下列二重积分:

(1) $\displaystyle\iint\limits_{D}(1+x)\sin y\,\mathrm{d}\sigma$,其中 D 是顶点分别为 $(0,0)$,$(1,0)$,$(1,2)$ 和 $(0,1)$ 的梯形闭区域;

(2) $\displaystyle\iint\limits_{D}x^2 y^2\,\mathrm{d}\sigma$,其中 D 是由直线 $y = x$,$y = -x$ 及抛物线 $y = 2 - x^2$ 所围成的在 x 轴上方的闭区域;

(3) $\displaystyle\iint\limits_{D}\sqrt{R^2 - x^2 - y^2}\,\mathrm{d}\sigma$,其中 D 是由圆 $x^2 + y^2 = Rx(R > 0)$ 所围成的闭区域;

(4) $\displaystyle\iint\limits_{D}(x^2 + 2x + \sin y + 19)\,\mathrm{d}\sigma$,其中 D 是由圆 $x^2 + y^2 = R^2(R > 0)$ 所围成的闭区域;

(5) $\displaystyle\iint\limits_{D}\mathrm{e}^{x^2 + y^2}\,\mathrm{d}x\,\mathrm{d}y$,其中 D 是由圆 $x^2 + y^2 = 4$ 所围成的闭区域;

(6) $\displaystyle\iint\limits_{D}\sqrt{x^2 + y^2}\,\mathrm{d}x\,\mathrm{d}y$,其中 D 是由曲线 $y = x^4$ 与直线 $y = x$ 所围成的闭区域.

2. 交换下列二次积分的积分次序:

(1) $\displaystyle\int_0^1 \mathrm{d}y \int_{\sqrt{y}}^{\sqrt{2-y^2}} f(x, y)\,\mathrm{d}x$;

(2) $\displaystyle\int_0^1 \mathrm{d}x \int_{\sqrt{x}}^{1+\sqrt{1-x^2}} f(x, y)\,\mathrm{d}y$;

(3) $\int_{\frac{1}{4}}^{\frac{1}{2}} \mathrm{d}y \int_{\frac{1}{2}}^{\sqrt{y}} f(x,y)\mathrm{d}x + \int_{\frac{1}{2}}^{1} \mathrm{d}y \int_{y}^{\sqrt{y}} f(x,y)\mathrm{d}x$;　　　　(4) $\int_{0}^{1} \mathrm{d}x \int_{x^2}^{3-x} f(x,y)\mathrm{d}y$.

3. 设 D 是由曲线 $y = x^2$ 与直线 $y = 0, x = 1$ 所围成的闭区域,函数 $f(x,y)$ 在闭区域 D 上连续,且

$$f(x,y) = xy + \iint\limits_{D} f(x,y)\mathrm{d}x\mathrm{d}y, 求 f(x,y).$$

*4. 设函数 $f(u)$ 在点 $u = 0$ 处可导, $f(0) = 0$,闭区域 $D = \{(x,y) \mid x^2 + y^2 \leqslant 2tx, y \geqslant 0\}$ $(t > 0)$,求

$$\lim_{t \to 0^+} \frac{1}{t^4} \iint\limits_{D} f(\sqrt{x^2 + y^2}) y\mathrm{d}x\mathrm{d}y.$$

5. 计算二重积分 $\iint\limits_{D} |\sin(x - y)| \, \mathrm{d}x\mathrm{d}y$,其中 $D = \left\{(x,y) \,\middle|\, x + y \leqslant \frac{\pi}{2}, x \geqslant 0, y \geqslant 0\right\}$.

6. 设函数 $f(x)$ 在区间 $[a,b]$ 上连续,且 $f(x) > 0$,试证: $\int_{a}^{b} f(x)\mathrm{d}x \int_{a}^{b} \frac{1}{f(x)}\mathrm{d}x \geqslant (b-a)^2$.

7. 设函数 $f(x)$ 在区间 $[0,1]$ 上连续,且 $\int_{0}^{1} f(x)\mathrm{d}x = A$,求 $\int_{0}^{1} f(x)\mathrm{d}x \int_{x}^{1} f(y)\mathrm{d}y$.

8. 计算二次积分 $\int_{0}^{\frac{\pi}{6}} \mathrm{d}y \int_{y}^{\frac{\pi}{6}} \frac{\cos x}{x}\mathrm{d}x$.

9. 计算二次积分 $\int_{0}^{1} \mathrm{d}y \int_{y}^{y^2} y\cos(1-x)^2\mathrm{d}x$.

*10. 计算二重积分 $\iint\limits_{D} \mathrm{e}^{\frac{x}{y}}\mathrm{d}x\mathrm{d}y$,其中 D 是由抛物线 $y^2 = x$ 与直线 $x = 0, y = 1$ 所围成的闭区域.

11. 计算二重积分 $\iint\limits_{D} xy\mathrm{d}\sigma$,其中 D 是由曲线 $r = \sin 2\theta \left(0 \leqslant \theta \leqslant \frac{\pi}{2}\right)$ 所围成的闭区域.

12. 计算下列三重积分:

(1) $\iiint\limits_{\Omega} z^2 \mathrm{d}x\mathrm{d}y\mathrm{d}z$,其中 Ω 是两个球体 $x^2 + y^2 + z^2 \leqslant R^2, x^2 + y^2 + z^2 \leqslant 2Rz(R > 0)$ 的公共部分;

(2) $\iiint\limits_{\Omega} (y^2 + z^2)\mathrm{d}v$,其中 Ω 是由 xOy 面上的曲线 $y^2 = 2x$ 绕 x 轴旋转一周而形成的曲面与平面 $x = 5$ 所围成的闭区域;

(3) $\iiint\limits_{\Omega} (x^2 + y^2)\mathrm{d}v$,其中 Ω 是椭球体 $\frac{x^2}{a^2} + \frac{y^2}{b^2} + \frac{z^2}{c^2} \leqslant 1(a > 0, b > 0, c > 0)$;

(4) $\iiint\limits_{\Omega} (x + y + z)^2 \mathrm{d}v$,其中 Ω 是由圆柱面 $x^2 + y^2 = 1$ 和平面 $z = 1, z = -1$ 所围成的闭区域;

(5) $\iiint\limits_{\Omega} (x^3 + y^3 + z^3)\mathrm{d}v$,其中 Ω 是由半球面 $x^2 + y^2 + z^2 = 2z(z \geqslant 1)$ 和锥面 $z = \sqrt{x^2 + y^2}$ 所围成的闭区域;

(6) $\iiint\limits_{\Omega} y\sqrt{1 - x^2}\mathrm{d}v$,其中 Ω 是由半球面 $y = -\sqrt{1 - x^2 - z^2}$,柱面 $x^2 + z^2 = 1$ 及平面 $y = 1$ 所围成的闭区域.

13. 设函数 $f(u)$ 连续, $f(0) = 1$,闭区域 $\Omega = \{(x,y,z) \mid \sqrt{x^2 + y^2} \leqslant z \leqslant \sqrt{t^2 - x^2 - y^2}\}(t > 0)$.令

$$F(t) = \iiint\limits_{\Omega} f(x^2 + y^2 + z^2)\mathrm{d}v, 求 \lim_{t \to 0^+} \frac{F(t)}{t^3}.$$

14. 计算三次积分 $I = \int_0^1 \mathrm{d}x \int_x^1 \mathrm{d}y \int_y^1 y \sqrt{1+z^4} \mathrm{d}z$.

15. 设函数 $f(x)$ 在区间 $[-1,1]$ 上连续,证明:

$$\iiint\limits_{\Omega} f(x)\mathrm{d}x\mathrm{d}y\mathrm{d}z = \pi \int_{-1}^1 f(x)(1-x^2)\mathrm{d}x,$$

其中 Ω 是球体 $x^2 + y^2 + z^2 \leqslant 1$.

16. 求平面 $\dfrac{x}{a} + \dfrac{y}{b} + \dfrac{z}{c} = 1(a > 0, b > 0, c > 0)$ 被三个坐标面所割出的有限部分的面积.

17. 设有一个半径为 R 的球体,P_0 是此球体表面上的一个定点,球体上任一点的体密度与该点到点 P_0 的距离的平方成正比(比例常数 $k > 0$),求此球体的质心到点 P_0 的距离.

18. 求高为 R,底面半径为 R 的密度均匀(设体密度为常数 ρ)的正圆锥体对其顶点处的单位质量质点的引力.

19. 设一个体密度为 1 的均匀圆柱体占据的闭区域由曲面 $x^2 + y^2 = a^2(a > 0)$ 和平面 $z = -h, z = h$ $(h > 0)$ 所围成,求它对直线 $L: x = y = z$ 的转动惯量.

20. 在一块半径为 R 的密度均匀的半圆形薄片的直径上接上一块一边与直径等长的同样材料的矩形薄片,为了使整块薄片的质心恰好落在圆心上,问:接上去的矩形薄片另一边的长度是多少?

第10章
曲线积分与曲面积分

第 9 章已经将定积分的概念推广到重积分,其主要特征是积分区域从数轴上的闭区间推广到平面或空间中的闭区域.本章将定积分的积分区域推广到曲线和曲面,相应的积分分别称为曲线积分和曲面积分.

§10.1 对弧长的曲线积分

一、对弧长的曲线积分的概念

设某曲线形物体占据曲线 L，其线密度为 $\rho = \rho(P)$，且 $\rho(P)$ 在曲线 L 上连续. 当 L 是线段时，应用定积分就可以计算该物体的质量.

现在研究当 L 是平面或空间中的具有有限长度的曲线时，该物体的质量计算问题. 首先对曲线 L 做分割，把它分成 n 段小弧 $L_i(i = 1, 2, \cdots, n)$，并在每段小弧 L_i 上任取一点 P_i. 由于 $\rho(P)$ 在曲线 L 上连续，因此当小弧 L_i 的长度充分小时，相应的小段物体的质量近似等于 $\rho(P_i) \| L_i \|$，其中 $\| L_i \|$ 为 L_i 的长度. 于是，该物体的质量就近似等于和式 $\sum\limits_{i=1}^{n} \rho(P_i) \| L_i \|$. 令 $\lambda = \max\limits_{1 \leqslant i \leqslant n} \{\| L_i \|\}$，则 $M = \lim\limits_{\lambda \to 0} \sum\limits_{i=1}^{n} \rho(P_i) \| L_i \|$ 就是该物体的质量.

上面求曲线形物体的质量是采用积分学中常用的元素法，即分割、近似代替、求和、取极限的方法来解决的，最终的结果是一个和式的极限. 许多实际问题最终均可转化为求这种和式的极限. 为此，引进对弧长的曲线积分的定义.

若曲线 L 上每一点处都有切线且当切点在曲线 L 上连续移动时切线也连续转动，则称曲线 L 是光滑的. 若曲线 L 可以分成有限段光滑的曲线，则称曲线 L 是分段光滑的.

定义 10.1.1　设 L 是 xOy 面内的一条具有有限长度的光滑曲线，$f(x, y)$ 是定义在曲线 L 上的一个有界函数. 在曲线 L 上任意插入 $n - 1$ 个分点 $M_i(i = 1, 2, \cdots, n - 1)$，把曲线 L 分成 n 段小弧 $L_i(i = 1, 2, \cdots, n)$，并用 $\| L_i \|$ 表示小弧 L_i 的长度. 在每段小弧 L_i 上任取一点 (ξ_i, η_i). 做和式 $\sum\limits_{i=1}^{n} f(\xi_i, \eta_i) \| L_i \|$. 令 $\lambda = \max\limits_{1 \leqslant i \leqslant n} \{\| L_i \|\}$. 若极限 $\lim\limits_{\lambda \to 0} \sum\limits_{i=1}^{n} f(\xi_i, \eta_i) \| L_i \|$ 存在并且与曲线 L 的分割及点 (ξ_i, η_i) 的选取无关，则称函数 $f(x, y)$ 在曲线 L 上对弧长的曲线积分存在，并称此极限值为 $f(x, y)$ 在曲线 L 上对弧长的曲线积分，记作 $\int_L f(x, y) \mathrm{d}s$，即

$$\int_L f(x, y) \mathrm{d}s = \lim\limits_{\lambda \to 0} \sum\limits_{i=1}^{n} f(\xi_i, \eta_i) \| L_i \|,$$

其中 $f(x, y)$ 称为被积函数，L 称为积分曲线.

当 L 是分段光滑的曲线时，若函数 $f(x, y)$ 在每一段光滑曲线上对弧长的曲线积分都存在，则规定 $f(x, y)$ 在各段光滑曲线上对弧长的曲线积分之和为 $f(x, y)$ 在曲线 L 上对弧长的曲线积分.

若 Γ 为空间中具有有限长度的分段光滑曲线, $f(x,y,z)$ 是定义在曲线 Γ 上的一个有界函数,则可类似地定义 $f(x,y,z)$ 在曲线 Γ 上对弧长的曲线积分 $\int_{\Gamma} f(x,y,z)\mathrm{d}s$.

对弧长的曲线积分也称为第一类曲线积分.

前面提到的平面或空间中的曲线形物体的质量可以用对弧长的曲线积分 $\int_{L} \rho(x,y)\mathrm{d}s$ 或 $\int_{L} \rho(x,y,z)\mathrm{d}s$ 表示.对弧长的曲线积分也可以用来计算曲线形物体的质心、曲线形物体对转动轴的转动惯量,以及曲线形物体对其外一点处的质点的引力.对于这些应用,读者可根据对弧长的曲线积分的定义建立相应的计算公式,这里不再一一列举.

当平面曲线 L（或空间曲线 Γ）为闭曲线时,习惯上把对弧长的曲线积分 $\int_{L} f(x,y)\mathrm{d}s\left[\text{或} \int_{\Gamma} f(x,y,z)\mathrm{d}s\right]$ 记为 $\oint_{L} f(x,y)\mathrm{d}s\left[\text{或} \oint_{\Gamma} f(x,y,z)\mathrm{d}s\right]$.

二、对弧长的曲线积分的性质

性质 10.1.1 设函数 $f(x,y)$ 和 $g(x,y)$ 在曲线 L 上对弧长的曲线积分存在.

(1) 若 α 和 β 均为常数,则

$$\int_{L}\left[\alpha f(x,y)+\beta g(x,y)\right]\mathrm{d}s = \alpha\int_{L} f(x,y)\mathrm{d}s + \beta\int_{L} g(x,y)\mathrm{d}s.$$

(2) 若在 L 上 $f(x,y) \leqslant g(x,y)$,则

$$\int_{L} f(x,y)\mathrm{d}s \leqslant \int_{L} g(x,y)\mathrm{d}s.$$

特别地,

$$\left|\int_{L} f(x,y)\mathrm{d}s\right| \leqslant \int_{L} |f(x,y)|\mathrm{d}s.$$

性质 10.1.2 设函数 $f(x,y)$ 在曲线 $L = \overset{\frown}{AB}$ 上对弧长的曲线积分存在.

(1) $\int_{\overset{\frown}{BA}} f(x,y)\mathrm{d}s = \int_{\overset{\frown}{AB}} f(x,y)\mathrm{d}s.$

(2) 若 L 可分成有限段曲线 $L_1, L_2, \cdots, L_k$（通常用 $L = L_1 + L_2 + \cdots + L_k$ 表示）,则

$$\int_{L} f(x,y)\mathrm{d}s = \sum_{i=1}^{k}\int_{L_i} f(x,y)\mathrm{d}s.$$

(3) 若函数 $f(x,y)$ 在 L 上连续,则在 L 上至少存在一点 (x_0, y_0),使得

$$\int_{L} f(x,y)\mathrm{d}s = f(x_0, y_0)\|L\|,$$

其中 $\|L\|$ 为 L 的长度.特别地,

$$\int_{L} 1\mathrm{d}s = \|L\|.$$

(4) 若积分曲线 $L = L_1 + L_2$,并且 L_1 和 L_2 关于 x 轴（或 y 轴）对称,则当

函数 $f(x,y)$ 关于 y（或 x）为奇函数时，有

$$\int_L f(x,y)\mathrm{d}s=0;$$

当 $f(x,y)$ 关于 y（或 x）为偶函数时，有

$$\int_L f(x,y)\mathrm{d}s=2\int_{L_1}f(x,y)\mathrm{d}s=2\int_{L_2}f(x,y)\mathrm{d}s.$$

（5）**轮换对称性**　若积分曲线 L 关于直线 $y=x$ 对称，即互换 x 与 y，积分曲线 L 的方程不变，则

$$\int_L f(x,y)\mathrm{d}s=\int_L f(y,x)\mathrm{d}s=\frac{1}{2}\int_L\big[f(x,y)+f(y,x)\big]\mathrm{d}s.$$

性质 10.1.3　设 L 是具有有限长度的分段光滑曲线，函数 $f(x,y)$ 在曲线 L 上连续，或者 $f(x,y)$ 在曲线 L 上有界并且只有有限个不连续点，则 $f(x,y)$ 在曲线 L 上对弧长的曲线积分存在.

对于空间曲线 Γ 上对弧长的曲线积分，也有类似的性质.

以下总假定积分曲线具有有限长度，并且被积函数在积分曲线上是连续的.

三、对弧长的曲线积分的计算

定理 10.1.1　设平面曲线 L 的参数方程为

$$\begin{cases}x=x(t),\\ y=y(t),\end{cases}\quad t\in[\alpha,\beta],$$

其中函数 $x(t),y(t)$ 在区间 $[\alpha,\beta]$ 上具有连续导数，且 $x'^2(t)+y'^2(t)\neq0$（这时曲线 L 是光滑曲线）. 若函数 $f(x,y)$ 在曲线 L 上连续，则

$$\int_L f(x,y)\mathrm{d}s=\int_\alpha^\beta f\big[x(t),y(t)\big]\sqrt{x'^2(t)+y'^2(t)}\,\mathrm{d}t.\qquad(10.1.1)$$

上述定理的证明要用到 $\sqrt{x'^2(t)+y'^2(t)}$ 在闭区间 $[\alpha,\beta]$ 上的一致连续性，这里从略.

值得注意的是，由于对弧长的曲线积分的定义中 $\|L_i\|$ 总是正的，因此公式（10.1.1）中定积分的下限 α 必须小于上限 β. 下面的公式（10.1.2）～（10.1.5）也有同样的要求.

特别地，当曲线 L 以方程 $y=y(x)(\alpha\leqslant x\leqslant\beta)$ 给出且 $y'(x)$ 在区间 $[\alpha,\beta]$ 上连续时，只要取 $x=x,y=y(x)(\alpha\leqslant x\leqslant\beta)$ 就变成参数方程的情形，此时公式（10.1.1）可表示为

$$\int_L f(x,y)\mathrm{d}s=\int_\alpha^\beta f\big[x,y(x)\big]\sqrt{1+y'^2(x)}\,\mathrm{d}x.\qquad(10.1.2)$$

同理，当曲线 L 以方程 $x=x(y)(\alpha\leqslant y\leqslant\beta)$ 给出且 $x'(y)$ 在区间 $[\alpha,\beta]$ 上连续时，公式（10.1.1）可表示为

$$\int_L f(x,y)\mathrm{d}s=\int_\alpha^\beta f\big[x(y),y\big]\sqrt{1+x'^2(y)}\,\mathrm{d}y.\qquad(10.1.3)$$

当曲线 L 以极坐标方程 $r=r(\theta)(\alpha\leqslant\theta\leqslant\beta)$ 给出且 $r'(\theta)$ 在区间 $[\alpha,\beta]$ 上连续时，公式（10.1.1）可表示为

$$\int_L f(x,y)\mathrm{d}s = \int_\alpha^\beta f[r(\theta)\cos\theta, r(\theta)\sin\theta]\sqrt{r^2(\theta)+r'^2(\theta)}\,\mathrm{d}\theta. \quad (10.1.4)$$

对于空间曲线 Γ 上对弧长的曲线积分,也有如下类似于定理 10.1.1 的结论.

定理 10.1.2 设空间曲线 Γ 的参数方程为

$$\begin{cases} x = x(t), \\ y = y(t), \quad t \in [\alpha, \beta], \\ z = z(t), \end{cases}$$

其中函数 $x(t), y(t), z(t)$ 在区间 $[\alpha, \beta]$ 上具有连续导数,且 $x'^2(t) + y'^2(t) + z'^2(t) \neq 0$(这时曲线 Γ 是光滑曲线). 若函数 $f(x,y,z)$ 在曲线 Γ 上连续,则

$$\int_\Gamma f(x,y,z)\mathrm{d}s = \int_\alpha^\beta f[x(t),y(t),z(t)]\sqrt{x'^2(t)+y'^2(t)+z'^2(t)}\,\mathrm{d}t.$$

$$(10.1.5)$$

公式(10.1.1)~(10.1.5)表明,对弧长的曲线积分可以化为定积分来进行计算.

例 10.1.1 计算曲线积分

$$I = \oint_L e^{\sqrt{x^2+y^2}}\mathrm{d}s,$$

其中 L 为由圆 $x^2 + y^2 = a^2(a>0)$、直线 $y=x$ 及 x 轴在第一象限中所围成的扇形区域的边界曲线.

解 如图 10.1 所示,积分曲线 L 由 L_1, L_2, L_3 组成,它们的方程及弧长元素分别为

$$L_1: y=0, 0 \leqslant x \leqslant a, \quad \mathrm{d}s = \sqrt{1+y'^2}\,\mathrm{d}x = \sqrt{1+0^2}\,\mathrm{d}x = \mathrm{d}x;$$

$$L_2: y=x, 0 \leqslant x \leqslant \frac{a}{\sqrt{2}}, \quad \mathrm{d}s = \sqrt{1+y'^2}\,\mathrm{d}x = \sqrt{1+1^2}\,\mathrm{d}x = \sqrt{2}\,\mathrm{d}x;$$

$$L_3: r=a, 0 \leqslant \theta \leqslant \frac{\pi}{4}, \quad \mathrm{d}s = \sqrt{r^2(\theta)+r'^2(\theta)}\,\mathrm{d}\theta = \sqrt{a^2+0^2}\,\mathrm{d}\theta = a\,\mathrm{d}\theta.$$

于是

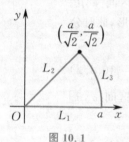

图 10.1

$$I = \int_{L_1} e^{\sqrt{x^2+y^2}}\mathrm{d}s + \int_{L_2} e^{\sqrt{x^2+y^2}}\mathrm{d}s + \int_{L_3} e^{\sqrt{x^2+y^2}}\mathrm{d}s$$

$$= \int_0^a e^x\mathrm{d}x + \int_0^{\frac{a}{\sqrt{2}}} e^{\sqrt{2}x} \cdot \sqrt{2}\,\mathrm{d}x + \int_0^{\frac{\pi}{4}} e^a \cdot a\,\mathrm{d}\theta$$

$$= e^a - 1 + e^a - 1 + \frac{\pi a\, e^a}{4}$$

$$= e^a\left(2+\frac{\pi a}{4}\right) - 2.$$

例 10.1.2 设 L 为星形线 $x^{\frac{2}{3}}+y^{\frac{2}{3}}=1$,计算曲线积分 $I=\oint_L x^{\frac{4}{3}}\mathrm{d}s$.

解 如图 10.2 所示,令 $L_1:\begin{cases} x=\cos^3\theta \\ y=\sin^3\theta \end{cases}\left(0\leqslant\theta\leqslant\dfrac{\pi}{2}\right)$,则

$$x'(\theta)=-3\cos^2\theta\sin\theta,\quad y'(\theta)=3\sin^2\theta\cos\theta.$$

于是,由对称性有

$$I=4\int_{L_1}x^{\frac{4}{3}}\mathrm{d}s$$

$$=4\int_0^{\frac{\pi}{2}}\cos^4\theta\sqrt{(-3\cos^2\theta\sin\theta)^2+(3\sin^2\theta\cos\theta)^2}\,\mathrm{d}\theta$$

$$=12\int_0^{\frac{\pi}{2}}\cos^5\theta\sin\theta\,\mathrm{d}\theta=-12\int_0^{\frac{\pi}{2}}\cos^5\theta\,\mathrm{d}(\cos\theta)$$

$$=-2\cos^6\theta\,\Big|_0^{\frac{\pi}{2}}=2.$$

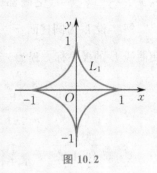

图 10.2

在计算对弧长的曲线积分时,利用积分曲线的对称性和被积函数的奇偶性可以简化计算,还可以利用积分曲线的方程来化简被积函数.

例 10.1.3 计算曲线积分 $I=\oint_\Gamma(x^2+y^2+z^2)\mathrm{d}s$,其中空间闭曲线 Γ 为球面 $x^2+y^2+z^2=\dfrac{9}{2}$ 与平面 $x+z-1=0$ 的交线.

解 把 $z=1-x$ 代入 $x^2+y^2+z^2=\dfrac{9}{2}$,得 $\dfrac{\left(x-\dfrac{1}{2}\right)^2}{2}+\dfrac{y^2}{4}=1$. 由此可知,闭曲线 Γ 的参数方程为

$$\begin{cases} x=\sqrt{2}\cos t+\dfrac{1}{2}, \\ y=2\sin t,\qquad\qquad t\in[0,2\pi], \\ z=\dfrac{1}{2}-\sqrt{2}\cos t, \end{cases}$$

则

$$\mathrm{d}s=\sqrt{x'^2(t)+y'^2(t)+z'^2(t)}\,\mathrm{d}t=2\mathrm{d}t.$$

因此

$$I=\oint_\Gamma\frac{9}{2}\mathrm{d}s=\int_0^{2\pi}\frac{9}{2}\times2\mathrm{d}t=18\pi.$$

实际上,以 xOy 面上的光滑曲线 L 为准线而母线平行于 z 轴的柱面上介于曲面 $z=f(x,y)$ 和 $z=g(x,y)$ 之间部分的面积 A,也可以用对弧长的曲线积

分来表示：

$$A = \int_L |f(x,y) - g(x,y)| \, ds.$$

例 10.1.4 求圆柱面 $x^2 + y^2 - 2y = 0$ 上介于平面 $z = 0$ 与锥面 $z = k\sqrt{x^2 + y^2}(k > 0)$ 之间部分的面积 A.

解 设 L 为圆柱面 $x^2 + y^2 - 2y = 0$ 与平面 $z = 0$ 的交线，则 $A = \oint_L k\sqrt{x^2 + y^2} \, ds$. 而闭曲线 L 的极坐标方程为 $r = 2\sin\theta (0 \leqslant \theta \leqslant \pi)$，故

$$A = \oint_L k\sqrt{x^2 + y^2} \, ds = k\int_0^\pi 2\sin\theta \sqrt{r^2(\theta) + r'^2(\theta)} \, d\theta$$

$$= 4k\int_0^\pi \sin\theta \, d\theta = 8k.$$

例 10.1.5 求半径为 a，中心角为 2φ 的均匀圆弧形物体的质心（设线密度为常数 ρ）.

解 建立如图 10.3 所示的坐标系，可得

$$M = \int_L \rho \, ds = 2\varphi a\rho,$$

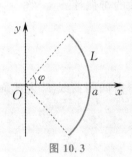

$$\bar{x} = \frac{1}{M}\int_L x\rho \, ds = \frac{2\rho}{M}\int_0^\varphi a\cos\theta \cdot a \, d\theta = \frac{a}{\varphi}\sin\theta \Big|_0^\varphi = \frac{a\sin\varphi}{\varphi},$$

$$\bar{y} = \frac{1}{M}\int_L y\rho \, ds = \frac{\rho}{M}\int_L y \, ds = 0.$$

由此可知，此圆弧形物体的质心是 $\left(\dfrac{a\sin\varphi}{\varphi}, 0\right)$，即此圆弧形物体的

图 10.3

质心在其对称轴上距圆心 $\dfrac{a\sin\varphi}{\varphi}$ 处.

习题 10.1

1. 已知曲线 Γ 上任意点 (x, y, z) 处的线密度为 $\rho(x, y, z)$，试用对弧长的曲线积分表示：

   (1) Γ 分别对 x 轴、y 轴、z 轴的转动惯量 I_x, I_y, I_z；

   (2) Γ 的质心 $(\bar{x}, \bar{y}, \bar{z})$.

2. 计算下列对弧长的曲线积分：

   (1) $\oint_L \dfrac{1}{|x| + |y| + 3} \, ds$，其中 L 为以 $A(1,0), B(0,1), C(-1,0), D(0,-1)$ 为顶点的正方形区域的边界曲线；

   (2) $\oint_L (x+y)e^{x^2+y^2} \, ds$，其中 L 为半圆弧 $y = \sqrt{a^2 - x^2}(a > 0)$ 和直线 $y = x, y = -x$ 所围成的扇形区域的边界曲线；

(3) $\int_L y^2 \, ds$,其中 L 为摆线 $x = a(t - \sin t), y = a(1 - \cos t)$ 的一拱 $(0 \leqslant t \leqslant 2\pi, a > 0)$;

(4) $\int_\Gamma \dfrac{1}{x^2 + y^2 + z^2} \, ds$,其中 Γ 为圆锥螺线 $x = e^t \cos t, y = e^t \sin t, z = \sqrt{2}\, e^t \ (0 \leqslant t \leqslant 2\pi)$;

(5) $\oint_\Gamma \sqrt{2y^2 + z^2} \, ds$,其中 Γ 为圆 $\begin{cases} x^2 + y^2 + z^2 = a^2, \\ x = y \end{cases} (a > 0)$;

(6) $\oint_\Gamma (y^2 + z) \, ds$,其中 Γ 为圆 $\begin{cases} x^2 + y^2 + z^2 = a^2, \\ x + y + z = 0 \end{cases} (a > 0)$.

$\left(\text{提示:} \oint_\Gamma x \, ds = \oint_\Gamma y \, ds = \oint_\Gamma z \, ds, \oint_\Gamma x^2 \, ds = \oint_\Gamma y^2 \, ds = \oint_\Gamma z^2 \, ds. \right)$

3. 设螺旋形的弹簧 Γ 的方程为 $x = a \cos t, y = a \sin t, z = kt \, (0 \leqslant t \leqslant 2\pi, a > 0, k > 0)$,它的线密度为 $\rho(x, y, z) = x^2 + y^2 + z^2$,求:

(1) Γ 对 z 轴的转动惯量;

(2) Γ 的质心.

4. 设曲面 Σ 是柱面 $x^2 + y^2 = Rx \, (R > 0)$ 在球面 $x^2 + y^2 + z^2 = R^2$ 内的部分,求曲面 Σ 的面积.

§10.2

对坐标的曲线积分

本节讨论对坐标的曲线积分,先从一个具体问题谈起.

一、变力沿曲线所做的功

设力 $\vec{F}$ 是常力,若某质点在常力 $\vec{F}$ 的作用下从点 A 沿直线移动到点 B,则常力 $\vec{F}$ 所做的功 W 等于力与位移的数量积,即

$$W = \vec{F} \cdot \overrightarrow{AB}.$$

对变力沿曲线所做的功就不能直接按上面的公式来计算了,但还是可以采用积分学中常用的元素法,即分割、近似代替、求和、取极限的方法来解决.

设一个质点在 xOy 面内受变力 $\vec{F} = P(x, y)\vec{i} + Q(x, y)\vec{j}$ 的作用沿光滑曲线 L 由其端点 A 移动到另一端点 B.假定函数 $P(x, y)$ 和 $Q(x, y)$ 在曲线 L 上连续,求力 $\vec{F}$ 所做的功 W.

如图 10.4 所示,在曲线 L 上任取 $n-1$ 个分点 $M_i(x_i, y_i) \, (i = 1, 2, \cdots, n-1)$,把曲线 L 分成 n 段有向小弧 $\overparen{M_{i-1}M_i} \, (i = 1, 2, \cdots, n)$,其中 $M_0 = A$,$M_n = B$.取其中一段有向小弧 $\overparen{M_{i-1}M_i}$ 来分析.记有向弦 $\overrightarrow{M_{i-1}M_i}$ 在 x 轴和 y 轴上的投影分别为 $\Delta x_i = x_i - x_{i-1}, \Delta y_i = y_i - y_{i-1}$,则 $\overrightarrow{M_{i-1}M_i} = \Delta x_i \vec{i} + \Delta y_i \vec{j}$.

在小弧 $\overparen{M_{i-1}M_i}$ 上任取一点 (ξ_i, η_i),由于 $P(x, y)$ 和 $Q(x, y)$ 在曲线 L 上连续,

因此可以用 $\vec{F}_i = P(\xi_i, \eta_i)\vec{i} + Q(\xi_i, \eta_i)\vec{j}$ 近似代替小弧 $\overset{\frown}{M_{i-1}M_i}$ 上每一点处的力. 于是, 当该质点由点 M_{i-1} 移动到点 M_i 时, 力 $\vec{F}$ 所做的功为

$$\Delta W_i \approx \vec{F}_i \cdot \overrightarrow{M_{i-1}M_i} = P(\xi_i, \eta_i)\Delta x_i + Q(\xi_i, \eta_i)\Delta y_i.$$

故当该质点由曲线 L 的端点 A 移动到另一端点 B 时, $\vec{F}$ 所做的功为

$$W \approx \sum_{i=1}^{n} P(\xi_i, \eta_i)\Delta x_i + Q(\xi_i, \eta_i)\Delta y_i.$$

令 $\lambda = \max\limits_{1 \leqslant i \leqslant n}\{\|\overset{\frown}{M_{i-1}M_i}\|\}$, 其中 $\|\overset{\frown}{M_{i-1}M_i}\|$ 表示小弧 $\overset{\frown}{M_{i-1}M_i}$ 的长度. 当 $\lambda \to 0$ 时,

$$\sum_{i=1}^{n}\left[P(\xi_i, \eta_i)\Delta x_i + Q(\xi_i, \eta_i)\Delta y_i\right] \to W, 即$$

$$W = \lim_{\lambda \to 0}\sum_{i=1}^{n}\left[P(\xi_i, \eta_i)\Delta x_i + Q(\xi_i, \eta_i)\Delta y_i\right].$$

上式中出现了两个和式的极限: $\lim\limits_{\lambda \to 0}\sum\limits_{i=1}^{n} P(\xi_i, \eta_i)\Delta x_i$ 与 $\lim\limits_{\lambda \to 0}\sum\limits_{i=1}^{n} Q(\xi_i, \eta_i)\Delta y_i$. 抽象地考虑这类和式的极限, 便可以定义一类新的曲线积分.

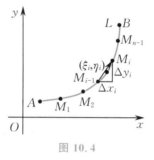

图 10.4

二、对坐标的曲线积分的概念

从端点 A 到端点 B 的有向曲线记作 $\overset{\frown}{AB}$, 从端点 B 到端点 A 的有向曲线记作 $\overset{\frown}{BA}$. 若有向曲线 $\overset{\frown}{AB}$ 记作 L, 则有向曲线 $\overset{\frown}{BA}$ 记作 L^- 或 $-L$.

定义 10.2.1 设 L 是 xOy 面内始点为 A, 终点为 B 的一条具有有限长度的光滑有向曲线, $P(x, y)$[或 $Q(x, y)$]是定义在曲线 L 上的一个有界函数. 在曲线 L 上按从始点 A 到终点 B 的方向依次任意插入 $n-1$ 个分点 $M_i(x_i, y_i)(i = 1, 2, \cdots, n-1)$, 把曲线 L 分成 n 段有向小弧 $\overset{\frown}{M_{i-1}M_i}(i = 1, 2, \cdots, n)$, 其中 $M_0 = A, M_n = B$. 记有向弦 $\overrightarrow{M_{i-1}M_i}(i = 1, 2, \cdots, n)$ 在 x 轴(或 y 轴)上的投影为 $\Delta x_i = x_i - x_{i-1}$(或 $\Delta y_i = y_i - y_{i-1}$). 在每段小弧 $\overset{\frown}{M_{i-1}M_i}$ 上任取一点 (ξ_i, η_i). 做积分和:

$$\sum_{i=1}^{n} P(\xi_i, \eta_i)\Delta x_i \quad \left[或 \sum_{i=1}^{n} Q(\xi_i, \eta_i)\Delta y_i\right].$$

令 $\lambda = \max\limits_{1 \leqslant i \leqslant n}\{\|\overset{\frown}{M_{i-1}M_i}\|\}$, 其中 $\|\overset{\frown}{M_{i-1}M_i}\|$ 表示小弧 $\overset{\frown}{M_{i-1}M_i}$ 的长度. 若极限

$$\lim_{\lambda \to 0} \sum_{i=1}^{n} P(\xi_i, \eta_i) \Delta x_i \quad \left[或 \lim_{\lambda \to 0} \sum_{i=1}^{n} Q(\xi_i, \eta_i) \Delta y_i \right]$$

存在且与曲线 L 的分割及点(ξ_i, η_i) 的选取无关,则称函数 $P(x, y)$[或 $Q(x, y)$]
在曲线 L 上对坐标 x(或坐标 y)的曲线积分存在,并称此极限值为 $P(x, y)$[或
$Q(x, y)$]在曲线 L 上对坐标 x(或坐标 y)的曲线积分,记作$\displaystyle\int_L P(x, y)\mathrm{d}x$
$\left[或\displaystyle\int_L Q(x, y)\mathrm{d}y\right]$,即

$$\int_L P(x, y)\mathrm{d}x = \lim_{\lambda \to 0} \sum_{i=1}^{n} P(\xi_i, \eta_i) \Delta x_i$$

$$\left[或\int_L Q(x, y)\mathrm{d}y = \lim_{\lambda \to 0} \sum_{i=1}^{n} Q(\xi_i, \eta_i) \Delta y_i \right],$$

其中 $P(x, y)$[或 $Q(x, y)$]称为被积函数,L 称为积分曲线.

为了书写方便,通常用

$$\int_L P(x, y)\mathrm{d}x + Q(x, y)\mathrm{d}y$$

表示

$$\int_L P(x, y)\mathrm{d}x + \int_L Q(x, y)\mathrm{d}y.$$

当 L 是分段光滑的有向曲线时,若函数 $f(x, y)$ 在每一段光滑有向曲线上对
坐标 x(或坐标 y)的曲线积分都存在,则规定 $f(x, y)$ 在各段光滑有向曲线上对坐
标 x(或坐标 y)的曲线积分之和为 $f(x, y)$ 在曲线 L 上对坐标 x(或坐标 y)的曲
线积分.

类似地,可以定义空间分段光滑的有向曲线 Γ 上对坐标的曲线积分
$\displaystyle\int_\Gamma P(x, y, z)\mathrm{d}x, \int_\Gamma Q(x, y, z)\mathrm{d}y, \int_\Gamma R(x, y, z)\mathrm{d}z$,并用

$$\int_\Gamma P(x, y, z)\mathrm{d}x + Q(x, y, z)\mathrm{d}y + R(x, y, z)\mathrm{d}z$$

表示

$$\int_\Gamma P(x, y, z)\mathrm{d}x + \int_\Gamma Q(x, y, z)\mathrm{d}y + \int_\Gamma R(x, y, z)\mathrm{d}z.$$

当 L(或 Γ)为有向闭曲线时,习惯上记

$$\int_L P(x, y)\mathrm{d}x + Q(x, y)\mathrm{d}y$$

$$\left[或\int_\Gamma P(x, y, z)\mathrm{d}x + Q(x, y, z)\mathrm{d}y + R(x, y, z)\mathrm{d}z \right]$$

为

$$\oint_L P(x, y)\mathrm{d}x + Q(x, y)\mathrm{d}y$$

$$\left[或\oint_\Gamma P(x, y, z)\mathrm{d}x + Q(x, y, z)\mathrm{d}y + R(x, y, z)\mathrm{d}z \right].$$

对坐标的曲线积分也可以记为 $\int_L \vec{A} \cdot \mathrm{d}\vec{r}$,其中

$$\vec{A} = (P(x,y),Q(x,y)), \quad \mathrm{d}\vec{r} = (\mathrm{d}x,\mathrm{d}y),$$

或者

$$\vec{A} = (P(x,y,z),Q(x,y,z),R(x,y,z)), \quad \mathrm{d}\vec{r} = (\mathrm{d}x,\mathrm{d}y,\mathrm{d}z).$$

这种向量形式的记号在物理学和工程技术中比较常见.

对坐标的曲线积分也称为第二类曲线积分.

由对坐标的曲线积分的定义可知,前面提到的变力 $\vec{F} = P(x,y)\vec{i} + Q(x,y)\vec{j}$ 沿曲线 L 从其端点 A 到另一端点 B 所做的功可以用对坐标的曲线积分表示为

$$W = \int_L \vec{F} \cdot \mathrm{d}\vec{r} = \int_L P(x,y)\mathrm{d}x + Q(x,y)\mathrm{d}y,$$

这里取曲线 L 的方向为沿曲线从点 A 到点 B 的方向.

三、对坐标的曲线积分的性质

性质 10.2.1　设函数 $f(x,y)$ 和 $g(x,y)$ 在有向曲线 L 上对坐标的曲线积分存在,α 和 β 均为常数,则

(1) $\displaystyle\int_L \left[\alpha f(x,y) + \beta g(x,y)\right]\mathrm{d}x = \alpha\int_L f(x,y)\mathrm{d}x + \beta\int_L g(x,y)\mathrm{d}x$;

(2) $\displaystyle\int_L \left[\alpha f(x,y) + \beta g(x,y)\right]\mathrm{d}y = \alpha\int_L f(x,y)\mathrm{d}y + \beta\int_L g(x,y)\mathrm{d}y.$

性质 10.2.2　设函数 $P(x,y)$ 和 $Q(x,y)$ 在有向曲线 $L = \overset{\frown}{AB}$ 上分别对坐标 x 和坐标 y 的曲线积分均存在.

(1) $\displaystyle\int_{\overset{\frown}{BA}} P(x,y)\mathrm{d}x + Q(x,y)\mathrm{d}y = -\int_{\overset{\frown}{AB}} P(x,y)\mathrm{d}x + Q(x,y)\mathrm{d}y.$

(2) 若 L 可分成有限段有向曲线 $L_1,L_2,\cdots,L_k$(通常用 $L = L_1 + L_2 + \cdots + L_k$ 表示),则

$$\int_L P(x,y)\mathrm{d}x + Q(x,y)\mathrm{d}y = \sum_{i=1}^k \int_{L_i} P(x,y)\mathrm{d}x + Q(x,y)\mathrm{d}y.$$

(3) 设 L 是一条有向闭曲线.若将闭曲线 L 所围成的区域 D 分成 D_1 和 D_2 两部分,它们的边界曲线分别记为 L_1 与 L_2(见图 10.5),则当闭曲线 L_1,L_2 的方向与闭曲线 L 的方向一致时,有

$$\oint_L P(x,y)\mathrm{d}x + Q(x,y)\mathrm{d}y$$

$$= \oint_{L_1} P(x,y)\mathrm{d}x + Q(x,y)\mathrm{d}y + \oint_{L_2} P(x,y)\mathrm{d}x + Q(x,y)\mathrm{d}y.$$

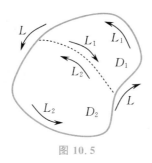

图 10.5

性质 10.2.3 设 L 是具有有限长度的分段光滑曲线. 若函数 $f(x, y)$ 在曲线 L 上连续，或者 $f(x, y)$ 在曲线 L 上有界且只有有限个不连续点，则 $f(x, y)$ 在 L 上对坐标的曲线积分 $\displaystyle\int_L f(x, y)\mathrm{d}x$ 和 $\displaystyle\int_L f(x, y)\mathrm{d}y$ 都存在.

对于空间有向曲线 Γ 上对坐标的曲线积分，也有类似的性质.

以下总假定积分曲线具有有限长度，并且被积函数在积分曲线上是连续的.

四、对坐标的曲线积分的计算

定理 10.2.1 设平面有向曲线 L 的参数方程为

$$\begin{cases} x = x(t), \\ y = y(t), \end{cases}$$

当参数 t 单调地从 α 变到 β 时，点 $M(x, y)$ 从曲线 L 的始点 A 沿曲线运动到终点 B，函数 $x(t)$ 和 $y(t)$ 在区间 $[\alpha, \beta]$（或 $[\beta, \alpha]$）上具有连续导数，且 $x'^2(t) + y'^2(t) \neq 0$. 若函数 $P(x, y)$，$Q(x, y)$ 在曲线 L 上连续，则

$$\int_L P(x, y)\mathrm{d}x + Q(x, y)\mathrm{d}y$$
$$= \int_\alpha^\beta \{P[x(t), y(t)]x'(t) + Q[x(t), y(t)]y'(t)\}\mathrm{d}t. \quad (10.2.1)$$

上述定理的证明要用到 $x'(t)$ 和 $y'(t)$ 在闭区间 $[\alpha, \beta]$（或 $[\beta, \alpha]$）上的一致连续性，这里从略.

值得注意的是，公式 (10.2.1) 中定积分的下限 α 对应于曲线 L 的始点，上限 β 对应于曲线 L 的终点，α 不一定小于 β.

特别地，当曲线 L 以方程 $y = y(x)$ 给出，x 单调地从 α 变到 β，且 $y'(x)$ 在区间 $[\alpha, \beta]$（或 $[\beta, \alpha]$）上连续时，只要取 $x = x$，$y = y(x)$ 就变成参数方程的情形，此时公式 (10.2.1) 可表示为

$$\int_L P(x, y)\mathrm{d}x + Q(x, y)\mathrm{d}y = \int_\alpha^\beta \{P[x, y(x)] + Q[x, y(x)]y'(x)\}\mathrm{d}x.$$

$$(10.2.2)$$

同理，当曲线 L 以方程 $x = x(y)$ 给出，y 单调地从 α 变到 β，且 $x'(y)$ 在区间 $[\alpha, \beta]$（或 $[\beta, \alpha]$）上连续时，公式 (10.2.1) 可表示为

$$\int_L P(x,y)\mathrm{d}x + Q(x,y)\mathrm{d}y = \int_\alpha^\beta \{P[x(y),y]x'(y) + Q[x(y),y]\}\mathrm{d}y.$$

$$(10.2.3)$$

对于空间有向曲线 Γ 上对坐标的曲线积分，也有如下类似于定理 10.2.1 的结论.

定理 10.2.2 设空间有向曲线 Γ 的参数方程为

$$\begin{cases} x = x(t), \\ y = y(t), \\ z = z(t), \end{cases}$$

当参数 t 单调地从 α 变到 β 时，点 $M(x,y,z)$ 从曲线 Γ 的始点 A 沿曲线运动到终点 B. 设函数 $x(t),y(t),z(t)$ 在区间 $[\alpha,\beta]$（或 $[\beta,\alpha]$）上具有连续导数，且 $x'^2(t) + y'^2(t) + z'^2(t) \neq 0$. 若函数 $P(x,y,z),Q(x,y,z),R(x,y,z)$ 在曲线 Γ 上连续，则

$$\int_\Gamma P(x,y,z)\mathrm{d}x = \int_\alpha^\beta P[x(t),y(t),z(t)]x'(t)\mathrm{d}t, \quad (10.2.4)$$

$$\int_\Gamma Q(x,y,z)\mathrm{d}y = \int_\alpha^\beta Q[x(t),y(t),z(t)]y'(t)\mathrm{d}t, \quad (10.2.5)$$

$$\int_\Gamma R(x,y,z)\mathrm{d}z = \int_\alpha^\beta R[x(t),y(t),z(t)]z'(t)\mathrm{d}t. \quad (10.2.6)$$

注 在积分曲线 L（或 Γ）的参数方程中，若 $x = C$（C 为常数），即积分曲线 L（或 Γ）与 x 轴垂直，则

$$\int_L P(x,y)\mathrm{d}x = 0 \quad \left[或 \int_\Gamma P(x,y,z)\mathrm{d}x = 0 \right].$$

对于 $y = C$（或 $z = C$）的情形，也有类似的结论. 对弧长的曲线积分却没有这样的性质.

从点 A 到点 B 的一条有向曲线称为从点 A 到点 B 的一条路径.

 例 10.2.1 计算曲线积分 $I = \int_L (x^2 + y^2)\mathrm{d}x + (x^3 - y^2)\mathrm{d}y$，其中 L 分别是（见图 10.6）：

(1) 半径为 1 的有向圆弧 $\overset{\frown}{AB}$；

(2) 有向折线段 AOB.

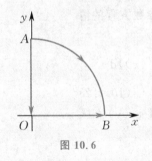

图 10.6

解 (1) L 的参数方程为 $\begin{cases} x = \cos\theta, \\ y = \sin\theta, \end{cases}$ θ 从 $\dfrac{\pi}{2}$ 变到 0，于是

$$I = \int_{\frac{\pi}{2}}^0 [-\sin\theta + (\cos^3\theta - \sin^2\theta)\cos\theta]\mathrm{d}\theta$$

$$= \int_0^{\frac{\pi}{2}} \sin\theta\,\mathrm{d}\theta - \int_0^{\frac{\pi}{2}} \cos^4\theta\,\mathrm{d}\theta + \int_0^{\frac{\pi}{2}} \sin^2\theta\cos\theta\,\mathrm{d}\theta$$

$$= \frac{4}{3} - \frac{3\pi}{16}.$$

（2）有向线段 $\overrightarrow{AO}$ 及 $\overrightarrow{OB}$ 的方程分别为

$$\overrightarrow{AO}:x=0,y \text{ 从 } 1 \text{ 变到 } 0;$$
$$\overrightarrow{OB}:y=0,x \text{ 从 } 0 \text{ 变到 } 1.$$

于是

$$I = \int_{\overrightarrow{AO}} (x^2+y^2)\mathrm{d}x + (x^3-y^2)\mathrm{d}y + \int_{\overrightarrow{OB}} (x^2+y^2)\mathrm{d}x + (x^3-y^2)\mathrm{d}y$$

$$= \left[0 + \int_1^0 (-y^2)\mathrm{d}y \right] + \left(\int_0^1 x^2\mathrm{d}x + 0 \right) = \frac{2}{3}.$$

例 10.2.2 计算曲线积分 $I = \int_L 2xy\mathrm{d}x + x^2\mathrm{d}y$，其中 L 分别是（见图 10.7）：

（1）抛物线 $y=x^2$ 上从 $O(0,0)$ 到 $B(1,1)$ 的一段弧；

（2）抛物线 $x=y^2$ 上从 $O(0,0)$ 到 $B(1,1)$ 的一段弧；

（3）有向折线段 OAB，点 O,A,B 分别为 $(0,0),(1,0),(1,1)$.

解 （1）$L:y=x^2,x$ 从 0 变到 1. 于是

$$I = \int_0^1 (2x \cdot x^2 + x^2 \cdot 2x)\mathrm{d}x$$

$$= 4\int_0^1 x^3\mathrm{d}x = 1.$$

（2）$L:x=y^2,y$ 从 0 变到 1. 于是

$$I = \int_0^1 (2y^2 \cdot y \cdot 2y + y^4)\mathrm{d}y$$

$$= 5\int_0^1 y^4\mathrm{d}x = 1.$$

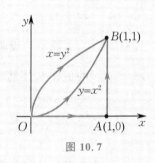

图 10.7

（3）$L = \overrightarrow{OA} + \overrightarrow{AB}$，其中 $\overrightarrow{OA}:y=0,x$ 从 0 变到 1；$\overrightarrow{AB}:x=1,y$ 从 0 变到 1. 于是

$$I = \int_{\overrightarrow{OA}} 2xy\mathrm{d}x + x^2\mathrm{d}y + \int_{\overrightarrow{AB}} 2xy\mathrm{d}x + x^2\mathrm{d}y$$

$$= \left(\int_0^1 0\mathrm{d}x + 0 \right) + \left(0 + \int_0^1 1\mathrm{d}y \right) = 1.$$

从例 10.2.1 和例 10.2.2 可以看出，当积分曲线的始点和终点相同时，被积函数沿不同路径的曲线积分的值可能不相等，也可能相等.

例 10.2.3 计算曲线积分 $I = \oint_\Gamma (z-y)\mathrm{d}x + (x-z)\mathrm{d}y + (x-y)\mathrm{d}z$，其中 Γ 是

有向曲线 $\begin{cases} x^2+y^2-1=0, \\ x-y+z-2=0, \end{cases}$ 从 z 轴正向看去，Γ 取顺时针方向.

解 Γ 的参数方程为 $\begin{cases} x=\cos\theta, \\ y=\sin\theta, \\ z=2-\cos\theta+\sin\theta, \end{cases}$ θ 从 2π 变到 0，于是

$$I = \int_{2\pi}^{0} \big[(2 - \cos\theta)(-\sin\theta) + (2\cos\theta - \sin\theta - 2)\cos\theta$$

$$+ (\cos\theta - \sin\theta)(\cos\theta + \sin\theta) \big] \mathrm{d}\theta$$

$$= \int_{0}^{2\pi} (2\sin\theta + 2\cos\theta - 2\cos 2\theta - 1) \mathrm{d}\theta$$

$$= -2\pi.$$

五、两类曲线积分之间的联系

对弧长的曲线积分与对坐标的曲线积分之间有密切的联系.

定理 10.2.3 设有向曲线 L 是光滑曲线. 若函数 $P = P(x,y), Q = Q(x,y)$ 在曲线 L 上连续,则

$$\int_{L} P\mathrm{d}x + Q\mathrm{d}y = \int_{L} (P\cos\alpha + Q\cos\beta)\mathrm{d}s,$$

其中 $\alpha = \alpha(x,y)$ 和 $\beta = \beta(x,y)$ 分别为曲线 L 上点 (x,y) 处的切向量关于 x 轴和 y 轴的方向角.

证明 设曲线 L 的参数方程为 $\begin{cases} x = x(t), \\ y = y(t), \end{cases}$ 始点 A、终点 B 分别对应于参数 t 的值 a, b. 不妨设 $a < b$(当 $b < a$ 时可以考虑 L^{-}). 曲线 L 上点 (x,y) 处的切向量为 $\vec{T} = (x'(t), y'(t))$,它的方向指向 t 增加的方向,其方向余弦为

$$\cos\alpha = \frac{x'(t)}{\sqrt{x'^2(t) + y'^2(t)}}, \quad \cos\beta = \frac{y'(t)}{\sqrt{x'^2(t) + y'^2(t)}}.$$

由对弧长的曲线积分的计算公式和对坐标的曲线积分的计算公式可得

$$\int_{L} (P\cos\alpha + Q\cos\beta)\mathrm{d}s$$

$$= \int_{a}^{b} \bigg\{ P[x(t), y(t)] \frac{x'(t)}{\sqrt{x'^2(t) + y'^2(t)}}$$

$$+ Q[x(t), y(t)] \frac{y'(t)}{\sqrt{x'^2(t) + y'^2(t)}} \bigg\} \sqrt{x'^2(t) + y'^2(t)} \, \mathrm{d}t$$

$$= \int_{a}^{b} \{ P[x(t), y(t)]x'(t) + Q[x(t), y(t)]y'(t) \} \mathrm{d}t$$

$$= \int_{L} P\mathrm{d}x + Q\mathrm{d}y.$$

类似地,空间有向曲线 Γ 上的两类曲线积分之间也有如下联系.

定理 10.2.4 设空间有向曲线 Γ 是光滑曲线,函数 $P = P(x,y,z)$, $Q = Q(x,y,z), R = R(x,y,z)$ 在曲线 Γ 上连续,则

$$\int_{\Gamma} P\mathrm{d}x + Q\mathrm{d}y + R\mathrm{d}z = \int_{\Gamma} (P\cos\alpha + Q\cos\beta + R\cos\gamma)\mathrm{d}s,$$

其中 $\alpha = \alpha(x,y,z), \beta = \beta(x,y,z), \gamma = \gamma(x,y,z)$ 分别为曲线 Γ 上点 (x,y,z)

处的切向量关于 x 轴、y 轴和 z 轴的方向角.

 **10.2.4** 设 Γ 为有向闭曲线 $\begin{cases} x^2 + y^2 + z^2 - 1 = 0, \\ x + y + z - k = 0, \end{cases}$ 其中 $|k| < \sqrt{3}$，求证：

$$\left| \oint_{\Gamma} z\,\mathrm{d}x + x\,\mathrm{d}y + y\,\mathrm{d}z \right| \leqslant 2\pi.$$

证明 设 $\alpha = \alpha(x,y,z), \beta = \beta(x,y,z), \gamma = \gamma(x,y,z)$ 为曲线 Γ 上点 (x,y,z) 处的切向量分别关于 x 轴、y 轴、z 轴的方向角，则

$$\begin{aligned}
\left| \oint_{\Gamma} z\,\mathrm{d}x + x\,\mathrm{d}y + y\,\mathrm{d}z \right| &= \left| \oint_{\Gamma} z\cos\alpha + x\cos\beta + y\cos\gamma\,\mathrm{d}s \right| \\
&\leqslant \oint_{\Gamma} |z\cos\alpha + x\cos\beta + y\cos\gamma|\,\mathrm{d}s \\
&= \oint_{\Gamma} |(z,x,y) \cdot (\cos\alpha, \cos\beta, \cos\gamma)|\,\mathrm{d}s \\
&\leqslant \oint_{\Gamma} \sqrt{x^2 + y^2 + z^2}\,\mathrm{d}s \\
&= \oint_{\Gamma} 1\,\mathrm{d}s \leqslant 2\pi.
\end{aligned}$$

习题10.2

1. 计算下列对坐标的曲线积分：

(1) $\displaystyle\int_L (x+y)\,\mathrm{d}x - (x-y)\,\mathrm{d}y$，其中 L 为上半椭圆 $\dfrac{x^2}{a^2} + \dfrac{y^2}{b^2} = 1\,(y \geqslant 0, a > 0, b > 0)$，取逆时针方向；

(2) $\displaystyle\int_L y^2\,\mathrm{d}x - x^2\,\mathrm{d}y$，其中 L 为抛物线 $y = x^2$ 上从点 $(-1,1)$ 到点 $(1,1)$ 的一段弧；

(3) $\displaystyle\oint_L \dfrac{x\,\mathrm{d}y - y\,\mathrm{d}x}{x^2 + y^2}$，其中 L 为圆 $x^2 + y^2 = a^2\,(a > 0)$，取逆时针方向；

(4) $\displaystyle\oint_L \dfrac{y\,\mathrm{d}y - x\,\mathrm{d}x}{x^2 + y^2}$，其中 L 为圆 $x^2 + y^2 = a^2\,(a > 0)$，取逆时针方向；

(5) $\displaystyle\int_L \dfrac{\mathrm{d}x + \mathrm{d}y}{|x| + |y|}$，其中 L 为从点 $A(0,-1)$ 到点 $B(1,0)$ 再到点 $C(0,1)$ 的折线段；

(6) $\displaystyle\int_L \dfrac{x\,\mathrm{d}y - y\,\mathrm{d}x}{(x-y)^2}$，其中 L 为从点 $A(0,-1)$ 到点 $B(1,0)$ 的线段；

(7) $\displaystyle\oint_{\Gamma} xyz\,\mathrm{d}z$，其中 Γ 为有向曲线 $\begin{cases} x^2 + y^2 + z^2 = 1, \\ z = y, \end{cases}$ 从 z 轴正向看去，Γ 取逆时针方向.

2. 计算曲线积分 $\displaystyle\int_L (x+y)\,\mathrm{d}x + (y-x)\,\mathrm{d}y$，其中 L 分别为：

(1) 抛物线 $y^2 = x$ 上从点 $(1,1)$ 到点 $(4,2)$ 的一段弧；

(2) 从点 $(1,1)$ 到点 $(4,2)$ 的线段；

(3) 从点 $(1,1)$ 到点 $(1,2)$ 再到点 $(4,2)$ 的折线段；

（4）曲线 $x = 2t^2 + t + 1, y = t^2 + 1$ 上从点 $(1,1)$ 到点 $(4,2)$ 的一段弧.

3. 设函数 $P(x,y)$ 和 $Q(x,y)$ 在有向曲线 L 上连续. 把对坐标的曲线积分 $\int_L P(x,y)\mathrm{d}x + Q(x,y)\mathrm{d}y$ 化为对弧长的曲线积分, 其中 L 分别为:

（1）从点 $(0,0)$ 到点 $(1,1)$ 的线段;

（2）抛物线 $y = x^2$ 上从点 $(0,0)$ 到点 $(1,1)$ 的一段弧;

（3）从点 $(0,0)$ 到点 $(1,1)$ 的上半圆弧 $x^2 + y^2 = 2x(y \geqslant 0)$.

4. 设一个质点受力 $\vec{F}$ 的作用, 力 $\vec{F}$ 的负向指向原点, 力 $\vec{F}$ 的大小与质点到原点的距离成正比（比例系数为 k）, 又设该质点从点 $(a,0)$ 沿上半椭圆 $\dfrac{x^2}{a^2} + \dfrac{y^2}{b^2} = 1(y \geqslant 0, a > 0, b > 0)$ 移动到点 $(0,b)$, 求力 $\vec{F}$ 所做的功.

§10.3　格林公式　曲线积分与路径无关的条件

一、格林公式

在讨论格林 (Green) 公式之前, 先介绍单连通区域、复连通区域以及平面区域边界曲线的正向的概念.

平面区域分为两类. 如果平面区域 D 内的任一闭曲线所围成的区域全部属于 D, 则称 D 为一个单连通区域; 否则, 称 D 为一个复连通区域. 例如, $D_1 = \{(x,y) \mid x^2 + y^2 < 1\}$ 是一个单连通区域, 而 $D_2 = \{(x,y) \mid 0 < x^2 + y^2 < 1\}$ 与 $D_3 = \{(x,y) \mid 1 < x^2 + y^2 < 2\}$ 都是复连通区域. 形象地说, 平面内单连通区域是没有"洞"的区域, 而复连通区域是有"洞"的区域.

对空间区域 Ω 也有类似的定义. 若空间区域 Ω 内任一闭曲面的内部仍属于 Ω, 则称 Ω 是一个单连通区域; 否则, 称 Ω 为一个复连通区域.

下面引进平面区域边界曲线的正向的概念. 当观察者沿平面区域 D 的边界曲线 L 的某方向行走时, 若 D 内在观察者附近的那一部分总在其左边, 则称此人行走的方向为 L 的正向, 并称相反的方向为 L 的负向. 例如, 图 10.8(a),(b) 中 L_1, L_2 和 L_4 的正向都是逆时针方向, 而 L_3 和 L_5 的正向都是顺时针方向.

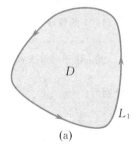

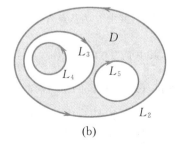

(a)   (b)

图 10.8

定理 10.3.1 设有界闭区域 D 的边界曲线 L 是分段光滑的闭曲线. 若函数 $P = P(x,y), Q = Q(x,y)$ 在 D 上具有连续偏导数,则

$$\oint_L P\,\mathrm{d}x + Q\,\mathrm{d}y = \iint_D \left(\frac{\partial Q}{\partial x} - \frac{\partial P}{\partial y} \right) \mathrm{d}x\,\mathrm{d}y, \tag{10.3.1}$$

其中 L 取正向.

公式(10.3.1) 称为**格林公式**.

证明 根据 D 的不同形状,分三种情形证明.

(1) 先设 D 是 X-型区域(穿过 D 的内部且平行于 y 轴的直线与 L 恰好有两个交点),则可设

$$D = \{ (x,y) \mid \varphi_1(x) \leqslant y \leqslant \varphi_2(x), a \leqslant x \leqslant b \}.$$

令 $L_1: y = \varphi_1(x), x$ 从 a 变到 b;$L_2: y = \varphi_2(x), x$ 从 b 变到 a;L_3 和 L_4 分别是 L 在直线 $x = b$ 和 $x = a$ 上的有向线段(见图 10.9),则 L 可分成 L_1, L_2, L_3, L_4(L_3 或 L_4 有可能是一条退化的曲线,即一个点,也就是 L_1 和 L_2 的交点,如图 10.10 所示). 因为 $\dfrac{\partial P}{\partial y}$ 在 D 上连续,所以由对坐标的曲线积分及二重积分的计算公式有

$$\oint_L P\,\mathrm{d}x = \int_{L_1} P\,\mathrm{d}x + \int_{L_2} P\,\mathrm{d}x + \int_{L_3} P\,\mathrm{d}x + \int_{L_4} P\,\mathrm{d}x$$

$$= \int_a^b P[x, \varphi_1(x)]\mathrm{d}x + \int_b^a P[x, \varphi_2(x)]\mathrm{d}x + 0 + 0$$

$$= \int_a^b \{ P[x, \varphi_1(x)] - P[x, \varphi_2(x)] \}\mathrm{d}x$$

$$= -\int_a^b \{ P[x, \varphi_2(x)] - P[x, \varphi_1(x)] \}\mathrm{d}x$$

$$= -\int_a^b \mathrm{d}x \int_{\varphi_1(x)}^{\varphi_2(x)} \frac{\partial P(x,y)}{\partial y}\mathrm{d}y$$

$$= -\iint_D \frac{\partial P}{\partial y}\mathrm{d}x\,\mathrm{d}y. \tag{10.3.2}$$

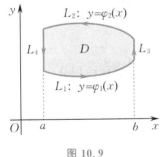

图 10.9

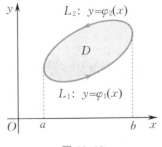

图 10.10

再设 D 是 Y-型区域(穿过 D 的内部且平行于 x 轴的直线与 L 恰好有两个交点),类似于式(10.3.2)的证明,有

$$\oint_L Q\,\mathrm{d}y = \iint_D \frac{\partial Q}{\partial x}\mathrm{d}x\,\mathrm{d}y. \tag{10.3.3}$$

于是,当 D 既是 X-型区域又是 Y-型区域时,式(10.3.2)和式(10.3.3)同时

成立,从而有

$$\oint_L P \,\mathrm{d}x + Q \,\mathrm{d}y = \iint_D \left(\frac{\partial Q}{\partial x} - \frac{\partial P}{\partial y} \right) \mathrm{d}x \,\mathrm{d}y.$$

(2) 设 D 是一个一般的单连通闭区域,则总可以用一些光滑的辅助线把 D 分成若干个既是 X-型又是 Y-型的小闭区域(见图 10.11,D 为整个阴影部分,它可以分成既是 X-型又是 Y-型的小闭区域 D_1,D_2,D_3,这三个小闭区域的边界曲线分别为 L_1,L_2,L_3,在每个小闭区域上公式(10.3.1)都成立.把这些式子相加,右边就是整个闭区域 D 上的二重积分,而左边为 L 上的曲线积分与辅助线上的曲线积分之和.注意到每条辅助线上的曲线积分都要来回各积分一次,相加时恰好抵消.因此,公式(10.3.1)仍然成立.

(3) 若 D 是一个复连通闭区域,则总可以用一些光滑的辅助线把 D 分成若干个小单连通闭区域(见图 10.12).根据情形(2),在每个小单连通闭区域上公式(10.3.1)都成立,把这些式子相加,就可以证明在 D 上公式(10.3.1)成立.

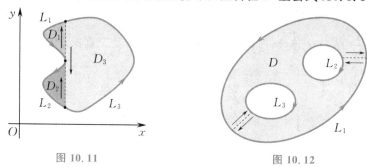

图 10.11　　　　　　　　　　　　　图 10.12

在定理 10.3.1 中,若边界曲线 L 取负向,则

$$\oint_L P \,\mathrm{d}x + Q \,\mathrm{d}y = -\iint_D \left(\frac{\partial Q}{\partial x} - \frac{\partial P}{\partial y} \right) \mathrm{d}x \,\mathrm{d}y. \tag{10.3.1$'$}$$

格林公式可以用来简化某些曲线积分的计算.

设 L 是有界闭区域 D 的分段光滑的正向边界曲线,则 D 的面积 A 可表示为

$$A = \oint_L x \,\mathrm{d}y = -\oint_L y \,\mathrm{d}x = \frac{1}{2} \oint_L x \,\mathrm{d}y - y \,\mathrm{d}x.$$

例 10.3.1 设 L 为逆时针方向的椭圆 $\dfrac{x^2}{4} + \dfrac{y^2}{3} = 1$,计算曲线积分

$$I = \oint_L \frac{(x+y)\,\mathrm{d}x + (y-x)\,\mathrm{d}y}{3x^2 + 4y^2}.$$

解　$I = \dfrac{1}{12} \oint_L (x+y)\,\mathrm{d}x + (y-x)\,\mathrm{d}y$

$$= \frac{1}{12} \iint_D (-1-1)\,\mathrm{d}x\,\mathrm{d}y = -\frac{1}{6} \times 2\sqrt{3}\,\pi = -\frac{\sqrt{3}\,\pi}{3},$$

其中 D 为椭圆盘 $\dfrac{x^2}{4} + \dfrac{y^2}{3} \leqslant 1$.

例 **10.3.2** 计算曲线积分 $I = \oint_L \dfrac{x \, \mathrm{d}y - y \, \mathrm{d}x}{x^2 + y^2}$，其中 L 是一条无重点、分段光滑且不通过原点的顺时针方向的闭曲线.

解 令 $P(x,y) = \dfrac{-y}{x^2 + y^2}$，$Q(x,y) = \dfrac{x}{x^2 + y^2}$，则

$$\frac{\partial P}{\partial y} = \frac{\partial Q}{\partial x} = \frac{y^2 - x^2}{(x^2 + y^2)^2}, \quad (x,y) \neq (0,0).$$

设 L 所围成的闭区域为 D. 下面分两种情况讨论.

(1) 设原点 $(0,0) \notin D$. 因为 $\dfrac{\partial P}{\partial y}$，$\dfrac{\partial Q}{\partial x}$ 在闭区域 D 上连续，且 $\dfrac{\partial Q}{\partial x} - \dfrac{\partial P}{\partial y} \equiv 0$，所以由格林公式得

$$I = -\iint\limits_{D} \left(\frac{\partial Q}{\partial x} - \frac{\partial P}{\partial y} \right) \mathrm{d}x \, \mathrm{d}y = 0.$$

(2) 设原点 $(0,0) \in D$. 此时，$\dfrac{\partial P}{\partial y}$，$\dfrac{\partial Q}{\partial x}$ 在原点处不连续（无定义），故不能直接运用格林公式. 为此，在 D 内作圆 $C : x^2 + y^2 = a^2 (a > 0)$，取逆时针方向，如图 10.13 所示.

那么，在以 $L^- + C^-$ 为边界曲线的复连通闭区域 D_1 上应用格林公式得

$$I = \oint_{L+C} \frac{x \, \mathrm{d}y - y \, \mathrm{d}x}{x^2 + y^2} - \oint_C \frac{x \, \mathrm{d}y - y \, \mathrm{d}x}{x^2 + y^2}$$

$$= -\iint\limits_{D_1} \left(\frac{\partial Q}{\partial x} - \frac{\partial P}{\partial y} \right) \mathrm{d}x \, \mathrm{d}y - \oint_C \frac{x \, \mathrm{d}y - y \, \mathrm{d}x}{x^2 + y^2}$$

$$= 0 - \frac{1}{a^2} \oint_C x \, \mathrm{d}y - y \, \mathrm{d}x = -\frac{1}{a^2} \iint\limits_{D_2} [1 - (-1)] \mathrm{d}x \, \mathrm{d}y$$

$$= -\frac{2}{a^2} \pi a^2 = -2\pi,$$

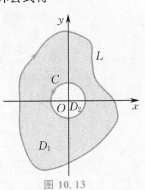

图 10.13

其中 D_2 为圆盘 $x^2 + y^2 \leqslant a^2$.

例 **10.3.3** 计算曲线积分 $I = \int_L [\mathrm{e}^x \sin y - 3(x + y)] \mathrm{d}x + (\mathrm{e}^x \cos y - x) \mathrm{d}y$，其中 L 为从点 $A(2,0)$ 沿曲线 $y = \sqrt{2x - x^2}$ 到原点 $O(0,0)$ 的一段有向曲线弧.

解 令 $P(x,y) = \mathrm{e}^x \sin y - 3(x + y)$，$Q(x,y) = \mathrm{e}^x \cos y - x$，则

$$\frac{\partial Q}{\partial x} = \mathrm{e}^x \cos y - 1, \quad \frac{\partial P}{\partial y} = \mathrm{e}^x \cos y - 3.$$

设闭曲线 $L + \overrightarrow{OA}$ 所围成的闭区域为 D，则

$$I = \oint_{L + \overrightarrow{OA}} P(x,y) \mathrm{d}x + Q(x,y) \mathrm{d}y - \int_{\overrightarrow{OA}} P(x,y) \mathrm{d}x + Q(x,y) \mathrm{d}y$$

$$= \iint\limits_{D} \left(\frac{\partial Q}{\partial x} - \frac{\partial P}{\partial y} \right) \mathrm{d}x \, \mathrm{d}y - \left[\int_0^2 P(x,0) \mathrm{d}x + 0 \right]$$

$$= \iint\limits_{D} 2\mathrm{d}x\,\mathrm{d}y - \int_{0}^{2} (-3x)\,\mathrm{d}x = \pi + 6.$$

二、平面上曲线积分与路径无关的条件

定义 10.3.1　设 G 是平面内的一个区域,函数 $P = P(x,y)$, $Q = Q(x,y)$ 在 G 内连续, L 为 G 内任一分段光滑的有向曲线,点 $A(x_0,y_0)$, $B(x_1,y_1)$ 分别为 L 的始点和终点.若对于 G 内任意两条从点 A 到点 B 的有向曲线 L_1 和 L_2 ,均有

$$\int_{L_1} P\mathrm{d}x + Q\mathrm{d}y = \int_{L_2} P\mathrm{d}x + Q\mathrm{d}y,$$

则称曲线积分 $\int_{L} P\mathrm{d}x + Q\mathrm{d}y$ 在 G 内与路径无关,此时 $\int_{L} P\mathrm{d}x + Q\mathrm{d}y$ 可记为 $\int_{A}^{B} P\mathrm{d}x + Q\mathrm{d}y$ 或 $\int_{(x_0,y_0)}^{(x_1,y_1)} P\mathrm{d}x + Q\mathrm{d}y$;否则,称曲线积分 $\int_{L} P\mathrm{d}x + Q\mathrm{d}y$ 在 G 内与路径有关.

在物理学和力学中,势场就是研究场力所做的功与路径无关的相关问题的.

定理 10.3.2　设函数 $P = P(x,y)$, $Q = Q(x,y)$ 在单连通区域 G 内具有连续偏导数,则下列四个条件等价:

(1) 在 G 内任一分段光滑的有向闭曲线 L 上,有

$$\oint_{L} P\mathrm{d}x + Q\mathrm{d}y = 0;$$

(2) 曲线积分 $\int_{L} P\mathrm{d}x + Q\mathrm{d}y$ 在 G 内与路径无关;

(3) 在 G 内 $P\mathrm{d}x + Q\mathrm{d}y$ 是某个二元函数 $u(x,y)$ 的全微分,即在 G 内存在一个二元函数 $u(x,y)$,使得

$$\mathrm{d}u = P\mathrm{d}x + Q\mathrm{d}y;$$

(4) $\dfrac{\partial P}{\partial y} = \dfrac{\partial Q}{\partial x}$ 在 G 内处处成立.

证明　(1)⇒(2):假设(1)成立.如图 10.14 所示,对于 G 内任意指定的两点 A 和 B , $\overset{\frown}{AEB}$ 与 $\overset{\frown}{AFB}$ 为从点 A 到点 B 的任意两条路径.由(1)知

$$\oint_{\overset{\frown}{AEB} + \overset{\frown}{BFA}} P\mathrm{d}x + Q\mathrm{d}y = 0,$$

由此可得

$$\int_{\overset{\frown}{AEB}} P\mathrm{d}x + Q\mathrm{d}y = -\int_{\overset{\frown}{BFA}} P\mathrm{d}x + Q\mathrm{d}y = \int_{\overset{\frown}{AFB}} P\mathrm{d}x + Q\mathrm{d}y.$$

故曲线积分 $\int_{L} P\mathrm{d}x + Q\mathrm{d}y$ 在 G 内与路径无关.

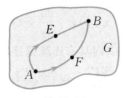

图 10.14

(2)⇒(3)：假设(2)成立.设 $M_0(x_0, y_0), M(x, y) \in G$. 由(2)知，曲线积分 $\int_{\widehat{M_0 M}} P \mathrm{d}x + Q \mathrm{d}y$ 与路径无关.当始点 $M_0(x_0, y_0)$ 固定时，$\int_{\widehat{M_0 M}} P \mathrm{d}x + Q \mathrm{d}y$ 就是终点 $M(x, y)$ 的函数.令

$$u(x, y) = \int_{(x_0, y_0)}^{(x, y)} P \mathrm{d}x + Q \mathrm{d}y.$$

下面证明 $\mathrm{d}u = P \mathrm{d}x + Q \mathrm{d}y$.

如图 10.15 所示，当 Δx 充分小时，设 $A(x + \Delta x, y) \in G$ 且线段 AM 在 G 内.由曲线积分 $\int_{\widehat{M_0 A}} P \mathrm{d}x + Q \mathrm{d}y$ 和 $\int_{\widehat{M_0 M}} P \mathrm{d}x + Q \mathrm{d}y$ 在 G 内与路径无关及积分中值定理可得

$$
\begin{aligned}
u(x + \Delta x, y) - u(x, y) &= \int_M^A P \mathrm{d}x + Q \mathrm{d}y = \int_x^{x + \Delta x} P(x, y) \mathrm{d}x \\
&= P(x + \theta_{\Delta x} \Delta x, y) \Delta x,
\end{aligned}
$$

其中 $\theta_{\Delta x} \in (0, 1)$，从而

$$\lim_{\Delta x \to 0} \frac{u(x + \Delta x, y) - u(x, y)}{\Delta x} = \lim_{\Delta x \to 0} P(x + \theta_{\Delta x} \Delta x, y) = P(x, y).$$

因此 $\dfrac{\partial u}{\partial x} = P(x, y)$.

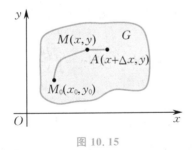

图 10.15

同理可证 $\dfrac{\partial u}{\partial y} = Q(x, y)$.

另外，因 $\dfrac{\partial u}{\partial x} = P(x, y)$ 和 $\dfrac{\partial u}{\partial y} = Q(x, y)$ 在 G 内连续，故 $u(x, y)$ 在 D 内可微，从而

$$\mathrm{d}u = \frac{\partial u}{\partial x} \mathrm{d}x + \frac{\partial u}{\partial y} \mathrm{d}y = P \mathrm{d}x + Q \mathrm{d}y.$$

(3)⇒(4)：假设(3)成立，即在 G 内存在一个二元函数 $u(x, y)$，使得 $\mathrm{d}u = P \mathrm{d}x + Q \mathrm{d}y$. 由此可知

$$\frac{\partial u}{\partial x} = P(x, y), \quad \frac{\partial u}{\partial y} = Q(x, y).$$

由于函数 $P(x, y), Q(x, y)$ 在 G 内具有连续偏导数，即二阶偏导数

$$\frac{\partial^2 u}{\partial x \partial y} = \frac{\partial P}{\partial y} \quad \text{和} \quad \frac{\partial^2 u}{\partial y \partial x} = \frac{\partial Q}{\partial x}$$

在 G 内连续，从而 $\dfrac{\partial^2 u}{\partial x \partial y} = \dfrac{\partial^2 u}{\partial y \partial x}$，因此 $\dfrac{\partial P}{\partial y} = \dfrac{\partial Q}{\partial x}$.

(4)⟹(1)：假设 (4) 成立. 设 L 为 G 内的任一分段光滑的闭曲线，L 所围成的闭区域为 D，显然 $D \subseteq G$，则由格林公式得

$$\left| \oint_L P \, \mathrm{d}x + Q \, \mathrm{d}y \right| = \left| \iint_D \left(\frac{\partial Q}{\partial x} - \frac{\partial P}{\partial y} \right) \mathrm{d}x \, \mathrm{d}y \right| = 0.$$

因此 $\oint_L P \, \mathrm{d}x + Q \, \mathrm{d}y = 0$.

> **定理 10.3.3** 设 G 是一个单连通区域，$(x_0, y_0) \in G$，函数 $P = P(x, y)$，$Q = Q(x, y)$ 在 $G \backslash \{(x_0, y_0)\}$ 内具有连续偏导数，L_1 和 L_2 是 G 内围绕点 (x_0, y_0) 且方向均为顺时针方向或均为逆时针方向的分段光滑闭曲线. 若 $\dfrac{\partial P}{\partial y} = \dfrac{\partial Q}{\partial x}$ 在 $G \backslash \{(x_0, y_0)\}$ 内处处成立，则
> $$\oint_{L_1} P \, \mathrm{d}x + Q \, \mathrm{d}y = \oint_{L_2} P \, \mathrm{d}x + Q \, \mathrm{d}y.$$

证明　不妨设 L_1 和 L_2 的方向均为逆时针方向. 设 L_1 和 L_2 所围成的闭区域分别为 D_1 和 D_2. 在 $D_1 \bigcap D_2$ 内以点 (x_0, y_0) 为圆心作一个圆 L，使得 L 所围成的圆盘 $D \subset D_1 \bigcap D_2$. 取 L 的方向为顺时针方向. 设 L_1 与 L，L_2 与 L 所围成的闭区域分别为 D_3, D_4，则由格林公式可知

$$\oint_{L_1} P \, \mathrm{d}x + Q \, \mathrm{d}y + \oint_L P \, \mathrm{d}x + Q \, \mathrm{d}y = \iint_{D_3} \left(\frac{\partial Q}{\partial x} - \frac{\partial P}{\partial y} \right) \mathrm{d}x \, \mathrm{d}y = 0,$$

$$\oint_{L_2} P \, \mathrm{d}x + Q \, \mathrm{d}y + \oint_L P \, \mathrm{d}x + Q \, \mathrm{d}y = \iint_{D_4} \left(\frac{\partial Q}{\partial x} - \frac{\partial P}{\partial y} \right) \mathrm{d}x \, \mathrm{d}y = 0.$$

因此

$$\oint_{L_1} P \, \mathrm{d}x + Q \, \mathrm{d}y = \oint_{L_2} P \, \mathrm{d}x + Q \, \mathrm{d}y.$$

利用定理 10.3.2 和定理 10.3.3，可以简化一些曲线积分的计算.

例 10.3.4　计算曲线积分 $I = \displaystyle\int_L (x^2 - y) \mathrm{d}x - (x + \sin^2 y) \mathrm{d}y$，其中 L 为上半圆弧 $y = \sqrt{2x - x^2}$ 上从点 $O(0, 0)$ 到点 $A(1, 1)$ 的一段.

解　令 $P(x, y) = x^2 - y, Q(x, y) = -(x + \sin^2 y)$，则

$$\frac{\partial P}{\partial y} = -1 = \frac{\partial Q}{\partial x}.$$

因此,曲线积分 $\int_L P(x,y)\mathrm{d}x + Q(x,y)\mathrm{d}y$ 在 xOy 面内与路径无关,可取积分路径为 $O \to B \to A$,如图 10.16 所示. 于是

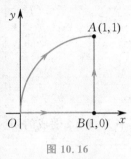

$$
\begin{aligned}
I &= \int_L P(x,y)\mathrm{d}x + Q(x,y)\mathrm{d}y \\
&= \int_{\overrightarrow{OB}} P(x,y)\mathrm{d}x + Q(x,y)\mathrm{d}y + \int_{\overrightarrow{BA}} P(x,y)\mathrm{d}x \\
&\quad + Q(x,y)\mathrm{d}y \\
&= \int_0^1 x^2 \mathrm{d}x - \int_0^1 (1+\sin^2 y)\mathrm{d}y \\
&= \frac{\sin 2}{4} - \frac{7}{6}.
\end{aligned}
$$

图 10.16

例 10.3.5 计算曲线积分 $I = \int_L \dfrac{(x-y)\mathrm{d}x + (x+y)\mathrm{d}y}{x^2+y^2}$,其中 L 是曲线 $y = 2(1-x^2)$ 上从点 $A(-1,0)$ 到点 $B(1,0)$ 的一段弧.

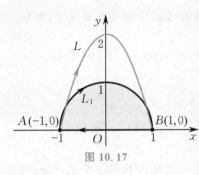

图 10.17

解 令 $P(x,y) = \dfrac{x-y}{x^2+y^2}$,$Q(x,y) = \dfrac{x+y}{x^2+y^2}$,则

$$
\frac{\partial P}{\partial y} = \frac{y^2-x^2-2xy}{(x^2+y^2)^2} = \frac{\partial Q}{\partial x}, \quad (x,y) \neq (0,0).
$$

因此,曲线积分 $\int_L P(x,y)\mathrm{d}x + Q(x,y)\mathrm{d}y$ 在不含原点的单连通区域内与路径无关.

设 L_1 是从点 $A(-1,0)$ 到点 $B(1,0)$ 的上半圆弧 $y = \sqrt{1-x^2}$,如图 10.17 所示,则

$$
\begin{aligned}
I &= \int_L P(x,y)\mathrm{d}x + Q(x,y)\mathrm{d}y = \int_{L_1} P(x,y)\mathrm{d}x + Q(x,y)\mathrm{d}y \\
&= \int_{L_1} (x-y)\mathrm{d}x + (x+y)\mathrm{d}y \\
&= \oint_{L_1+\overrightarrow{BA}} (x-y)\mathrm{d}x + (x+y)\mathrm{d}y - \int_{\overrightarrow{BA}} (x-y)\mathrm{d}x + (x+y)\mathrm{d}y \\
&= -\iint_D [1-(-1)]\mathrm{d}x\,\mathrm{d}y - \left(\int_1^{-1} x\,\mathrm{d}x + 0 \right) = -\pi,
\end{aligned}
$$

其中 D 为 $L_1 + \overrightarrow{BA}$ 围成的闭区域.

例 10.3.6 设闭曲线 $L: x^2+y^2=1$,取逆时针方向,计算曲线积分

$$
I = \oint_L \frac{(x-y)\mathrm{d}x + (x+4y)\mathrm{d}y}{x^2+4y^2}.
$$

解 令 $P(x,y) = \dfrac{x-y}{x^2+4y^2}$,$Q(x,y) = \dfrac{x+4y}{x^2+4y^2}$,则

$$
\frac{\partial P}{\partial y} = \frac{4y^2-x^2-8xy}{(x^2+4y^2)^2} = \frac{\partial Q}{\partial x}, \quad (x,y) \neq (0,0).
$$

令 $L_1: x^2 + 4y^2 = 1$，取逆时针方向，则

$$I = \oint_L P(x,y)\mathrm{d}x + Q(x,y)\mathrm{d}y = \oint_{L_1} P(x,y)\mathrm{d}x + Q(x,y)\mathrm{d}y$$

$$= \oint_{L_1} (x-y)\mathrm{d}x + (x+4y)\mathrm{d}y$$

$$= \iint_D [1-(-1)]\mathrm{d}x\,\mathrm{d}y = 2\iint_D 1\mathrm{d}x\,\mathrm{d}y = \pi,$$

其中 D 为 L_1 围成的闭区域.

计算曲线积分时，应当根据被积函数选取适当的积分路径，如例 10.3.5 和例 10.3.6 这样计算就比较简洁.

三、原函数及其计算方法

由定理 10.3.2 可知，当 $\dfrac{\partial P}{\partial y} = \dfrac{\partial Q}{\partial x}$ 在单连通区域 G 内处处成立时，函数

$$u(x,y) = \int_{(x_0,y_0)}^{(x,y)} P(x,y)\mathrm{d}x + Q(x,y)\mathrm{d}y, \quad (x,y) \in G$$

的全微分就是 $P(x,y)\mathrm{d}x + Q(x,y)\mathrm{d}y$，即

$$\mathrm{d}u = P(x,y)\mathrm{d}x + Q(x,y)\mathrm{d}y.$$

称 $u(x,y)$ 为 $P(x,y)\mathrm{d}x + Q(x,y)\mathrm{d}y$ 的一个原函数.

由原函数的定义易知：

(1) 若 $u(x,y)$ 是 $P(x,y)\mathrm{d}x + Q(x,y)\mathrm{d}y$ 在 G 内的一个原函数，则显然 $u(x,y) + C$（C 为常数）也是它的原函数. $P(x,y)\mathrm{d}x + Q(x,y)\mathrm{d}y$ 在 G 内有无穷多个原函数，且任意两个原函数之间最多相差一个常数.

(2) 若 $u(x,y)$ 是 $P(x,y)\mathrm{d}x + Q(x,y)\mathrm{d}y$ 在 G 内的一个原函数，则有类似于计算定积分的牛顿-莱布尼茨公式的结论：

$$\int_{\overset{\frown}{AB}} P(x,y)\mathrm{d}x + Q(x,y)\mathrm{d}y = u(B) - u(A) \xMapsto{\text{记为}} u(M)\Big|_A^B.$$

下面讨论 $P(x,y)\mathrm{d}x + Q(x,y)\mathrm{d}y \left(\text{假定} \dfrac{\partial P}{\partial y} = \dfrac{\partial Q}{\partial x}\right)$ 的原函数的计算方法.

因为 $u(x,y) = \displaystyle\int_{(x_0,y_0)}^{(x,y)} P(x,y)\mathrm{d}x + Q(x,y)\mathrm{d}y$ 是 $P(x,y)\mathrm{d}x + Q(x,y)\mathrm{d}y$ 的一个原函数，且曲线积分 $\displaystyle\int_{(x_0,y_0)}^{(x,y)} P(x,y)\mathrm{d}x + Q(x,y)\mathrm{d}y$ 与路径无关，所以为计算简便起见，可以在 G 内选择一些平行于坐标轴的线段连成的有向折线作为积分路径. 例如，选择图 10.18 中的有向折线 $M_0 M_1 M$ 或 $M_0 M_2 M$ 作为积分路径，则

$$u(x,y) = \int_{x_0}^x P(x,y_0)\mathrm{d}x + \int_{y_0}^y Q(x,y)\mathrm{d}y$$

或

$$u(x,y)=\int_{y_0}^{y}Q(x_0,y)\mathrm{d}y+\int_{x_0}^{x}P(x,y)\mathrm{d}x.$$

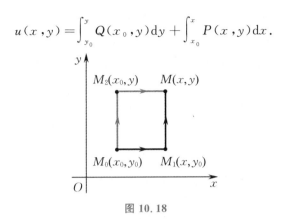

图 10.18

例 10.3.7　在平面直角坐标系 Oxy 中,

(1) 证明: $\dfrac{x\,\mathrm{d}y-y\,\mathrm{d}x}{x^2+y^2}$ 在右半平面($x>0$)内是某个函数的全微分;

(2) 求 $\dfrac{x\,\mathrm{d}y-y\,\mathrm{d}x}{x^2+y^2}$ 的一个原函数;

(3) 计算曲线积分 $\displaystyle\int_{(1,0)}^{(1,1)}\dfrac{x\,\mathrm{d}y-y\,\mathrm{d}x}{x^2+y^2}$.

解　(1) 令 $P(x,y)=\dfrac{-y}{x^2+y^2}$, $Q(x,y)=\dfrac{x}{x^2+y^2}$, 则

$$\frac{\partial P}{\partial y}=\frac{y^2-x^2}{(x^2+y^2)^2}=\frac{\partial Q}{\partial x},\quad (x,y)\neq(0,0).$$

因此, $\dfrac{x\,\mathrm{d}y-y\,\mathrm{d}x}{x^2+y^2}$ 在右半平面($x>0$)内是某个函数的全微分.

(2) 取积分路径如图 10.19 所示,则 $\dfrac{x\,\mathrm{d}y-y\,\mathrm{d}x}{x^2+y^2}$ 的一个原函数为

$$u(x,y)=\int_{1}^{x}P(x,0)\mathrm{d}x+\int_{0}^{y}Q(x,y)\mathrm{d}y=0+\int_{0}^{y}\frac{x\,\mathrm{d}y}{x^2+y^2}$$

$$=\arctan\frac{y}{x}\bigg|_{0}^{y}=\arctan\frac{y}{x}.$$

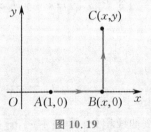

图 10.19

(3) $\displaystyle\int_{(1,0)}^{(1,1)}\dfrac{x\,\mathrm{d}y-y\,\mathrm{d}x}{x^2+y^2}=\arctan\dfrac{y}{x}\bigg|_{(1,0)}^{(1,1)}=\dfrac{\pi}{4}$.

四、空间上的曲线积分与路径无关的条件

类似于平面上的曲线积分,空间上的曲线积分与路径无关也有相应的等价条件.

定理 10.3.4 设函数 $P=P(x,y,z), Q=Q(x,y,z), R=R(x,y,z)$ 在单连通区域 Ω 内具有连续偏导数,则下列四个条件等价:

(1) 在 Ω 内的任一分段光滑的闭曲线 Γ 上,有

$$\oint_\Gamma P\,\mathrm{d}x + Q\,\mathrm{d}y + R\,\mathrm{d}z = 0;$$

(2) 曲线积分 $\displaystyle\int_\Gamma P\,\mathrm{d}x + Q\,\mathrm{d}y + R\,\mathrm{d}z$ 在 Ω 内与路径无关;

(3) 在 Ω 内 $P\,\mathrm{d}x + Q\,\mathrm{d}y + R\,\mathrm{d}z$ 是某个三元函数 $u(x,y,z)$ 的全微分,即在 Ω 内存在一个三元函数 $u(x,y,z)$,使得

$$\mathrm{d}u = P\,\mathrm{d}x + Q\,\mathrm{d}y + R\,\mathrm{d}z;$$

(4) $\dfrac{\partial R}{\partial y} = \dfrac{\partial Q}{\partial z}, \dfrac{\partial P}{\partial z} = \dfrac{\partial R}{\partial x}, \dfrac{\partial Q}{\partial x} = \dfrac{\partial P}{\partial y}$ 在 Ω 内处处成立,即

$$\begin{vmatrix} \vec{i} & \vec{j} & \vec{k} \\ \dfrac{\partial}{\partial x} & \dfrac{\partial}{\partial y} & \dfrac{\partial}{\partial z} \\ P & Q & R \end{vmatrix} = (0,0,0),$$

这里行列式按第一行展开,并把 $\dfrac{\partial}{\partial y}$ 与 R 的"乘积"理解为 $\dfrac{\partial R}{\partial y}$,其余照此类推.

例 10.3.8 设质点在力 $\vec{F} = (y+z, z+x, x+y)$ 的作用下从点 $A(a,0,0)$ 沿螺旋线 $\Gamma: \begin{cases} x = a\cos\theta, \\ y = b\sin\theta, \\ z = b\theta \end{cases} (a>0, b>0)$ 移动到点 $B(a,0,2\pi b)$,求力 $\vec{F}$ 所做的功.

解 力 $\vec{F}$ 所做的功为 $W = \displaystyle\int_{\overset{\frown}{AB}} (y+z)\,\mathrm{d}x + (z+x)\,\mathrm{d}y + (x+y)\,\mathrm{d}z$.

令 $P(x,y,z) = y+z, Q(x,y,z) = z+x, R(x,y,z) = x+y$,则

$$\begin{vmatrix} \vec{i} & \vec{j} & \vec{k} \\ \dfrac{\partial}{\partial x} & \dfrac{\partial}{\partial y} & \dfrac{\partial}{\partial z} \\ P & Q & R \end{vmatrix} = (0,0,0).$$

故曲线积分 $\displaystyle\int_{\overset{\frown}{AB}} (y+z)\,\mathrm{d}x + (z+x)\,\mathrm{d}y + (x+y)\,\mathrm{d}z$ 与路径无关. 于是

$$W = \int_{\overrightarrow{AB}} (y+z)\,\mathrm{d}x + (z+x)\,\mathrm{d}y + (x+y)\,\mathrm{d}z$$

$$= \int_0^{2\pi b} a\,\mathrm{d}z = 2\pi ab.$$

习题10.3

1. 用格林公式计算下列对坐标的曲线积分:

(1) $\oint_L \dfrac{xy^2\mathrm{d}y - x^2y\mathrm{d}x}{x^2 + y^2}$,其中 L 为圆 $x^2 + y^2 = a^2\,(a > 0)$,取顺时针方向;

(2) $\oint_L (3x + y)\mathrm{d}y - (x - y)\mathrm{d}x$,其中 L 为圆 $(x - 1)^2 + (y - 4)^2 = 9$,取逆时针方向;

(3) $\oint_L (x^2 + y^2)\mathrm{d}x + (y^2 - x^2)\mathrm{d}y$,其中 L 为直线 $y = 0, x = 1, y = x$ 所围成闭区域的正向边界曲线;

(4) $\oint_L (2xy - x^2)\mathrm{d}x + (y^2 + x)\mathrm{d}y$,其中 L 为曲线 $y = x^2, x = y^2$ 所围成闭区域的正向边界曲线;

(5) $\oint_L e^y\mathrm{d}x + x\mathrm{d}y$,其中 L 为椭圆 $4x^2 + y^2 = 8x$,取逆时针方向.

2. 计算曲线积分 $\displaystyle\int_L (x + e^{\sin y})\mathrm{d}y - \left(y - \dfrac{1}{2}\right)\mathrm{d}x$,其中 L 是从点 $A(1,0)$ 沿直线 $x + y = 1$ 到点 $B(0,1)$,再由点 $B(0,1)$ 沿圆弧 $y = \sqrt{1 - x^2}\,(x \leqslant 0)$ 到点 $C(-1,0)$ 的有向曲线.

3. 求曲线积分 $\displaystyle\int_L \dfrac{y^2}{\sqrt{a^2 + x^2}}\mathrm{d}x + \left[ax + 2y\ln(x + \sqrt{a^2 + x^2})\right]\mathrm{d}y$,其中 $a > 0, L$ 为从点 $A(0,a)$ 依逆时针方向到点 $B(0, -a)$ 的半圆弧 $x = -\sqrt{a^2 - y^2}$.

4. 验证下列运算式在整个 xOy 面内是某一函数 $u(x, y)$ 的全微分,并求出这样的一个函数 $u(x, y)$:

(1) $4\sin x \sin 3y\cos x\,\mathrm{d}x - 3\cos 3y\cos 2x\,\mathrm{d}y$;

(2) $(3x^2y + 8xy^2)\mathrm{d}x + (x^3 + 8x^2y + 12ye^y)\mathrm{d}y$.

5. 证明下列曲线积分与路径无关,并计算积分值:

(1) $\displaystyle\int_{(1,2)}^{(3,4)} (6xy^2 - y^3)\mathrm{d}x + (6x^2y - 3xy^2)\mathrm{d}y$;

(2) $\displaystyle\int_L \dfrac{x\,\mathrm{d}x + y\,\mathrm{d}y}{\sqrt{x^2 + y^2}}$,其中 L 为从点 $A(1,0)$ 到点 $B(6,8)$ 的线段.

6. 设函数 $P(x, y) = \dfrac{2x(1 - e^y)}{(1 + x^2)^2}, Q(x, y) = \dfrac{e^y}{1 + x^2}$,求 $u(x, y)$,使得 $\mathrm{d}u = P(x, y)\mathrm{d}x + Q(x, y)\mathrm{d}y$.

7. 计算曲线积分 $\displaystyle\int_L \dfrac{x - y}{x^2 + y^2}\mathrm{d}x + \dfrac{x + y}{x^2 + y^2}\mathrm{d}y$,其中 L 是从点 $A(-a, 0)$ 沿下半椭圆 $\dfrac{x^2}{a^2} + \dfrac{y^2}{b^2} = 1\,(y \leqslant 0, a > 0, b > 0)$ 到点 $B(a, 0)$ 的一段弧.

8. 计算曲线积分 $\oint_L \dfrac{x\,\mathrm{d}y - y\,\mathrm{d}x}{x^2 + 4y^2}$,其中 L 为闭曲线 $|x| + |y| = 1$,取逆时针方向.

9. 计算曲线积分 $I = \oint_L \dfrac{(x + 1)\mathrm{d}y - y\,\mathrm{d}x}{(x + 1)^2 + y^2}$,其中 L 为圆 $x^2 + y^2 = a^2\,(a > 0$ 且 $a \neq 1)$,取顺时针方向.

10. 计算曲线积分 $\displaystyle\int_L (e^x \sin y - my)\mathrm{d}x + (e^x \cos y - mx)\mathrm{d}y$,其中 L 是由原点 $O(0,0)$ 沿摆线 $\begin{cases} x = a(t - \sin t), \\ y = a(1 - \cos t) \end{cases}\,(a > 0)$ 到点 $A(\pi a, 2a)$ 的一段弧.

11. 计算曲线积分 $\oint_\Gamma xz\,\mathrm{d}x + x\,\mathrm{d}y + \dfrac{1}{2}y^2\mathrm{d}z$,其中 Γ 是圆柱面 $x^2 + y^2 = 1$ 与平面 $x + y = z$ 的有向交线,从 z 轴正向看去,Γ 为逆时针方向.

*12. 设函数 $Q(x,y)$ 在 xOy 面上具有连续偏导数,曲线积分 $\int_L 2xy\mathrm{d}x + Q(x,y)\mathrm{d}y$ 与路径无关,对任意的 t,恒有 $\int_{(0,0)}^{(t,1)} 2xy\mathrm{d}x + Q(x,y)\mathrm{d}y = \int_{(0,0)}^{(1,t)} 2xy\mathrm{d}x + Q(x,y)\mathrm{d}y$,求 $Q(x,y)$.

13. 设曲线积分 $\int_L xy^2\mathrm{d}x + yf(x)\mathrm{d}y$ 与路径无关,其中函数 $f(x)$ 具有连续导数,且 $f(0)=0$,求 $f(x)$,并计算曲线积分 $I = \int_{(0,0)}^{(1,1)} xy^2\mathrm{d}x + yf(x)\mathrm{d}y$.

14. 设函数 $\varphi(y)$ 具有连续导数,在围绕原点的任意分段光滑的负向闭曲线 L 上,有

$$\oint_L \frac{\varphi(y)\mathrm{d}x + 2xy\mathrm{d}y}{2x^2 + y^4} = 1.$$

(1) 求证:对右半平面 $(x>0)$ 内任意分段光滑的闭曲线 C,有

$$\oint_C \frac{\varphi(y)\mathrm{d}x + 2xy\mathrm{d}y}{2x^2 + y^4} = 0.$$

(2) 求 $\varphi(y)$.

§10.4

对面积的曲面积分

一、对面积的曲面积分的概念

类似于对弧长的曲线积分的定义,可以采用积分学中常用的元素法,即分割、近似代替、求和、取极限的方法来定义曲面上的一类积分.

若曲面 Σ 上的每一点处都有切平面,且当切点在曲面 Σ 上连续移动时,切平面也连续转动,则称曲面 Σ 是光滑的.若曲面 Σ 可以分成有限个光滑曲面,则称曲面 Σ 是分片光滑的.曲面 Σ 的直径是指 Σ 上任意两点间的距离的最大值.

定义 10.4.1　设 Σ 是空间中的一个具有有限面积的光滑曲面,$f(x,y,z)$ 是定义在 Σ 上的一个有界函数.把 Σ 分成 n 个小曲面 $\Sigma_i(i=1,2,\cdots,n)$,并用 $\|\Sigma_i\|$ 表示小曲面 Σ_i 的面积.在每个小曲面 Σ_i 上任取一点 (ξ_i,η_i,ζ_i).做和式 $\sum_{i=1}^{n} f(\xi_i,\eta_i,\zeta_i)\|\Sigma_i\|$.令 $\lambda = \max_{1\leqslant i\leqslant n}\{\Sigma_i \text{ 的直径}\}$.若极限 $\lim_{\lambda\to 0}\sum_{i=1}^{n} f(\xi_i,\eta_i,\zeta_i)\|\Sigma_i\|$ 存在,并且与曲面 Σ 的分割及点 (ξ_i,η_i,ζ_i) 的选取无关,则称 $f(x,y,z)$ 在 Σ 上对面积的曲面积分存在,并称此极限值为 $f(x,y,z)$ 在 Σ 上对面积的曲面积分,记作 $\iint\limits_{\Sigma} f(x,y,z)\mathrm{d}S$,即

$$\iint\limits_{\Sigma} f(x,y,z)\mathrm{d}S = \lim_{\lambda\to 0}\sum_{i=1}^{n} f(\xi_i,\eta_i,\zeta_i)\|\Sigma_i\|,$$

其中 $f(x,y,z)$ 称为被积函数,Σ 称为积分曲面.

当 Σ 是分片光滑曲面时,若函数 $f(x,y,z)$ 在每一个光滑曲面上对面积的

曲面积分都存在,则规定 $f(x,y,z)$ 在各个光滑曲面上对面积的曲面积分之和为 $f(x,y,z)$ 在曲面 Σ 上对面积的曲面积分.

当 Σ 为闭曲面时,习惯上记 $\iint\limits_{\Sigma}f(x,y,z)\mathrm{d}S$ 为 $\oiint\limits_{\Sigma}f(x,y,z)\mathrm{d}S$.

对面积的曲面积分也称为第一类曲面积分.

质量分布在曲面 Σ 上的物体[设面密度 $\rho(x,y,z)$ 在 Σ 上连续]的质量可以用对面积的曲面积分 $\iint\limits_{\Sigma}\rho(x,y,z)\mathrm{d}S$ 表示.对面积的曲面积分也可以用来计算曲面形物体的质心、曲面形物体对转动轴的转动惯量,以及曲面形物体对其外某一点处的质点的引力,读者可自行建立相应的计算公式.

二、对面积的曲面积分的性质

性质 10.4.1 设函数 $f(x,y,z)$ 和 $g(x,y,z)$ 在曲面 Σ 上对面积的曲面积分存在.

(1) 若 α 和 β 均为常数,则

$$\iint\limits_{\Sigma}[\alpha f(x,y,z)+\beta g(x,y,z)]\mathrm{d}S=\alpha\iint\limits_{\Sigma}f(x,y,z)\mathrm{d}S+\beta\iint\limits_{\Sigma}g(x,y,z)\mathrm{d}S.$$

(2) 若在 Σ 上 $f(x,y,z)\leqslant g(x,y,z)$,则

$$\iint\limits_{\Sigma}f(x,y,z)\mathrm{d}S\leqslant\iint\limits_{\Sigma}g(x,y,z)\mathrm{d}S.$$

特别地,

$$\left|\iint\limits_{\Sigma}f(x,y,z)\mathrm{d}S\right|\leqslant\iint\limits_{\Sigma}|f(x,y,z)|\mathrm{d}S.$$

性质 10.4.2 设函数 $f(x,y,z)$ 在曲面 Σ 上对面积的曲面积分存在.

(1) 若 Σ 可分成有限个曲面 $\Sigma_1,\Sigma_2,\cdots,\Sigma_k$(通常用 $\Sigma=\Sigma_1+\Sigma_2+\cdots+\Sigma_k$ 表示),则

$$\iint\limits_{\Sigma}f(x,y,z)\mathrm{d}S=\sum_{i=1}^{k}\iint\limits_{\Sigma_i}f(x,y,z)\mathrm{d}S.$$

(2) 若 $f(x,y,z)$ 在 Σ 上连续,则在 Σ 上至少存在一点 (x_0,y_0,z_0),使得

$$\iint\limits_{\Sigma}f(x,y,z)\mathrm{d}S=f(x_0,y_0,z_0)\|\Sigma\|,$$

其中 $\|\Sigma\|$ 为 Σ 的面积.特别地,

$$\iint\limits_{\Sigma}1\mathrm{d}S=\|\Sigma\|.$$

(3) 若积分曲面 $\Sigma=\Sigma_1+\Sigma_2$,且 Σ_1 和 Σ_2 关于 xOy 面(或 yOz 面,或 zOx 面)对称,则当 $f(x,y,z)$ 关于 z(或 x,或 y)为奇函数时,有

$$\iint\limits_{\Sigma}f(x,y,z)\mathrm{d}S=0;$$

当 $f(x,y,z)$ 关于 z(或 x,或 y)为偶函数时,有

$$\iint\limits_{\Sigma}f(x,y,z)\mathrm{d}S=2\iint\limits_{\Sigma_1}f(x,y,z)\mathrm{d}S=2\iint\limits_{\Sigma_2}f(x,y,z)\mathrm{d}S.$$

（4）**轮换对称性**　若将积分曲面 Σ 中的 x 与 y 互换，Σ 不变，则

$$\iint\limits_{\Sigma}f(x,y,z)\mathrm{d}S=\iint\limits_{\Sigma}f(y,x,z)\mathrm{d}S.$$

对 x 与 z（或 y 与 z）可互换的情形，也有类似的结论.

例如，设曲面 $\Sigma:|x|+|y|+|z|=1$，则

$$\oiint\limits_{\Sigma}|x|\mathrm{d}S=\frac{1}{3}\oiint\limits_{\Sigma}(|x|+|y|+|z|)\mathrm{d}S=\frac{1}{3}\oiint\limits_{\Sigma}1\mathrm{d}S$$

$$=\frac{1}{3}\times 8\times\frac{\sqrt{3}}{2}=\frac{4}{3}\sqrt{3}.$$

性质 10.4.3　设 Σ 是具有有限面积的分片光滑曲面. 若函数 $f(x,y,z)$ 在 Σ 上连续，则 $f(x,y,z)$ 在 Σ 上对面积的曲面积分存在.

以下总假定积分曲面 Σ 具有有限面积，Σ 的边界曲线是分段光滑的闭曲线，并且被积函数 $f(x,y,z)$ 在 Σ 上是连续的.

三、对面积的曲面积分的计算

定理 10.4.1　设曲面 Σ 的方程为 $z=z(x,y),(x,y)\in D_{xy}$，且函数 $z(x,y)$ 在 D_{xy} 上具有连续偏导数. 若函数 $f(x,y,z)$ 在 Σ 上连续，则

$$\iint\limits_{\Sigma}f(x,y,z)\mathrm{d}S=\iint\limits_{D_{xy}}f[x,y,z(x,y)]\sqrt{1+z_x^2+z_y^2}\,\mathrm{d}x\mathrm{d}y.\quad(10.4.1)$$

定理 10.4.1 的证明要用到 $\sqrt{1+z_x^2+z_y^2}$ 在闭区域 D_{xy} 上的一致连续性，这里从略.

类似于定理 10.4.1，有下面两个定理成立.

定理 10.4.2　设曲面 Σ 的方程为 $x=x(y,z),(y,z)\in D_{yz}$，且函数 $x(y,z)$ 在 D_{yz} 上具有连续偏导数. 若函数 $f(x,y,z)$ 在 Σ 上连续，则

$$\iint\limits_{\Sigma}f(x,y,z)\mathrm{d}S=\iint\limits_{D_{yz}}f[x(y,z),y,z]\sqrt{1+x_y^2+x_z^2}\,\mathrm{d}y\mathrm{d}z.\quad(10.4.2)$$

定理 10.4.3　设曲面 Σ 的方程为 $y=y(z,x),(z,x)\in D_{zx}$，且函数 $y(z,x)$ 在 D_{zx} 上具有连续偏导数. 若函数 $f(x,y,z)$ 在 Σ 上连续，则

$$\iint\limits_{\Sigma}f(x,y,z)\mathrm{d}S=\iint\limits_{D_{zx}}f[x,y(z,x),z]\sqrt{1+y_x^2+y_z^2}\,\mathrm{d}z\mathrm{d}x.\quad(10.4.3)$$

定理 10.4.1～10.4.3 表明，在通常情况下，可以根据积分曲面 Σ 的方程的形式来确定将 Σ 向某个坐标面投影，从而把对面积的曲面积分化为二重积分来进行计算. 在计算对面积的曲面积分时，可以利用积分曲面的对称性和被积函数的奇偶性来简化计算，还可以利用积分曲面的方程来化简被积函数.

10.4.1 计算曲面积分 $I = \iint\limits_{\Sigma}(2x+y+2z)\mathrm{d}S$,其中 Σ 为平面 $x+y+z=1$ 位于第一卦限的部分.

解 Σ 在 xOy 面(也可以考虑其他坐标面)上的投影区域 D_{xy} 为平面 $x+y=1$,$x=0$ 和 $y=0$ 所围成的闭区域(见图 10.20),Σ 的方程为 $z=1-x-y$,$(x,y)\in D_{xy}$,于是

$$\mathrm{d}S = \sqrt{1+z_x^2+z_y^2}\,\mathrm{d}x\,\mathrm{d}y = \sqrt{3}\,\mathrm{d}x\,\mathrm{d}y.$$

因此

$$I = \iint\limits_{\Sigma}(2x+y+2z)\mathrm{d}S = \sqrt{3}\iint\limits_{D_{xy}}(2-y)\mathrm{d}x\,\mathrm{d}y$$

$$= \sqrt{3}\int_0^1\mathrm{d}x\int_0^{1-x}(2-y)\mathrm{d}y$$

$$= \sqrt{3}\int_0^1\left(\frac{3}{2}-x-\frac{1}{2}x^2\right)\mathrm{d}x$$

$$= \frac{5\sqrt{3}}{6}.$$

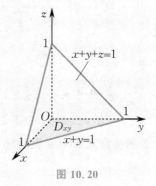

图 10.20

例 10.4.1 也可由轮换对称性得 $I = \dfrac{5}{3}\iint\limits_{\Sigma}1\,\mathrm{d}S = \dfrac{5\sqrt{3}}{6}$.

 10.4.2 计算曲面积分 $I = \iint\limits_{\Sigma}(x+z)\mathrm{d}S$,其中 Σ 为曲面 $z=\sqrt{R^2-x^2-y^2}$,$x^2+y^2\leqslant H^2$,其中 $0<H<R$.

解 Σ 在 xOy 面上的投影区域为 $D_{xy} = \{(x,y)\mid x^2+y^2\leqslant H^2\}$,而

$$\mathrm{d}S = \sqrt{1+z_x^2+z_y^2}\,\mathrm{d}x\,\mathrm{d}y = \frac{R}{\sqrt{R^2-x^2-y^2}}\mathrm{d}x\,\mathrm{d}y,$$

故

$$I = \iint\limits_{\Sigma}(x+z)\mathrm{d}S = 0 + \iint\limits_{\Sigma}z\,\mathrm{d}S = \iint\limits_{D_{xy}}\sqrt{R^2-x^2-y^2}\cdot\frac{R}{\sqrt{R^2-x^2-y^2}}\mathrm{d}x\,\mathrm{d}y$$

$$= \iint\limits_{D_{xy}}R\,\mathrm{d}x\,\mathrm{d}y = \pi RH^2.$$

 10.4.3 设 Σ 为圆柱面 $x^2+y^2=4$ 介于平面 $z=0$ 和 $z=2$ 之间的部分,计算曲面积分 $I = \iint\limits_{\Sigma}\dfrac{\mathrm{d}S}{x^2+y^2+z^2}$.

解　令 $\Sigma_1 : x = \sqrt{4 - y^2}$，$(y,z) \in D_{yz}$，其中 $D_{yz} = \{(y,z) \mid -2 \leqslant y \leqslant 2, 0 \leqslant z \leqslant 2\}$，于是

$$I = 2\iint\limits_{\Sigma_1} \frac{1}{x^2 + y^2 + z^2} dS = 2\iint\limits_{\Sigma_1} \frac{1}{4 + z^2} dS = 2\iint\limits_{D_{yz}} \frac{1}{4 + z^2} \cdot \frac{2}{\sqrt{4 - y^2}} dy dz$$

$$= 8 \int_0^2 \frac{1}{\sqrt{4 - y^2}} dy \int_0^2 \frac{1}{4 + z^2} dz = 8 \cdot \arcsin\frac{y}{2} \Big|_0^2 \cdot \frac{1}{2}\arctan\frac{z}{2} \Big|_0^2$$

$$= \frac{\pi^2}{2}.$$

例 10.4.4　设 Σ_1 为球面 $x^2 + y^2 + (z-a)^2 = R^2 (0 < R < 2a)$，$\Sigma_2$ 为球面 $x^2 + y^2 + z^2 = a^2$，Σ 是 Σ_2 位于 Σ_1 内部的那部分，Σ 上点 (x,y,z) 处的面密度为 $\rho(x,y,z) = z$，求 Σ 的质量和 Σ 对 z 轴的转动惯量.

解　由

$$\begin{cases} x^2 + y^2 + (z-a)^2 = R^2, \\ x^2 + y^2 + z^2 = a^2 \end{cases}$$

得 $x^2 + y^2 = \dfrac{R^2(4a^2 - R^2)}{4a^2}$，故 Σ 在 xOy 面上的投影区域为

$$D_{xy} = \left\{ (x,y) \,\Big|\, x^2 + y^2 \leqslant \frac{R^2(4a^2 - R^2)}{4a^2} \right\}.$$

因此，Σ 的质量为

$$M = \iint\limits_{\Sigma} \rho(x,y,z) dS = \iint\limits_{\Sigma} z \, dS = \iint\limits_{D_{xy}} \sqrt{a^2 - x^2 - y^2} \cdot \frac{a}{\sqrt{a^2 - x^2 - y^2}} dx \, dy$$

$$= a \iint\limits_{D_{xy}} dx \, dy = \frac{\pi R^2(4a^2 - R^2)}{4a},$$

Σ 对 z 轴的转动惯量为

$$I_z = \iint\limits_{\Sigma} (x^2 + y^2)\rho(x,y,z) dS = \iint\limits_{\Sigma} (x^2 + y^2) z \, dS$$

$$= \iint\limits_{D_{xy}} (x^2 + y^2) \sqrt{a^2 - x^2 - y^2} \cdot \frac{a}{\sqrt{a^2 - x^2 - y^2}} dx \, dy$$

$$= a \iint\limits_{D_{xy}} (x^2 + y^2) dx \, dy = a \int_0^{2\pi} d\theta \int_0^{\frac{R\sqrt{4a^2 - R^2}}{2a}} r^3 dr$$

$$= \frac{\pi R^4(4a^2 - R^2)^2}{32a^3}.$$

习题10.4

1. 求锥面 $z=\sqrt{x^2+y^2}$ 在柱面 $z^2=2x$ 内的部分的面积.

2. 求双曲抛物面 $z=xy$ 被圆柱面 $x^2+y^2=a^2(a>0)$ 截下的有限部分的面积.

3. 计算下列对面积的曲面积分:

(1) $\iint\limits_{\Sigma}(x+z)\mathrm{d}S$,其中 Σ 是半球面 $x^2+y^2+z^2=R^2(x\geqslant0,R>0)$;

(2) $\iint\limits_{\Sigma}y\sqrt{z}\,\mathrm{d}S$,其中 Σ 是曲面 $z=x^2+y^2,z\leqslant1$;

(3) $\oiint\limits_{\Sigma}(ax+by+cz)^2\mathrm{d}S$,其中 Σ 是球面 $x^2+y^2+z^2=R^2(R>0)$,a,b,c 为常数;

(4) $\oiint\limits_{\Sigma}(x^2+y^2+z^2)\mathrm{d}S$,其中 Σ 是球面 $x^2+y^2+z^2=2az(a>0)$;

(5) $\iint\limits_{\Sigma}y^2\mathrm{d}S$,其中 Σ 是圆柱面 $x^2+y^2=a^2(a>0)$ 介于平面 $z=0$ 与 $z=4$ 之间的部分;

(6) $\oiint\limits_{\Sigma}(x^2+y^2)\mathrm{d}S$,其中 Σ 是球面 $x^2+y^2+z^2=R^2(R>0)$;

(7) $\iint\limits_{\Sigma}\left(2x+\dfrac{4}{3}y+z\right)\mathrm{d}S$,其中 Σ 为平面 $\dfrac{x}{2}+\dfrac{y}{3}+\dfrac{z}{4}=1$ 位于第一卦限的部分;

(8) $\iint\limits_{\Sigma}(xy+yz+zx)\mathrm{d}S$,其中 Σ 为锥面 $z=\sqrt{x^2+y^2}$ 被柱面 $x^2+y^2=2ax(a>0)$ 所截得的有限部分.

4. 计算曲面积分 $\oiint\limits_{\Sigma}\dfrac{1}{(1+x+y)^2}\mathrm{d}S$,其中 Σ 为平面 $x+y+z=1$ 与三个坐标面所围成的四面体的表面.

5. 设 Σ 为椭球面 $\dfrac{x^2}{2}+\dfrac{y^2}{2}+z^2=1$ 的上半部分$(z>0)$,点 $P(x,y,z)\in\Sigma$,Π 为 Σ 在点 P 处的切平面,$\rho(x,y,z)$ 是原点 $O(0,0,0)$ 到平面 Π 的距离,求曲面积分 $\iint\limits_{\Sigma}\dfrac{z}{\rho(x,y,z)}\mathrm{d}S$.

6. 求面密度为常数 ρ 的上半球壳 $z=\sqrt{R^2-x^2-y^2}(R>0)$ 的质心和对 z 轴的转动惯量.

§10.5

对坐标的曲面积分

一、有向曲面及其在坐标面上的投影

1. 有向曲面的概念

若曲面在空间直角坐标系中由方程 $z=z(x,y)$ 表示(如旋转抛物面 $z=x^2+y^2$),则这个曲面把整个空间分成两部分:一部分位于该曲面的上侧,另一部分位于该曲面的下侧.因此,可以规定这种曲面的上侧和下侧.按照这种方式,也可以类似地规定一个曲面的前侧和后侧（或左侧和右侧）. 如果曲面是一个封闭曲面（如球面），还可以规定它的内侧和外侧. 如果用一种颜色来涂这样的曲面，则不越过曲面的边界曲线就无法涂遍曲面的全部. 称这样的曲面为双侧曲面.

并不是所有的曲面都是双侧的，一个典型例子就是默比乌斯（Mobius）带. 它的构造方法如下：把一张长方形纸条 $ABCD$ 扭转 $180°$，再把两端黏合在一起（让点 A 与 C 重合，点 B 与 D 重合，线段 AB 与 CD 重合）（见图 10.21）. 此时，用一种颜色来涂这个曲面，就可以不越过曲面的边界曲线而涂遍曲面的全部. 因此，它不是双侧曲面. 称这样的曲面为单侧曲面.

图 10.21

双侧曲面和单侧曲面的严格定义则比较抽象. 设曲面 Σ 上每一点处都有连续变动的切平面（或法线），M 为 Σ 上的一个动点，Σ 在点 M 处的法线有两个方向，当取定其中一个方向为正向时，另一个方向就是负向. 又设 M_0 为 Σ 上任一定点，L 为 Σ 上任一经过点 M_0 且不超出 Σ 的边界曲线的闭曲线. 当点 M 从点 M_0 出发沿 L 连续移动一圈回到点 M_0 时，若点 M 处的法线方向仍与开始时一致，则称 Σ 是双侧曲面；若点 M 处的法线方向与开始时相反，则称 Σ 是单侧曲面.

以下总假定所考虑的曲面都是双侧曲面. 光滑的双侧曲面上每一点处的法向量都有两个方向，故可以用法向量的方向来表示曲面的侧. 例如，设光滑曲面 Σ 的方程为 $z = z(x, y)$，若 Σ 上任一点的法向量为 $\vec{n} = \left(-\dfrac{\partial z}{\partial x}, -\dfrac{\partial z}{\partial y}, 1 \right)$，则称曲面 Σ 所选定的侧为上侧；若 Σ 上任一点的法向量为 $\vec{n} = \left(\dfrac{\partial z}{\partial x}, \dfrac{\partial z}{\partial y}, -1 \right)$，则称曲面 Σ 所选定的侧为下侧. 对于封闭曲面 Σ，当法向量的方向朝外（或朝内）时，称 Σ 所选定的侧为外侧（或内侧）.

对于曲面 $y = y(z, x)$［或 $x = x(y, z)$］，也可类似地用法向量的方向来规定它的右侧和左侧（或前侧和后侧）.

选定了侧的曲面称为有向曲面. 设 Σ 是一个有向曲面，通常用 $-\Sigma$ 或 Σ^- 表示与 Σ 取相反侧的有向曲面.

2. 有向曲面在坐标面上的投影

设 Σ 为有向曲面，在 Σ 上取一个小曲面 Σ_i，假定 Σ_i 上任一点处的法向量与 z 轴正向的夹角 γ 的余弦 $\cos \gamma$ 有相同的符号（都为正的，或者都为负的，或者都为零），它在 xOy 面上的投影区域的面积记为 $(\Delta \sigma_i)_{xy}$，则 Σ_i 在 xOy 面上的投影 $(\Sigma_i)_{xy}$ 定义为

$$(\Sigma_i)_{xy} = \begin{cases} (\Delta \sigma_i)_{xy}, & \cos \gamma > 0, \\ -(\Delta \sigma_i)_{xy}, & \cos \gamma < 0, \\ 0, & \cos \gamma \equiv 0. \end{cases}$$

类似地,可以定义 Σ_i 在 yOz 面(或 zOx 面)上的投影 $(\Sigma_i)_{yz}$[或 $(\Sigma_i)_{zx}$].

二、对坐标的曲面积分的定义

定义 10.5.1　　设 Σ 是具有有限面积的光滑有向曲面,$R(x,y,z)$ 是 Σ 上的一个有界函数.把 Σ 任意分成 n 个小曲面 $\Sigma_i(i=1,2,\cdots,n)$,将 Σ_i 在 xOy 面上的投影记为 $(\Sigma_i)_{xy}$. 在 $\Sigma_i(i=1,2,\cdots,n)$ 上任取一点 (ξ_i,η_i,ζ_i),做积分和 $\sum_{i=1}^{n}R(\xi_i,\eta_i,\zeta_i)(\Sigma_i)_{xy}$. 令 $\lambda=\max_{1\leqslant i\leqslant n}\{\Sigma_i$ 的直径$\}$. 若极限 $\lim_{\lambda\to 0}\sum_{i=1}^{n}R(\xi_i,\eta_i,\zeta_i)(\Sigma_i)_{xy}$ 存在且与 Σ 的分割及点 (ξ_i,η_i,ζ_i) 的选取无关,则称 $R(x,y,z)$ 在 Σ 上对坐标 x,y 的曲面积分存在,并称此极限值为 $R(x,y,z)$ 在 Σ 上对坐标 x,y 的曲面积分,记作 $\iint\limits_{\Sigma}R(x,y,z)\mathrm{d}x\mathrm{d}y$,即

$$\iint\limits_{\Sigma}R(x,y,z)\mathrm{d}x\mathrm{d}y=\lim_{\lambda\to 0}\sum_{i=1}^{n}R(\xi_i,\eta_i,\zeta_i)(\Sigma_i)_{xy},$$

其中 $R(x,y,z)$ 称为被积函数,Σ 称为积分曲面.

类似地,可以定义函数 $P(x,y,z)$ 在 Σ 上对坐标 y,z 的曲面积分和函数 $Q(x,y,z)$ 在 Σ 上对坐标 z,x 的曲面积分:

$$\iint\limits_{\Sigma}P(x,y,z)\mathrm{d}y\mathrm{d}z=\lim_{\lambda\to 0}\sum_{i=1}^{n}P(\xi_i,\eta_i,\zeta_i)(\Sigma_i)_{yz},$$

$$\iint\limits_{\Sigma}Q(x,y,z)\mathrm{d}z\mathrm{d}x=\lim_{\lambda\to 0}\sum_{i=1}^{n}Q(\xi_i,\eta_i,\zeta_i)(\Sigma_i)_{zx}.$$

当 Σ 是分片光滑的有向曲面时,若函数 $f(x,y,z)$ 在每一个光滑有向曲面上对坐标 x,y(或对坐标 y,z,或对坐标 z,x)的曲面积分都存在,则规定 $f(x,y,z)$ 在各个光滑有向曲面上对坐标 x,y(或对坐标 y,z,或对坐标 z,x)的曲面积分之和为 $f(x,y,z)$ 在 Σ 上对坐标 x,y(或对坐标 y,z,或对坐标 z,x)的曲面积分.

与对坐标的曲线积分一样,为了书写方便,用

$$\iint\limits_{\Sigma}P(x,y,z)\mathrm{d}y\mathrm{d}z+Q(x,y,z)\mathrm{d}z\mathrm{d}x+R(x,y,z)\mathrm{d}x\mathrm{d}y$$

表示

$$\iint\limits_{\Sigma}P(x,y,z)\mathrm{d}y\mathrm{d}z+\iint\limits_{\Sigma}Q(x,y,z)\mathrm{d}z\mathrm{d}x+\iint\limits_{\Sigma}R(x,y,z)\mathrm{d}x\mathrm{d}y.$$

当 Σ 为有向闭曲面时,习惯上记

$$\iint\limits_{\Sigma}P(x,y,z)\mathrm{d}y\mathrm{d}z+Q(x,y,z)\mathrm{d}z\mathrm{d}x+R(x,y,z)\mathrm{d}x\mathrm{d}y$$

为

$$\oiint\limits_{\Sigma} P(x,y,z)\mathrm{d}y\,\mathrm{d}z + Q(x,y,z)\mathrm{d}z\,\mathrm{d}x + R(x,y,z)\mathrm{d}x\,\mathrm{d}y.$$

对坐标的曲面积分也称为第二类曲面积分.

根据对坐标的曲面积分的定义,流体以速度 $\vec{V} = (P(x,y,z),Q(x,y,z),R(x,y,z))$ 穿过有向曲面 Σ 流向指定侧的总流量为

$$\Phi = \iint\limits_{\Sigma} P(x,y,z)\mathrm{d}y\,\mathrm{d}z + Q(x,y,z)\mathrm{d}z\,\mathrm{d}x + R(x,y,z)\mathrm{d}x\,\mathrm{d}y.$$

设空间的磁场强度为 $\vec{A} = (P(x,y,z),Q(x,y,z),R(x,y,z))$,则通过有向曲面 Σ 流向指定侧的磁通量为

$$\Phi = \iint\limits_{\Sigma} P(x,y,z)\mathrm{d}y\,\mathrm{d}z + Q(x,y,z)\mathrm{d}z\,\mathrm{d}x + R(x,y,z)\mathrm{d}x\,\mathrm{d}y.$$

类似于对坐标的曲线积分,对坐标的曲面积分有如下性质.

性质 10.5.1 设 α 和 β 均为常数.

(1) 若 $\iint\limits_{\Sigma} P_1(x,y,z)\mathrm{d}y\,\mathrm{d}z$ 和 $\iint\limits_{\Sigma} P_2(x,y,z)\mathrm{d}y\,\mathrm{d}z$ 存在,则

$$\iint\limits_{\Sigma} [\alpha P_1(x,y,z) + \beta P_2(x,y,z)]\mathrm{d}y\,\mathrm{d}z$$

$$= \alpha \iint\limits_{\Sigma} P_1(x,y,z)\mathrm{d}y\,\mathrm{d}z + \beta \iint\limits_{\Sigma} P_2(x,y,z)\mathrm{d}y\,\mathrm{d}z;$$

(2) 若 $\iint\limits_{\Sigma} Q_1(x,y,z)\mathrm{d}z\,\mathrm{d}x$ 和 $\iint\limits_{\Sigma} Q_2(x,y,z)\mathrm{d}z\,\mathrm{d}x$ 存在,则

$$\iint\limits_{\Sigma} [\alpha Q_1(x,y,z) + \beta Q_2(x,y,z)]\mathrm{d}z\,\mathrm{d}x$$

$$= \alpha \iint\limits_{\Sigma} Q_1(x,y,z)\mathrm{d}z\,\mathrm{d}x + \beta \iint\limits_{\Sigma} Q_2(x,y,z)\mathrm{d}z\,\mathrm{d}x;$$

(3) 若 $\iint\limits_{\Sigma} R_1(x,y,z)\mathrm{d}x\,\mathrm{d}y$ 和 $\iint\limits_{\Sigma} R_2(x,y,z)\mathrm{d}x\,\mathrm{d}y$ 存在,则

$$\iint\limits_{\Sigma} [\alpha R_1(x,y,z) + \beta R_2(x,y,z)]\mathrm{d}x\,\mathrm{d}y$$

$$= \alpha \iint\limits_{\Sigma} R_1(x,y,z)\mathrm{d}x\,\mathrm{d}y + \beta \iint\limits_{\Sigma} R_2(x,y,z)\mathrm{d}x\,\mathrm{d}y.$$

性质 10.5.2 设 $\iint\limits_{\Sigma} P(x,y,z)\mathrm{d}y\,\mathrm{d}z + Q(x,y,z)\mathrm{d}z\,\mathrm{d}x + R(x,y,z)\mathrm{d}x\,\mathrm{d}y$ 存在.

(1) $\iint\limits_{\Sigma^-} P(x,y,z)\mathrm{d}y\,\mathrm{d}z + Q(x,y,z)\mathrm{d}z\,\mathrm{d}x + R(x,y,z)\mathrm{d}x\,\mathrm{d}y$

$$= -\iint\limits_{\Sigma} P(x,y,z)\mathrm{d}y\,\mathrm{d}z + Q(x,y,z)\mathrm{d}z\,\mathrm{d}x + R(x,y,z)\mathrm{d}x\,\mathrm{d}y;$$

(2) 若 Σ 可分成有限个有向曲面 $\Sigma_1,\Sigma_2,\cdots,\Sigma_k$(通常用 $\Sigma = \Sigma_1 + \Sigma_2 + \cdots + \Sigma_k$ 表示),则

$$\iint\limits_{\Sigma}P(x,y,z)\mathrm{d}y\mathrm{d}z+Q(x,y,z)\mathrm{d}z\mathrm{d}x+R(x,y,z)\mathrm{d}x\mathrm{d}y$$

$$=\sum_{i=1}^{k}\iint\limits_{\Sigma_i}P(x,y,z)\mathrm{d}y\mathrm{d}z+Q(x,y,z)\mathrm{d}z\mathrm{d}x+R(x,y,z)\mathrm{d}x\mathrm{d}y.$$

性质 10.5.3　设 Σ 是具有有限面积的分片光滑的有向曲面,函数 $P(x,y,z)$[或 $Q(x,y,z)$,或 $R(x,y,z)$] 在 Σ 上连续,则 $\iint\limits_{\Sigma}P(x,y,z)\mathrm{d}y\mathrm{d}z$ [或 $\iint\limits_{\Sigma}Q(x,y,z)\mathrm{d}z\mathrm{d}x$,或 $\iint\limits_{\Sigma}R(x,y,z)\mathrm{d}x\mathrm{d}y$] 存在.

以下总假定积分曲面 Σ 具有有限面积,Σ 的边界曲线是分段光滑的闭曲线,并且被积函数在 Σ 上是连续的.

三、对坐标的曲面积分的计算

与对面积的曲面积分一样,对坐标的曲面积分在一定条件下也可以化为二重积分来计算.

定理 10.5.1　设 Σ 是由方程

$$z=z(x,y),\quad(x,y)\in D_{xy}$$

所确定的有向曲面,函数 $z(x,y)$ 在 D_{xy} 上具有连续偏导数(曲面 Σ 是光滑的). 若函数 $R(x,y,z)$ 在曲面 Σ 上连续,则

$$\iint\limits_{\Sigma}R(x,y,z)\mathrm{d}x\mathrm{d}y=\begin{cases}\iint\limits_{D_{xy}}R[x,y,z(x,y)]\mathrm{d}x\mathrm{d}y,&\Sigma\text{ 取上侧},\\[2mm]-\iint\limits_{D_{xy}}R[x,y,z(x,y)]\mathrm{d}x\mathrm{d}y,&\Sigma\text{ 取下侧}.\end{cases}$$

$$(10.5.1)$$

证明　当 Σ 取上侧时,由对坐标的曲面积分的定义可知

$$\iint\limits_{\Sigma}R(x,y,z)\mathrm{d}x\mathrm{d}y=\lim_{\lambda\to0}\sum_{i=1}^{n}R(\xi_i,\eta_i,\zeta_i)(\Sigma_i)_{xy}$$

$$=\lim_{\lambda\to0}\sum_{i=1}^{n}R[\xi_i,\eta_i,z(\xi_i,\eta_i)](\Delta\sigma_i)_{xy};$$

当 Σ 取下侧时,同理可证

$$\iint\limits_{\Sigma}R(x,y,z)\mathrm{d}x\mathrm{d}y=-\lim_{\lambda\to0}\sum_{i=1}^{n}R[\xi_i,\eta_i,z(\xi_i,\eta_i)](\Delta\sigma_i)_{xy}.$$

令 $d=\max\limits_{1\leqslant i\leqslant n}\{\Sigma_i$ 在 xOy 面上的投影区域的直径$\}$. 由函数 $z(x,y)$ 在 D_{xy} 上具有连续偏导数可推出:当 $\lambda(\max\limits_{1\leqslant i\leqslant n}\{\Sigma_i$ 的直径$\})\to0$ 时,$d\to0$,并且 $R[x,y,z(x,y)]$ 在 D_{xy} 上连续. 于是,由二重积分的定义可得

$$\lim_{\lambda\to0}\sum_{i=1}^{n}R[\xi_i,\eta_i,z(\xi_i,\eta_i)](\Delta\sigma_i)_{xy}=\lim_{d\to0}\sum_{i=1}^{n}R[\xi_i,\eta_i,z(\xi_i,\eta_i)](\Delta\sigma_i)_{xy}$$

$$= \iint\limits_{D_{xy}} R[x,y,z(x,y)]\mathrm{d}x\,\mathrm{d}y.$$

因此

$$\iint\limits_{\Sigma} R(x,y,z)\mathrm{d}x\,\mathrm{d}y = \begin{cases} \iint\limits_{D_{xy}} R(x,y,z(x,y))\mathrm{d}x\,\mathrm{d}y, & \Sigma\ \text{取上侧}, \\ -\iint\limits_{D_{xy}} R(x,y,z(x,y))\mathrm{d}x\,\mathrm{d}y, & \Sigma\ \text{取下侧}. \end{cases}$$

同理可证明下面两个定理.

定理 10.5.2 设 Σ 是由方程

$$x = x(y,z), \quad (y,z) \in D_{yz}$$

所确定的有向曲面,函数 $x(y,z)$ 在 D_{yz} 上具有连续偏导数(曲面 Σ 是光滑的).
若函数 $P(x,y,z)$ 在曲面 Σ 上连续,则

$$\iint\limits_{\Sigma} P(x,y,z)\mathrm{d}y\,\mathrm{d}z = \begin{cases} \iint\limits_{D_{yz}} P[x(y,z),y,z]\mathrm{d}y\,\mathrm{d}z, & \Sigma\ \text{取前侧}, \\ -\iint\limits_{D_{yz}} P[x(y,z),y,z]\mathrm{d}y\,\mathrm{d}z, & \Sigma\ \text{取后侧}. \end{cases}$$

$$(10.5.2)$$

定理 10.5.3 设 Σ 是由方程

$$y = y(z,x), \quad (z,x) \in D_{zx}$$

所确定的有向曲面,函数 $y(z,x)$ 在 D_{zx} 上具有连续偏导数(曲面 Σ 是光滑的).
若函数 $Q(x,y,z)$ 在曲面 Σ 上连续,则

$$\iint\limits_{\Sigma} Q(x,y,z)\mathrm{d}z\,\mathrm{d}x = \begin{cases} \iint\limits_{D_{zx}} Q[x,y(z,x),z]\mathrm{d}z\,\mathrm{d}x, & \Sigma\ \text{取右侧}, \\ -\iint\limits_{D_{zx}} Q[x,y(z,x),z]\mathrm{d}z\,\mathrm{d}x, & \Sigma\ \text{取左侧}. \end{cases}$$

$$(10.5.3)$$

注 (1)在计算对坐标的曲面积分 $\iint\limits_{\Sigma} P(x,y,z)\mathrm{d}y\,\mathrm{d}z, \iint\limits_{\Sigma} Q(x,y,z)\mathrm{d}z\,\mathrm{d}x$ 和 $\iint\limits_{\Sigma} R(x,y,z)\mathrm{d}x\,\mathrm{d}y$ 时,是将积分曲面 Σ 分别向 yOz 面、zOx 面和 xOy 面做投影,并根据 Σ 所选取的侧把对坐标的曲面积分化为二重积分的;而在计算对面积的曲面积分时,是根据积分曲面 Σ 的方程形式来确定将 Σ 向哪个坐标面做投影的.这是两类曲面积分的一个重要区别.

(2)若积分曲面 Σ 的方程为 $F(x,y) = 0$(方程中不含有变量 z),则 $\iint\limits_{\Sigma} R(x,y,z)\mathrm{d}x\,\mathrm{d}y = 0$;若 Σ 的方程为 $F(z,x) = 0$(方程中不含有变量 y),则 $\iint\limits_{\Sigma} Q(x,y,z)\mathrm{d}z\,\mathrm{d}x = 0$;若 Σ 的方程为 $F(y,z) = 0$(方程中不含有变量 x),则

$$\iint\limits_{\Sigma} P(x,y,z)\mathrm{d}y\mathrm{d}z = 0.$$

例 10.5.1 计算曲面积分 $I = \iint\limits_{\Sigma} z\mathrm{d}x\mathrm{d}y + x\mathrm{d}y\mathrm{d}z + y\mathrm{d}z\mathrm{d}x$，其中 Σ 为圆柱面 $x^2 + y^2 = 1$ 在第一卦限中被平面 $z = 0$ 及 $z = 3$ 所截得的部分，取外侧.

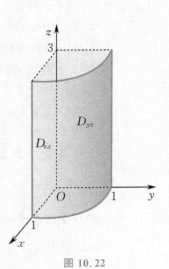

图 10.22

解 如图 10.22 所示，Σ 的方程为 $x = \sqrt{1-y^2}$，取前侧；或者 $y = \sqrt{1-x^2}$，取右侧. Σ 的方程中不含有变量 z，并且 Σ 在 yOz 面和 zOx 面上的投影区域分别为矩形 $D_{yz} = \{(y,z) \mid 0 \leqslant y \leqslant 1, 0 \leqslant z \leqslant 3\}$ 和 $D_{zx} = \{(z,x) \mid 0 \leqslant z \leqslant 3, 0 \leqslant x \leqslant 1\}$，于是

$$I = 0 + \iint\limits_{D_{yz}} \sqrt{1-y^2}\,\mathrm{d}y\mathrm{d}z + \iint\limits_{D_{zx}} \sqrt{1-x^2}\,\mathrm{d}z\mathrm{d}x$$

$$= \int_0^3 \mathrm{d}z \int_0^1 \sqrt{1-y^2}\,\mathrm{d}y + \int_0^3 \mathrm{d}z \int_0^1 \sqrt{1-x^2}\,\mathrm{d}x$$

$$= 6\int_0^1 \sqrt{1-t^2}\,\mathrm{d}t = \frac{3\pi}{2}.$$

例 10.5.2 计算曲面积分 $I = \oiint\limits_{\Sigma} z\mathrm{d}x\mathrm{d}y$，其中 Σ 为球面 $x^2 + y^2 + z^2 = R^2 (R > 0)$，取外侧.

解 把 Σ 分为上半球面 Σ_1 及下半球面 Σ_2，且 Σ_1 取上侧，Σ_2 取下侧，它们的方程分别为

$$z = \sqrt{R^2 - x^2 - y^2} \quad \text{和} \quad z = -\sqrt{R^2 - x^2 - y^2}.$$

Σ_1 和 Σ_2 在 xOy 面上的投影区域均为 $D_{xy} = \{(x,y) \mid x^2 + y^2 \leqslant R^2\}$，于是

$$I = \iint\limits_{\Sigma_1} z\mathrm{d}x\mathrm{d}y + \iint\limits_{\Sigma_2} z\mathrm{d}x\mathrm{d}y$$

$$= \iint\limits_{D_{xy}} \sqrt{R^2 - x^2 - y^2}\,\mathrm{d}x\mathrm{d}y - \iint\limits_{D_{xy}} (-\sqrt{R^2 - x^2 - y^2})\,\mathrm{d}x\mathrm{d}y$$

$$= 2\iint\limits_{D_{xy}} \sqrt{R^2 - x^2 - y^2}\,\mathrm{d}x\mathrm{d}y$$

$$= -2\pi \int_0^R (R^2 - r^2)^{\frac{1}{2}}\,\mathrm{d}(R^2 - r^2)$$

$$= \frac{4}{3}\pi R^3.$$

四、两类曲面积分之间的联系

与曲线积分一样，两类曲面积分之间也有密切的联系.

设 Σ 是由方程

$$z = z(x,y), \quad (x,y) \in D_{xy}$$

所确定的有向曲面，函数 $z(x,y)$ 在 D_{xy} 上具有连续偏导数. 若函数 $R(x,y,z)$ 在 Σ 上连续，则

$$\iint\limits_{\Sigma} R(x,y,z)\mathrm{d}x\,\mathrm{d}y = \iint\limits_{\Sigma} R(x,y,z)\cos\gamma\,\mathrm{d}S, \tag{10.5.4}$$

其中 $\gamma = \gamma(x,y,z)$ 为 Σ 在点 (x,y,z) 处的法向量关于 z 轴的方向角.

事实上，若 Σ 取上侧，则 Σ 在点 (x,y,z) 处的法向量关于 z 轴的方向余弦为

$$\cos\gamma = \frac{1}{\sqrt{1+z_x^2+z_y^2}},$$

故根据两类曲面积分的计算公式可得

$$\iint\limits_{\Sigma} R(x,y,z)\cos\gamma\,\mathrm{d}S = \iint\limits_{D_{xy}} R[x,y,z(x,y)]\mathrm{d}x\,\mathrm{d}y = \iint\limits_{\Sigma} R(x,y,z)\mathrm{d}x\,\mathrm{d}y.$$

若 Σ 取下侧，则 Σ 在点 (x,y,z) 处的法向量关于 z 轴的方向余弦为

$$\cos\gamma = \frac{-1}{\sqrt{1+z_x^2+z_y^2}},$$

故同样根据两类曲面积分的计算公式可得

$$\iint\limits_{\Sigma} R(x,y,z)\cos\gamma\,\mathrm{d}S = -\iint\limits_{D_{xy}} R(x,y,z(x,y))\mathrm{d}x\,\mathrm{d}y = \iint\limits_{\Sigma} R(x,y,z)\mathrm{d}x\,\mathrm{d}y.$$

因此，式（10.5.4）成立.

同理可证如下两个结论：

设 Σ 是由方程

$$x = x(y,z), \quad (y,z) \in D_{yz}$$

所确定的有向曲面，函数 $x(y,z)$ 在 D_{yz} 上具有连续偏导数. 若函数 $P(x,y,z)$ 在 Σ 上连续，则

$$\iint\limits_{\Sigma} P(x,y,z)\mathrm{d}y\,\mathrm{d}z = \iint\limits_{\Sigma} P(x,y,z)\cos\alpha\,\mathrm{d}S, \tag{10.5.5}$$

其中 $\alpha = \alpha(x,y,z)$ 为 Σ 在点 (x,y,z) 处的法向量关于 x 轴的方向角.

设 Σ 是由方程

$$y = y(z,x), \quad (z,x) \in D_{zx}$$

所确定的有向曲面，函数 $y(z,x)$ 在 D_{zx} 上具有连续偏导数. 若函数 $Q(x,y,z)$ 在 Σ 上连续，则

$$\iint\limits_{\Sigma} Q(x,y,z)\mathrm{d}z\,\mathrm{d}x = \iint\limits_{\Sigma} Q(x,y,z)\cos\beta\,\mathrm{d}S, \tag{10.5.6}$$

其中 $\beta = \beta(x,y,z)$ 为 Σ 在点 (x,y,z) 处的法向量关于 y 轴的方向角.

一般地,若被积函数 $P = P(x, y, z)$,$Q = Q(x, y, z)$,$R = R(x, y, z)$ 在分片光滑的有向曲面 Σ 上连续,则在式(10.5.4)、式(10.5.5)及式(10.5.6)的基础上可以进一步得到

$$\iint\limits_{\Sigma} P \, dy \, dz + Q \, dz \, dx + R \, dx \, dy = \iint\limits_{\Sigma} (P \cos \alpha + Q \cos \beta + R \cos \gamma) \, dS,$$

(10.5.7)

其中 $\alpha = \alpha(x, y, z)$,$\beta = \beta(x, y, z)$,$\gamma = \gamma(x, y, z)$ 分别为 Σ 在点 (x, y, z) 处的法向量关于 x 轴、y 轴、z 轴的方向角.

例 10.5.3 设 Σ 是平面 $x - y + z = 1$ 位于第四卦限的部分,取上侧,函数 $f(x, y, z)$ 在 Σ 上连续,计算曲面积分

$$I = \iint\limits_{\Sigma} [f(x, y, z) + x] \, dy \, dz + [2f(x, y, z) + y] \, dz \, dx + [f(x, y, z) + z] \, dx \, dy.$$

解 如图 10.23 所示,Σ 的一个法向量为 $\vec{n} = (1, -1, 1)$,$\vec{n}$ 的方向余弦为

$$\cos \alpha = \frac{1}{\sqrt{3}}, \quad \cos \beta = -\frac{1}{\sqrt{3}}, \quad \cos \gamma = \frac{1}{\sqrt{3}}.$$

于是

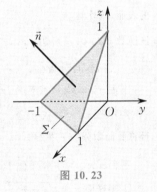

图 10.23

$$I = \iint\limits_{\Sigma} [(f + x) \cos \alpha + (2f + y) \cos \beta + (f + z) \cos \gamma] \, dS$$

$$= \frac{1}{\sqrt{3}} \iint\limits_{\Sigma} [(f + x) - (2f + y) + (f + z)] \, dS$$

$$= \frac{1}{\sqrt{3}} \iint\limits_{\Sigma} (x - y + z) \, dS = \frac{1}{\sqrt{3}} \iint\limits_{\Sigma} dS$$

$$= \frac{1}{\sqrt{3}} \times \frac{1}{2} \times (\sqrt{2})^2 \times \frac{\sqrt{3}}{2} = \frac{1}{2},$$

其中 f 表示 $f(x, y, z)$.

利用两类曲面积分的关系,可以给出例 10.5.1 和例 10.5.2 的比较简洁的解答. 例如,在例 10.5.1 中,因为曲面 Σ 在点 (x, y, z) 处的单位法向量为 $\vec{n} = (x, y, 0)$,所以

$$I = \iint\limits_{\Sigma} (x^2 + y^2) \, dS = \iint\limits_{\Sigma} 1 \, dS = \frac{2\pi}{4} \times 3 = \frac{3\pi}{2};$$

在例 10.5.2 中,因为曲面 Σ 在点 (x, y, z) 处的单位法向量为 $\vec{n} = \frac{1}{R}(x, y, z)$,所以

$$I = \frac{1}{R} \oiint\limits_{\Sigma} z^2 \, dS = \frac{1}{3R} \oiint\limits_{\Sigma} (x^2 + y^2 + z^2) \, dS = \frac{R}{3} \oiint\limits_{\Sigma} 1 \, dS = \frac{4}{3} \pi R^3.$$

1. 计算下列对坐标的曲面积分：

(1) $\iint\limits_{\Sigma}(x^2+y^2)\mathrm{d}x\mathrm{d}y$，其中 Σ 为圆盘 $z=0(x^2+y^2\leqslant 1)$，取下侧；

(2) $\iint\limits_{\Sigma}z\mathrm{d}x\mathrm{d}y$，其中 Σ 为上半球面 $z=\sqrt{R^2-x^2-y^2}(R>0)$，取下侧；

(3) $\iint\limits_{\Sigma}xz^2\mathrm{d}x\mathrm{d}y$，其中 Σ 为球面 $x^2+y^2+z^2=1$ 位于第一卦限的部分，取外侧；

(4) $\iint\limits_{\Sigma}z^2\mathrm{d}x\mathrm{d}y$，其中 Σ 为上半球面 $z=\sqrt{a^2-x^2-y^2}(a>0)$ 被圆柱面 $x^2+y^2=ax$ 所截得部分，取上侧；

(5) $\iint\limits_{\Sigma}x\mathrm{d}y\mathrm{d}z+z\mathrm{d}x\mathrm{d}y$，其中 Σ 为圆柱面 $x^2+y^2=a^2(a>0,0\leqslant z\leqslant h)$ 位于第一卦限的部分，取外侧.

2. 计算曲面积分 $\oiint\limits_{\Sigma}\dfrac{x\mathrm{d}y\mathrm{d}z+z^2\mathrm{d}x\mathrm{d}y}{x^2+y^2+z^2}$，其中 Σ 为曲面 $x^2+y^2=a^2(a>0)$ 与平面 $z=a,z=-a$ 所围立体的表面，取外侧.

3. 设函数 $P(x,y,z),Q(x,y,z)$ 和 $R(x,y,z)$ 在 Σ 上连续. 把对坐标的曲面积分 $\iint\limits_{\Sigma}P(x,y,z)\mathrm{d}y\mathrm{d}z+Q(x,y,z)\mathrm{d}z\mathrm{d}x+R(x,y,z)\mathrm{d}x\mathrm{d}y$ 化成对面积的曲面积分，其中 Σ 分别为：

(1) 平面 $3x+2y+2\sqrt{3}z=6$ 位于第一卦限的部分，取上侧；

(2) 抛物面 $z=8-x^2-y^2$ 在 xOy 面上方的部分，取上侧.

4. 计算曲面积分 $\iint\limits_{\Sigma}(x+2)\mathrm{d}y\mathrm{d}z+z\mathrm{d}x\mathrm{d}y$，其中 Σ 分别为：

(1) 平面 $x+y+z=1$ 位于第一卦限的部分，取上侧；

(2) 上半球面 $z=\sqrt{4-x^2-y^2}$，取上侧.

5. 计算曲面积分 $\iint\limits_{\Sigma}[f(x,y,z)+2x]\mathrm{d}y\mathrm{d}z-2[f(x,y,z)-y]\mathrm{d}z\mathrm{d}x+[f(x,y,z)+2z]\mathrm{d}x\mathrm{d}y$，其中 $f(x,y,z)$ 为连续函数，Σ 为平面 $x+y+z=1$ 位于第一卦限的部分，取下侧.

§10.6

高斯公式与斯托克斯公式

一、高斯公式

　　§10.3 所介绍的格林公式给出了平面闭曲线上的曲线积分与其所围成的闭区域上的二重积分之间的关系. 下面讨论空间闭曲面上的曲面积分与其所围

成的闭区域上的三重积分之间的关系.

定理 10.6.1　设空间有界闭区域 Ω 的边界曲面是分片光滑的闭曲面 Σ,函数 $P=P(x,y,z),Q=Q(x,y,z),R=R(x,y,z)$ 在 Ω 上具有连续偏导数,则

$$\oiint\limits_{\Sigma} P\,\mathrm{d}y\,\mathrm{d}z + Q\,\mathrm{d}z\,\mathrm{d}x + R\,\mathrm{d}x\,\mathrm{d}y = \iiint\limits_{\Omega}\left(\frac{\partial P}{\partial x}+\frac{\partial Q}{\partial y}+\frac{\partial R}{\partial z}\right)\mathrm{d}v, \quad (10.6.1)$$

其中 Σ 取外侧.

公式 (10.6.1) 称为高斯(Gauss)公式.

证明　(1) 先设 Ω 具有特征:穿过 Ω 的内部且平行于 z 轴的直线与 Σ 的交点恰好有两个(称 Ω 为 XY- 型区域). 这时,Σ 可以分成 $\Sigma_1,\Sigma_2,\Sigma_3$ 三部分,其中 $\Sigma_1:z=z_1(x,y),(x,y)\in D_{xy}$,取下侧;$\Sigma_2:z=z_2(x,y),(x,y)\in D_{xy}$,取上侧;$\Sigma_3$ 是以 D_{xy} 的边界曲线为准线而母线平行于 z 轴的柱面,取外侧(见图 10.24),也有可能是一个退化的柱面,即一条闭曲线,也就是 Σ_1 和 Σ_2 的交线(见图 10.25).

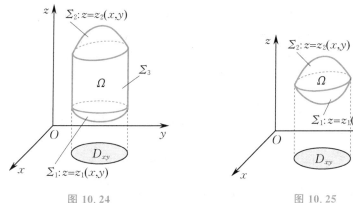

| 图 10.24 | 图 10.25 |

由对坐标的曲面积分和三重积分的计算公式得

$$\oiint\limits_{\Sigma} R\,\mathrm{d}x\,\mathrm{d}y = \iint\limits_{\Sigma_1} R\,\mathrm{d}x\,\mathrm{d}y + \iint\limits_{\Sigma_2} R\,\mathrm{d}x\,\mathrm{d}y + \iint\limits_{\Sigma_3} R\,\mathrm{d}x\,\mathrm{d}y$$

$$= -\iint\limits_{D_{xy}} R[x,y,z_1(x,y)]\,\mathrm{d}x\,\mathrm{d}y + \iint\limits_{D_{xy}} R[x,y,z_2(x,y)]\,\mathrm{d}x\,\mathrm{d}y + 0$$

$$= \iint\limits_{D_{xy}} \{R[x,y,z_2(x,y)] - R[x,y,z_1(x,y)]\}\,\mathrm{d}x\,\mathrm{d}y$$

$$= \iint\limits_{D_{xy}} \mathrm{d}x\,\mathrm{d}y \int_{z_1(x,y)}^{z_2(x,y)} \frac{\partial R}{\partial z}\,\mathrm{d}z$$

$$= \iiint\limits_{\Omega} \frac{\partial R}{\partial z}\,\mathrm{d}v.$$

$$(10.6.2)$$

再设 Ω 具有特征:穿过 Ω 的内部且平行于 x 轴的直线与 Σ 的交点恰好有两个(称 Ω 为 YZ- 型区域),或者 Ω 具有特征:穿过 Ω 的内部且平行于 y 轴的直线与

Σ 的交点恰好有两个(称 Ω 为 ZX-型区域). 这时,类似于式(10.6.2)的证明,可得

$$\oiint\limits_{\Sigma} P\,\mathrm{d}y\,\mathrm{d}z = \iiint\limits_{\Omega} \frac{\partial P}{\partial x}\,\mathrm{d}v, \tag{10.6.3}$$

或者

$$\oiint\limits_{\Sigma} Q\,\mathrm{d}z\,\mathrm{d}x = \iiint\limits_{\Omega} \frac{\partial Q}{\partial y}\,\mathrm{d}v. \tag{10.6.4}$$

于是,当 Ω 既是 XY-型区域、YZ-型区域又是 ZX-型区域时,式(10.6.2)、式(10.6.3)和式(10.6.4)同时成立,从而有

$$\oiint\limits_{\Sigma} P\,\mathrm{d}y\,\mathrm{d}z + Q\,\mathrm{d}z\,\mathrm{d}x + R\,\mathrm{d}x\,\mathrm{d}y = \iiint\limits_{\Omega} \left(\frac{\partial P}{\partial x} + \frac{\partial Q}{\partial y} + \frac{\partial R}{\partial z} \right)\mathrm{d}v.$$

(2) 对于一般的闭区域 Ω,可以用光滑的辅助曲面把 Ω 分成若干个既是 XY-型、YZ-型又是 ZX-型的小闭区域,在每个小闭区域上公式(10.6.1)成立. 把这些式子相加,右边就是整个闭区域 Ω 上的三重积分,而左边为 Σ 上的曲面积分与辅助曲面上的曲面积分之和. 注意到每个辅助曲面上的曲面积分都要在曲面两侧各积分一次,相加时它们恰好抵消. 故公式(10.6.1)在 Ω 上仍成立.

根据两类曲面积分之间的关系,高斯公式还可以表示为

$$\oiint\limits_{\Sigma} (P\cos\alpha + Q\cos\beta + R\cos\gamma)\,\mathrm{d}S = \iiint\limits_{\Omega} \left(\frac{\partial P}{\partial x} + \frac{\partial Q}{\partial y} + \frac{\partial R}{\partial z} \right)\mathrm{d}v,$$

$$\tag{10.6.1$'$}$$

其中 $\alpha = \alpha(x,y,z), \beta = \beta(x,y,z), \gamma = \gamma(x,y,z)$ 分别为曲面 Σ 在点 (x,y,z) 处的法向量关于 x 轴、y 轴、z 轴的方向角.

在定理10.6.1中,若 Ω 的边界曲面 Σ 取内侧,则

$$\oiint\limits_{\Sigma} P\,\mathrm{d}y\,\mathrm{d}z + Q\,\mathrm{d}z\,\mathrm{d}x + R\,\mathrm{d}x\,\mathrm{d}y = -\iiint\limits_{\Omega} \left(\frac{\partial P}{\partial x} + \frac{\partial Q}{\partial y} + \frac{\partial R}{\partial z} \right)\mathrm{d}v.$$

$$\tag{10.6.1$''$}$$

设向量场 $\vec{A} = (P(x,y,z), Q(x,y,z), R(x,y,z))$,其中函数 $P(x,y,z)$, $Q(x,y,z), R(x,y,z)$ 均具有连续偏导数,又设 Σ 是场内的一个光滑有向曲面,$\vec{n}$ 是 Σ 在点 (x,y,z) 处的单位法向量,则称曲面积分

$$\iint\limits_{\Sigma} \vec{A} \cdot \vec{n}\,\mathrm{d}S = \iint\limits_{\Sigma} P\,\mathrm{d}y\,\mathrm{d}z + Q\,\mathrm{d}z\,\mathrm{d}x + R\,\mathrm{d}x\,\mathrm{d}y$$

为向量场 $\vec{A}$ 通过 Σ 流向指定侧的**通量**或**流量**;称 $\dfrac{\partial P}{\partial x} + \dfrac{\partial Q}{\partial y} + \dfrac{\partial R}{\partial z}$ 为向量场 $\vec{A}$ 的散度,记为 $\operatorname{div}\vec{A}$.

于是,高斯公式可以写成下面的向量形式：

$$\oiint\limits_{\Sigma} \vec{A} \cdot \vec{n}\,\mathrm{d}S = \iiint\limits_{\Omega} \operatorname{div}\vec{A}\,\mathrm{d}v.$$

由高斯公式可知,向量场 $\vec{A}$ 通过闭曲面 Σ 流向外侧的通量等于向量场 $\vec{A}$ 的散度在闭曲面 Σ 所围成的闭区域 Ω 上的三重积分.

高斯公式可以用来简化某些曲面积分的计算. 例如,在例 10.5.2 中,设 $\Omega = \{(x,y,z) \mid x^2 + y^2 + z^2 \leqslant R^2\}$,则

$$I = \iiint_\Omega 1\,\mathrm{d}v = \frac{4}{3}\pi R^3.$$

例 10.6.1 计算曲面积分

$$I = \oiint_\Sigma (x - y)\mathrm{d}x\,\mathrm{d}y + (y - z)x\,\mathrm{d}y\,\mathrm{d}z,$$

其中 Σ 为柱面 $x^2 + y^2 = 1$ 与平面 $z = 0, z = 3$ 所围成的闭区域 Ω 的整个边界曲面,取外侧.

解 $I = \iiint_\Omega (y - z)\mathrm{d}v = \iiint_\Omega y\,\mathrm{d}v - \iiint_\Omega z\,\mathrm{d}v = 0 - \int_0^3 z\,\mathrm{d}z \iint_{x^2+y^2\leqslant 1} \mathrm{d}x\,\mathrm{d}y$

$= -\pi \int_0^3 z\,\mathrm{d}z = -\frac{9\pi}{2}.$

例 10.6.2 计算曲面积分

$$I = \iint_\Sigma \frac{xz^2}{x^2 + y^2 + z^2 + R^2}\mathrm{d}y\,\mathrm{d}z \quad (R > 0),$$

其中 Σ 为上半球面 $z = \sqrt{R^2 - x^2 - y^2}$,取下侧.

解 添加辅助曲面 $\Sigma_1 : z = 0\,(x^2 + y^2 \leqslant R^2)$,取上侧. 设 Σ 与 Σ_1 所围成的闭区域为 Ω,则

$$I = \frac{1}{2R^2}\iint_\Sigma xz^2\,\mathrm{d}y\,\mathrm{d}z = \frac{1}{2R^2}\Big(\oiint_{\Sigma+\Sigma_1} xz^2\,\mathrm{d}y\,\mathrm{d}z - \iint_{\Sigma_1} xz^2\,\mathrm{d}y\,\mathrm{d}z \Big)$$

$$= \frac{1}{2R^2}\Big(-\iiint_\Omega z^2\,\mathrm{d}v - 0 \Big) = -\frac{1}{2R^2}\int_0^R z^2\,\mathrm{d}z \iint_{x^2+y^2\leqslant R^2-z^2} \mathrm{d}x\,\mathrm{d}y$$

$$= -\frac{\pi}{2R^2}\int_0^R z^2(R^2 - z^2)\mathrm{d}z = -\frac{\pi R^3}{15}.$$

例 10.6.3 计算曲面积分 $I = \oiint_\Sigma (x^2\cos\alpha + y^2\cos\beta + z^2\cos\gamma)\mathrm{d}S$,其中 Σ 是长方体 $\Omega = [0,a] \times [0,b] \times [0,c]$ 的整个表面,取外侧,$(\cos\alpha, \cos\beta, \cos\gamma)$ 为 Σ 在点 (x,y,z) 处的单位法向量.

解 $I = \oiint_\Sigma x^2\,\mathrm{d}y\,\mathrm{d}z + y^2\,\mathrm{d}z\,\mathrm{d}x + z^2\,\mathrm{d}x\,\mathrm{d}y = 2\iiint_\Omega (x + y + z)\mathrm{d}v$

$= 2\Big(\int_0^a x\,\mathrm{d}x \iint_{D_x} \mathrm{d}y\,\mathrm{d}z + \int_0^b y\,\mathrm{d}y \iint_{D_y} \mathrm{d}z\,\mathrm{d}x + \int_0^c z\,\mathrm{d}z \iint_{D_z} \mathrm{d}x\,\mathrm{d}y \Big)$

$$=2\left(bc\int_0^a x\,dx + ca\int_0^b y\,dy + ab\int_0^c z\,dz\right)$$

$$=abc(a+b+c),$$

其中 $D_x=[0,b]\times[0,c]$，$D_y=[0,c]\times[0,a]$，$D_z=[0,a]\times[0,b]$.

二、斯托克斯公式

曲面积分与其积分曲面边界曲线上的曲线积分之间也有密切的联系.

设有向曲线 Γ 是有向曲面 Σ 的边界曲线. 若右手除大拇指以外的四指按 Γ 的正向弯曲时，大拇指的指向与 Σ 上法向量的方向一致（见图 10.26），则称 Γ 的正向与 Σ 的侧符合右手法则.

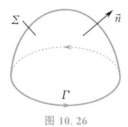

图 10.26

定理 10.6.2　　设分片光滑的有向曲面 Σ 的边界曲线是分段光滑的有向闭曲线 Γ，并且 Γ 的正向与 Σ 的侧符合右手法则. 若函数 $P=P(x,y,z)$，$Q=Q(x,y,z)$，$R=R(x,y,z)$ 在 Σ 上具有连续偏导数，则

$$\oint_\Gamma P\,dx + Q\,dy + R\,dz = \iint_\Sigma \left(\frac{\partial R}{\partial y}-\frac{\partial Q}{\partial z}\right)dy\,dz + \left(\frac{\partial P}{\partial z}-\frac{\partial R}{\partial x}\right)dz\,dx$$

$$+ \left(\frac{\partial Q}{\partial x}-\frac{\partial P}{\partial y}\right)dx\,dy. \tag{10.6.5}$$

证明从略.

公式（10.6.5）称为**斯托克斯（Stokes）公式**.

为了便于记忆，利用行列式记号把公式（10.6.5）写成

$$\oint_\Gamma P\,dx + Q\,dy + R\,dz = \iint_\Sigma \begin{vmatrix} dy\,dz & dz\,dx & dx\,dy \\ \dfrac{\partial}{\partial x} & \dfrac{\partial}{\partial y} & \dfrac{\partial}{\partial z} \\ P & Q & R \end{vmatrix},$$

其中只要把行列式按第一行展开，并把 $\dfrac{\partial}{\partial y}$ 与 R 的"乘积"理解为 $\dfrac{\partial R}{\partial y}$，其余照此类推，就可以得到式（10.6.5）右边的被积表达式

$$\left(\frac{\partial R}{\partial y}-\frac{\partial Q}{\partial z}\right)dy\,dz + \left(\frac{\partial P}{\partial z}-\frac{\partial R}{\partial x}\right)dz\,dx + \left(\frac{\partial Q}{\partial x}-\frac{\partial P}{\partial y}\right)dx\,dy.$$

由两类曲面积分之间的关系可得斯托克斯公式的另一形式：

$$\oint_{\Gamma} P\,\mathrm{d}x + Q\,\mathrm{d}y + R\,\mathrm{d}z = \iint_{\Sigma} \begin{vmatrix} \cos\alpha & \cos\beta & \cos\gamma \\ \dfrac{\partial}{\partial x} & \dfrac{\partial}{\partial y} & \dfrac{\partial}{\partial z} \\ P & Q & R \end{vmatrix} \mathrm{d}S,$$

其中 $\vec{n} = (\cos\alpha, \cos\beta, \cos\gamma)$ 为有向曲面 Σ 在点 (x, y, z) 处的单位法向量.

设向量场 $\vec{A} = (P, Q, R)$, 其中 $P = P(x, y, z)$, $Q = Q(x, y, z)$, $R = R(x, y, z)$ 是连续函数, 又设 Γ 是 $\vec{A}$ 的定义域内一条分段光滑的有向闭曲线, $\vec{\tau}$ 是 Γ 在点 (x, y, z) 处的单位切向量, 则称曲线积分

$$\oint_{\Gamma} \vec{A} \cdot \vec{\tau}\,\mathrm{d}s, \quad \text{即} \quad \oint_{\Gamma} P\,\mathrm{d}x + Q\,\mathrm{d}y + R\,\mathrm{d}z$$

$\left[\text{事实上}, \oint_{\Gamma} \vec{A} \cdot \vec{\tau}\,\mathrm{d}s = \oint_{\Gamma} \vec{A} \cdot \mathrm{d}\vec{r}, \text{其中 } \mathrm{d}\vec{r} = (\mathrm{d}x, \mathrm{d}y, \mathrm{d}z)\right]$ 为 $\vec{A}$ 沿 Γ 的 环流量.

若函数 $P = P(x, y, z)$, $Q = Q(x, y, z)$, $R = R(x, y, z)$ 具有连续偏导数, 则称向量

$$\left(\frac{\partial R}{\partial y} - \frac{\partial Q}{\partial z}\right)\vec{i} + \left(\frac{\partial P}{\partial z} - \frac{\partial R}{\partial x}\right)\vec{j} + \left(\frac{\partial Q}{\partial x} - \frac{\partial P}{\partial y}\right)\vec{k}$$

为 $\vec{A}$ 的 环量密度 或 旋度, 记作 **rot** $\vec{A}$, 即

$$\mathbf{rot}\,\vec{A} = \begin{vmatrix} \vec{i} & \vec{j} & \vec{k} \\ \dfrac{\partial}{\partial x} & \dfrac{\partial}{\partial y} & \dfrac{\partial}{\partial z} \\ P & Q & R \end{vmatrix}.$$

于是, 斯托克斯公式可以写成下面的向量形式:

$$\oint_{\Gamma} \vec{A} \cdot \vec{\tau}\,\mathrm{d}s = \iint_{\Sigma} \mathbf{rot}\,\vec{A} \cdot \vec{n}\,\mathrm{d}S.$$

由斯托克斯公式可知, 向量场 $\vec{A}$ 沿有向闭曲线 Γ 的环流量等于该向量场的旋度通过曲面 Σ 的通量, 其中 Γ 的正向与 Σ 的侧符合右手法则.

斯托克斯公式是格林公式的一种推广, 可以用来计算某些曲线积分.

例 10.6.4 计算曲线积分 $I = \oint_{\Gamma} y\,\mathrm{d}x + z\,\mathrm{d}y + x\,\mathrm{d}z$, 其中 Γ 为圆 $x^2 + y^2 + z^2 = a^2 (a > 0)$, $x + y + z = 0$, 从 x 轴的正向看去, Γ 取逆时针方向.

解 令 Σ 为平面 $x + y + z = 0$ 内由 Γ 所围成的圆盘, 取前侧, 则 Γ 的正向与 Σ 的侧符合右手法则. 因 Σ 的单位法向量为 $\vec{n} = \left(\dfrac{\sqrt{3}}{3}, \dfrac{\sqrt{3}}{3}, \dfrac{\sqrt{3}}{3}\right)$, 故

$$I = \iint_{\Sigma} \begin{vmatrix} \dfrac{\sqrt{3}}{3} & \dfrac{\sqrt{3}}{3} & \dfrac{\sqrt{3}}{3} \\ \dfrac{\partial}{\partial x} & \dfrac{\partial}{\partial y} & \dfrac{\partial}{\partial z} \\ y & z & x \end{vmatrix} \mathrm{d}S = \frac{\sqrt{3}}{3}\iint_{\Sigma}(-1-1-1)\,\mathrm{d}S = -\sqrt{3}\iint_{\Sigma}\mathrm{d}S = -\sqrt{3}\pi a^2.$$

习题10.6

1. 利用高斯公式计算下列曲面积分：

(1) $\oiint\limits_{\Sigma} x^3 \mathrm{d}y\mathrm{d}z + y^3 \mathrm{d}z\mathrm{d}x + z^3 \mathrm{d}x\mathrm{d}y$，其中 Σ 为由曲面 $z = x^2 + y^2$ 及平面 $z = 4$ 所围成的闭区域的整个边界曲面，取外侧；

(2) $\oiint\limits_{\Sigma} xy\mathrm{d}y\mathrm{d}z + yz\mathrm{d}z\mathrm{d}x + xz\mathrm{d}x\mathrm{d}y$，其中 Σ 为平面 $x + y + z = 1$ 与三个坐标面所围成的闭区域的整个边界曲面，取外侧；

(3) $\iint\limits_{\Sigma} x^2 \mathrm{d}y\mathrm{d}z + (z^2 - 2z)\mathrm{d}x\mathrm{d}y$，其中 Σ 为锥面 $z = \sqrt{x^2 + y^2}$ 介于平面 $z = 0, z = 1$ 之间的部分，取下侧；

(4) $\iint\limits_{\Sigma} (x - y)\mathrm{d}x\mathrm{d}y + (y - z)\mathrm{d}y\mathrm{d}z$，其中 Σ 为圆柱面 $x^2 + y^2 = 1$ 介于平面 $z = 1, z = 3$ 之间的部分，取外侧.

2. 计算曲面积分 $\oiint\limits_{\Sigma} x^2 \mathrm{d}y\mathrm{d}z + (z + 2y)\mathrm{d}x\mathrm{d}y$，其中 Σ 为由平面 $2y + 2z = 3, z = 0$ 及圆柱面 $x^2 + y^2 = 1$ 所围成的闭区域的整个边界曲面，取内侧.

3. 利用斯托克斯公式计算下列曲线积分：

(1) $\oint_{\Gamma} (y - x)\mathrm{d}x + (z - y)\mathrm{d}y + (x - z)\mathrm{d}z$，其中 Γ 是柱面 $x^2 + y^2 = a^2 (a > 0)$ 与平面 $x + z = a$ 的交线，从 z 轴正向看去，Γ 取逆时针方向；

(2) $\oint_{\Gamma} 3y\mathrm{d}x - xz\mathrm{d}y + yz^2 \mathrm{d}z$，其中 Γ 是圆 $\begin{cases} x^2 + y^2 = 2z, \\ z = 2, \end{cases}$ 从 z 轴正向看去，Γ 取逆时针方向.

4. 设曲线 Γ 是平面 $x + y + z = 2$ 与柱面 $|x| + |y| = 1$ 的交线，又设一个质点在力
$$\vec{F} = (y^2 - z^2, 2z^2 - x^2, 3x^2 - y^2)$$
的作用下沿 Γ 移动 2 周，从 z 轴正向看去，其运动方向为顺时针方向，求力 $\vec{F}$ 所做的功.

5. 设函数 $f(x, y)$ 在上半平面 $D = \{(x, y) \mid y > 0\}$ 内具有连续偏导数，且对于任意的 $t > 0$，都有
$$f(tx, ty) = t^{-2} f(x, y),$$
证明：对于 D 内任意分段光滑的有向闭曲线 L，都有
$$\oint_L yf(x, y)\mathrm{d}x - xf(x, y)\mathrm{d}y = 0.$$

总复习题十

1. 计算下列曲线积分：

(1) $\oint_L (x + y)\mathrm{d}s$，其中 L 为双纽线 $(x^2 + y^2)^2 = a^2(x^2 - y^2)(a > 0)$ 位于右半平面 $(x \geq 0)$ 的部分；

(2) $\oint_{\Gamma} (xy + yz + zx)\mathrm{d}s$，其中 Γ 为圆 $\begin{cases} x^2 + y^2 + z^2 = 4, \\ x + y + z = 0; \end{cases}$

(3) $\int_{\Gamma}(y^2-z^2)\mathrm{d}x+2yz\mathrm{d}y-x^2\mathrm{d}z$, 其中 Γ 为曲线 $\begin{cases}x=t,\\y=t^2,\\z=t^3\end{cases}$ 上从点 $(0,0,0)$ 到点 $(1,1,1)$ 的一段弧;

(4) $\oint_L(x^2+y^2)\mathrm{d}x+(x^2-y^2)\mathrm{d}y$, 其中 L 是以 $O(0,0),A(1,1),B(0,2),C(-1,1)$ 为顶点的正方形区域的边界曲线, 取逆时针方向;

(5) $\int_L 3x^2y\mathrm{d}x+(x^3+x-2y)\mathrm{d}y$, 其中 L 是第一象限中从点 $(0,0)$ 沿圆 $x^2+y^2=2x$ 到点 $(2,0)$, 再沿圆 $x^2+y^2=4$ 到点 $(0,2)$ 的有向曲线.

2. 设函数 $f(x)$ 在区间 $(-\infty,+\infty)$ 上具有连续导数, L 是上半平面 $(y>0)$ 内的分段光滑的有向曲线, 其始点为 (a,b), 终点为 (c,d). 记

$$I=\int_L\frac{1}{y}[1+y^2f(xy)]\mathrm{d}x+\frac{x}{y^2}[y^2f(xy)-1]\mathrm{d}y.$$

(1) 证明: 曲线积分 I 与路径 L 无关;

(2) 设 $ab=cd$, 计算 I 的值.

3. 设 L 为圆 $(x-1)^2+(y-1)^2=1$, 取逆时针方向, $f(x)$ 是一个连续函数, 且 $f(x)>0$, 证明:

$$\oint_L xf(y)\mathrm{d}y-\frac{y}{f(x)}\mathrm{d}x\geqslant 2\pi.$$

4. 计算下列曲面积分:

(1) $\iint_{\Sigma}\frac{\mathrm{d}S}{x^2+y^2+z^2}$, 其中 Σ 是介于平面 $z=0$ 与 $z=h(h>0)$ 之间的圆柱面 $x^2+y^2=R^2(R>0)$;

(2) $\iint_{\Sigma}\frac{\mathrm{d}S}{z}$, 其中 Σ 是球面 $x^2+y^2+z^2=R^2$ 被平面 $z=h(0<h<R)$ 所截得的上面部分;

(3) $\oiint_{\Sigma}(Ax+By+Cz+D)^2\mathrm{d}S$, 其中 Σ 是球面 $x^2+y^2+z^2=R^2(R>0)$;

(4) $\iint_{\Sigma}xz\mathrm{d}y\mathrm{d}z+z^2\mathrm{d}z\mathrm{d}x+xyz\mathrm{d}x\mathrm{d}y$, 其中 Σ 是半柱面 $x^2+z^2=a^2(x\geqslant 0,a>0)$ 被平面 $y=0$, $y=h(h>0)$ 所截得部分, 取外侧;

(5) $\iint_{\Sigma}y\mathrm{d}y\mathrm{d}z-x\mathrm{d}z\mathrm{d}x+z^2\mathrm{d}x\mathrm{d}y$, 其中 Σ 是锥面 $z=\sqrt{x^2+y^2}$ 被平面 $z=1,z=2$ 所截得部分, 取内侧;

(6) $\oiint_{\Sigma}\frac{x\mathrm{d}y\mathrm{d}z+y\mathrm{d}z\mathrm{d}x+z\mathrm{d}x\mathrm{d}y}{(x^2+y^2+z^2)^{\frac{3}{2}}}$, 其中 Σ 是曲面 $2x^2+2y^2+z^2-4=0$, 取外侧.

5. 求密度均匀的半球壳 $z=\sqrt{a^2-x^2-y^2}(a>0)$ 的质心.

6. 求密度均匀的曲面 $z=\sqrt{x^2+y^2}$ 被柱面 $x^2+y^2=ax(a>0)$ 所割得部分的质心.

7. 求椭圆柱面 $\frac{x^2}{5}+\frac{y^2}{9}=1$ 上位于 xOy 面上方、平面 $z=y$ 下方那部分的面积.

8. 设一个质点受某力的作用, 力的方向指向原点, 大小与质点到 xOy 面的距离成反比例(比例系数为 k). 若该质点沿直线从点 $A(a,b,c)$ 移动到点 $B(2a,2b,2c)$, 求此力所做的功 $(c\neq 0)$.

9. 设闭区域 $D=\{(x,y)\mid 0\leqslant x\leqslant\pi,0\leqslant y\leqslant\pi\}$, L 为 D 的正向边界曲线, 求证:

(1) $\oint_L x\mathrm{e}^{\sin y}\mathrm{d}y-y\mathrm{e}^{-\sin x}\mathrm{d}x=\oint_L x\mathrm{e}^{-\sin y}\mathrm{d}y-y\mathrm{e}^{\sin x}\mathrm{d}x$;

(2) $\oint_L x\mathrm{e}^{\sin y}\mathrm{d}y-y\mathrm{e}^{-\sin x}\mathrm{d}x\geqslant 2\pi^2$.

10. 设 P 为椭球面 $\Sigma: x^2 + y^2 + z^2 - yz - 1 = 0$ 上的一个动点，Σ 在点 P 处的切平面与 xOy 面垂直；

(1) 求点 P 的轨迹 C；

(2) 计算曲面积分 $I = \iint\limits_{\Sigma_1} \dfrac{(x + \sqrt{3})\,|\,y - 2z\,|}{\sqrt{4 + y^2 + z^2 - 4yz}}\,\mathrm{d}S$，其中 Σ_1 是 Σ 位于曲线 C 上方的部分.

11. 求流体速度场 $\vec{v} = (xy, yz, zx)$ 穿过球面 $x^2 + y^2 + z^2 = 1$ 位于第一卦限部分流向外侧的流量.

12. 设 Γ 是有向球面 $x^2 + y^2 + z^2 = 1$（取外侧）位于第一卦限部分的正向边界曲线，求向量场 $\vec{A} = (y^2 - z^2, z^2 - x^2, x^2 - y^2)$ 沿 Γ 的环流量.

第11章

无穷级数

无穷级数是高等数学的一个重要组成部分,主要讨论无穷多个数或函数的和的问题,它是表示函数、研究函数的性质和进行数值计算的有力工具.无穷级数在自然科学、工程技术和经济管理等领域都有着广泛的应用.

本章先介绍常数项级数的概念和性质,然后讨论函数项级数,并着重讨论函数的幂级数展开问题及傅里叶(Fourier)级数,最后介绍无穷级数的一些简单应用.

§11.1 常数项级数的概念和性质

一、常数项级数的概念

先通过下面的例子来了解一下级数.

(1) 设有一根长度为 1 的绳子,先取其长度的一半,以后每次取其剩余长度的一半.我们将每次取走部分的长度加起来,自然会得到整根绳子的长度 1,于是有

$$1 = \frac{1}{2} + \frac{1}{2^2} + \cdots + \frac{1}{2^n} + \cdots; \tag{11.1.1}$$

(2) 把无限循环小数 $0.\dot{3}$ 用分数表示出来,有

$$0.\dot{3} = \frac{3}{10} + \frac{3}{10^2} + \cdots + \frac{3}{10^n} + \cdots.$$

在上面两个例子中,都是将一个确定的数表示成无穷多个数的和,而且在所得到的两个等式中,如果在任意 n 项处"截断",那么等式均不成立,即

$$1 \neq \frac{1}{2} + \frac{1}{2^2} + \cdots + \frac{1}{2^n},$$

$$0.\dot{3} \neq \frac{3}{10} + \frac{3}{10^2} + \cdots + \frac{3}{10^n}.$$

下面引进无穷级数及其敛散性的概念.

一般地,给定一个数列 $u_1, u_2, \cdots, u_n, \cdots$,称表达式

$$u_1 + u_2 + \cdots + u_n + \cdots \tag{11.1.2}$$

为常数项无穷级数(简称常数项级数或级数),记作 $\sum\limits_{n=1}^{\infty} u_n$,其中第 n 项 u_n 叫作该级数的通项或一般项.

以下是几个常见的级数:

等比级数(也称几何级数): $\sum\limits_{n=0}^{\infty} aq^n = a + aq + aq^2 + \cdots (a \neq 0)$;

p - 级数: $\sum\limits_{n=1}^{\infty} \frac{1}{n^p} = 1 + \frac{1}{2^p} + \frac{1}{3^p} + \cdots$;

调和级数: $\sum\limits_{n=1}^{\infty} \frac{1}{n} = 1 + \frac{1}{2} + \frac{1}{3} + \cdots$.

对于级数(11.1.2),令

$$S_1 = u_1,$$
$$S_2 = u_1 + u_2,$$
$$\cdots\cdots$$
$$S_n = u_1 + u_2 + \cdots + u_n = \sum_{i=1}^{n} u_i,$$
$$\cdots\cdots$$

其中 S_n 称为级数 $\sum\limits_{n=1}^{\infty} u_n$ 的前 n 项部分和(简称部分和).当 n 依次取 $1,2,\cdots$ 时,得到数列

$$S_1, \ S_2, \ \cdots, \ S_n, \ \cdots,$$

称之为级数 $\sum\limits_{n=1}^{\infty} u_n$ 的部分和数列,简记为 $\{S_n\}$.

定义 11.1.1 若级数 $\sum\limits_{n=1}^{\infty} u_n$ 的部分和数列 $\{S_n\}$ 有极限 S,即

$$\lim_{n \to \infty} S_n = S,$$

则称级数 $\sum\limits_{n=1}^{\infty} u_n$ 收敛,称极限 S 为这个级数的和,记作 $S = \sum\limits_{n=1}^{\infty} u_n$.这时也称级数 $\sum\limits_{n=1}^{\infty} u_n$ 收敛于 S.若 $\{S_n\}$ 没有极限,则称级数 $\sum\limits_{n=1}^{\infty} u_n$ 发散.

当级数 $\sum\limits_{n=1}^{\infty} u_n$ 收敛时,其和 S 与部分和 S_n 的差

$$R_n = S - S_n = u_{n+1} + u_{n+2} + \cdots = \sum_{i=n+1}^{\infty} u_i$$

称为级数 $\sum\limits_{n=1}^{\infty} u_n$ 的余项. $|R_n|$ 表示以 S_n 作为 S 的近似值所产生的误差,显然

$$\lim_{n \to \infty} R_n = 0.$$

例 11.1.1 判别级数 $\sum\limits_{n=1}^{\infty} \dfrac{1}{n(n+1)}$ 的敛散性;若收敛,则求其和.

解 因为

$$S_n = \sum_{i=1}^{n} \frac{1}{i(i+1)} = \sum_{i=1}^{n} \left(\frac{1}{i} - \frac{1}{i+1} \right)$$

$$= \left(1 - \frac{1}{2}\right) + \left(\frac{1}{2} - \frac{1}{3}\right) + \left(\frac{1}{3} - \frac{1}{4}\right) + \cdots + \left(\frac{1}{n-1} - \frac{1}{n}\right) + \left(\frac{1}{n} - \frac{1}{n+1}\right)$$

$$= 1 - \frac{1}{n+1} \to 1 \quad (\text{当 } n \to \infty \text{ 时}),$$

所以级数 $\sum\limits_{n=1}^{\infty} \dfrac{1}{n(n+1)}$ 收敛,且其和是 1.

例 **11.1.2** 讨论等比级数

$$\sum_{n=0}^{\infty} aq^n = a + aq + aq^2 + \cdots + aq^{n-1} + \cdots \quad (a \neq 0)$$

的敛散性；若收敛，则求其和.

解 所给级数的部分和为

$$S_n = a + aq + aq^2 + \cdots + aq^{n-1} = \begin{cases} \dfrac{a(1-q^n)}{1-q}, & q \neq 1, \\ na, & q = 1. \end{cases}$$

当 $q = -1$ 时，$\lim\limits_{n\to\infty} S_n = \lim\limits_{n\to\infty} \dfrac{a[1-(-1)^n]}{2}$ 不存在；当 $|q| > 1$ 或 $q = 1$ 时，$\lim\limits_{n\to\infty} S_n = \infty$；当 $|q| < 1$ 时，$\lim\limits_{n\to\infty} S_n = \lim\limits_{n\to\infty} \dfrac{a(1-q^n)}{1-q} = \dfrac{a}{1-q}$. 故

$$\lim_{n\to\infty} S_n = \begin{cases} \dfrac{a}{1-q}, & |q| < 1, \\ 不存在, & |q| \geqslant 1. \end{cases}$$

因此，等比级数 $\sum\limits_{n=0}^{\infty} aq^n$ 当 $|q| < 1$ 时，收敛，且 $\sum\limits_{n=0}^{\infty} aq^n = \dfrac{a}{1-q}$；当 $|q| \geqslant 1$ 时，发散.

特别地，当 $a = 1, q = -1$ 时，得到等比级数 $\sum\limits_{n=0}^{\infty} (-1)^{n-1} = 1 - 1 + 1 - 1 + \cdots$，它是发散的. 此外，级数（11.1.1）是对应于 $a = \dfrac{1}{2}, q = \dfrac{1}{2}$ 的等比级数，所以其收敛且和为 1.

例 **11.1.3** 讨论级数 $\sum\limits_{k=1}^{\infty} \ln\left(1 + \dfrac{1}{k}\right)$ 的敛散性.

解 因为

$$u_k = \ln\left(1 + \frac{1}{k}\right) = \ln\frac{k+1}{k},$$

所以

$$S_n = \sum_{k=1}^{n} u_k = \sum_{k=1}^{n} \ln\frac{k+1}{k}$$

$$= \ln 2 + \ln\frac{3}{2} + \ln\frac{4}{3} + \cdots + \ln\frac{n}{n-1} + \ln\frac{n+1}{n}$$

$$= \ln\left(2 \cdot \frac{3}{2} \cdot \frac{4}{3} \cdot \cdots \cdot \frac{n}{n-1} \cdot \frac{n+1}{n}\right)$$

$$= \ln(n+1) \to +\infty \quad (当 n \to \infty 时),$$

从而 $\lim\limits_{n\to\infty} S_n = +\infty$，即级数 $\sum\limits_{k=1}^{\infty} \ln\left(1 + \dfrac{1}{k}\right)$ 发散.

二、无穷级数的基本性质

由级数收敛和发散的定义可以看出,级数 $\sum\limits_{n=1}^{\infty} u_n$ 的敛散性问题就是部分和数列 $\{S_n\}$ 有没有极限的问题. 因此,由数列极限的一些性质可以得到收敛级数的如下性质.

性质 11.1.1(级数收敛的必要条件) 若级数 $\sum\limits_{n=1}^{\infty} u_n$ 收敛,则

$$\lim_{n\to\infty} u_n = 0.$$

证明 设级数 $\sum\limits_{n=1}^{\infty} u_n$ 的部分和为 S_n,且 $\lim\limits_{n\to\infty} S_n = S$,则 $\lim\limits_{n\to\infty} S_{n-1} = S$,从而

$$\lim_{n\to\infty} u_n = \lim_{n\to\infty}(S_n - S_{n-1}) = \lim_{n\to\infty} S_n - \lim_{n\to\infty} S_{n-1}$$
$$= S - S = 0.$$

由性质 11.1.1 可知,若 $\lim\limits_{n\to\infty} u_n \neq 0$,则级数 $\sum\limits_{n=1}^{\infty} u_n$ 必发散. 例如,由 $\lim\limits_{n\to\infty} \dfrac{n}{n+1} = 1 \neq 0$ 可知,级数 $\sum\limits_{n=1}^{\infty} \dfrac{n}{n+1}$ 发散.

应当指出,$\lim\limits_{n\to\infty} u_n = 0$ 并不是级数 $\sum\limits_{n=1}^{\infty} u_n$ 收敛的充分条件. 例如,由例 11.1.3 可知,级数 $\sum\limits_{n=1}^{\infty} \ln\left(1 + \dfrac{1}{n}\right)$ 发散,但其通项 $u_n = \ln\left(1 + \dfrac{1}{n}\right) \to 0 (n \to \infty)$. 又如,调和级数 $\sum\limits_{n=1}^{\infty} \dfrac{1}{n}$ 的通项满足 $\lim\limits_{n\to\infty} \dfrac{1}{n} = 0$,但是 $\sum\limits_{n=1}^{\infty} \dfrac{1}{n}$ 是发散的,其证明如下(利用函数的单调性):

因为当 $x > 0$ 时,$x > \ln(1+x)$,所以

$$S_n = 1 + \frac{1}{2} + \frac{1}{3} + \cdots + \frac{1}{n}$$
$$> \ln(1+1) + \ln\left(1 + \frac{1}{2}\right) + \ln\left(1 + \frac{1}{3}\right) + \cdots + \ln\left(1 + \frac{1}{n}\right)$$
$$= \ln 2 + \ln \frac{3}{2} + \ln \frac{4}{3} + \cdots + \ln \frac{n+1}{n}$$
$$= \ln(n+1) \to +\infty \quad (\text{当 } n \to \infty \text{ 时}),$$

即 $\lim\limits_{n\to\infty} S_n = +\infty$,从而调和级数 $\sum\limits_{n=1}^{\infty} \dfrac{1}{n}$ 发散.

从调和级数的构成可知,每次和式增加一个很小的量,即使增加的量越来越小,但只要这个过程一直进行下去,无穷多个很小的量相加最终也可以变成无穷大.

性质 11.1.2 设 a 为非零常数,则级数 $\sum\limits_{n=1}^{\infty} u_n$ 和 $\sum\limits_{n=1}^{\infty} au_n$ 有相同的敛

散性；若 $\sum\limits_{n=1}^{\infty}u_n=S$，则 $\sum\limits_{n=1}^{\infty}au_n=aS$.

证明 设级数 $\sum\limits_{n=1}^{\infty}u_n$ 与 $\sum\limits_{n=1}^{\infty}au_n$ 的部分和分别为 S_n 与 σ_n. 因为

$$\sigma_n=\sum_{k=1}^{n}au_k=a\sum_{k=1}^{n}u_k=aS_n,$$

且 $a\neq 0$，所以 S_n 与 σ_n 同时有极限或同时没有极限. 故这两个级数有相同的敛散性.

若 $\sum\limits_{n=1}^{\infty}u_n=S$，则

$$\lim_{n\to\infty}\sigma_n=\lim_{n\to\infty}aS_n=a\lim_{n\to\infty}S_n=aS.$$

因此 $\sum\limits_{n=1}^{\infty}au_n=aS$.

性质 11.1.3 若级数 $\sum\limits_{n=1}^{\infty}u_n$ 与 $\sum\limits_{n=1}^{\infty}v_n$ 分别收敛于 a 与 b，则级数 $\sum\limits_{n=1}^{\infty}(u_n\pm v_n)$ 也收敛，且其和为 $a\pm b$.

证明 设级数 $\sum\limits_{n=1}^{\infty}u_n$ 与 $\sum\limits_{n=1}^{\infty}v_n$ 的部分和分别为 S_n 与 σ_n，则

$$\lim_{n\to\infty}\sum_{k=1}^{n}(u_k\pm v_k)=\lim_{n\to\infty}[(u_1\pm v_1)+(u_2\pm v_2)+\cdots+(u_n\pm v_n)]$$
$$=\lim_{n\to\infty}[(u_1+u_2+\cdots+u_n)\pm(v_1+v_2+\cdots+v_n)]$$
$$=\lim_{n\to\infty}(S_n\pm\sigma_n)=a\pm b.$$

故级数 $\sum\limits_{n=1}^{\infty}(u_n\pm v_n)$ 收敛，且其和为 $a\pm b$.

注 (1) 若级数 $\sum\limits_{n=1}^{\infty}u_n$ 与 $\sum\limits_{n=1}^{\infty}v_n$ 都发散，则级数 $\sum\limits_{n=1}^{\infty}(u_n+v_n)$ 不一定发散. 例如，级数 $\sum\limits_{n=1}^{\infty}(-1)^{n-1}$ 和 $\sum\limits_{n=1}^{\infty}(-1)^{n}$ 都发散，但级数 $\sum\limits_{n=1}^{\infty}[(-1)^{n-1}+(-1)^{n}]$ 收敛，其和为零.

(2) 若级数 $\sum\limits_{n=1}^{\infty}u_n$ 与 $\sum\limits_{n=1}^{\infty}v_n$ 中一个收敛，另一个发散，则级数 $\sum\limits_{n=1}^{\infty}(u_n+v_n)$ 一定发散.

性质 11.1.4 在级数中去掉、添加或改变有限项，不会改变级数的敛散性.

证明 (1) 设 $S_n=\sum\limits_{k=1}^{n}u_k$. 若去掉级数 $\sum\limits_{n=1}^{\infty}u_n$ 的前 m 项，则所得到的级数为 $\sum\limits_{n=m+1}^{\infty}u_n$，其部分和为 $\sigma_n=\sum\limits_{k=m+1}^{m+n}u_k$，满足 $S_{n+m}=S_m+\sigma_n$，其中 m 与 S_m 为常数. 极

限 $\lim\limits_{n\to\infty}S_n=\lim\limits_{n\to\infty}S_{n+m}$ 和 $\lim\limits_{n\to\infty}\sigma_n$ 应同时存在或同时不存在. 因此,级数 $\sum\limits_{n=1}^{\infty}u_n$ 与

$\sum\limits_{n=m+1}^{\infty}u_n$ 的敛散性相同. 由此可知,去掉级数的前有限项,不会改变级数的敛散性.

（2）在情形（1）的基础上,容易证明:在级数中去掉、添加或改变有限项,不会改变级数的敛散性.

性质 11.1.5 对收敛级数 $\sum\limits_{n=1}^{\infty}u_n$ 任意加括号但不改变原来项的顺序,所得到的级数仍收敛于原来的和 S.

证明 设收敛级数 $\sum\limits_{n=1}^{\infty}u_n=S,S_n=\sum\limits_{k=1}^{n}u_k$. 设

$$(u_1+\cdots+u_{n_1})+(u_{n_1+1}+\cdots+u_{n_2})+\cdots+(u_{n_{k-1}+1}+\cdots+u_{n_k})+\cdots$$

是级数 $\sum\limits_{n=1}^{\infty}u_n$ 任意加括号后所得到的级数,记为 $\sum\limits_{k=1}^{\infty}v_k$. 令 $\sigma_k=\sum\limits_{i=1}^{k}v_i$,则 $\sigma_k=S_{n_k}$. 于是

$$\lim\limits_{k\to\infty}\sigma_k=\lim\limits_{k\to\infty}S_{n_k}=\lim\limits_{n\to\infty}S_n=S.$$

因此,对收敛级数 $\sum\limits_{n=1}^{\infty}u_n$ 任意加括号但不改变原来项的顺序,所得到的级数仍收敛于原来的和 S.

注 当带有括号的级数收敛时,并不能判定去括号后所得到的级数也收敛. 例如,级数

$$(1-1)+(1-1)+\cdots+(1-1)+\cdots$$

收敛于零,但去括号后所得到的级数 $\sum\limits_{n=1}^{\infty}(-1)^{n-1}$ 却是发散的.

由性质 11.1.5 得下面的推论.

推论 11.1.1 若加括号后所得到的级数发散,则原来的级数也发散.

习题11.1

1. 根据级数收敛与发散的定义判别下列级数的敛散性;若收敛,则求其和:

(1) $\sum\limits_{n=1}^{\infty}\dfrac{1}{\sqrt{n+1}+\sqrt{n}}$;

(2) $\sum\limits_{n=1}^{\infty}\dfrac{1}{(5n-4)(5n+1)}$;

(3) $\sum\limits_{n=1}^{\infty}(\sqrt{n+2}-2\sqrt{n+1}+\sqrt{n})$;

(4) $\sum\limits_{n=1}^{\infty}\sin\dfrac{n\pi}{6}$;

(5) $\sum\limits_{n=1}^{\infty}\dfrac{1}{\sqrt[n]{2}}$.

2. 判别下列级数的敛散性：

(1) $\displaystyle\sum_{n=1}^{\infty}(-1)^n\frac{3^n}{4^n}$；

(2) $\displaystyle\sum_{n=1}^{\infty}\frac{5^n}{2^n}$；

(3) $\displaystyle\sum_{n=1}^{\infty}\left(\frac{1}{2^n}-\frac{1}{3^n}\right)$；

(4) $\displaystyle\sum_{n=1}^{\infty}\left(\frac{1}{2^n}+\frac{1}{10n}\right)$；

(5) $\displaystyle\sum_{n=1}^{\infty}\sqrt{\frac{n+1}{n}}$；

(6) $\displaystyle\sum_{n=1}^{\infty}\frac{1}{2n}$．

$$\S11.2$$

常数项级数的审敛法

根据部分和数列是否有极限来判别级数的敛散性往往是很困难的,因此有必要研究判别级数敛散性的其他有效方法.本节首先探讨正项级数和交错级数的敛散性判别方法,然后探讨一般级数的敛散性判别方法.

一、正项级数及其审敛法

若级数 $\displaystyle\sum_{n=1}^{\infty}u_n$ 满足 $u_n\geqslant 0(n=1,2,\cdots)$,则称 $\displaystyle\sum_{n=1}^{\infty}u_n$ 为一个**正项级数**.这种级数特别重要,许多级数的敛散性问题都可归结为正项级数的敛散性问题.

正项级数的显著特点是:其部分和 $S_n=\displaystyle\sum_{k=1}^{n}u_k$ 随着 n 增加而单调增加.于是,有如下重要的结论.

定理 11.2.1 正项级数 $\displaystyle\sum_{n=1}^{\infty}u_n$ 收敛的充要条件是其部分和数列 $\{S_n\}$ 有上界.

直接应用定理 11.2.1 判别正项级数 $\displaystyle\sum_{n=1}^{\infty}u_n$ 的敛散性往往不太方便,但由定理 11.2.1 和无穷级数的基本性质可以推导出下面简易的正项级数比较审敛法.

定理 11.2.2（比较审敛法） 设 $\displaystyle\sum_{n=1}^{\infty}u_n$ 和 $\displaystyle\sum_{n=1}^{\infty}v_n$ 均为正项级数.

(1) 不等式形式的比较审敛法:若存在某个正整数 N,当 $n>N$ 时,有 $u_n\leqslant v_n$,则当级数 $\displaystyle\sum_{n=1}^{\infty}v_n$ 收敛时,级数 $\displaystyle\sum_{n=1}^{\infty}u_n$ 也收敛;当级数 $\displaystyle\sum_{n=1}^{\infty}u_n$ 发散时,级数 $\displaystyle\sum_{n=1}^{\infty}v_n$ 也发散.

(2) 极限形式的比较审敛法:如果 $\displaystyle\lim_{n\to\infty}\frac{u_n}{v_n}=l(v_n\neq 0)$,那么

① 当 $0<l<+\infty$ 时,级数 $\displaystyle\sum_{n=1}^{\infty}u_n$ 和 $\displaystyle\sum_{n=1}^{\infty}v_n$ 有相同的敛散性;

② 当 $l=0$ 时,若级数 $\displaystyle\sum_{n=1}^{\infty}v_n$ 收敛,则级数 $\displaystyle\sum_{n=1}^{\infty}u_n$ 也收敛;

③ 当 $l=+\infty$ 时,若级数 $\displaystyle\sum_{n=1}^{\infty}v_n$ 发散,则级数 $\displaystyle\sum_{n=1}^{\infty}u_n$ 也发散.

证明 (1)根据性质 11.1.4,不妨设对于 $n=1,2,\cdots,$ 都有 $u_n\leqslant v_n.$ 设级数 $\displaystyle\sum_{n=1}^{\infty}u_n$ 和 $\displaystyle\sum_{n=1}^{\infty}v_n$ 的部分和分别为 A_n 和 $B_n,$ 于是有 $A_n\leqslant B_n.$ 当级数 $\displaystyle\sum_{n=1}^{\infty}v_n$ 收敛时,$\{B_n\}$ 有上界,从而 $\{A_n\}$ 也有上界,故级数 $\displaystyle\sum_{n=1}^{\infty}u_n$ 收敛;当级数 $\displaystyle\sum_{n=1}^{\infty}u_n$ 发散时,$\{A_n\}$ 无上界,从而 $\{B_n\}$ 也无上界,故级数 $\displaystyle\sum_{n=1}^{\infty}v_n$ 发散.

(2)分以下三种情况证明.

① 当 $0<l<+\infty$ 时,不妨取 $\varepsilon=\dfrac{l}{2},$ 则存在正整数 $N,$ 当 $n>N$ 时,有

$$\left|\frac{u_n}{v_n}-l\right|<\frac{l}{2}, \quad 即 \quad \frac{l}{2}<\frac{u_n}{v_n}<\frac{3l}{2},$$

故

$$\frac{l}{2}v_n<u_n<\frac{3l}{2}v_n.$$

因此,由不等式形式的比较审敛法和性质 11.1.2 可知,级数 $\displaystyle\sum_{n=1}^{\infty}u_n$ 和 $\displaystyle\sum_{n=1}^{\infty}v_n$ 有相同的敛散性.

② 当 $l=0$ 时,取 $\varepsilon=1,$ 则存在正整数 $N,$ 当 $n>N$ 时,有

$$\left|\frac{u_n}{v_n}-l\right|=\frac{u_n}{v_n}<1,$$

故

$$0\leqslant u_n\leqslant v_n.$$

由级数 $\displaystyle\sum_{n=1}^{\infty}v_n$ 收敛及不等式形式的比较审敛法可知,级数 $\displaystyle\sum_{n=1}^{\infty}u_n$ 也收敛.

③ 当 $l=+\infty$ 时,则 $\displaystyle\lim_{n\to\infty}\frac{v_n}{u_n}=0,$ 从而由情形 ② 可推出:若级数 $\displaystyle\sum_{n=1}^{\infty}v_n$ 发散,则级数 $\displaystyle\sum_{n=1}^{\infty}u_n$ 也发散.

例 11.2.1 讨论 p-级数

$$\sum_{n=1}^{\infty}\frac{1}{n^p}=1+\frac{1}{2^p}+\frac{1}{3^p}+\cdots+\frac{1}{n^p}+\cdots \tag{11.2.1}$$

的敛散性,其中常数 $p>0.$

解 当 $0<p\leqslant1$ 时,有 $\dfrac{1}{n^p}\geqslant\dfrac{1}{n}(n=1,2,\cdots),$ 而调和级数 $\displaystyle\sum_{n=1}^{\infty}\frac{1}{n}$ 发散,因此由不等式形式的比较审敛法可知,级数 $\displaystyle\sum_{n=1}^{\infty}\frac{1}{n^p}$ 发散.

当 $p > 1$ 时，若 $n-1 \leqslant x < n$，则 $\dfrac{1}{n^p} \leqslant \dfrac{1}{x^p}(n = 2, 3, \cdots)$，从而

$$\frac{1}{n^p} = \int_{n-1}^{n} \frac{1}{n^p} \mathrm{d}x \leqslant \int_{n-1}^{n} \frac{1}{x^p} \mathrm{d}x = \frac{1}{p-1}\left[\frac{1}{(n-1)^{p-1}} - \frac{1}{n^{p-1}}\right], \quad n = 2, 3, \cdots.$$

因为级数

$$\sum_{n=2}^{\infty}\left[\frac{1}{(n-1)^{p-1}} - \frac{1}{n^{p-1}}\right] \tag{11.2.2}$$

的部分和为

$$S_n = \left(1 - \frac{1}{2^{p-1}}\right) + \left(\frac{1}{2^{p-1}} - \frac{1}{3^{p-1}}\right) + \cdots + \left[\frac{1}{n^{p-1}} - \frac{1}{(n+1)^{p-1}}\right]$$

$$= 1 - \frac{1}{(n+1)^{p-1}} \to 1 \quad (\text{当 } n \to \infty \text{ 时}),$$

所以级数 $\displaystyle\sum_{n=2}^{\infty}\left[\dfrac{1}{(n-1)^{p-1}} - \dfrac{1}{n^{p-1}}\right]$ 收敛，从而由不等式形式的比较审敛法可知，级数

$\displaystyle\sum_{n=2}^{\infty} \dfrac{p-1}{n^p}$ 收敛. 故级数 $\displaystyle\sum_{n=1}^{\infty} \dfrac{1}{n^p}$ 收敛.

综上所述，当 $p \leqslant 1$ 时，p-级数 $\displaystyle\sum_{n=1}^{\infty} \dfrac{1}{n^p}$ 发散；当 $p > 1$ 时，p-级数 $\displaystyle\sum_{n=1}^{\infty} \dfrac{1}{n^p}$ 收敛.

例 11.2.2 证明：级数 $\displaystyle\sum_{n=1}^{\infty} \dfrac{1}{\sqrt{2n(2n+1)}}$ 是发散的.

证明 方法一 注意到原级数的通项中分母与分子的最高幂次的差为 1，于是取 $\displaystyle\sum_{n=1}^{\infty} \dfrac{1}{n}$ 作为对比的级数，有

$$\lim_{n \to \infty} \frac{\dfrac{1}{\sqrt{2n(2n+1)}}}{\dfrac{1}{n}} = \lim_{n \to \infty} \frac{n}{\sqrt{4n^2 + 2n}} = \frac{1}{2}.$$

而调和级数 $\displaystyle\sum_{n=1}^{\infty} \dfrac{1}{n}$ 发散，所以由极限形式的比较审敛法可知原级数发散.

方法二 因为

$$\frac{1}{\sqrt{2n(2n+1)}} > \frac{1}{\sqrt{(2n+1)(2n+1)}} = \frac{1}{2n+1} > \frac{1}{2(n+1)}, \quad n = 1, 2, \cdots,$$

而级数

$$\frac{1}{2}\sum_{n=1}^{\infty} \frac{1}{n+1} = \frac{1}{2}\left(\frac{1}{2} + \frac{1}{3} + \cdots + \frac{1}{n+1} + \cdots\right)$$

发散，所以由不等式形式的比较审敛法可知原级数发散.

例 11.2.3 判别级数 $\sum\limits_{n=1}^{\infty} 2^n \sin \dfrac{1}{3^n}$ 的敛散性.

解 方法一 由于 $0 < 2^n \sin \dfrac{1}{3^n} < \left(\dfrac{2}{3}\right)^n (n=1,2,\cdots)$，而等比级数 $\sum\limits_{n=1}^{\infty} \left(\dfrac{2}{3}\right)^n$ 收敛，因此由不等式形式的比较审敛法可知原级数收敛.

方法二 由于 $\lim\limits_{n\to\infty} \dfrac{2^n \sin \dfrac{1}{3^n}}{\left(\dfrac{2}{3}\right)^n} = \lim\limits_{n\to\infty} \dfrac{\sin \dfrac{1}{3^n}}{\dfrac{1}{3^n}} = 1$，而等比级数 $\sum\limits_{n=1}^{\infty} \left(\dfrac{2}{3}\right)^n$ 收敛，因此由极限形式的比较审敛法可知原级数收敛.

例 11.2.4 设 $p > 0$，讨论级数 $\sum\limits_{n=1}^{\infty} \sin^p \dfrac{\pi}{n}$ 的敛散性.

解 由于 $\sin^p \dfrac{\pi}{n} \geqslant 0 (n=1,2,\cdots)$，且 $\lim\limits_{n\to\infty} \dfrac{\sin^p \dfrac{\pi}{n}}{\dfrac{1}{n^p}} = \pi^p$，因此原级数与级数 $\sum\limits_{n=1}^{\infty} \dfrac{1}{n^p}$ 的敛散性相同，从而原级数当 $p > 1$ 时收敛，当 $p \leqslant 1$ 时发散.

应用比较审敛法判定某个正项级数 $\sum\limits_{n=1}^{\infty} u_n$ 的敛散性时，需要选择一个已知敛散性的级数作为比较对象，等比级数和 p-级数是常用的比较对象. 下面介绍两个常用的直接利用级数本身的结构来判别其敛散性的方法.

定理 11.2.3（比值审敛法或根值审敛法） 设 $\sum\limits_{n=1}^{\infty} u_n$ 为正项级数. 若

$$\lim\limits_{n\to\infty} \dfrac{u_{n+1}}{u_n} = \rho \quad \text{或} \quad \lim\limits_{n\to\infty} \sqrt[n]{u_n} = \rho,$$

则

(1) 当 $\rho < 1$ 时，该级数收敛；

(2) 当 $1 < \rho \leqslant +\infty$ 时，该级数发散；

(3) 当 $\rho = 1$ 时，该级数可能收敛，也可能发散，需要用其他方法判别其敛散性.

证明 这里只证明比值审敛法.

(1) 当 $\rho < 1$ 时，对于 $\varepsilon = \dfrac{1}{2}(1-\rho)$，由 $\lim\limits_{n\to\infty} \dfrac{u_{n+1}}{u_n} = \rho$ 可知，存在正整数 N，使得当 $n \geqslant N$ 时，有 $\left| \dfrac{u_{n+1}}{u_n} - \rho \right| < \varepsilon$，从而

$$\dfrac{u_{n+1}}{u_n} < \rho + \varepsilon,$$

即

$$u_{n+1} < (\rho + \varepsilon)u_n. \tag{11.2.3}$$

令 $r = \rho + \varepsilon$，则 $r = \dfrac{1+\rho}{2} < 1$，且有

$$u_{N+1} < r u_N,$$
$$u_{N+2} < r u_{N+1} < r^2 u_N,$$
$$u_{N+3} < r u_{N+2} < r^3 u_N,$$
$$\cdots\cdots$$

一般地，有

$$u_{N+k} < r^k u_N, \quad k = 1, 2, \cdots.$$

注意到 u_N 是一个常数，且 $0 < r < 1$，故等比级数 $\sum\limits_{k=1}^{\infty} r^k u_N$ 收敛，从而由不等式形式的比较审敛法可知，级数 $\sum\limits_{k=1}^{\infty} u_{N+k}$ 收敛．因此，原级数 $\sum\limits_{n=1}^{\infty} u_n = u_1 + u_2 + \cdots + u_N + \sum\limits_{k=1}^{\infty} u_{N+k}$ 也收敛．

（2）当 $1 < \rho \leqslant +\infty$ 时，根据数列极限的性质，对于 $\varepsilon = \dfrac{\rho - 1}{2}$，存在正整数 N，使得当 $n \geqslant N$ 时，有 $\dfrac{u_{n+1}}{u_n} > \rho - \varepsilon = \dfrac{1+\rho}{2} > 1$，因此有

$$0 < u_N < u_{N+1} < u_{N+2} < \cdots.$$

可见，级数 $\sum\limits_{n=1}^{\infty} u_n$ 的通项 u_n 不趋向于零．由级数收敛的必要条件可知，级数 $\sum\limits_{n=1}^{\infty} u_n$ 发散．

（3）当 $\rho = 1$ 时，级数 $\sum\limits_{n=1}^{\infty} u_n$ 可能收敛，也可能发散．例如 p-级数，不论 p 为何值，都有

$$\lim_{n \to \infty} \frac{u_{n+1}}{u_n} = \lim_{n \to \infty} \frac{\dfrac{1}{(n+1)^p}}{\dfrac{1}{n^p}} = 1,$$

但我们知道，当 $p \leqslant 1$ 时，p-级数发散；当 $p > 1$ 时，p-级数收敛．因此，此时需要用其他方法判别级数 $\sum\limits_{n=1}^{\infty} u_n$ 的敛散性．

类似地可证明根值审敛法．

比值审敛法也称为达朗贝尔（d'Alembert）判别法，根值审敛法也称为柯西判别法．

根据定理 11.2.3 的证明，若 $\lim\limits_{n \to \infty} \left| \dfrac{u_{n+1}}{u_n} \right| = \rho$（或 $\lim\limits_{n \to \infty} \sqrt[n]{|u_n|} = \rho$），且 $1 < \rho \leqslant +\infty$，则 $\lim\limits_{n \to \infty} |u_n| \neq 0$，从而 $\lim\limits_{n \to \infty} u_n \neq 0$．因此，有如下结论．

推论 11.2.1 设 $\lim\limits_{n \to \infty} \left| \dfrac{u_{n+1}}{u_n} \right| = \rho$（或 $\lim\limits_{n \to \infty} \sqrt[n]{|u_n|} = \rho$）．若 $1 < \rho \leqslant +\infty$，则级

数 $\sum\limits_{n=1}^{\infty} u_n$ 发散.

例 11.2.5 判别级数 $\sum\limits_{n=1}^{\infty} \dfrac{n^n}{n!}$ 的敛散性.

解 令 $u_n = \dfrac{n^n}{n!}$,则 $u_n > 0(n=1,2,\cdots)$,且

$$\lim_{n\to\infty} \frac{u_{n+1}}{u_n} = \lim_{n\to\infty} \frac{\dfrac{(n+1)^{n+1}}{(n+1)!}}{\dfrac{n^n}{n!}} = \lim_{n\to\infty} \left(\frac{n+1}{n}\right)^n = \lim_{n\to\infty}\left(1+\frac{1}{n}\right)^n = \mathrm{e} > 1.$$

故由比值审敛法可知,原级数发散.

例 11.2.6 判别级数 $\sum\limits_{n=1}^{\infty} \dfrac{1}{n!}$ 的敛散性.

解 令 $u_n = \dfrac{1}{n!}$,则 $u_n > 0(n=1,2,\cdots)$,且

$$\lim_{n\to\infty} \frac{u_{n+1}}{u_n} = \lim_{n\to\infty} \frac{n!}{(n+1)!} = \lim_{n\to\infty} \frac{1}{n+1} = 0 < 1.$$

故由比值审敛法知,原级数收敛.

例 11.2.6 也可采用比较审敛法来判别:由 $n! = 1 \cdot 2 \cdot \cdots \cdot n \geqslant 2^{n-1}$ 得

$\dfrac{1}{n!} \leqslant \dfrac{1}{2^{n-1}}(n=1,2,\cdots)$. 又等比级数 $\sum\limits_{n=1}^{\infty} \dfrac{1}{2^{n-1}}$ 收敛,故原级数收敛.

例 11.2.7 证明:级数 $\sum\limits_{n=1}^{\infty} \left(\dfrac{n}{4n+1}\right)^{\frac{n}{2}}$ 收敛.

证明 令 $u_n = \left(\dfrac{n}{4n+1}\right)^{\frac{n}{2}}$,则 $u_n > 0(n=1,2,\cdots)$.

方法一 因为

$$\lim_{n\to\infty} \sqrt[n]{u_n} = \lim_{n\to\infty} \sqrt[n]{\left(\frac{n}{4n+1}\right)^{\frac{n}{2}}} = \lim_{n\to\infty} \sqrt{\frac{n}{4n+1}} = \sqrt{\frac{1}{4}} = \frac{1}{2} < 1,$$

所以由根值审敛法可知,原级数收敛.

方法二 因为

$$u_n = \frac{1}{\left(4+\dfrac{1}{n}\right)^{\frac{n}{2}}} < \frac{1}{4^{\frac{n}{2}}} = \frac{1}{2^n}, \quad n=1,2,\cdots,$$

又等比级数 $\sum\limits_{n=1}^{\infty} \dfrac{1}{2^n}$ 收敛,所以原级数收敛.

例 11.2.8 判别级数 $\sum\limits_{n=1}^{\infty} \dfrac{\sqrt{n}}{3n^2+n+1}$ 的敛散性.

解 方法一 注意到 $\dfrac{\sqrt{n}}{3n^2+n+1} > 0 (n=1,2,\cdots)$，且原级数的通项中分母与分子的

最高幂次的差为 $\dfrac{3}{2}$，于是取级数 $\sum\limits_{n=1}^{\infty} \dfrac{1}{n^{\frac{3}{2}}}$ 作为对比的级数，有

$$\lim_{n\to\infty} \frac{\dfrac{\sqrt{n}}{3n^2+n+1}}{\dfrac{1}{n^{\frac{3}{2}}}} = \lim_{n\to\infty} \frac{n^2}{3n^2+n+1} = \lim_{n\to\infty} \frac{1}{3+\dfrac{1}{n}+\dfrac{1}{n^2}} = \frac{1}{3}.$$

又级数 $\sum\limits_{n=1}^{\infty} \dfrac{1}{n^{\frac{3}{2}}}$ 收敛，故原级数收敛.

方法二 因 $0 < \dfrac{\sqrt{n}}{3n^2+n+1} < \dfrac{1}{n^{\frac{3}{2}}} (n=1,2,\cdots)$，又 $\sum\limits_{n=1}^{\infty} \dfrac{1}{n^{\frac{3}{2}}}$ 收敛，故原级数收敛.

注 在例 11.2.8 中，因为

$$\lim_{n\to\infty} \frac{u_{n+1}}{u_n} = \lim_{n\to\infty} \frac{\dfrac{\sqrt{n+1}}{3(n+1)^2+(n+1)+1}}{\dfrac{\sqrt{n}}{3n^2+n+1}}$$

$$= \lim_{n\to\infty} \left[\frac{\sqrt{n+1}}{\sqrt{n}} \cdot \frac{3n^2+n+1}{3(n+1)^2+(n+1)+1} \right] = 1,$$

所以不能用比值审敛法判别.

例 11.2.9 设 $a > 0$，讨论级数 $\sum\limits_{n=1}^{\infty} \dfrac{n}{\left(a+\dfrac{1}{n}\right)^n}$ 的敛散性.

解 令 $u_n = \dfrac{n}{\left(a+\dfrac{1}{n}\right)^n}$，则 $u_n > 0 (n=1,2,\cdots)$，且

$$\lim_{n\to\infty} \sqrt[n]{u_n} = \lim_{n\to\infty} \frac{\sqrt[n]{n}}{a+\dfrac{1}{n}} = \frac{1}{a+0} = \frac{1}{a}.$$

当 $a > 1$ 时，该级数收敛；

当 $0 < a < 1$ 时，该级数发散；

当 $a=1$ 时，$\lim\limits_{n\to\infty}u_n=\lim\limits_{n\to\infty}\dfrac{n}{\left(1+\dfrac{1}{n}\right)^n}=+\infty\neq 0$，故该级数发散.

一般来说，比值审敛法适用于级数通项 u_n 含有 n 个因子的乘积（如阶乘）的情形，而根值审敛法则适用于通项 u_n 含有 n 次幂的情形.

二、交错级数及其审敛法

形如

$$\sum_{n=1}^{\infty}(-1)^{n-1}u_n \quad \text{或} \quad \sum_{n=1}^{\infty}(-1)^n u_n \quad (u_n\geqslant 0, n=1,2,\cdots)$$

的级数称为 交错级数. 显然，交错级数 $\sum\limits_{n=1}^{\infty}(-1)^{n-1}u_n$ 与 $\sum\limits_{n=1}^{\infty}(-1)^n u_n$ 的敛散性相同. 下面给出交错级数收敛的判别定理.

定理 11.2.4（莱布尼茨定理） 若交错级数 $\sum\limits_{n=1}^{\infty}(-1)^{n-1}u_n(u_n\geqslant 0, n=1,2,\cdots)$ 满足条件：

(1) $u_n\geqslant u_{n+1}(n=1,2,\cdots)$；

(2) $\lim\limits_{n\to\infty}u_n=0$，

则此交错级数收敛，且其和 S 满足 $S\leqslant u_1$，余项 R_n 的绝对值满足 $|R_n|\leqslant u_{n+1}$.

证明 因为

$$S_{2n}=(u_1-u_2)+(u_3-u_4)+\cdots+(u_{2n-1}-u_{2n}),$$

所以由定理中的条件(1)可知，对于任意的正整数 n，$S_{2n}\geqslant 0$，且数列 $\{S_{2n}\}$ 单调增加. 而

$$S_{2n}=u_1-(u_2-u_3)-(u_4-u_5)-\cdots-(u_{2n-2}-u_{2n-1})-u_{2n}\leqslant u_1,$$

故数列 $\{S_{2n}\}$ 有上界 u_1. 因此，$\lim\limits_{n\to\infty}S_{2n}$ 存在.

令 $S=\lim\limits_{n\to\infty}S_{2n}$，则 $S\leqslant u_1$. 再由 $S_{2n+1}=S_{2n}+u_{2n+1}$ 及条件(2)可得

$$\lim_{n\to\infty}S_{2n+1}=\lim_{n\to\infty}S_{2n}+\lim_{n\to\infty}u_{2n+1}=S+0=S.$$

由此可得 $\lim\limits_{n\to\infty}S_n=S$，且 $S\leqslant u_1$.

因此，级数 $\sum\limits_{n=1}^{\infty}(-1)^{n-1}u_n$ 收敛，且其和 S 满足 $S\leqslant u_1$.

另外，由于余项 R_n 的绝对值

$$|R_n|=u_{n+1}-u_{n+2}+u_{n+3}-u_{n+4}+\cdots$$

也是一个交错级数，且满足莱布尼茨定理的条件，因此有

$$|R_n|\leqslant u_{n+1}.$$

例 **11.2.10** 判别交错级数 $\sum\limits_{n=1}^{\infty}(-1)^{n-1}\dfrac{n}{2^n}$ 的敛散性.

解 令 $u_n=\dfrac{n}{2^n}$，则 $u_n>0(n=1,2,\cdots)$，且 $\lim\limits_{n\to\infty}u_n=\lim\limits_{n\to\infty}\dfrac{n}{2^n}=0$. 又有

$$u_n-u_{n+1}=\frac{n}{2^n}-\frac{n+1}{2^{n+1}}=\frac{n-1}{2^{n+1}}\geqslant 0,\quad 即\quad u_n\geqslant u_{n+1},\quad n=1,2,\cdots,$$

所以由莱布尼茨定理知，原级数收敛.

三、绝对收敛与条件收敛

由级数 $\sum\limits_{n=1}^{\infty}u_n$ 各项取绝对值所构成的正项级数 $\sum\limits_{n=1}^{\infty}|u_n|$ 称为级数 $\sum\limits_{n=1}^{\infty}u_n$ 的绝对值级数. 如果绝对值级数 $\sum\limits_{n=1}^{\infty}|u_n|$ 收敛，那么称级数 $\sum\limits_{n=1}^{\infty}u_n$ 绝对收敛；如果绝对值级数 $\sum\limits_{n=1}^{\infty}|u_n|$ 发散，而级数 $\sum\limits_{n=1}^{\infty}u_n$ 收敛，那么称级数 $\sum\limits_{n=1}^{\infty}u_n$ 条件收敛.

例如，对于任意实数 α，由 $\dfrac{|\cos\alpha^2|}{n^2}\leqslant\dfrac{1}{n^2}(n=1,2,\cdots)$ 及级数 $\sum\limits_{n=1}^{\infty}\dfrac{1}{n^2}$ 收敛可知，级数 $\sum\limits_{n=1}^{\infty}\dfrac{|\cos\alpha^2|}{n^2}$ 收敛，故级数 $\sum\limits_{n=1}^{\infty}\dfrac{\cos\alpha^2}{n^2}$ 是绝对收敛的.

级数绝对收敛与收敛有以下重要关系.

定理 11.2.5 若级数 $\sum\limits_{n=1}^{\infty}u_n$ 绝对收敛，则它必定收敛.

证明 令 $v_n=\dfrac{1}{2}(|u_n|+u_n)$，$w_n=\dfrac{1}{2}(|u_n|-u_n)(n=1,2,\cdots)$. 显然有 $0\leqslant v_n\leqslant|u_n|$，$0\leqslant w_n\leqslant|u_n|(n=1,2,\cdots)$，故 $\sum\limits_{n=1}^{\infty}v_n$，$\sum\limits_{n=1}^{\infty}w_n$ 都是正项级数. 因为级数 $\sum\limits_{n=1}^{\infty}|u_n|$ 收敛，所以由比较审敛法可知，级数 $\sum\limits_{n=1}^{\infty}v_n$，$\sum\limits_{n=1}^{\infty}w_n$ 都收敛，从而由 $u_n=v_n-w_n$ 可推出级数 $\sum\limits_{n=1}^{\infty}u_n$ 收敛.

定理 11.2.5 表明，对于一般级数 $\sum\limits_{n=1}^{\infty}u_n$，其敛散性问题可以通过其绝对值级数转化为正项级数的敛散性问题进行讨论.

值得注意的是，定理 11.2.5 的逆命题是不成立的. 例如，级数 $\sum\limits_{n=1}^{\infty}(-1)^{n-1}\dfrac{1}{n}$ 是收敛的，但其绝对值级数 $\sum\limits_{n=1}^{\infty}\left|(-1)^{n-1}\dfrac{1}{n}\right|=\sum\limits_{n=1}^{\infty}\dfrac{1}{n}$（调和级数）是发散的，故级数 $\sum\limits_{n=1}^{\infty}(-1)^{n-1}\dfrac{1}{n}$ 是条件收敛的. 这也说明，当级数 $\sum\limits_{n=1}^{\infty}|u_n|$ 发散时，级数 $\sum\limits_{n=1}^{\infty}u_n$ 不一定发散.

例 11.2.11 讨论级数 $\sum\limits_{n=1}^{\infty}(-1)^{n-1}\sin\dfrac{\pi}{2n}$ 的敛散性.

解 由于 $\sum\limits_{n=1}^{\infty}(-1)^{n-1}\sin\dfrac{\pi}{2n}$ 是交错级数且满足莱布尼茨定理的条件,因此它收敛.

另外,由 $\sin\dfrac{\pi}{2n}>0(n=1,2,\cdots)$, $\lim\limits_{n\to\infty}\dfrac{\sin\dfrac{\pi}{2n}}{\dfrac{1}{n}}=\dfrac{\pi}{2}$ 及调和级数 $\sum\limits_{n=1}^{\infty}\dfrac{1}{n}$ 发散可知,级数

$\sum\limits_{n=1}^{\infty}\sin\dfrac{\pi}{2n}$ 发散,从而其绝对值级数 $\sum\limits_{n=1}^{\infty}\left|(-1)^{n-1}\sin\dfrac{\pi}{2n}\right|=\sum\limits_{n=1}^{\infty}\sin\dfrac{\pi}{2n}$ 发散. 因此,级数

$\sum\limits_{n=1}^{\infty}(-1)^{n-1}\sin\dfrac{\pi}{2n}$ 是条件收敛的.

例 11.2.12 讨论交错级数 $\sum\limits_{n=1}^{\infty}(-1)^{n-1}\dfrac{1}{n^p}$ 的敛散性.

解 当 $p>1$ 时,由于 p-级数 $\sum\limits_{n=1}^{\infty}\dfrac{1}{n^p}$ 收敛,因此级数 $\sum\limits_{n=1}^{\infty}(-1)^{n-1}\dfrac{1}{n^p}$ 绝对收敛.

当 $0<p\leqslant1$ 时,$n^p<(n+1)^p$,即 $\dfrac{1}{n^p}>\dfrac{1}{(n+1)^p}(n=1,2,\cdots)$,且 $\lim\limits_{n\to\infty}\dfrac{1}{n^p}=0$,故级数

$\sum\limits_{n=1}^{\infty}(-1)^{n-1}\dfrac{1}{n^p}$ 收敛,且是条件收敛的.

当 $p\leqslant0$ 时,$\lim\limits_{n\to\infty}\dfrac{1}{n^p}\neq0$,故级数 $\sum\limits_{n=1}^{\infty}(-1)^{n-1}\dfrac{1}{n^p}$ 发散.

因此,原级数当 $p>1$ 时,绝对收敛;当 $0<p\leqslant1$ 时,条件收敛;当 $p\leqslant0$ 时,发散.

例 11.2.13 讨论级数 $\sum\limits_{n=1}^{\infty}\sin(\pi\sqrt{n^2+1})$ 的敛散性.

解
$$\sum\limits_{n=1}^{\infty}\sin(\pi\sqrt{n^2+1})=\sum\limits_{n=1}^{\infty}\sin[\pi(\sqrt{n^2+1}-n+n)]$$
$$=\sum\limits_{n=1}^{\infty}(-1)^n\sin[\pi(\sqrt{n^2+1}-n)]$$
$$=\sum\limits_{n=1}^{\infty}(-1)^n\sin\dfrac{\pi}{\sqrt{n^2+1}+n}.$$

一方面,注意到
$$\lim\limits_{n\to\infty}\dfrac{\sin\dfrac{\pi}{\sqrt{n^2+1}+n}}{\dfrac{1}{n}}=\lim\limits_{n\to\infty}\dfrac{\dfrac{\pi}{\sqrt{n^2+1}+n}}{\dfrac{1}{n}}=\pi\lim\limits_{n\to\infty}\dfrac{n}{\sqrt{n^2+1}+n}=\dfrac{\pi}{2},$$

而调和级数 $\sum\limits_{n=1}^{\infty}\dfrac{1}{n}$ 发散,故绝对值级数 $\sum\limits_{n=1}^{\infty}|\sin(\pi\sqrt{n^2+1})|=\sum\limits_{n=1}^{\infty}\sin\dfrac{\pi}{\sqrt{n^2+1}+n}$ 发散.

另一方面，因为交错级数 $\sum\limits_{n=1}^{\infty}(-1)^{n}\sin\dfrac{\pi}{\sqrt{n^{2}+1}+n}$ 满足莱布尼茨定理的条件，所以它收敛，从而原级数收敛.

综上所述，原级数是条件收敛的.

习题11.2

1. 用不等式形式或极限形式的比较审敛法判别下列级数的敛散性：

(1) $\sum\limits_{n=0}^{\infty}\dfrac{1}{2n+1}$；

(2) $\sum\limits_{n=0}^{\infty}\dfrac{1+n}{1+n^{2}}$；

(3) $\sum\limits_{n=1}^{\infty}\dfrac{1}{(3n-2)(3n+1)}$；

(4) $\sum\limits_{n=1}^{\infty}\dfrac{1}{n\sqrt{n+1}}$；

(5) $\sum\limits_{n=1}^{\infty}\dfrac{\sqrt{n}}{n^{3}+\sqrt{n}}$；

(6) $\sum\limits_{n=2}^{\infty}\dfrac{n+3}{\sqrt{n^{3}-2n+1}}$；

(7) $\sum\limits_{n=1}^{\infty}\left(1-\cos\dfrac{1}{n}\right)$；

(8) $\sum\limits_{n=1}^{\infty}2^{n}\sin\dfrac{\pi}{5^{n}}$.

2. 用比值审敛法判别下列级数的敛散性：

(1) $\sum\limits_{n=1}^{\infty}\dfrac{3^{n}}{n\cdot2^{n}}$；

(2) $\sum\limits_{n=1}^{\infty}\dfrac{2n-1}{2^{n}}$；

(3) $\sum\limits_{n=1}^{\infty}\dfrac{3^{n}\cdot n!}{n^{n}}$；

(4) $\sum\limits_{n=1}^{\infty}n\tan\dfrac{\pi}{3^{n+1}}$；

(5) $\sum\limits_{n=1}^{\infty}\dfrac{n}{3^{n}}$；

(6) $\sum\limits_{n=1}^{\infty}\dfrac{n!}{3^{n}}$；

(7) $\sum\limits_{n=1}^{\infty}\dfrac{n^{2}}{10^{n}}$.

3. 用根值审敛法判别下列级数的敛散性：

(1) $\sum\limits_{n=1}^{\infty}\left(\dfrac{3n}{2n+1}\right)^{n}$；

(2) $\sum\limits_{n=1}^{\infty}\dfrac{1}{[\ln(n+1)]^{n}}$；

(3) $\sum\limits_{n=1}^{\infty}\left(\dfrac{n}{3n+1}\right)^{2n-1}$.

4. 判别下列级数的敛散性：

(1) $\sum\limits_{n=1}^{\infty}\dfrac{n\cos^{2}\dfrac{n\pi}{3}}{2^{n}}$；

(2) $\sum\limits_{n=1}^{\infty}\dfrac{n+1}{n(n+2)}$；

(3) $\sum\limits_{n=1}^{\infty}\dfrac{1}{1+a^{n}}\quad(a>0)$；

(4) $\sum\limits_{n=1}^{\infty}\sqrt{\dfrac{n+2}{n}}$.

5. 判别下列级数的敛散性：

(1) $\sum\limits_{n=1}^{\infty}(-1)^{n-1}\dfrac{1}{\sqrt{n}}$；

(2) $\sum\limits_{n=1}^{\infty}(-1)^{n}\dfrac{n}{3^{n+1}}$；

(3) $\displaystyle\sum_{n=1}^{\infty}\frac{(-1)^n}{n-\ln n}$;

(4) $\displaystyle\sum_{n=2}^{\infty}(-1)^{n+1}\frac{n-1}{n}$;

(5) $\displaystyle\sum_{n=2}^{\infty}\left(\frac{1}{\sqrt{n}-1}-\frac{1}{\sqrt{n}+1}\right)$;

(6) $\displaystyle\sum_{n=1}^{\infty}\frac{(-1)^{n+1}}{2n-1}$.

§11.3

幂 级 数

一、函数项级数

设 $u_1(x),u_2(x),\cdots,u_n(x),\cdots$ 是定义在区间 I 上的函数列,则称

$$\sum_{n=1}^{\infty}u_n(x)=u_1(x)+u_2(x)+\cdots+u_n(x)+\cdots \qquad (11.3.1)$$

为定义在区间 I 上的函数项级数,简称级数.

设 $x_0\in I$. 如果常数项级数 $\displaystyle\sum_{n=1}^{\infty}u_n(x_0)$ 收敛,那么称点 x_0 是函数项级数 $\displaystyle\sum_{n=1}^{\infty}u_n(x)$ 的一个收敛点;如果 $\displaystyle\sum_{n=1}^{\infty}u_n(x_0)$ 发散,那么称点 x_0 是函数项级数 $\displaystyle\sum_{n=1}^{\infty}u_n(x)$ 的一个发散点. 函数项级数 $\displaystyle\sum_{n=1}^{\infty}u_n(x)$ 的所有收敛点组成的集合称为它的收敛域,所有发散点组成的集合称为它的发散域.

对于收敛域内的每一点 x,函数项级数 $\displaystyle\sum_{n=1}^{\infty}u_n(x)$ 都对应一个收敛的常数项级数,因而有确定的和 S,且 S 随着 x 变化而变化,即函数项级数 $\displaystyle\sum_{n=1}^{\infty}u_n(x)$ 的和是关于 x 的函数,通常称之为函数项级数 $\displaystyle\sum_{n=1}^{\infty}u_n(x)$ 的和函数,记作 $S(x)$,即

$$S(x)=u_1(x)+u_2(x)+\cdots+u_n(x)+\cdots.$$

显然,和函数 $S(x)$ 的定义域就是函数项级数 $\displaystyle\sum_{n=1}^{\infty}u_n(x)$ 的收敛域.

把函数项级数 $\displaystyle\sum_{n=1}^{\infty}u_n(x)$ 的前 n 项部分和记作 $S_n(x)$,称 $R_n(x)=S(x)-S_n(x)$ 为函数项级数的余项. 在收敛域上,有

$$\lim_{n\to\infty}S_n(x)=S(x), \quad 且 \quad \lim_{n\to\infty}R_n(x)=0.$$

例 11.3.1 求函数项级数 $\displaystyle\sum_{n=1}^{\infty}\left(\frac{1}{x+n}-\frac{1}{x+n+1}\right)$ 的收敛域及和函数.

解 设 $u_n(x)=\dfrac{1}{x+n}-\dfrac{1}{x+n+1}(n=1,2,\cdots)$,它们的公共定义域为

$$\{x\mid x\in\mathbf{R},x\neq-1,-2,\cdots\}.$$

在此公共定义域内，有

$$S_n(x) = \sum_{k=1}^{n}\left(\frac{1}{x+k} - \frac{1}{x+k+1}\right) = \frac{1}{x+1} - \frac{1}{x+n+1},$$

$$\lim_{n\to\infty} S_n(x) = \frac{1}{x+1},$$

故原级数的和函数为 $S(x) = \dfrac{1}{x+1}$，收敛域为 $\{x \mid x \in \mathbf{R}, x \neq -1, -2, \cdots\}$.

二、幂级数及其敛散性

幂级数是最简单的函数项级数，它的一般形式为

$$\sum_{n=0}^{\infty} a_n(x-x_0)^n = a_0 + a_1(x-x_0) + a_2(x-x_0)^2 + \cdots + a_n(x-x_0)^n + \cdots,$$

$$(11.3.2)$$

其中 x_0 是给定的点；$a_0, a_1, a_2, \cdots, a_n, \cdots$ 都是常数，它们称为幂级数 (11.3.2) 的系数. 令 $t = x - x_0$，则级数 (11.3.2) 可化为

$$\sum_{n=0}^{\infty} a_n t^n = a_0 + a_1 t + a_2 t^2 + \cdots + a_n t^n + \cdots. \qquad (11.3.3)$$

下面主要研究式 (11.3.3) 这种形式的幂级数.

例如，幂级数 $\displaystyle\sum_{n=0}^{\infty} x^n = 1 + x + x^2 + \cdots + x^n + \cdots$ 是一个公比为 x 的等比级数，由例 11.1.2 知，当 $|x| < 1$ 时，该幂级数收敛于 $\dfrac{1}{1-x}$；当 $|x| \geqslant 1$ 时，该幂级数发散. 故该幂级数的收敛域是开区间 $(-1, 1)$，发散域是 $(-\infty, -1] \cup [1, +\infty)$，且

$$1 + x + x^2 + \cdots + x^n + \cdots = \frac{1}{1-x}, \quad x \in (-1, 1).$$

从这个例子可以看到，幂级数 $\displaystyle\sum_{n=0}^{\infty} x^n$ 的收敛域是一个以 $x = 0$ 为中心的区间. 实际上，这个结论对一般的幂级数也是成立的.

定理 11.3.1［阿贝尔（Abel）定理］ 如果幂级数 $\displaystyle\sum_{n=0}^{\infty} a_n x^n$ 当 $x = x_0$ $(x_0 \neq 0)$ 时收敛，那么对满足不等式 $|x| < |x_0|$ 的一切 x，幂级数 $\displaystyle\sum_{n=0}^{\infty} a_n x^n$ 绝对收敛；如果幂级数 $\displaystyle\sum_{n=0}^{\infty} a_n x^n$ 当 $x = x_0$ 时发散，那么对满足不等式 $|x| > |x_0|$ 的一切 x，幂级数 $\displaystyle\sum_{n=0}^{\infty} a_n x^n$ 发散.

证明 因为级数 $\displaystyle\sum_{n=0}^{\infty} a_n x_0^n$ 收敛，所以有 $\displaystyle\lim_{n\to\infty} a_n x_0^n = 0$，于是数列 $\{a_n x_0^n\}$ 有界.

也就是说,存在 $M>0$,使得 $|a_n x_0^n| \leqslant M(n=0,1,2,\cdots)$. 将给定的幂级数改写成

$$\sum_{n=0}^{\infty} a_n x^n = a_0 + a_1 x + a_2 x^2 + \cdots + a_n x^n + \cdots$$

$$= a_0 + a_1 x_0 \left(\frac{x}{x_0}\right) + a_2 x_0^2 \left(\frac{x}{x_0}\right)^2 + \cdots + a_n x_0^n \left(\frac{x}{x_0}\right)^n + \cdots.$$

显然,对于所有的 n,有

$$|a_n x^n| = \left|a_n x_0^n \left(\frac{x}{x_0}\right)^n\right| \leqslant M \left|\frac{x}{x_0}\right|^n.$$

又由于当 $|x|<|x_0|$ 时,$\left|\dfrac{x}{x_0}\right|<1$,因此级数 $\displaystyle\sum_{n=0}^{\infty} M \left|\frac{x}{x_0}\right|^n$ 收敛,从而由不等式

形式的比较审敛法可知,幂级数 $\displaystyle\sum_{n=0}^{\infty} a_n x^n$ 在 $(-|x_0|,|x_0|)$ 内绝对收敛.

定理第二部分的证明用反证法. 已知幂级数 $\displaystyle\sum_{n=0}^{\infty} a_n x^n$ 当 $x = x_0$ 时发散. 假设

存在点 x_1 满足 $|x_1|>|x_0|$,使得级数 $\displaystyle\sum_{n=0}^{\infty} a_n x_1^n$ 收敛,则根据定理第一部分的结

论,幂级数 $\displaystyle\sum_{n=0}^{\infty} a_n x^n$ 当 $x = x_0$ 时应收敛. 这与假设矛盾. 因此,如果幂级数 $\displaystyle\sum_{n=0}^{\infty} a_n x^n$

在点 $x = x_0$ 处发散,那么对于满足不等式 $|x|>|x_0|$ 的一切 x,幂级数 $\displaystyle\sum_{n=0}^{\infty} a_n x^n$

发散.

由定理 11.3.1 可知,幂级数 $\displaystyle\sum_{n=0}^{\infty} a_n x^n$ 的收敛域有下面三种情形:

(1) 收敛域是以原点为中心,以 R 为半径的有限区间. 此时,幂级数 $\displaystyle\sum_{n=0}^{\infty} a_n x^n$

在区间 $(-R,R)$ 内绝对收敛;在区间 $[-R,R]$ 之外发散;在区间端点 $x = \pm R$

处可能收敛,也可能发散. 也就是说,幂级数 $\displaystyle\sum_{n=0}^{\infty} a_n x^n$ 的收敛域是区间 $(-R,R)$

再加上收敛的区间端点,其中 $(-R,R)$ 称为**收敛区间**,R 称为**收敛半径**.

(2) 收敛域只有 $x=0$ 这一点,此时规定收敛半径 R 为零.

(3) 收敛域是 $(-\infty, +\infty)$,此时规定收敛半径 R 为 $+\infty$.

关于幂级数的收敛半径的确定,有下面的定理.

定理 11.3.2 若 $\displaystyle\lim_{n \to \infty} \left|\frac{a_{n+1}}{a_n}\right| = \rho$(或 $\displaystyle\lim_{n \to \infty} \sqrt[n]{|a_n|} = \rho$),则幂级数 $\displaystyle\sum_{n=0}^{\infty} a_n x^n$

的收敛半径为

$$R = \begin{cases} \dfrac{1}{\rho}, & \rho \neq 0, \\ +\infty, & \rho = 0, \\ 0, & \rho = +\infty. \end{cases}$$

证明 设 $\displaystyle\lim_{n \to \infty} \left|\frac{a_{n+1}}{a_n}\right| = \rho$. 考察绝对值幂级数 $\displaystyle\sum_{n=0}^{\infty} |a_n x^n|$. 该幂级数相邻两项

之比的极限为

$$\lim_{n \to \infty} \frac{|a_{n+1}x^{n+1}|}{|a_n x^n|} = \lim_{n \to \infty} \left| \frac{a_{n+1}}{a_n} \right| |x| = \rho |x|.$$

（1）由极限形式的比值审敛法可知，当 $\rho |x| < 1$ 且 $\rho \neq 0$，即 $|x| < \dfrac{1}{\rho}$ 时，

幂级数 $\sum\limits_{n=0}^{\infty} a_n x^n$ 绝对收敛；当 $\rho |x| > 1$ 且 $\rho \neq 0$，即 $|x| > \dfrac{1}{\rho}$ 时，幂级数 $\sum\limits_{n=0}^{\infty} a_n x^n$

发散. 因此，幂级数 $\sum\limits_{n=0}^{\infty} a_n x^n$ 的收敛半径为 $R = \dfrac{1}{\rho}$.

（2）当 $\rho = 0$ 时，因为对于一切 $x \neq 0$，都有 $\lim\limits_{n \to \infty} \dfrac{|a_{n+1}x^{n+1}|}{|a_n x^n|} = 0 < 1$，所以幂

级数 $\sum\limits_{n=0}^{\infty} a_n x^n$ 在 $(-\infty, +\infty)$ 上绝对收敛，即收敛半径为 $R = +\infty$.

（3）当 $\rho = +\infty$ 时，因为对于一切 $x \neq 0$，均有 $\lim\limits_{n \to \infty} \dfrac{|a_{n+1}x^{n+1}|}{|a_n x^n|} = +\infty$，所以

幂级数 $\sum\limits_{n=0}^{\infty} a_n x^n$ 仅当 $x = 0$ 时收敛，即收敛半径为 $R = 0$.

$\lim\limits_{n \to \infty} \sqrt[n]{|a_n|} = \rho$ 的情形可类似地证明.

求幂级数 $\sum\limits_{n=0}^{\infty} a_n x^n$ 的收敛域，通常是先求出它的收敛半径 R，若 R 为正数（$R = 0$ 和 $R = +\infty$ 除外），则进一步讨论该幂级数在区间端点 $x = \pm R$ 处的敛散性；然后，根据该幂级数在点 $x = \pm R$ 处的敛散性情况确定其收敛域是否包含收敛区间 $(-R, R)$ 的端点.

例 11.3.2 求幂级数 $\sum\limits_{n=1}^{\infty} (-1)^n \dfrac{x^n}{n}$ 的收敛域.

解 令 $a_n = \dfrac{(-1)^n}{n}$. 因为

$$\rho = \lim_{n \to \infty} \left| \frac{a_{n+1}}{a_n} \right| = \lim_{n \to \infty} \frac{\dfrac{1}{n+1}}{\dfrac{1}{n}} = \lim_{n \to \infty} \frac{n}{n+1} = 1,$$

所以收敛半径为 $R = \dfrac{1}{\rho} = 1$. 当 $x = -1$ 时，原幂级数成为调和级数 $\sum\limits_{n=1}^{\infty} \dfrac{1}{n}$，它发散；当 $x = 1$

时，原幂级数成为交错级数 $\sum\limits_{n=1}^{\infty} (-1)^n \dfrac{1}{n}$，利用莱布尼茨定理可判定其收敛. 故所求的收敛域

是 $(-1, 1]$.

例 11.3.3 求幂级数 $\sum\limits_{n=0}^{\infty} n! x^n$ 的收敛半径（已知 $0! = 1$）.

解 令 $a_n = n!$. 因为

$$\rho = \lim_{n \to \infty} \left| \frac{a_{n+1}}{a_n} \right| = \lim_{n \to \infty} \frac{(n+1)!}{n!} = \lim_{n \to \infty} (n+1) = +\infty,$$

所以收敛半径为 $R = 0$.

例 11.3.4 求幂级数 $\sum_{n=1}^{\infty} \frac{(x-3)^n}{\sqrt{n}}$ 的收敛域.

解 令 $t = x - 3, a_n = \frac{1}{\sqrt{n}}$. 考虑幂级数 $\sum_{n=1}^{\infty} a_n t^n$. 此时

$$\rho = \lim_{n \to \infty} \left| \frac{a_{n+1}}{a_n} \right| = \lim_{n \to \infty} \frac{\sqrt{n}}{\sqrt{n+1}} = 1,$$

故收敛半径为 $R = 1$. 当 $t = -1$ 时,得到交错级数 $\sum_{n=1}^{\infty} \frac{(-1)^n}{\sqrt{n}}$,利用莱布尼茨定理可判定其收

敛;当 $t = 1$ 时,得到级数 $\sum_{n=1}^{\infty} \frac{1}{\sqrt{n}}$,将其与调和级数 $\sum_{n=1}^{\infty} \frac{1}{n}$ 比较,利用不等式形式的比较审敛法

可知它发散. 于是,收敛域为 $-1 \leqslant t < 1$,即 $2 \leqslant x < 4$. 因此,原幂级数 $\sum_{n=1}^{\infty} \frac{(x-3)^n}{\sqrt{n}}$ 的收

敛域为 $[2,4)$.

当幂级数不含有 x 的偶次幂(或奇次幂)时,幂级数可写成如下形式:
$\sum_{n=1}^{\infty} a_n x^{2n-1} \left(\text{或} \sum_{n=0}^{\infty} a_n x^{2n} \right)$. 这时,若 $\lim_{n \to \infty} \left| \frac{a_{n+1}}{a_n} \right| = \rho \, (\rho \neq 0)$,则

$$\lim_{n \to \infty} \left| \frac{u_{n+1}(x)}{u_n(x)} \right| = \lim_{n \to \infty} \left| \frac{a_{n+1}}{a_n} \right| x^2 = \rho x^2.$$

根据比值审敛法,当 $\rho x^2 < 1$,即 $|x| < \frac{1}{\sqrt{\rho}}$ 时,该幂级数绝对收敛;当 $\rho x^2 > 1$,

即 $|x| > \frac{1}{\sqrt{\rho}}$ 时,该幂级数发散. 因此,幂级数 $\sum_{n=1}^{\infty} a_n x^{2n-1} \left(\text{或} \sum_{n=0}^{\infty} a_n x^{2n} \right)$ 的收敛半

径为 $R = \frac{1}{\sqrt{\rho}}$.

对于部分系数为零的幂级数,通常可直接用比值审敛法或根值审敛法确定
其收敛半径及收敛域.

例 11.3.5 求幂级数 $\sum_{n=0}^{\infty} \frac{(-1)^{n+1} x^{2n+1}}{2^{2n+1}}$ 的收敛域.

解 原幂级数不含有 x 的偶次幂,可用如下方法求其收敛域:

令 $u_n(x) = \dfrac{(-1)^{n+1} x^{2n+1}}{2^{2n+1}}$，则

$$\lim_{n \to \infty} \left| \frac{u_{n+1}(x)}{u_n(x)} \right| = \lim_{n \to \infty} \left| \frac{(-1)^{(n+1)+1} x^{2(n+1)+1}}{2^{2(n+1)+1}} \cdot \frac{2^{2n+1}}{(-1)^{n+1} x^{2n+1}} \right| = \frac{1}{4} |x|^2.$$

于是，当 $\dfrac{1}{4}|x|^2 < 1$，即 $|x| < 2$ 时，原幂级数绝对收敛；当 $\dfrac{1}{4}|x|^2 > 1$，即 $|x| > 2$ 时，原幂级数发散．因此，收敛半径为 $R = 2$．当 $x = \pm 2$ 时，得到级数 $\sum\limits_{n=0}^{\infty}(-1)^{n+1}$ 和 $\sum\limits_{n=0}^{\infty}(-1)^n$，它们均发散．故收敛域为 $(-2, 2)$．

三、幂级数的运算

设幂级数 $\sum\limits_{n=0}^{\infty} a_n x^n$ 和 $\sum\limits_{n=0}^{\infty} b_n x^n$ 分别在区间 $(-R_1, R_1)$ 和 $(-R_2, R_2)$ 内收敛，和函数分别为 $S_1(x)$ 和 $S_2(x)$．令 $R = \min\{R_1, R_2\}$，则在区间 $(-R, R)$ 内，上述两个幂级数可进行下列运算：

（1）两个幂级数逐项相加或相减，得到一个新的幂级数

$$\sum_{n=0}^{\infty}(a_n \pm b_n)x^n = (a_0 \pm b_0) + (a_1 \pm b_1)x + (a_2 \pm b_2)x^2$$
$$+ (a_n \pm b_n)x^n + \cdots,$$

且新的幂级数在区间 $(-R, R)$ 内收敛于 $S_1(x) \pm S_2(x)$．

（2）两个幂级数相乘，得到一个新的幂级数

$$\left(\sum_{n=0}^{\infty} a_n x^n \right)\left(\sum_{n=0}^{\infty} b_n x^n \right) = a_0 b_0 + (a_0 b_1 + a_1 b_0)x + (a_0 b_2 + a_1 b_1 + a_2 b_0)x^2$$
$$+ \cdots + (a_0 b_n + a_1 b_{n-1} + \cdots + a_n b_0)x^n + \cdots,$$

且新的幂级数在区间 $(-R, R)$ 内收敛于 $S_1(x)S_2(x)$．

（3）两个幂级数相除，得到一个新的幂级数

$$\frac{\sum\limits_{n=0}^{\infty} a_n x^n}{\sum\limits_{n=0}^{\infty} b_n x^n} = c_0 + c_1 x + c_2 x^2 + \cdots + c_n x^n + \cdots,$$

这里 $b_0 \neq 0$．为了确定上述系数 $c_0, c_1, c_2, \cdots, c_n, \cdots$，可以将幂级数 $\sum\limits_{n=0}^{\infty} b_n x^n$ 与 $\sum\limits_{n=0}^{\infty} c_n x^n$ 相乘，并令乘积中各项的系数分别等于幂级数 $\sum\limits_{n=0}^{\infty} a_n x^n$ 中同次幂项的系数．于是

$$a_0 = b_0 c_0,$$
$$a_1 = b_1 c_0 + b_0 c_1,$$
$$a_2 = b_2 c_0 + b_1 c_1 + b_0 c_2,$$
$$\cdots\cdots$$

由这些方程可以依次求出系数 $c_0, c_1, c_2, \cdots, c_n, \cdots$.

相除后所得的幂级数 $\sum\limits_{n=0}^{\infty} c_n x^n$ 的收敛区间可能比原来两个幂级数的收敛区间小得多.

幂级数的和函数在收敛区间内具有下列重要性质.

定理 11.3.3 设幂级数 $\sum\limits_{n=0}^{\infty} a_n x^n$ 的收敛半径为 $R(R > 0)$, 其和函数为 $S(x)$, 则

(1) $S(x)$ 在 $\sum\limits_{n=0}^{\infty} a_n x^n$ 的收敛域上连续;

(2) $S(x)$ 在区间 $(-R, R)$ 内可导, 且可逐项求导, 即

$$S'(x) = \left(\sum_{n=0}^{\infty} a_n x^n \right)' = \sum_{n=0}^{\infty} (a_n x^n)' = \sum_{n=1}^{\infty} n a_n x^{n-1},$$

逐项求导后所得到的幂级数与原幂级数的收敛半径相同;

(3) $S(x)$ 在 $\sum\limits_{n=0}^{\infty} a_n x^n$ 的收敛域上可积, 且可逐项积分, 即

$$\int_0^x S(x) \mathrm{d}x = \int_0^x \left(\sum_{n=0}^{\infty} a_n x^n \right) \mathrm{d}x = \sum_{n=0}^{\infty} \int_0^x a_n x^n \mathrm{d}x = \sum_{n=0}^{\infty} \frac{a_n}{n+1} x^{n+1},$$

逐项积分后所得到的幂级数与原幂级数的收敛半径相同.

例 11.3.6 求幂级数 $\sum\limits_{n=0}^{\infty} (n+2)(n+1)x^n$ 的和函数 $S(x)$.

解 令 $a_n = (n+2)(n+1)$, 则 $\rho = \lim\limits_{n \to \infty} \left| \dfrac{a_{n+1}}{a_n} \right| = 1$, 所给幂级数的收敛半径为 $R = 1$. 当 $x = \pm 1$ 时, 得到级数 $\sum\limits_{n=0}^{\infty} (n+2)(n+1)$ 和 $\sum\limits_{n=0}^{\infty} (-1)^n (n+2)(n+1)$, 它们均发散, 故收敛域为 $(-1, 1)$.

因为

$$\sum_{n=0}^{\infty} (n+2)(n+1)x^n = \sum_{n=0}^{\infty} \left[(n+2)x^{n+1} \right]' = \left[\sum_{n=0}^{\infty} (n+2)x^{n+1} \right]'$$

$$= \left[\sum_{n=0}^{\infty} (x^{n+2})' \right]' = \left(\sum_{n=0}^{\infty} x^{n+2} \right)'',$$

而在收敛区间 $(-1, 1)$ 内, 有 $\sum\limits_{n=0}^{\infty} x^{n+2} = \dfrac{x^2}{1-x}$, 所以

$$S(x) = \sum_{n=0}^{\infty} (n+2)(n+1)x^n = \left(\frac{x^2}{1-x} \right)''$$

$$= \frac{2}{(1-x)^3}, \quad x \in (-1, 1).$$

例 11.3.7 求幂级数 $\displaystyle\sum_{n=0}^{\infty}\frac{x^n}{n+1}$ 在其收敛区间 $(-1,1)$ 内的和函数.

解 设和函数为 $S(x)$，则当 $x\neq 0$ 时，有

$$S(x)=\sum_{n=0}^{\infty}\frac{x^n}{n+1}=\frac{1}{x}\sum_{n=0}^{\infty}\frac{x^{n+1}}{n+1}=\frac{1}{x}\sum_{n=0}^{\infty}\int_0^x t^n\,\mathrm{d}t$$

$$=\frac{1}{x}\int_0^x\sum_{n=0}^{\infty}t^n\,\mathrm{d}t=\frac{1}{x}\int_0^x\frac{1}{1-t}\,\mathrm{d}t$$

$$=-\frac{1}{x}\ln(1-x),\quad 0<|x|<1.$$

由和函数的连续性，可将 $x=0$ 代入幂级数的表达式直接计算，得 $S(0)=1$. 因此

$$S(x)=\begin{cases}-\dfrac{1}{x}\ln(1-x),&0<|x|<1,\\[2mm]1,&x=0.\end{cases}$$

例 11.3.8 求幂级数 $\displaystyle\sum_{n=1}^{\infty}\frac{(-1)^{n-1}x^{2n}}{2n-1}$ 的收敛域及和函数.

解 该幂级数不含有 x 的奇次幂，用如下方法求其收敛域：

令 $u_n(x)=\dfrac{(-1)^{n-1}x^{2n}}{2n-1}$，则

$$\lim_{n\to\infty}\left|\frac{u_{n+1}(x)}{u_n(x)}\right|=\lim_{n\to\infty}\left|\frac{(-1)^n x^{2(n+1)}}{2n+1}\cdot\frac{2n-1}{(-1)^{n-1}x^{2n}}\right|=|x^2|.$$

当 $|x^2|<1$，即 $|x|<1$ 时，该幂级数绝对收敛；当 $|x^2|>1$，即 $|x|>1$ 时，该幂级数发散. 故收敛半径为 $R=1$. 当 $x=\pm 1$ 时，得到级数 $\displaystyle\sum_{n=1}^{\infty}\frac{(-1)^{n-1}}{2n-1}$，它收敛，因此收敛域为 $[-1,1]$.

设和函数为 $S(x)$，则

$$S(x)=\sum_{n=1}^{\infty}\frac{(-1)^{n-1}x^{2n}}{2n-1}=x\sum_{n=1}^{\infty}\frac{(-1)^{n-1}x^{2n-1}}{2n-1}=x\sum_{n=1}^{\infty}(-1)^{n-1}\int_0^x t^{2n-2}\,\mathrm{d}t$$

$$=x\int_0^x\left[\sum_{n=1}^{\infty}(-1)^{n-1}t^{2n-2}\right]\mathrm{d}t=x\int_0^x\frac{1}{1+t^2}\,\mathrm{d}t$$

$$=x\arctan x,\quad |x|\leqslant 1.$$

习题11.3

1. 求下列幂级数的收敛域：

(1) $\displaystyle\sum_{n=1}^{\infty}(-1)^{n+1}\frac{x^n}{n}$；

(2) $\displaystyle\sum_{n=1}^{\infty}\frac{(n+1)!}{n^2}x^n$；

(3) $\sum\limits_{n=1}^{\infty} \dfrac{x^n}{3^n \sqrt{n}}$;

(4) $\sum\limits_{n=1}^{\infty} a^{n^2} x^n \quad (0 < a < 1)$;

(5) $\sum\limits_{n=1}^{\infty} \dfrac{(-1)^{n-1} x^{2n+1}}{n(2n-1)}$;

(6) $\sum\limits_{n=1}^{\infty} \dfrac{(x-3)^n}{n^2}$;

(7) $\sum\limits_{n=1}^{\infty} \dfrac{x^{2n}}{n \cdot 5^n}$;

(8) $\sum\limits_{n=1}^{\infty} 2^n (x-1)^{2n+1}$.

2. 求下列幂级数的收敛域,并求其和函数:

(1) $\sum\limits_{n=1}^{\infty} n^2 x^{n-1}$;

(2) $\sum\limits_{n=1}^{\infty} \dfrac{x^{4n+1}}{4n+1}$;

(3) $\sum\limits_{n=1}^{\infty} \dfrac{n x^n}{2^n}$;

(4) $\sum\limits_{n=1}^{\infty} (-1)^n \dfrac{(x-3)^n}{n \cdot 3^n}$.

3. 求幂级数 $x + \dfrac{x^3}{3} + \dfrac{x^5}{5} + \cdots (|x| < 1)$ 的和函数,并求级数 $\sum\limits_{n=1}^{\infty} \dfrac{1}{(2n-1)2^n}$ 的和.

4. 求幂级数 $\sum\limits_{n=1}^{\infty} (-1)^{n-1} \dfrac{x^{2n}}{2n} (-1 \leqslant x \leqslant 1)$ 的和函数,并求级数 $\sum\limits_{n=1}^{\infty} \dfrac{(-1)^{n-1}}{2n} \left(\dfrac{3}{4} \right)^n$ 的和.

§11.4

函数展开成幂级数

由 §11.3 可知,幂级数 $\sum\limits_{n=0}^{\infty} a_n x^n$ 在其收敛域上可以用一个和函数表示. 在实际应用中常常遇到其反问题:给定函数 $f(x)$,能否将其表示为一个收敛的幂级数呢? 下面将讨论这个问题.

一、泰勒级数

由泰勒公式可知,如果函数 $f(x)$ 在点 x_0 的某个邻域 $U(x_0)$ 内具有 $n+1$ 阶导数,那么在此邻域内 $f(x)$ 可以表示为

$$f(x) = P_n(x) + R_n(x),$$

其中 $P_n(x) = \sum\limits_{k=0}^{n} \dfrac{f^{(k)}(x_0)}{k!} (x - x_0)^k$ 为 $f(x)$ 按 $x - x_0$ 的幂展开的 n 次泰勒多项式,$R_n(x) = \dfrac{f^{(n+1)}(\xi)}{(n+1)!} (x - x_0)^{n+1}$ (ξ 是 x 与 x_0 之间的某个值) 为拉格朗日型余项.

定义 11.4.1 设 $f(x)$ 是一个给定的函数,I 为一个区间. 若存在幂级数 $\sum\limits_{n=0}^{\infty} a_n (x - x_0)^n$,使得

$$f(x) = \sum_{n=0}^{\infty} a_n (x - x_0)^n, \quad x \in I,$$

则称 $f(x)$ 在区间 I 内能展开成 $x - x_0$ 的幂级数.

定义 11.4.2 （1）若函数 $f(x)$ 在点 x_0 的某个邻域 $U(x_0)$ 内具有任意阶导数，则称幂级数

$$\sum_{n=0}^{\infty} \frac{f^{(n)}(x_0)}{n!} (x - x_0)^n$$

为 $f(x)$ 在点 x_0 处的**泰勒级数**，其中的系数 $\dfrac{f^{(n)}(x_0)}{n!}$ $(n = 0, 1, 2, \cdots)$ 称为 $f(x)$ 的**泰勒系数**；

（2）若

$$\sum_{n=0}^{\infty} \frac{f^{(n)}(x_0)}{n!} (x - x_0)^n = f(x), \quad x \in U(x_0),$$

则称函数 $f(x)$ 在 $U(x_0)$ 内能展开成泰勒级数，并称上式为 $f(x)$ 在点 x_0 处的**泰勒展开式**.

定理 11.4.1 若函数 $f(x)$ 在点 x_0 的某个邻域 $U(x_0)$ 内能展开成 $x - x_0$ 的幂级数 $\displaystyle\sum_{n=0}^{\infty} a_n (x - x_0)^n$，则

$$a_n = \frac{f^{(n)}(x_0)}{n!}, \quad n = 0, 1, 2, \cdots.$$

证明 因为在 $U(x_0)$ 内有

$$f(x) = a_0 + a_1(x - x_0) + a_2(x - x_0)^2 + \cdots + a_n(x - x_0)^n + \cdots,$$

所以根据幂级数在收敛区间内可逐项求导，有

$$f'(x) = a_1 + 2a_2(x - x_0) + 3a_3(x - x_0)^2 + \cdots$$
$$+ na_n(x - x_0)^{n-1} + \cdots,$$
$$f''(x) = 2a_2 + 3 \cdot 2a_3(x - x_0) + \cdots$$
$$+ n(n-1)a_n(x - x_0)^{n-2} + \cdots,$$
$$f'''(x) = 3 \cdot 2a_3 + 4 \cdot 3 \cdot 2a_4(x - x_0) + \cdots$$
$$+ n(n-1)(n-2)a_n(x - x_0)^{n-3} + \cdots,$$

$\cdots\cdots$

$$f^{(n)}(x) = n!a_n + (n+1)!a_{n+1}(x - x_0) + \cdots$$
$$+ \frac{(n+k)!}{k!}a_{n+k}(x - x_0)^k + \cdots,$$

$\cdots\cdots$

以 $x = x_0$ 代入上述各式，得

$$f^{(n)}(x_0) = n!a_n, \quad n = 0, 1, 2, \cdots,$$

从而

$$a_n = \frac{f^{(n)}(x_0)}{n!}, \quad n = 0, 1, 2, \cdots.$$

定理 11.4.1 表明,如果函数 $f(x)$ 在点 x_0 的某个邻域 $U(x_0)$ 内能展开成 $x-x_0$ 的幂级数,那么这种展开式是唯一的,并且一定是泰勒展开式.

值得注意的是,即使函数 $f(x)$ 在点 x_0 的某个邻域 $U(x_0)$ 内具有任意阶导数,$f(x)$ 在 $U(x_0)$ 内也不一定能展开成泰勒级数.例如函数

$$f(x) = \begin{cases} \mathrm{e}^{-\frac{1}{x^2}}, & x \neq 0, \\ 0, & x = 0, \end{cases}$$

因为 $f^{(n)}(0) = 0, n = 0, 1, 2, \cdots$,所以函数 $f(x)$ 在点 $x = 0$ 处的泰勒级数 $\sum_{n=0}^{\infty} 0 \cdot x^n$ 在区间 $(-\infty, +\infty)$ 上收敛于 $S(x) = 0$.但是,当 $x \neq 0$ 时,$f(x) \neq S(x)$.

定理 11.4.2 设函数 $f(x)$ 在点 x_0 的某个邻域 $U(x_0)$ 内具有任意阶导数,则 $f(x)$ 在 $U(x_0)$ 内能展开成泰勒级数的充要条件是 $f(x)$ 的泰勒公式中的余项 $R_n(x)$ 当 $n \to \infty$ 时的极限为零.

证明 先证必要性.设函数 $f(x)$ 在 $U(x_0)$ 内能展开成泰勒级数,则

$$f(x) = \sum_{n=0}^{\infty} \frac{f^{(n)}(x_0)}{n!} (x-x_0)^n$$

对于一切 $x \in U(x_0)$ 均成立.设 $S_n(x)$ 为上式右边幂级数的部分和,则

$$\lim_{n \to \infty} R_n(x) = \lim_{n \to \infty} [f(x) - S_n(x)] = f(x) - f(x) = 0.$$

这就证明了必要性.

再证充分性.设 $\lim_{n \to \infty} R_n(x) = 0$ 对于一切 $x \in U(x_0)$ 均成立,则

$$\lim_{n \to \infty} S_n(x) = \lim_{n \to \infty} [f(x) - R_n(x)] = f(x),$$

因此函数 $f(x)$ 的泰勒级数 $\sum_{n=0}^{\infty} \frac{f^{(n)}(x_0)}{n!} (x-x_0)^n$ 在 $U(x_0)$ 内收敛于 $f(x)$,从而 $f(x)$ 在 $U(x_0)$ 内能展开成泰勒级数.

在泰勒级数 $\sum_{n=0}^{\infty} \frac{f^{(n)}(x_0)}{n!} (x-x_0)^n$ 中取 $x_0 = 0$,得

$$\sum_{n=0}^{\infty} \frac{f^{(n)}(0)}{n!} x^n.$$

称此幂级数为函数 $f(x)$ 的**麦克劳林级数**.

若函数 $f(x)$ 在区间 $(-r, r)$ 内能展开成 x 的幂级数,则

$$f(x) = \sum_{n=0}^{\infty} \frac{f^{(n)}(0)}{n!} x^n, \quad x \in (-r, r).$$

称上式为函数 $f(x)$ 的**麦克劳林级数展开式**.

二、函数的幂级数展开式

设函数 $f(x)$ 在点 x_0 的某个邻域 $U(x_0)$ 内具有任意阶导数.直接把 $f(x)$ 展开成 $x-x_0$ 的幂级数的步骤如下:

(1) 求出 $f(x)$ 的各阶导数 $f^{(n)}(x), n = 1, 2, \cdots$.

（2）求出 $f(x)$ 及其各阶导数在 $x = x_0$ 处的值，即 $f(x_0)$ 和 $f^{(n)}(x_0)$，$n = 1, 2, \cdots$.

（3）写出幂级数（泰勒级数）

$$f(x_0) + f'(x_0)(x - x_0) + \frac{f''(x_0)}{2!}(x - x_0)^2 + \cdots + \frac{f^{(n)}(x_0)}{n!}(x - x_0)^n + \cdots.$$

（4）验证在收敛区间 $(x_0 - R, x_0 + R)$ 内有

$$\lim_{n \to \infty} R_n(x) = \lim_{n \to \infty} \frac{f^{(n+1)}(\xi)}{(n+1)!}(x - x_0)^{n+1} = 0 \quad (\xi \text{ 在 } x_0 \text{ 与 } x \text{ 之间}).$$

注意到 $\lim\limits_{n \to \infty} R_n(x) = 0$ 等价于 $\lim\limits_{n \to \infty} |R_n(x)| = 0$，通常是验证 $\lim\limits_{n \to \infty} |R_n(x)| = 0$.

（5）写出幂级数展开式

$$f(x) = \sum_{n=0}^{\infty} \frac{f^{(n)}(x_0)}{n!}(x - x_0)^n, \quad x \in (x_0 - R, x_0 + R).$$

上述这种把函数 $f(x)$ 展开成 $x - x_0$ 的幂级数的方法称为直接展开法.

例 11.4.1 将函数 $f(x) = e^x$ 展开成 x 的幂级数（麦克劳林级数）.

解 由于

$$f^{(n)}(x) = e^x, \quad f^{(n)}(0) = 1, \quad n = 0, 1, 2, \cdots,$$

因此 $f(x)$ 的麦克劳林级数为

$$1 + x + \frac{x^2}{2!} + \cdots + \frac{x^n}{n!} + \cdots,$$

其收敛半径为 $R = +\infty$. 对于任何实数 x，余项的绝对值为

$$|R_n(x)| = \left| \frac{e^{\xi}}{(n+1)!} x^{n+1} \right| < e^{|x|} \frac{|x|^{n+1}}{(n+1)!} \quad (\xi \text{ 在 } 0 \text{ 与 } x \text{ 之间}),$$

而 $\dfrac{|x|^{n+1}}{(n+1)!}$ 是收敛级数 $\sum\limits_{n=0}^{\infty} \dfrac{|x|^{n+1}}{(n+1)!}$ 的通项，有 $\lim\limits_{n \to \infty} \dfrac{|x|^{n+1}}{(n+1)!} = 0$，所以 $\lim\limits_{n \to \infty} e^{|x|} \dfrac{|x|^{n+1}}{(n+1)!} = 0$，即 $\lim\limits_{n \to \infty} |R_n(x)| = 0$. 因此

$$e^x = 1 + x + \frac{x^2}{2!} + \cdots + \frac{x^n}{n!} + \cdots, \quad -\infty < x < +\infty. \tag{11.4.1}$$

例 11.4.2 将函数 $f(x) = \sin x$ 展开成 x 的幂级数.

解 $\sin x$ 的各阶导数为

$$f^{(n)}(x) = \sin\left(x + \frac{n\pi}{2}\right), \quad n = 0, 1, 2, \cdots,$$

于是

$$f(0) = 0, \quad f'(0) = 1, \quad f''(0) = 0, \quad f'''(0) = -1, \quad \cdots,$$

即

$$f^{(2k+1)}(0) = (-1)^k, \quad f^{(2k)}(0) = 0, \quad k = 0, 1, 2, \cdots.$$

故 $f(x)$ 的麦克劳林级数为

$$x - \frac{x^3}{3!} + \frac{x^5}{5!} - \cdots + (-1)^{n-1} \frac{x^{2n-1}}{(2n-1)!} + \cdots,$$

其收敛半径为 $R = +\infty$. 对于任何实数 x 及 ξ(ξ 在 0 与 x 之间），由

$$|R_n(x)| = \left| \frac{\sin\left(\xi + \frac{n+1}{2}\pi\right)}{(n+1)!} x^{n+1} \right| \leqslant \frac{|x|^{n+1}}{(n+1)!} \to 0 \quad (n \to \infty)$$

可得 $\lim\limits_{n \to \infty} |R_n(x)| = 0$. 因此

$$\sin x = x - \frac{x^3}{3!} + \frac{x^5}{5!} - \cdots + (-1)^{n-1} \frac{x^{2n-1}}{(2n-1)!} + \cdots, \quad -\infty < x < +\infty.$$

$$(11.4.2)$$

例 11.4.3 将函数 $f(x) = (1+x)^m$ 展开成 x 的幂级数.

解 $f(x)$ 的各阶导数为

$$f'(x) = m(1+x)^{m-1},$$
$$f''(x) = m(m-1)(1+x)^{m-2},$$
$$\cdots\cdots$$
$$f^{(n)}(x) = m(m-1)(m-2)\cdots(m-n+1)(1+x)^{m-n},$$
$$\cdots\cdots$$

从而有

$$f(0) = 1, \quad f'(0) = m, \quad f''(0) = m(m-1), \quad \cdots,$$
$$f^{(n)}(0) = m(m-1)(m-2)(m-3)\cdots(m-n+1), \quad \cdots,$$

所以 $f(x)$ 的麦克劳林级数为

$$1 + mx + \frac{m(m-1)}{2!} x^2 + \cdots + \frac{m(m-1)(m-2)\cdots(m-n+1)}{n!} x^n + \cdots.$$

此幂级数相邻两项系数之比的绝对值为 $\left| \dfrac{a_{n+1}}{a_n} \right| = \left| \dfrac{m-n}{n+1} \right| \to 1 (n \to \infty)$，因此对于任意的 m，此幂级数在开区间 $(-1,1)$ 内收敛. 又对于任何有限的数 x，可以证明余项 $R_n(x)$ 当 $n \to \infty$ 时趋向于零. 于是

$$(1+x)^m = 1 + mx + \frac{m(m-1)}{2!} x^2 + \cdots + \frac{m(m-1)(m-2)\cdots(m-n+1)}{n!} x^n + \cdots,$$
$$-1 < x < 1.$$

$$(11.4.3)$$

公式 $(11.4.3)$ 叫作二项展开式. 当 m 为正整数时，公式 $(11.4.3)$ 右边就成为 x 的 m 次多项式，即为代数学中的二项式公式. 对应于 $m = \dfrac{1}{2}, -\dfrac{1}{2}$ 的二项展开式分别为

$$\sqrt{1+x} = 1 + \frac{1}{2} x - \frac{1}{2 \cdot 4} x^2 + \frac{1 \cdot 3}{2 \cdot 4 \cdot 6} x^3 - \frac{1 \cdot 3 \cdot 5}{2 \cdot 4 \cdot 6 \cdot 8} x^4 + \cdots,$$
$$-1 \leqslant x \leqslant 1,$$

$$(11.4.4)$$

$$\frac{1}{\sqrt{1+x}} = 1 - \frac{1}{2}x + \frac{1\cdot 3}{2\cdot 4}x^2 - \frac{1\cdot 3\cdot 5}{2\cdot 4\cdot 6}x^3 + \frac{1\cdot 3\cdot 5\cdot 7}{2\cdot 4\cdot 6\cdot 8}x^4 - \cdots,$$
$$-1 < x \leqslant 1. \tag{11.4.5}$$

利用直接展开法也可得到如下函数的麦克劳林级数展开式：

$$\cos x = 1 - \frac{x^2}{2!} + \frac{x^4}{4!} - \frac{x^6}{6!} + \cdots + (-1)^n \frac{x^{2n}}{(2n)!} + \cdots, \quad -\infty < x < +\infty,$$
$$\tag{11.4.6}$$

$$\ln(1+x) = x - \frac{x^2}{2} + \frac{x^3}{3} - \cdots + (-1)^n \frac{x^{n+1}}{n+1} + \cdots, \quad -1 < x \leqslant 1,$$
$$\tag{11.4.7}$$

$$\arctan x = x - \frac{1}{3}x^3 + \frac{1}{5}x^5 - \cdots + (-1)^n \frac{1}{2n+1}x^{2n+1} + \cdots, \quad -1 \leqslant x \leqslant 1.$$
$$\tag{11.4.8}$$

此外，利用等比级数的结果，也可推出下面函数的麦克劳林级数展开式：

$$\frac{1}{1-x} = 1 + x + x^2 + x^3 + \cdots + x^n + \cdots, \quad -1 < x < 1. \tag{11.4.9}$$

一般地，直接展开法的计算量较大，余项的验证也比较麻烦．因此，在可能的条件下，可采用间接展开法，即利用一些已知的函数幂级数展开式[如式(11.4.1)～(11.4.9)]，通过幂级数的运算（如四则运算、逐项求导或积分）及变量代换等来求函数的幂级数展开式．

例 11.4.4 将函数 $\sin^2 x$ 展开成 x 的幂级数．

解 因为 $\sin^2 x = \frac{1}{2} - \frac{1}{2}\cos 2x$，而

$$\cos x = \sum_{n=0}^{\infty} (-1)^n \frac{x^{2n}}{(2n)!}, \quad -\infty < x < +\infty,$$

所以

$$\sin^2 x = \frac{1}{2} - \frac{1}{2}\sum_{n=0}^{\infty}(-1)^n \frac{(2x)^{2n}}{(2n)!} = \sum_{n=1}^{\infty}(-1)^{n-1}\frac{2^{2n-1}x^{2n}}{(2n)!}, \quad -\infty < x < +\infty.$$

例 11.4.5 将函数 $\ln x$ 展开成 $x-1$ 的幂级数．

解 因为

$$\ln(1+x) = x - \frac{x^2}{2} + \frac{x^3}{3} - \cdots + (-1)^n \frac{x^{n+1}}{n+1} + \cdots, \quad -1 < x \leqslant 1,$$

所以

$$\ln x = \ln[1 + (x-1)]$$
$$= (x-1) - \frac{(x-1)^2}{2} + \frac{(x-1)^3}{3} - \cdots + (-1)^n \frac{(x-1)^{n+1}}{n+1} + \cdots, \quad -1 < x-1 \leqslant 1,$$

即

$$\ln x = \sum_{n=0}^{\infty} (-1)^n \frac{(x-1)^{n+1}}{n+1}, \quad 0 < x \leqslant 2.$$

例 11.4.6 将函数 $f(x) = \dfrac{1}{x^2 - 3x - 4}$ 展开成 $x-1$ 的幂级数.

解 $f(x) = \dfrac{1}{x^2 - 3x - 4} = \dfrac{1}{5} \left(\dfrac{1}{x-4} - \dfrac{1}{x+1} \right)$

$$= \frac{1}{5} \left[\frac{1}{-3 + (x-1)} - \frac{1}{2 + (x-1)} \right]$$

$$= \frac{1}{5} \left(-\frac{1}{3} \cdot \frac{1}{1 - \dfrac{x-1}{3}} - \frac{1}{2} \cdot \frac{1}{1 + \dfrac{x-1}{2}} \right)$$

$$= -\frac{1}{5} \left[\frac{1}{3} \sum_{n=0}^{\infty} \frac{1}{3^n} (x-1)^n + \frac{1}{2} \sum_{n=0}^{\infty} \frac{(-1)^n}{2^n} (x-1)^n \right]$$

$$\left(\text{此时} \left| \frac{x-1}{3} \right| < 1 \text{ 且 } \left| \frac{x-1}{2} \right| < 1, \text{即} -1 < x < 3 \right)$$

$$= -\frac{1}{5} \sum_{n=0}^{\infty} \left[\frac{1}{3^{n+1}} + \frac{(-1)^n}{2^{n+1}} \right] (x-1)^n, \quad -1 < x < 3.$$

例 11.4.7 将函数 $f(x) = \dfrac{1}{(x-3)^2}$ 展开成 x 的幂级数.

解 因为 $f(x) = \left(-\dfrac{1}{x-3} \right)' = \dfrac{1}{3} \left(\dfrac{1}{1 - \dfrac{x}{3}} \right)'$，而 $\dfrac{1}{1 - \dfrac{x}{3}} = \sum_{n=0}^{\infty} \left(\dfrac{x}{3} \right)^n \, (|x| < 3)$，所以

$$f(x) = \frac{1}{3} \left(\sum_{n=0}^{\infty} \frac{x^n}{3^n} \right)' = \sum_{n=1}^{\infty} \frac{n x^{n-1}}{3^{n+1}}, \quad |x| < 3.$$

习题11.4

1. 将下列函数展开成 x 的幂级数,并求使得展开式成立的区间:

(1) $\ln(2+x)$;　　　　(2) $\dfrac{e^x - e^{-x}}{2}$;　　　　(3) $a^x \quad (a > 0)$;　　　　(4) e^{-x^2};

(5) $\cos^2 x$;　　　　(6) $\dfrac{x}{\sqrt{1+x^2}}$;　　　　(7) $\dfrac{1}{x+2}$.

2. 将函数 $f(x) = \cos x$ 展开成 $x + \dfrac{\pi}{3}$ 的幂级数.

3. 按 $x-2$ 的幂展开多项式 $x^4 + 2x^3 - x^2 + x + 1$.

4. 将函数 $f(x) = \dfrac{1}{x^2 + 3x + 2}$ 展开成 $x + 4$ 的幂级数.

5. 将下列函数展开成 $x-1$ 的幂级数，并求使得展开式成立的区间：

(1) $\ln x$；
(2) $\sqrt{x^3}$.

6. 将函数 $f(x)=\dfrac{x}{x^2-x-2}$ 展开成 x 的幂级数.

§11.5

傅里叶级数

一、傅里叶系数与傅里叶级数

定义 11.5.1 设 $a_0, a_n, b_n (n=1,2,\cdots)$ 均为常数，称级数

$$\frac{a_0}{2}+\sum_{n=1}^{\infty}\left(a_n\cos\frac{n\pi x}{l}+b_n\sin\frac{n\pi x}{l}\right) \qquad (11.5.1)$$

为一个三角级数.

定义 11.5.2 设 $f(x)$ 是一个以 $2l$ 为周期的函数. 若存在三角级数

$$\frac{a_0}{2}+\sum_{n=1}^{\infty}\left(a_n\cos\frac{n\pi x}{l}+b_n\sin\frac{n\pi x}{l}\right),$$

使得

$$f(x)=\frac{a_0}{2}+\sum_{n=1}^{\infty}\left(a_n\cos\frac{n\pi x}{l}+b_n\sin\frac{n\pi x}{l}\right),$$

则称 $f(x)$ 能展开成三角级数.

令 $t=\dfrac{\pi x}{l}$，则式(11.5.1)变为

$$\frac{a_0}{2}+\sum_{n=1}^{\infty}(a_n\cos nt+b_n\sin nt), \qquad (11.5.2)$$

这就把以 $2l$ 为周期的三角级数转换成以 2π 为周期的三角级数.

定义 11.5.3 设函数 $f(x), g(x)$ 在区间 $[-\pi,\pi]$ 上连续. 如果

$$\int_{-\pi}^{\pi}f(x)g(x)\mathrm{d}x=0,$$

则称 $f(x)$ 与 $g(x)$ 在区间 $[-\pi,\pi]$ 上正交.

定义 11.5.4 称

$$1,\ \sin x,\ \cos x,\ \sin 2x,\ \cos 2x,\ \cdots,\ \sin nx,\ \cos nx,\ \cdots \qquad (11.5.3)$$

为一个三角函数系.

容易验证，三角函数系(11.5.3)中任意两个不同的函数的乘积在区间 $[-\pi,\pi]$ 上的定积分等于零，两个相同的函数的乘积在区间 $[-\pi,\pi]$ 上的定积

分不等于零. 例如, $\int_{-\pi}^{\pi} 1^2 \mathrm{d}x = 2\pi$, $\int_{-\pi}^{\pi} \cos^2 nx \,\mathrm{d}x = \pi$, $\int_{-\pi}^{\pi} \sin^2 nx \,\mathrm{d}x = \pi$, $n = 1$, $2, \cdots$. 因此, 三角函数系(11.5.3)中的函数在区间 $[-\pi, \pi]$ 上两两正交.

设以 2π 为周期的函数 $f(x)$ 能展开成三角级数, 即

$$f(x) = \frac{a_0}{2} + \sum_{n=1}^{\infty} (a_n \cos nx + b_n \sin nx). \qquad (11.5.4)$$

如果定积分 $\int_{-\pi}^{\pi} f(x)\cos nx \,\mathrm{d}x \,(n = 0, 1, 2, \cdots)$ 和 $\int_{-\pi}^{\pi} f(x)\sin nx \,\mathrm{d}x \,(n = 1, 2, \cdots)$ 都存在, 那么可以用三角级数可逐项积分的性质确定其系数 $a_0, a_n, b_n (n = 1, 2, \cdots)$.

对式(11.5.4)两边同时在区间 $[-\pi, \pi]$ 上逐项积分, 可得

$$a_0 = \frac{1}{\pi} \int_{-\pi}^{\pi} f(x) \,\mathrm{d}x.$$

对式(11.5.4)两边同时乘以 $\cos nx$, 然后在 $[-\pi, \pi]$ 上逐项积分, 可得

$$a_n = \frac{1}{\pi} \int_{-\pi}^{\pi} f(x)\cos nx \,\mathrm{d}x, \quad n = 1, 2, \cdots.$$

类似地, 在式(11.5.4)两边同时乘以 $\sin nx$, 然后在 $[-\pi, \pi]$ 上逐项积分, 可得

$$b_n = \frac{1}{\pi} \int_{-\pi}^{\pi} f(x)\sin nx \,\mathrm{d}x, \quad n = 1, 2, \cdots.$$

因此

$$a_n = \frac{1}{\pi} \int_{-\pi}^{\pi} f(x)\cos nx \,\mathrm{d}x, \quad n = 0, 1, 2, \cdots,$$

$$b_n = \frac{1}{\pi} \int_{-\pi}^{\pi} f(x)\sin nx \,\mathrm{d}x, \quad n = 1, 2, \cdots.$$

由此可知, 式(11.5.4)中各系数是唯一确定的, 称其为函数 $f(x)$ 的傅里叶系数. 用 $f(x)$ 的傅里叶系数构成的三角级数

$$\frac{a_0}{2} + \sum_{n=1}^{\infty} (a_n \cos nx + b_n \sin nx)$$

称为 $f(x)$ 的傅里叶级数, 式(11.5.4)称为 $f(x)$ 的傅里叶级数展开式.

综上所述, 如果以 2π 为周期的函数 $f(x)$ 能展开成三角级数, 那么这种展开式是唯一的, 并且一定是傅里叶级数展开式.

如果 $f(x)$ 为偶函数, 那么

$$b_n = 0, \quad n = 1, 2, \cdots,$$

$$a_n = \frac{2}{\pi} \int_0^{\pi} f(x)\cos nx \,\mathrm{d}x, \quad n = 0, 1, 2, \cdots,$$

从而式(11.5.4)成为

$$f(x) = \frac{a_0}{2} + \sum_{n=1}^{\infty} a_n \cos nx.$$

故偶函数的傅里叶级数是只含有余弦函数项的余弦级数.

如果 $f(x)$ 为奇函数, 则

$$a_n = 0, \quad n = 0, 1, 2, \cdots,$$

$$b_n = \frac{2}{\pi} \int_0^{\pi} f(x)\sin nx \,\mathrm{d}x, \quad n = 1, 2, \cdots,$$

从而式(11.5.4)成为

$$f(x) = \sum_{n=1}^{\infty} b_n \sin nx.$$

故奇函数的傅里叶级数是只含有正弦函数项的正弦级数.

设以 $2l$ 为周期的函数 $f(x)$ 能展开成三角级数，即

$$f(x) = \frac{a_0}{2} + \sum_{n=1}^{\infty} \left(a_n \cos \frac{n\pi x}{l} + b_n \sin \frac{n\pi x}{l} \right). \tag{11.5.5}$$

如果定积分 $\int_{-l}^{l} f(x) \cos \frac{n\pi x}{l} \mathrm{d}x\ (n=0,1,2,\cdots)$ 和 $\int_{-l}^{l} f(x) \sin \frac{n\pi x}{l} \mathrm{d}x\ (n=1,2,\cdots)$ 都存在，那么可以用三角级数可逐项积分的性质确定其系数 $a_0, a_n, b_n\ (n=1, 2,\cdots)$，得

$$a_n = \frac{1}{l} \int_{-l}^{l} f(x) \cos \frac{n\pi x}{l} \mathrm{d}x, \quad n=0,1,2,\cdots,$$

$$b_n = \frac{1}{l} \int_{-l}^{l} f(x) \sin \frac{n\pi x}{l} \mathrm{d}x, \quad n=1,2,\cdots.$$

由此可知，式(11.5.5)中各系数也是唯一确定的.

如果 $f(x)$ 为偶函数，那么

$$b_n = 0, \quad n=1,2,\cdots,$$

$$a_n = \frac{2}{l} \int_{0}^{l} f(x) \cos \frac{n\pi x}{l} \mathrm{d}x, \quad n=0,1,2,\cdots,$$

从而式(11.5.5)成为

$$f(x) = \frac{a_0}{2} + \sum_{n=1}^{\infty} a_n \cos \frac{n\pi x}{l}.$$

如果 $f(x)$ 为奇函数，则

$$a_n = 0, \quad n=0,1,2,\cdots,$$

$$b_n = \frac{2}{l} \int_{0}^{l} f(x) \sin \frac{n\pi x}{l} \mathrm{d}x, \quad n=1,2,\cdots,$$

从而式(11.5.5)成为

$$f(x) = \sum_{n=1}^{\infty} b_n \sin \frac{n\pi x}{l}.$$

二、傅里叶级数的收敛定理

下面的定理给出了函数 $f(x)$ 能展开成傅里叶级数的条件.

对于函数 $f(x)$，令点集

$$C = \left\{ x \,\middle|\, f(x) = \frac{1}{2} [f(x^-) + f(x^+)] \right\}.$$

定理 11.5.1（收敛定理，又称狄利克雷充分条件） 设 $f(x)$ 是周期为 2π 的周期函数. 若 $f(x)$ 在一个周期内连续或只有有限个第一类间断点，并且至多有有限个极值点，则 $f(x)$ 的傅里叶级数 $\dfrac{a_0}{2} + \sum_{n=1}^{\infty} (a_n \cos nx + b_n \sin nx)$ 收

敛,并且该傅里叶级数在 $f(x)$ 的连续点处收敛于 $f(x)$,在间断点处收敛于 $\frac{1}{2}[f(x^-)+f(x^+)]$,即

$$f(x)=\frac{a_0}{2}+\sum_{n=1}^{\infty}(a_n\cos nx+b_n\sin nx),\quad x\in C.$$

推论 11.5.1 设 $f(x)$ 是周期为 $2l$ 的周期函数.若 $f(x)$ 在一个周期内连续或只有有限个第一类间断点,并且至多有有限个极值点,则 $f(x)$ 的傅里叶级数 $\frac{a_0}{2}+\sum_{n=1}^{\infty}\left(a_n\cos\frac{n\pi x}{l}+b_n\sin\frac{n\pi x}{l}\right)$ 收敛,并且该傅里叶级数在 $f(x)$ 的连续点处收敛于 $f(x)$,在间断点处收敛于 $\frac{1}{2}[f(x^-)+f(x^+)]$,即

$$f(x)=\frac{a_0}{2}+\sum_{n=1}^{\infty}\left(a_n\cos\frac{n\pi x}{l}+b_n\sin\frac{n\pi x}{l}\right),\quad x\in C.$$

注 当 $f(x)$ 不是周期函数而定义域为有限区间时,若 $f(x)$ 连续或只有有限个第一类间断点,并且至多有有限个极值点,则 $f(x)$ 也可以展开成傅里叶级数.事实上,可以先在有限区间外补充函数定义,使得它拓广为周期函数 $F(x)$(按这种方式拓广函数定义域的过程称为**周期延拓**),然后将 $F(x)$ 展开成傅里叶级数,最后将 $F(x)$ 限制在原来的有限区间内,此时 $F(x)=f(x)$,这样便可得到 $f(x)$ 的傅里叶级数展开式.

由收敛定理及其推论可知,函数展开成傅里叶级数的条件比展开成幂级数的条件弱得多.

三、函数展开成傅里叶级数举例

例 11.5.1 设 $f(x)$ 是周期为 2π 的周期函数,在区间 $[-\pi,\pi)$ 上的表达式为

$$f(x)=\begin{cases}x,&x\in[-\pi,0),\\0,&x\in[0,\pi),\end{cases}$$

把 $f(x)$ 展开成傅里叶级数.

解 $a_0=\dfrac{1}{\pi}\displaystyle\int_{-\pi}^{\pi}f(x)\mathrm{d}x=\dfrac{1}{\pi}\int_{-\pi}^{0}x\,\mathrm{d}x=-\dfrac{\pi}{2}$,

$a_n=\dfrac{1}{\pi}\displaystyle\int_{-\pi}^{\pi}f(x)\cos nx\,\mathrm{d}x=\dfrac{1}{\pi}\int_{-\pi}^{0}x\cos nx\,\mathrm{d}x=\dfrac{1}{\pi}\left(\dfrac{x\sin nx}{n}+\dfrac{\cos nx}{n^2}\right)\Big|_{-\pi}^{0}$

$=\dfrac{1}{n^2\pi}(1-\cos n\pi)=\dfrac{1}{n^2\pi}[1-(-1)^n]=\begin{cases}0,&n=2,4,6,\cdots,\\\dfrac{2}{n^2\pi},&n=1,3,5,\cdots,\end{cases}$

$b_n=\dfrac{1}{\pi}\displaystyle\int_{-\pi}^{\pi}f(x)\sin nx\,\mathrm{d}x=\dfrac{1}{\pi}\int_{-\pi}^{0}x\sin nx\,\mathrm{d}x=\dfrac{1}{\pi}\left(-\dfrac{x\cos nx}{n}+\dfrac{\sin nx}{n^2}\right)\Big|_{-\pi}^{0}$

$=-\dfrac{\cos n\pi}{n}=(-1)^{n+1}\dfrac{1}{n},\quad n=1,2,\cdots.$

于是,$f(x)$ 的傅里叶级数展开式为

$$f(x) = \frac{a_0}{2} + \sum_{n=1}^{\infty}(a_n \cos nx + b_n \sin nx)$$

$$= -\frac{\pi}{4} + \left(\frac{2}{\pi}\cos x + \sin x\right) - \frac{1}{2}\sin 2x + \cdots$$

$$= -\frac{\pi}{4} + \frac{2}{\pi}\sum_{n=1}^{\infty}\frac{1}{(2n-1)^2}\cos(2n-1)x + \sum_{n=1}^{\infty}\frac{(-1)^{n+1}}{n}\sin nx,$$

$$x \neq (2k-1)\pi, k \in \mathbf{Z}.$$

当 $x = (2k-1)\pi$ 时，$f(x)$ 的傅里叶级数收敛于 $\dfrac{f(\pi^-) + f(\pi^+)}{2} = -\dfrac{\pi}{2}$，其和函数的图形如图 11.1 所示.

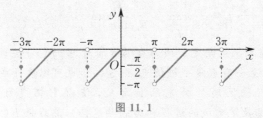

图 11.1

例 11.5.2 将函数 $f(x) = \begin{cases} -x, & -\pi \leqslant x \leqslant 0, \\ x, & 0 < x \leqslant \pi \end{cases}$ 展开成傅里叶级数.

解 将 $f(x)$ 进行周期延拓，如图 11.2 所示，使其成为以 2π 为周期的周期函数. 因为周期延拓后的 $f(x)$ 满足收敛定理的条件，且为偶函数，所以

$$a_0 = \frac{2}{\pi}\int_0^{\pi} f(x)\mathrm{d}x = \frac{2}{\pi}\int_0^{\pi} x\,\mathrm{d}x = \pi,$$

$$a_n = \frac{2}{\pi}\int_0^{\pi} f(x)\cos nx\,\mathrm{d}x = \frac{2}{\pi}\int_0^{\pi} x\cos nx\,\mathrm{d}x = \begin{cases} -\dfrac{4}{n^2\pi}, & n = 1, 3, 5, \cdots, \\ 0, & n = 2, 4, 6, \cdots. \end{cases}$$

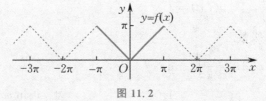

图 11.2

于是，$f(x)$ 的傅里叶级数展开式为

$$f(x) = \frac{a_0}{2} + \sum_{n=1}^{\infty} a_n \cos nx$$

$$= \frac{\pi}{2} - \frac{4}{\pi}\left(\cos x + \frac{1}{3^2}\cos 3x + \frac{1}{5^2}\cos 5x + \cdots\right), \quad -\pi \leqslant x \leqslant \pi.$$

利用例 11.5.2 的结果，令 $x = 0$，可得

$$1 + \frac{1}{3^2} + \frac{1}{5^2} + \frac{1}{7^2} + \cdots = \frac{\pi^2}{8}.$$

例 11.5.3 将函数 $f(x) = x + 1 (0 \leqslant x \leqslant \pi)$ 分别展开成正弦级数与余弦级数.

解 (1) 展开成正弦级数. 首先对 $f(x)$ 进行奇延拓, 即先在区间 $(-\pi, 0)$ 上补充 $f(x)$ 的定义, 使得它在区间 $(-\pi, \pi)$ 内成为奇函数 [若 $f(0) \neq 0$, 还需重新定义 $x = 0$ 处的函数值, 使得 $f(0) = 0$], 然后将 $f(x)$ 延拓成区间 $(-\infty, +\infty)$ 上周期为 2π 的周期函数, 如图 11.3(a) 所示, 则

$$b_n = \frac{2}{\pi} \int_0^\pi (x+1) \sin nx \, dx = \begin{cases} \dfrac{2}{n} \cdot \dfrac{\pi + 2}{\pi}, & n = 1, 3, 5, \cdots, \\ -\dfrac{2}{n}, & n = 2, 4, 6, \cdots. \end{cases}$$

故 $f(x)$ 的正弦级数展开式为

$$f(x) = \sum_{n=1}^\infty b_n \sin nx$$

$$= \frac{2}{\pi} \left[(\pi + 2) \sin x - \frac{\pi}{2} \sin 2x + \frac{1}{3}(\pi + 2) \sin 3x - \frac{\pi}{4} \sin 4x + \cdots \right], \quad 0 < x < \pi.$$

当 $x = 0, \pi$ 时, 该正弦级数收敛于零.

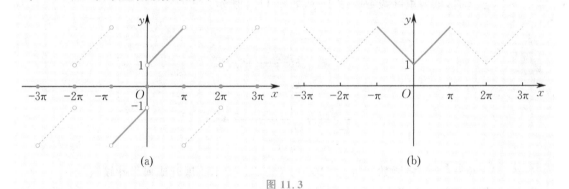

图 11.3

(2) 展开成余弦级数. 先将 $f(x)$ 进行偶延拓, 即先在区间 $(-\pi, 0)$ 上补充 $f(x)$ 的定义, 使得它在区间 $(-\pi, \pi)$ 内成为偶函数, 再将 $f(x)$ 延拓成区间 $(-\infty, +\infty)$ 上周期为 2π 的周期函数, 如图 11.3(b) 所示, 则

$$a_0 = \frac{2}{\pi} \int_0^\pi (x+1) \, dx = \pi + 2,$$

$$a_n = \frac{2}{\pi} \int_0^\pi (x+1) \cos nx \, dx = \begin{cases} -\dfrac{4}{n^2 \pi}, & n = 1, 3, 5, \cdots, \\ 0, & n = 2, 4, 6, \cdots. \end{cases}$$

故 $f(x)$ 的余弦级数展开式为

$$f(x) = \frac{a_0}{2} + \sum_{n=1}^\infty a_n \cos nx$$

$$= \frac{\pi}{2} + 1 - \frac{4}{\pi} \left(\cos x + \frac{1}{3^2} \cos 3x + \frac{1}{5^2} \cos 5x + \cdots \right), \quad 0 \leqslant x \leqslant \pi.$$

例 11.5.4 将函数 $f(x) = \begin{cases} 0, & -2 \leqslant x < 0, \\ k, & 0 \leqslant x < 2 \end{cases}$ （常数 $k \neq 0$）展开成傅里叶级数.

解 将 $f(x)$ 延拓成区间 $(-\infty, +\infty)$ 上周期为 4 的周期函数，则

$$a_0 = \frac{1}{2} \int_{-2}^{2} f(x) \mathrm{d}x = \frac{1}{2} \int_{0}^{2} k \mathrm{d}x = k,$$

$$a_n = \frac{1}{2} \int_{-2}^{2} f(x) \cos \frac{n\pi x}{2} \mathrm{d}x = \frac{1}{2} \int_{0}^{2} k \cos \frac{n\pi x}{2} \mathrm{d}x = 0, \quad n = 1, 2, 3, \cdots,$$

$$b_n = \frac{1}{2} \int_{-2}^{2} f(x) \sin \frac{n\pi x}{2} \mathrm{d}x = \frac{1}{2} \int_{0}^{2} k \sin \frac{n\pi x}{2} \mathrm{d}x = \begin{cases} \dfrac{2k}{n\pi}, & n = 1, 3, 5, \cdots, \\ 0, & n = 2, 4, 6, \cdots. \end{cases}$$

故 $f(x)$ 的傅里叶级数展开式为

$$f(x) = \frac{a_0}{2} + \sum_{n=1}^{\infty} \left(a_n \cos \frac{n\pi x}{2} + b_n \sin \frac{n\pi x}{2} \right)$$

$$= \frac{k}{2} + \frac{2k}{\pi} \left(\sin \frac{\pi x}{2} + \frac{1}{3} \sin \frac{3\pi x}{2} + \frac{1}{5} \sin \frac{5\pi x}{2} + \cdots \right), \quad x \in (-2, 0) \bigcup (0, 2).$$

当 $x = 0, \pm 2$ 时，该傅里叶级数收敛于 $\dfrac{k}{2}$，如图 11.4 所示.

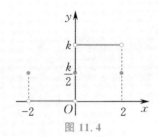

图 11.4

例 11.5.5 将函数 $f(x) = 10 - x \, (5 < x < 15)$ 展开成傅里叶级数.

解 令 $u = 10 - x$，则

$$F(u) = f(10 - u) = u, \quad -5 < u < 5.$$

将 $F(u)$ 延拓成区间 $(-\infty, +\infty)$ 上周期为 10 的周期函数，于是

$$a_0 = \frac{1}{5} \int_{-5}^{5} F(u) \mathrm{d}u = \frac{1}{5} \int_{-5}^{5} u \mathrm{d}u = 0,$$

$$a_n = \frac{1}{5} \int_{-5}^{5} F(u) \cos \frac{n\pi u}{5} \mathrm{d}u = \frac{1}{5} \int_{-5}^{5} u \cos \frac{n\pi u}{5} \mathrm{d}u = 0, \quad n = 1, 2, 3, \cdots,$$

$$b_n = \frac{1}{5} \int_{-5}^{5} F(u) \sin \frac{n\pi u}{5} \mathrm{d}u = \frac{1}{5} \int_{-5}^{5} u \sin \frac{n\pi u}{5} \mathrm{d}u = (-1)^{n+1} \frac{10}{n\pi}, \quad n = 1, 2, 3, \cdots.$$

故 $f(x)$ 的傅里叶级数展开式为

$$f(x) = u = \sum_{n=1}^{\infty} \frac{(-1)^{n+1} 10}{n\pi} \sin \frac{n\pi u}{5} = \sum_{n=1}^{\infty} \frac{(-1)^n 10}{n\pi} \sin \frac{n\pi x}{5}, \quad 5 < x < 15.$$

例 11.5.6 将函数 $f(x) = x - 1 \, (0 \leqslant x \leqslant 2)$ 展开成周期为 4 的余弦级数.

解 根据题意,将 $f(x)$ 做偶延拓后再做周期为 4 的周期延拓,于是得 $f(x)$ 的傅里叶系数为

$$a_0 = \frac{2}{2}\int_0^2 f(x)\mathrm{d}x = \int_0^2 (x-1)\mathrm{d}x = \frac{1}{2}(x-1)^2\Big|_0^2 = 0,$$

$$a_n = \frac{2}{2}\int_0^2 f(x)\cos\frac{n\pi x}{2}\mathrm{d}x = \int_0^2 (x-1)\cos\frac{n\pi x}{2}\mathrm{d}x = \frac{4}{n^2\pi^2}\cos\frac{n\pi x}{2}\Big|_0^2$$

$$= \frac{4}{n^2\pi^2}\left[(-1)^n - 1\right] = \begin{cases} \dfrac{-8}{n^2\pi^2}, & n=1,3,5,\cdots, \\ 0, & n=2,4,6,\cdots. \end{cases}$$

故 $f(x)$ 的余弦级数展开式为

$$f(x) = -\frac{8}{\pi^2}\sum_{n=1}^{\infty}\frac{1}{(2n-1)^2}\cos\frac{(2n-1)\pi x}{2}, \quad 0 \leqslant x \leqslant 2.$$

利用例 11.5.6 的结果,令 $x=0$,同样可得

$$1 + \frac{1}{3^2} + \frac{1}{5^2} + \frac{1}{7^2} + \cdots = \frac{\pi^2}{8}.$$

习题11.5

1. 设函数 $f(x) = \begin{cases} -x, & -\pi < t < 0, \\ 2x, & 0 < t < \pi, \end{cases}$ 试求它的傅里叶级数.

2. 将函数 $f(x) = 2x^2(0 \leqslant x \leqslant \pi)$ 展开成正弦级数和余弦级数.

3. 设函数 $f(x) = \begin{cases} 1, & 0 \leqslant x \leqslant \dfrac{\pi}{2}, \\ x+1, & \dfrac{\pi}{2} < x \leqslant \pi, \end{cases}$ 试将其展开成余弦级数.

4. 试将周期为 2π 的周期函数 $f(x)$ 展开成傅里叶级数,假设 $f(x)$ 在区间 $[-\pi,\pi)$ 上的表达式如下:

　(1) $f(x) = \begin{cases} -1, & -\pi \leqslant x < 0, \\ 1, & 0 \leqslant x < \pi; \end{cases}$ 　　(2) $f(x) = \dfrac{x}{2}$; 　　(3) $f(x) = \mathrm{e}^x + 1.$

5. 将函数 $f(x) = \cos\dfrac{x}{2}(-\pi \leqslant x \leqslant \pi)$ 展开成傅里叶级数.

6. 将函数 $f(x) = 1 - x^2\left(-\dfrac{1}{2} \leqslant x < \dfrac{1}{2}\right)$ 展开成傅里叶级数.

7. 将函数 $f(x) = \begin{cases} x, & 0 \leqslant x \leqslant \dfrac{l}{2}, \\ l-x, & \dfrac{l}{2} < x < l \end{cases}$ 展开成正弦级数.

*8. 将函数 $f(x) = 1 - x^2(0 \leqslant x \leqslant \pi)$ 展开成余弦级数,并求级数 $\sum_{n=1}^{\infty}\dfrac{(-1)^{n-1}}{n^2}$ 的和.

★§11.6 无穷级数应用案例

一、计算定积分

如果被积函数的原函数不能用初等函数来表示,那么就无法用牛顿-莱布尼茨公式计算定积分的精确值,此时可以考虑用其他方法进行近似计算.若被积函数在积分区间上能展开成幂级数,则把这个幂级数逐项积分,利用积分后所得到的幂级数就可计算定积分的近似值.

例 11.6.1 计算定积分 $\int_0^1 \dfrac{\sin x}{x}\mathrm{d}x$ 的近似值,精确到 10^{-4}.

解 因为

$$\frac{\sin x}{x} = 1 - \frac{1}{3!}x^2 + \frac{1}{5!}x^4 - \frac{1}{7!}x^6 + \cdots, \quad x \in (-\infty, +\infty),$$

所以

$$\int_0^1 \frac{\sin x}{x}\mathrm{d}x = 1 - \frac{1}{3 \times 3!} + \frac{1}{5 \times 5!} - \frac{1}{7 \times 7!} + \cdots.$$

上式右边为收敛的交错级数,其第四项的绝对值有如下估计:

$$\frac{1}{7 \times 7!} < \frac{1}{30\ 000} < 10^{-4},$$

故取前三项作为所求定积分的近似值,得

$$\int_0^1 \frac{\sin x}{x}\mathrm{d}x \approx 1 - \frac{1}{3 \times 3!} + \frac{1}{5 \times 5!} \approx 0.946\ 1.$$

二、欧拉公式

设有表达式

$$(u_1 + \mathrm{i}v_1) + (u_2 + \mathrm{i}v_2) + \cdots + (u_n + \mathrm{i}v_n) + \cdots, \tag{11.6.1}$$

其中 $u_n, v_n (n = 1, 2, \cdots)$ 为实函数或实常数,称式(11.6.1)为复数项级数(简称级数).如果实部构成的级数

$$u_1 + u_2 + \cdots + u_n + \cdots \tag{11.6.2}$$

收敛于 u,且虚部构成的级数

$$v_1 + v_2 + \cdots + v_n + \cdots \tag{11.6.3}$$

收敛于 v,则称复数项级数(11.6.1)收敛,并且收敛于和 $u + \mathrm{i}v$.

如果复数项级数(11.6.1)中各项的模所构成的级数

$$\sum_{n=1}^{\infty} |u_n + \mathrm{i}v_n| = \sum_{n=1}^{\infty} \sqrt{u_n^2 + v_n^2}$$

收敛,则称复数项级数(11.6.1)**绝对收敛**.

当复数项级数(11.6.1)绝对收敛时,由于

$$|u_n| \leqslant \sqrt{u_n^2 + v_n^2}, \quad |v_n| \leqslant \sqrt{u_n^2 + v_n^2}, \quad n = 1, 2, \cdots,$$

因此级数(11.6.2)和(11.6.3)绝对收敛,从而复数项级数(11.6.1)收敛.

我们定义复变量 $z = x + \mathrm{i}y$ 的指数函数为

$$\mathrm{e}^z = 1 + z + \frac{1}{2!}z^2 + \cdots + \frac{1}{n!}z^n + \cdots, \quad |z| < +\infty, \quad (11.6.4)$$

易证它在整个复平面上绝对收敛.

当 $y = 0$ 时,$z = x$ 为实数,此时式(11.6.4)与实指数函数 e^x 的幂级数展开式一致.

当 $x = 0$ 时,$z = \mathrm{i}y$ 为纯虚数,式(11.6.4)成为

$$
\begin{aligned}
\mathrm{e}^{\mathrm{i}y} &= 1 + \mathrm{i}y + \frac{1}{2!}(\mathrm{i}y)^2 + \frac{1}{3!}(\mathrm{i}y)^3 + \cdots + \frac{1}{n!}(\mathrm{i}y)^n + \cdots \\
&= 1 + \mathrm{i}y - \frac{1}{2!}y^2 - \mathrm{i}\frac{1}{3!}y^3 + \frac{1}{4!}y^4 + \mathrm{i}\frac{1}{5!}y^5 - \cdots \\
&= \left(1 - \frac{1}{2!}y^2 + \frac{1}{4!}y^4 - \cdots\right) + \mathrm{i}\left(y - \frac{1}{3!}y^3 + \frac{1}{5!}y^5 - \cdots\right) \\
&= \cos y + \mathrm{i}\sin y.
\end{aligned}
$$

按照习惯,将变量 y 换成 x,上式变为

$$\mathrm{e}^{\mathrm{i}x} = \cos x + \mathrm{i}\sin x. \quad (11.6.5)$$

把式(11.6.5)中的 x 换成 $-x$,得

$$\mathrm{e}^{-\mathrm{i}x} = \cos x - \mathrm{i}\sin x, \quad (11.6.6)$$

从而有

$$\cos x = \frac{\mathrm{e}^{\mathrm{i}x} + \mathrm{e}^{-\mathrm{i}x}}{2}, \quad \sin x = \frac{\mathrm{e}^{\mathrm{i}x} - \mathrm{e}^{-\mathrm{i}x}}{2\mathrm{i}}. \quad (11.6.7)$$

式(11.6.5)和式(11.6.7)都称为**欧拉(Euler)公式**.它们在三角函数和指数函数之间建立起了简洁的联系.

利用欧拉公式(11.6.5)可得复数的指数形式:

$$z = x + \mathrm{i}y = r(\cos\theta + \mathrm{i}\sin\theta) = r\mathrm{e}^{\mathrm{i}\theta}, \quad (11.6.8)$$

其中 $r = |z|$ 是 z 的模,$\theta = \mathrm{Arg}\, z$ 是 z 的辐角(见图11.5).利用幂级数的乘法,不难验证 $\mathrm{e}^{z_1 + z_2} = \mathrm{e}^{z_1} \cdot \mathrm{e}^{z_2}$.

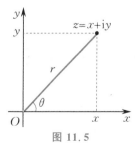

图 11.5

特别地,有:

$$e^{x+iy} = e^x \cdot e^{iy} = e^x(\cos y + i\sin y),$$
$$|e^{x+iy}| = |e^x(\cos y + i\sin y)| = e^x, \quad x,y \in \mathbf{R}.$$

这就是说,复变量指数函数 e^z 在 $z = x + iy$ 处的值是模为 e^x,辐角为 y 的复数.

容易验证下面的**棣莫弗**（De Moivre）**公式**:

$$(\cos\theta + i\sin\theta)^n = \cos n\theta + i\sin n\theta. \tag{11.6.9}$$

三、药物在体内的残留量

例 11.6.2 患有某种心脏病的人经常要服用洋地黄毒苷.洋地黄毒苷在体内的清除速度正比于体内洋地黄毒苷的药量.一天（24 h）大约有 10% 的药物被清除.假设每天给某病人服用 0.05 mg 的维持剂量,试估算治疗最终该病人体内的洋地黄毒苷的总量（假设治疗时间无限长）.

解 给病人服用 0.05 mg 的初始剂量,第一天末,初始剂量的 10% 被清除,即体内残留量为 0.9×0.05 mg;在第二天末,残留量就只剩下 $0.9^2 \times 0.05$ mg;如此下去,第 n 天末,残留量就只剩下 $0.9^n \times 0.05$ mg,如图 11.6 所示.

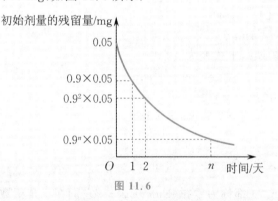

图 11.6

要确定洋地黄毒苷在体内的累积残留量.注意在第二次给药时,体内的累积药量为第二次服用的剂量 0.05 mg 加上第一次服用的剂量在体内的残留量 0.9×0.05 mg;在第三次服用时,体内的累积药量为第三次服用的剂量 0.05 mg 加上第一次服用的剂量在体内的残留量 $0.9^2 \times 0.05$ mg 和第二次服用的剂量在体内的残留量 0.9×0.05 mg;在任何一次重新服用时,体内的累积药量为此次服用的剂量 0.05 mg 加上以前历次服用的剂量在体内的残留量.为了清楚地理解上述内容,现给出表 11.1.

表 11.1

初次服用洋地黄毒苷后的天数	体内洋地黄毒苷的总量 /mg
0	0.05
1	$0.05 + 0.9 \times 0.05$

续表

初次服用洋地黄毒苷后的天数	体内洋地黄毒苷的总量 /mg
2	$0.05 + 0.9 \times 0.05 + 0.9^2 \times 0.05$
$\vdots$	$\vdots$
n	$0.05 + 0.9 \times 0.05 + 0.9^2 \times 0.05 + \cdots + 0.9^n \times 0.05$

每一次重新服用时体内的药量是下列等比级数的部分和：

$$0.05 + 0.9 \times 0.05 + 0.9^2 \times 0.05 + 0.9^3 \times 0.05 + \cdots.$$

已知对于等比级数 $\sum\limits_{n=0}^{\infty} aq^n (a \neq 0)$，当 $|q| < 1$ 时，其和函数为 $\dfrac{a}{1-q}$，即 $\sum\limits_{n=0}^{\infty} aq^n = \dfrac{a}{1-q}$. 故

$$\sum_{n=0}^{\infty} 0.05 \times 0.9^n = \frac{0.05}{1-0.9} = \frac{0.05}{0.1} = 0.5.$$

由于级数的部分和趋向于级数的和，因此每天给病人服用 0.05 mg 的维持剂量将最终使得病人体内的洋地黄毒苷水平达到 0.5 mg 的稳定值。

习题11.6

1. 设银行存款的年利率为 $r = 0.05$，并依年复利计算利息. 某基金会希望通过存款来实现第一年提取 19 万元，第二年提取 28 万元 …… 第 n 年提取 $10 + 9n$ 万元，并能按此规律一直提取下去，问：存款金额 A 至少应为多少？

2. 利用被积函数的幂级数展开式计算下列定积分的近似值：

(1) $\displaystyle\int_0^{0.5} \frac{\arctan x}{x} \mathrm{d}x$ （误差不超过 10^{-3}）；

(2) $\displaystyle\int_0^{0.5} \mathrm{e}^{x^2} \mathrm{d}x$ （计算前三项）.

总复习题十一

1. 填空题：

(1) 对于级数 $\sum\limits_{n=1}^{\infty} u_n$，$\lim\limits_{n\to\infty} u_n = 0$ 是它收敛的 _____ 条件，不是它收敛的 _____ 条件.

(2) 若级数 $\sum\limits_{n=1}^{\infty} u_n$ 绝对收敛，则级数 $\sum\limits_{n=1}^{\infty} u_n$ 必定 _____；若级数 $\sum\limits_{n=1}^{\infty} u_n$ 条件收敛，则级数 $\sum\limits_{n=1}^{\infty} |u_n|$ 必定 _____.

(3) 对于级数 $\displaystyle\sum_{n=1}^{\infty} \dfrac{\sqrt{n+2}-\sqrt{n-2}}{n^{\alpha}}$，当 α 满足＿＿＿＿＿时，收敛；当 α 满足＿＿＿＿＿时，发散．

2. 判别下列级数的敛散性：

(1) $\displaystyle\sum_{n=1}^{\infty} \dfrac{1}{\ln(n+1)}$；

(2) $\displaystyle\sum_{n=1}^{\infty} \dfrac{(5n^2-1)^n}{(2n)^{2n}}$；

(3) $\displaystyle\sum_{n=1}^{\infty} \dfrac{1}{n\sqrt[n]{n}}$；

(4) $\displaystyle\sum_{n=1}^{\infty} \dfrac{n\sin^2\frac{n\pi}{6}}{3^n}$．

3. 讨论下列级数的敛散性：

(1) $\displaystyle\sum_{n=1}^{\infty} \dfrac{\sin(2^n x)}{n!}$；

(2) $\displaystyle\sum_{n=1}^{\infty} \dfrac{(-1)^n}{\ln n}$；

(3) $\displaystyle\sum_{n=1}^{\infty} (-1)^{n+1} \dfrac{\sqrt{n}}{n+200}$．

4. 求下列幂级数的收敛域：

(1) $\displaystyle\sum_{n=1}^{\infty} \dfrac{3^n+(-2)^n}{n}(x+1)^n$；

(2) $\displaystyle\sum_{n=1}^{\infty} \dfrac{1}{n\cdot 3^n}x^{2n+1}$；

(3) $\displaystyle\sum_{n=1}^{\infty} \dfrac{(x-1)^{2n}}{n}$；

(4) $\displaystyle\sum_{n=1}^{\infty} \dfrac{\ln(n+1)}{n}x^{n-1}$．

5. 求幂级数 $\displaystyle\sum_{n=1}^{\infty} \dfrac{n^2+1}{n}x^n$ 的收敛域及和函数，并求 $\displaystyle\sum_{n=1}^{\infty} \dfrac{n^2+1}{n}\left(\dfrac{1}{2}\right)^n$．

6. 将下列函数展开成 x 的幂级数：

(1) $\dfrac{1}{(2-x)^2}$；

(2) $x\arcsin x$．

7. 将函数 $f(x)=\dfrac{\pi-x}{2}(0\leqslant x\leqslant \pi)$ 展开成正弦级数．

8. 将函数 $f(x)=x^2(0\leqslant x\leqslant 2)$ 分别展开成正弦级数和余弦级数．

9. 设正项级数 $\displaystyle\sum_{n=1}^{\infty} u_n$ 和 $\displaystyle\sum_{n=1}^{\infty} v_n$ 都收敛，证明：级数 $\displaystyle\sum_{n=1}^{\infty}(u_n+v_n)^2$ 也收敛．

10. 设数列 $\{na_n\}$ 有界，证明：级数 $\displaystyle\sum_{n=1}^{\infty} a_n^2$ 收敛．

11. 设 $f(x)$ 为偶函数，$f(0)=1$，且 $f(x)$ 在点 $x=0$ 的某个邻域内具有二阶导数，证明：级数 $\displaystyle\sum_{n=1}^{\infty}\left[f\left(\dfrac{1}{n}\right)-1\right]$ 收敛．

12. 设级数 $\displaystyle\sum_{n=1}^{\infty} u_n^2$ 收敛，证明：级数 $\displaystyle\sum_{n=1}^{\infty} \dfrac{u_n}{n}$ 也收敛．

第12章

微分方程

在物理学、工程技术、经济管理等领域中，经常需要确定所研究的变量之间的函数关系. 在很多情况下，往往很难直接得到所研究的变量之间的函数关系，但可根据变量的某些内在规律，运用数学分析的方法建立这些变量与其导数或微分之间的关系式. 这样的关系式就是所谓的微分方程. 微分方程是解决实际问题和进行科学研究的强有力工具.

本章主要介绍微分方程的基本概念和几类常见微分方程的求解方法，并给出微分方程的一些应用实例.

§12.1 微分方程的基本概念

下面通过几何学和物理学中的具体例子，引入微分方程的有关概念.

一、引例

例 12.1.1（几何问题） 某条曲线通过点 $(1,2)$，且其上任一点处切线的斜率等于该点横坐标的两倍，求此曲线的方程.

解 设所求的曲线方程为 $y = f(x)$，则由导数的几何意义及题意有

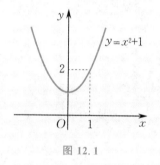

图 12.1

$$\frac{\mathrm{d}y}{\mathrm{d}x} = 2x \tag{12.1.1}$$

及

$$y\Big|_{x=1} = 2. \tag{12.1.2}$$

由式 (12.1.1) 得 $\mathrm{d}y = 2x\,\mathrm{d}x$，两边积分得

$$y = x^2 + C_0 \quad (C_0 \text{ 为某个待定常数}), \tag{12.1.3}$$

把式 (12.1.2) 代入式 (12.1.3)，得 $C_0 = 1$. 故所求的曲线方程为 $y = x^2 + 1$，其图形如图 12.1 所示.

例 12.1.2（冷却问题） 将一个温度为 $100\,^\circ\!\mathrm{C}$ 的物体放置在气温为 $20\,^\circ\!\mathrm{C}$ 的环境中冷却. 如果该物体经过 $10\,\mathrm{min}$ 后从 $100\,^\circ\!\mathrm{C}$ 冷却到 $60\,^\circ\!\mathrm{C}$，求该物体温度的变化规律，并讨论它经过多长时间后冷却到 $25\,^\circ\!\mathrm{C}$.

解 设放置时间 t（单位：min）后该物体的温度为 $T = T(t)$（单位：$^\circ\!\mathrm{C}$）. 根据冷却定律（物体温度的变化率与物体温度和环境气温之差成正比），函数 $T(t)$ 满足

$$\frac{\mathrm{d}T}{\mathrm{d}t} = -k(T - 20), \tag{12.1.4}$$

其中 k 为比例系数.

根据题意，$T(t)$ 还满足条件

$$T(0) = 100\,^\circ\!\mathrm{C}. \tag{12.1.5}$$

容易验证，$T(t) = 80\mathrm{e}^{-kt} + 20$ 满足式 (12.1.4) 及条件 (12.1.5). 又由条件 $T(10) = 60\,^\circ\!\mathrm{C}$ 可确定 $k = 0.1\ln 2$. 因此，该物体温度的变化规律为

$$T(t) = 80\mathrm{e}^{-0.1\ln 2 \cdot t} + 20 = 80 \times 2^{-0.1t} + 20.$$

将 $T(t) = 25\,^\circ\!\mathrm{C}$ 代入上式，解得 $t = 40\,\mathrm{min}$，即该物体经过 $40\,\mathrm{min}$ 后冷却到 $25\,^\circ\!\mathrm{C}$.

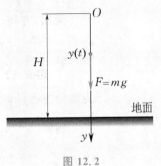

例 例 12.1.3（自由落体问题） 设一个质量为 m 的物体在重力 F 的作用下从距地面 H 处由静止开始自由垂直落下，试求 t 时刻此物体与地面的距离.

解 如图 12.2 所示，取物体下落的始点为原点，y 轴的正向垂直向下. 设在 t 时刻物体下落的位移为 $y(t)$. 根据牛顿第二定律（物体所受到的力 F 等于物体的质量 m 与物体运动的加速度 a 的乘积，即 $F = ma$），以及一阶导数 $\dfrac{\mathrm{d}y}{\mathrm{d}t}$ 和二阶导数 $\dfrac{\mathrm{d}^2 y}{\mathrm{d}t^2}$ 分别表示该物体的速度和加速度，有

$$\frac{\mathrm{d}^2 y}{\mathrm{d}t^2} = g, \qquad (12.1.6)$$

图 12.2

其中常数 g 为重力加速度.

根据题意，$y = y(t)$ 还需满足条件

$$y(0) = 0, \quad \frac{\mathrm{d}y}{\mathrm{d}t}\bigg|_{t=0} = 0. \qquad (12.1.7)$$

因此，式（12.1.6）两边对 t 积分，得

$$\frac{\mathrm{d}y}{\mathrm{d}t} = gt + C_1; \qquad (12.1.8)$$

上式两边再对 t 积分一次，得

$$y = \frac{1}{2}gt^2 + C_1 t + C_2 \quad (C_1, C_2 \text{ 为两个待定常数}). \qquad (12.1.9)$$

由条件（12.1.7）可得 $C_1 = 0, C_2 = 0$. 因此，在 t 时刻物体下落的位移为 $y = \dfrac{1}{2}gt^2$. 此时，物体与地面的距离为 $H - \dfrac{1}{2}gt^2$.

以上实例都无法直接找到所研究的变量之间的函数关系，而是根据变量之间的内在规律，先建立含有未知函数导数的方程[如方程（12.1.1）、方程（12.1.4）和方程（12.1.6）]，然后通过积分手段求出满足方程及条件的未知函数.

二、基本概念

定义 12.1.1 含未知函数导数或微分的方程称为微分方程.

对于微分方程，若未知函数是一元函数，则称之为常微分方程（简称微分方程）；若未知函数是多元函数，则称之为偏微分方程.

例如，方程（12.1.1）、方程（12.1.4）和方程（12.1.6）都是常微分方程，而

$$(x-y)\frac{\partial z}{\partial x} + (x+y)\frac{\partial z}{\partial y} = z, \qquad \frac{\partial^2 u}{\partial x^2} + \frac{\partial^2 u}{\partial y^2} + \frac{\partial^2 u}{\partial z^2} = 0$$

都是偏微分方程.

本书只讨论常微分方程.

定义 12.1.2　若微分方程中出现的未知函数及其各阶导数都是一次的,则称它为**线性微分方程**.不是线性微分方程的微分方程称为**非线性微分方程**.

例如,方程(12.1.1)、方程(12.1.4)和方程(12.1.6)都是线性微分方程,而 $5y^{(3)} - 2y'' + xy'^2 = xy^2 + 2$ 为非线性微分方程.

定义 12.1.3　微分方程中所出现的未知函数的最高阶导数的阶数称为微分方程的**阶**.

例如, $y^{(4)} + x^2 y'' + xy = \cos x$ 是四阶线性微分方程, $\left(\dfrac{\mathrm{d}^2 x}{\mathrm{d}t^2}\right)^3 + 2t\dfrac{\mathrm{d}x}{\mathrm{d}t} + x = t^2 + 1$ 是二阶非线性微分方程.

n 阶微分方程的一般形式为
$$F(x, y, y', \cdots, y^{(n)}) = 0,$$
其中 $F(x, y, y', \cdots, y^{(n)})$ 是关于 $x, y, y', \cdots, y^{(n)}$ 的已知函数,且 $y^{(n)}$ 必须出现,而其余变量可以不出现.

定义 12.1.4　若将某一函数代入一个微分方程能使它成为恒等式,则称这个函数为该微分方程的**解**.

例如,容易验证: $y = x^2$, $y = x^2 + 1$, $y = x^2 + C$(C 为任意常数)都是方程(12.1.1)的解, $y = \sin x$, $y = \cos x$, $y = C_1 \sin x + C_2 \cos x$(C_1, C_2 为任意常数)都是方程 $y'' + y = 0$ 的解.由此可见,微分方程可能有多个解且解中可能含有任意常数.

一般地,微分方程的解有以下两种形式:

(1) **通解**.若微分方程的解中含有独立的任意常数,且任意常数的个数与微分方程的阶数相同,则称此解为通解.

例如, $y = x^2 + C$(C 为任意常数)是方程(12.1.1)的通解, $y = C_1 \sin x + C_2 \cos x$(C_1, C_2 为任意常数)是方程 $y'' + y = 0$ 的通解.

由通解的定义可知,一阶微分方程的通解的一般形式为
$$y = y(x, C) \quad \text{或} \quad \varphi(x, y, C) = 0,$$
二阶微分方程的通解的一般形式为
$$y = y(x, C_1, C_2) \quad \text{或} \quad \varphi(x, y, C_1, C_2) = 0,$$
n 阶微分方程的通解的一般形式为
$$y = y(x, C_1, C_2, \cdots, C_n) \quad \text{或} \quad \varphi(x, y, C_1, C_2, \cdots, C_n) = 0.$$
上述通解的一般形式中,前者称为微分方程的**显式通解**,后者称为微分方程的**隐式通解**.

注　这里所讲的独立的任意常数,是指它们不能通过合并使得通解中任意常数的个数减少.另外,通解不一定包含微分方程的全部解.例如, $y = \dfrac{1}{x + C}$ 是微分方程 $y' + y^2 = 0$ 的通解,而 $y = 0$ 也是该微分方程的解,但 $y = 0$ 不包含在通

解中.不包含在微分方程通解中的解称为奇解.

(2) 特解.微分方程的满足某些特定条件的解称为微分方程的特解.

因为微分方程的通解中含有任意常数,所以它还不能完全精确表示某一客观事物的规律性.要精确表示客观事物的规律性,必须确定通解中任意常数的取值.因此,需要根据实际情况给出一些条件,以便确定通解中任意常数的取值,获得满足这些条件的特解.用来确定通解中任意常数取值的条件称为定解条件或初始条件.例如,例 12.1.1 中的 $y\big|_{x=1}=2$,例 12.1.3 中的 $y(0)=0,y'(0)=0$ 都是确定特解的定解条件.

习题12.1

1. 指出下列微分方程的阶数:

(1) $xy'^3+4yy'-3xy^5=0$;

(2) $y''^2+5y'^4-y^6+x^5=0$;

(3) $xy'''+6y''^2+xy=0$;

(4) $(x^2-y^2)\mathrm{d}x+(x^2+y^2)\mathrm{d}y=0$;

(5) $\dfrac{\mathrm{d}^2s}{\mathrm{d}t^2}+3\dfrac{\mathrm{d}s}{\mathrm{d}t}+s=\cos t$;

(6) $\left(\dfrac{\mathrm{d}r}{\mathrm{d}\theta}\right)^2=r^2\cos\theta$.

2. 指出下列给定函数是否是其对应微分方程的解:

(1) $xy'=2y,y=5x^2$;

(2) $y'+y=\mathrm{e}^{-x},y=(x+C)\mathrm{e}^{-x}$;

(3) $y''+w^2y=0,y=\cos wx+\sin wx$;

(4) $y''-2y'+y=0,y=x^2\mathrm{e}^x$;

(5) $y''-(r_1+r_2)y'+r_1r_2y=0,y=C_1\mathrm{e}^{r_1x}+C_2\mathrm{e}^{r_2x}$.

3. 设函数 $y=(C_1+C_2x)\mathrm{e}^{-x}(C_1,C_2$ 为任意常数) 是微分方程 $y''+2y'+y=0$ 的通解,求满足定解条件

$$y\Big|_{x=0}=4,\quad y'\Big|_{x=0}=-2$$

的特解.

4. 已知一条曲线上任一点处的切线在纵轴上的截距等于切点的横坐标,求此曲线所满足的微分方程.

5. 设一条曲线上点 $P(x,y)$ 处的法线与 x 轴的交点为 Q,且线段 PQ 被 y 轴平分,试写出此曲线所满足的微分方程.

6. 用微分方程表示放射性衰变定律:放射性物质在单位时间内衰变的质量和这种物质在被研究时的质量成比例,其比例系数为 k.

7. (振动问题) 设质量为 m 的物体(假设其尺寸充分小)在弹簧的弹力作用下沿水平桌面做直线运动,如图 12.3 所示.若不计介质阻力,求其运动规律所满足的微分方程.

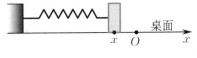

图 12.3

§12. 2

一阶微分方程

一阶微分方程的一般形式为 $F(x,y,y')=0$. 下面主要讨论几类特殊的可以解出导数的一阶微分方程

$$\frac{\mathrm{d}y}{\mathrm{d}x}=f(x,y) \quad 或 \quad P(x,y)\mathrm{d}x=Q(x,y)\mathrm{d}y \qquad (12.2.1)$$

的解法.

一阶微分方程的通解中仅含一个任意常数,其定解条件的一般形式是

$$y\Big|_{x=x_0}=y_0 \quad 或 \quad y(x_0)=y_0.$$

一、可分离变量的微分方程

形如

$$\frac{\mathrm{d}y}{\mathrm{d}x}=f(x)g(y) \qquad (12.2.2)$$

的微分方程,称为可分离变量的微分方程.

设 $g(y)\neq 0$,则上述微分方程可分离变量化为

$$\frac{1}{g(y)}\mathrm{d}y=f(x)\mathrm{d}x.$$

上式两边积分,得

$$\int \frac{1}{g(y)}\mathrm{d}y=\int f(x)\mathrm{d}x,$$

积分后即得方程(12.2.2) 的通解. 这种求微分方程通解的方法称为分离变量法.

若 $g(y)=0$,则由 $g(y)=0$ 求得的常数函数 $y=y_0$ 亦是方程(12.2.2)的解.

例 12.2.1 求微分方程 $\dfrac{\mathrm{d}y}{\mathrm{d}x}=(1+y)\cot x$ 的通解.

解 对原微分方程分离变量,得

$$\frac{1}{1+y}\mathrm{d}y=\frac{\cos x}{\sin x}\mathrm{d}x \quad (y\neq -1).$$

上式两边积分,得

$$\ln|1+y|=\ln|\sin x|+C_1 \quad (C_1 \text{ 为任意常数}),$$

化简得 $y=\pm e^{C_1}\sin x-1$,即

$$y = C\sin x - 1 \quad (C = \pm e^{C_1} \neq 0).$$

显然 $y = -1$ 也是此微分方程的解,故所求的通解为

$$y = C\sin x - 1 \quad (C \text{ 为任意常数}).$$

从例 12.2.1 可以看出,在假定 $g(y) \neq 0$ 的前提下,利用分离变量法解方程 (12.2.2) 可得到它的通解,但此时的通解不包含 $g(y) = 0$ 的特解.有时可通过扩大通解中任意常数 C 的取值范围,将 $g(y) = 0$ 的特解包含在通解内.

例 12.2.2 求微分方程 $\dfrac{dy}{dx} = e^{x-y} + e^{-y}\cos x$ 满足定解条件 $y\big|_{x=0} = 0$ 的特解.

解 原微分方程可化为 $\dfrac{dy}{dx} = (e^x + \cos x)e^{-y}$,对其分离变量,得

$$e^y dy = (e^x + \cos x)dx.$$

上式两边积分,得通解

$$e^y = e^x + \sin x + C \quad (C \text{ 为任意常数}).$$

将 $y\big|_{x=0} = 0$ 代入上式,得 $C = 0$.故所求的特解为

$$e^y = e^x + \sin x.$$

例 12.2.3 设某公司第 t 年的净利润为 $L = L(t)$(单位:百万元),并且净利润以每年 5% 的速度连续增长,同时该公司决定今后每年都分红 30 百万元.假设该公司初始净利润为 L_0(单位:百万元).试确定该公司净利润的变化规律 $L(t)$,并分别讨论 $L_0 = 500$ 百万元,600 百万元,700 百万元时,$L(t)$ 的变化特点.

解 根据题意可知,该公司净利润的变化规律 $L(t)$ 满足微分方程

$$\frac{dL}{dt} = 0.05L - 30.$$

对该微分方程分离变量,得

$$\frac{1}{0.05L - 30}dL = dt \quad (0.05L - 30 \neq 0).$$

上式两边积分,得

$$\frac{1}{0.05}\ln|0.05L - 30| = t + C_1 \quad (C_1 \text{ 为任意常数}),$$

即

$$L = 600 + C_2 e^{0.05t} \quad \left(C_2 = \pm\frac{e^{0.05C_1}}{0.05} \neq 0\right).$$

当 $0.05L - 30 = 0$ 时,$L = 600$,它显然也是该微分方程的解.故该微分方程的通解为

$$L = 600 + Ce^{0.05t} \quad (C \text{ 为任意常数}).$$

由 $L(0)=L_0$ 得 $C=L_0-600$，因此该公司净利润的变化规律为

$$L=600+(L_0-600)\mathrm{e}^{0.05t}.$$

由 L 的表达式可知，当 $L_0=500$ 百万元时，该公司的净利润将单调减少，且该公司将在第 36 年出现亏损；当 $L_0=600$ 百万元时，该公司的净利润保持 600 百万元不变；当 $L_0=700$ 百万元时，该公司的净利润将不断增加.

例 12.2.4　一个桶内有 100 L 溶液，其中含有 10 kg 盐. 按 5 L/min 的速度不断地向桶中注入水，水与桶内溶液迅速混合，并以同一速度流出. 试确定经过 60 min 后桶中剩下的盐量.

解　设 $Q=Q(t)$（单位：kg）表示 t（单位：min）时刻桶中的盐量，则由题意有 $Q(0)=10$ kg，且在 $\mathrm{d}t$ 时间内从桶中流出的盐量为 $\mathrm{d}Q=-\dfrac{Q}{100}\cdot 5\mathrm{d}t$，即 Q 满足微分方程

$$\frac{\mathrm{d}Q}{Q}=-0.05\mathrm{d}t.$$

两边积分，得此微分方程的通解

$$Q=C\mathrm{e}^{-0.05t}\quad（C\text{ 为任意常数}）.$$

由 $Q(0)=10$ kg 得 $C=10$，因此

$$Q=10\mathrm{e}^{-0.05t}.$$

故 60 min 后桶中的盐量为 $Q(60)=10\mathrm{e}^{-0.05\times 60}$ kg $=10\mathrm{e}^{-3}$ kg ≈ 0.5 kg.

二、齐次方程

形如

$$\frac{\mathrm{d}y}{\mathrm{d}x}=\varphi\left(\frac{y}{x}\right) \tag{12.2.3}$$

的一阶微分方程，称为**齐次微分方程**（简称**齐次方程**）. 对于齐次方程(12.2.3)，可以经过变量代换 $u=\dfrac{y}{x}$ 将其化为可分离变量的微分方程，从而求出通解. 具体过程如下：

做变量代换 $u=\dfrac{y}{x}$，则 $y=xu$，$\dfrac{\mathrm{d}y}{\mathrm{d}x}=u+x\dfrac{\mathrm{d}u}{\mathrm{d}x}$. 代入方程(12.2.3)，得可分离变量的微分方程 $u+x\dfrac{\mathrm{d}u}{\mathrm{d}x}=\varphi(u)$，将其分离变量得

$$\frac{1}{\varphi(u)-u}\mathrm{d}u=\frac{1}{x}\mathrm{d}x\quad[\varphi(u)-u\neq 0].$$

上式两边积分，得

$$\int\frac{1}{\varphi(u)-u}\mathrm{d}u=\int\frac{1}{x}\mathrm{d}x.$$

求出积分后，用 $\dfrac{y}{x}$ 代替 u，即得原微分方程的通解.

值得注意的是,上面的推导过程要求 $\varphi(u) - u \neq 0$. 如果 $\varphi(u) - u = 0$,即 $\varphi\left(\dfrac{y}{x}\right) = \dfrac{y}{x}$,则方程(12.2.3)为

$$\frac{\mathrm{d}y}{\mathrm{d}x} = \frac{y}{x}.$$

这已是可分离变量的微分方程,不必做变量代换就可求出其通解为

$$y = Cx \quad (C \text{ 为任意常数}).$$

例 12.2.5 求微分方程 $x^2 y' + xy = y^2$ 的通解.

解 将原微分方程化为

$$\frac{\mathrm{d}y}{\mathrm{d}x} = \left(\frac{y}{x}\right)^2 - \frac{y}{x}.$$

这是齐次方程. 令 $u = \dfrac{y}{x}$,则 $y = xu$,$\dfrac{\mathrm{d}y}{\mathrm{d}x} = u + x\dfrac{\mathrm{d}u}{\mathrm{d}x}$. 代入上式,得

$$x\frac{\mathrm{d}u}{\mathrm{d}x} = u^2 - 2u.$$

当 $u^2 - 2u \neq 0$ 时,对上式分离变量并两边积分,得

$$\int \frac{1}{u(u-2)} \mathrm{d}u = \int \frac{1}{x} \mathrm{d}x,$$

即

$$\frac{1}{2} \ln \left| \frac{u-2}{u} \right| = \ln|x| + C_1,$$

化简得

$$\frac{u-2}{u} = Cx^2 \quad (C = \pm e^{2C_1} \neq 0).$$

将 $u = \dfrac{y}{x}$ 代入上式,得 $y = 2x + Cx^2 y (C \neq 0)$.

显然,$u - 2 = 0$,即 $y = 2x$ 也是原微分方程的解. 于是,所求的通解为

$$y = 2x + Cx^2 y \quad (C \text{ 为任意常数}).$$

另外,$y = 0$ 是原微分方程的奇解.

例 12.2.6 求微分方程 $xy\dfrac{\mathrm{d}y}{\mathrm{d}x} = x^2 + y^2$ 满足定解条件 $y(e) = 2e$ 的特解.

解 将原微分方程化为

$$\frac{\mathrm{d}y}{\mathrm{d}x} = \frac{x}{y} + \frac{y}{x}.$$

这是齐次方程. 令 $u = \dfrac{y}{x}$,则 $y = xu$,$\dfrac{\mathrm{d}y}{\mathrm{d}x} = u + x\dfrac{\mathrm{d}u}{\mathrm{d}x}$. 代入上式,有

$$u + x\frac{\mathrm{d}u}{\mathrm{d}x} = \frac{1}{u} + u,$$

即

$$x \frac{\mathrm{d}u}{\mathrm{d}x} = \frac{1}{u}.$$

分离变量并两边积分,得

$$u^2 = 2\ln|x| + C,$$

再将 $u = \frac{y}{x}$ 代入上式,便得到原微分方程的通解

$$y^2 = 2x^2 \ln|x| + Cx^2 \quad (C \text{ 为任意常数}).$$

再将 $y(\mathrm{e}) = 2\mathrm{e}$ 代入通解,求得 $C = 2$. 于是,所求的特解为

$$y^2 = 2x^2(\ln|x| + 1).$$

★三、可化为齐次方程的微分方程

微分方程

$$\frac{\mathrm{d}y}{\mathrm{d}x} = f\left(\frac{a_1 x + b_1 y + c_1}{a_2 x + b_2 y + c_2}\right) \tag{12.2.4}$$

当 $c_1 = c_2 = 0$ 时为齐次方程. 当 $c_1 \neq 0$ 或 $c_2 \neq 0$ 时,方程(12.2.4)可用如下变量代换化为齐次方程进而求得其通解:

令

$$x = X + h, \quad y = Y + k,$$

其中 h, k 为待定常数,于是

$$\mathrm{d}x = \mathrm{d}X, \quad \mathrm{d}y = \mathrm{d}Y,$$

从而方程(12.2.4)成为

$$\frac{\mathrm{d}Y}{\mathrm{d}X} = f\left(\frac{a_1 X + b_1 Y + a_1 h + b_1 k + c_1}{a_2 X + b_2 Y + a_2 h + b_2 k + c_2}\right). \tag{12.2.5}$$

(1) 若 $\dfrac{a_2}{a_1} \neq \dfrac{b_2}{b_1}$,则方程组 $\begin{cases} a_1 h + b_1 k + c_1 = 0, \\ a_2 h + b_2 k + c_2 = 0 \end{cases}$ 有唯一解 $h = h_0, k = k_0$. 将 $x = X + h_0, y = Y + k_0$ 代入方程(12.2.4),得齐次方程

$$\frac{\mathrm{d}Y}{\mathrm{d}X} = f\left(\frac{a_1 X + b_1 Y}{a_2 X + b_2 Y}\right).$$

求出该齐次方程的通解后,在通解中用 $x - h_0$ 替代 X,用 $y - k_0$ 替代 Y,即可得到方程(12.2.4)的通解.

(2) 若 $\dfrac{a_2}{a_1} = \dfrac{b_2}{b_1}$,则 h_0, k_0 无法唯一确定,此时令 $\dfrac{a_2}{a_1} = \dfrac{b_2}{b_1} = \lambda$,从而方程(12.2.4)成为

$$\frac{\mathrm{d}y}{\mathrm{d}x} = f\left[\frac{a_1 x + b_1 y + c_1}{\lambda(a_1 x + b_1 y) + c_2}\right].$$

令 $z = a_1 x + b_1 y$,则

$$\frac{\mathrm{d}z}{\mathrm{d}x} = a_1 + b_1 \frac{\mathrm{d}y}{\mathrm{d}x}.$$

于是,由上两式得

$$\frac{\mathrm{d}z}{\mathrm{d}x} = a_1 + b_1 f\left(\frac{z + c_1}{\lambda z + c_2}\right).$$

这是可分离变量的微分方程,可用前面介绍的方法求解.

例 12.2.7 求微分方程 $(x - y + 1)\mathrm{d}x + (x + y - 3)\mathrm{d}y = 0$ 的通解.

解 将原微分方程化为 $\dfrac{\mathrm{d}y}{\mathrm{d}x} = \dfrac{-x + y - 1}{x + y - 3}$. 解方程组 $\begin{cases} -h + k - 1 = 0, \\ h + k - 3 = 0, \end{cases}$ 得 $\begin{cases} h = 1, \\ k = 2. \end{cases}$ 于是,令 $x = X + 1, y = Y + 2$,则原微分方程化为

$$\frac{\mathrm{d}Y}{\mathrm{d}X} = \frac{-X + Y}{X + Y} = \frac{-1 + \dfrac{Y}{X}}{1 + \dfrac{Y}{X}}.$$

再令 $u = \dfrac{Y}{X}$,则 $Y = uX, \dfrac{\mathrm{d}Y}{\mathrm{d}X} = u + X\dfrac{\mathrm{d}u}{\mathrm{d}X}$. 代入上式,得

$$u + X\frac{\mathrm{d}u}{\mathrm{d}X} = \frac{-1 + u}{1 + u}.$$

分离变量,得

$$\frac{u + 1}{1 + u^2}\mathrm{d}u = -\frac{\mathrm{d}X}{X};$$

两边积分,得

$$\frac{1}{2}\ln(1 + u^2) + \arctan u = -\ln|X| + C_1 \quad (C_1 \text{ 为任意常数}),$$

即有

$$\ln[X^2(1 + u^2)] + 2\arctan u = C \quad (C = 2C_1).$$

将 $u = \dfrac{Y}{X}$ 代入上式,得

$$\ln(X^2 + Y^2) + 2\arctan\frac{Y}{X} = C.$$

再将 $X = x - 1, Y = y - 2$ 代入上式,即得到原微分方程的通解

$$\ln[(x - 1)^2 + (y - 2)^2] + 2\arctan\frac{y - 2}{x - 1} = C \quad (C \text{ 为任意常数}).$$

四、一阶线性微分方程

形如

$$y' + P(x)y = Q(x) \tag{12.2.6}$$

的微分方程,称为**一阶线性微分方程**. 若 $Q(x) \equiv 0$,即得

$$y' + P(x)y = 0, \tag{12.2.7}$$

称此方程为一阶齐次线性微分方程；否则，称方程(12.2.6)为一阶非齐次线性微分方程，并且称方程(12.2.7)为一阶非齐次线性微分方程(12.2.6)对应的齐次线性微分方程.

下面介绍一阶线性微分方程的解法.

(1) 一阶齐次线性微分方程的解法.

一阶齐次线性微分方程(12.2.7)是可分离变量的微分方程，采用分离变量法可求出其通解

$$y = C\mathrm{e}^{-\int P(x)\mathrm{d}x}, \tag{12.2.8}$$

其中 C 为任意常数，这里将 $\int P(x)\mathrm{d}x$ 看作函数 $P(x)$ 的一个原函数.

(2) 一阶非齐次线性微分方程的解法.

求一阶非齐次线性微分方程(12.2.6)的通解，可用常数变易法，即将式(12.2.8)中的常数 C 换成函数 $C(x)$，再将式(12.2.8)代入方程(12.2.6)来确定 $C(x)$，进而得到所求的通解.具体做法如下：

设方程(12.2.6)有如下形式的解：

$$y = C(x)\mathrm{e}^{-\int P(x)\mathrm{d}x}, \tag{12.2.9}$$

其中 $C(x)$ 是待定函数.为确定函数 $C(x)$，将式(12.2.9)代入方程(12.2.6)，得

$$C'(x)\mathrm{e}^{-\int P(x)\mathrm{d}x} - P(x)C(x)\mathrm{e}^{-\int P(x)\mathrm{d}x} + P(x)C(x)\mathrm{e}^{-\int P(x)\mathrm{d}x} = Q(x),$$

即

$$C'(x) = Q(x)\mathrm{e}^{\int P(x)\mathrm{d}x}.$$

上式两边积分，得

$$C(x) = \int Q(x)\mathrm{e}^{\int P(x)\mathrm{d}x}\mathrm{d}x + C \quad (C \text{ 为任意常数}),$$

这里也把 $\int Q(x)\mathrm{e}^{\int P(x)\mathrm{d}x}\mathrm{d}x$ 看作函数 $Q(x)\mathrm{e}^{\int P(x)\mathrm{d}x}$ 的一个原函数.代入式(12.2.9)，即得方程(12.2.6)的通解

$$y = \mathrm{e}^{-\int P(x)\mathrm{d}x}\left[\int Q(x)\mathrm{e}^{\int P(x)\mathrm{d}x}\mathrm{d}x + C\right]. \tag{12.2.10}$$

式(12.2.10)可改写成

$$y = C\mathrm{e}^{-\int P(x)\mathrm{d}x} + \mathrm{e}^{-\int P(x)\mathrm{d}x}\int Q(x)\mathrm{e}^{\int P(x)\mathrm{d}x}\mathrm{d}x.$$

上式右边第一项是一阶非齐次线性微分方程(12.2.6)对应的齐次线性微分方程(12.2.7)的通解，而第二项是方程(12.2.6)本身的一个特解.由此可见，一阶非齐次线性微分方程的通解为其对应的齐次线性微分方程的通解与其本身的一个特解之和.

在具体求解一阶非齐次线性微分方程时，只需利用公式(12.2.10)即可，而不必重复上面的推导过程.但需注意，在利用公式(12.2.10)之前，应将微分方程写成如式(12.2.6)的标准形式，且公式(12.2.10)中三个不定积分的任意常数项都取零.

例 12.2.8 求微分方程 $y' + y = \mathrm{e}^{-x} \cos x$ 满足定解条件 $y(0) = 0$ 的特解.

解 $P(x) = 1, Q(x) = \mathrm{e}^{-x} \cos x$, 由公式(12.2.10)得通解为

$$y = \mathrm{e}^{-\int \mathrm{d}x} \left(\int \mathrm{e}^{-x} \cos x \cdot \mathrm{e}^{\int \mathrm{d}x} \, \mathrm{d}x + C \right) = \mathrm{e}^{-x} \left(\int \mathrm{e}^{-x} \cos x \cdot \mathrm{e}^x \, \mathrm{d}x + C \right)$$

$$= \mathrm{e}^{-x} \left(\int \cos x \, \mathrm{d}x + C \right) = \mathrm{e}^{-x} (\sin x + C) \quad (C \text{ 为任意常数}).$$

由 $y(0) = 0$ 可得 $C = 0$. 因此, 所求的特解为 $y = \mathrm{e}^{-x} \sin x$.

例 12.2.9 已知某种产品的总利润 L 是广告支出 x 的函数: $L = L(x)$, 且满足

$$\frac{\mathrm{d}L}{\mathrm{d}x} = 500 - 20(L + x), \quad L(0) = L_0,$$

试求总利润函数 $L(x)$.

解 由 $\dfrac{\mathrm{d}L}{\mathrm{d}x} = 500 - 20(L + x)$ 得

$$\frac{\mathrm{d}L}{\mathrm{d}x} + 20L = 500 - 20x.$$

这是一阶线性微分方程, 且 $P(x) = 20, Q(x) = 500 - 20x$. 由公式(12.2.10)得其通解为

$$L = \mathrm{e}^{-\int 20 \mathrm{d}x} \left[\int (500 - 20x) \mathrm{e}^{\int 20 \mathrm{d}x} \, \mathrm{d}x + C \right] = \mathrm{e}^{-20x} \left[\int (500 - 20x) \mathrm{e}^{20x} \, \mathrm{d}x + C \right]$$

$$= \mathrm{e}^{-20x} \left[\int (25 - x) \mathrm{d}(\mathrm{e}^{20x}) + C \right] = \mathrm{e}^{-20x} \left[(25 - x) \mathrm{e}^{20x} + \int \mathrm{e}^{20x} \, \mathrm{d}x + C \right]$$

$$= \mathrm{e}^{-20x} \left[(25 - x) \mathrm{e}^{20x} + \frac{\mathrm{e}^{20x}}{20} + C \right] = \frac{501}{20} - x + C \mathrm{e}^{-20x} \quad (C \text{ 为任意常数}).$$

将 $L(0) = L_0$ 代入通解, 得 $C = L_0 - \dfrac{501}{20}$, 故所求的总利润函数为

$$L(x) = \frac{501}{20} - x + \left(L_0 - \frac{501}{20} \right) \mathrm{e}^{-20x}.$$

例 12.2.10 求微分方程 $(x - \mathrm{e}^y) y' = 1$ 的通解.

解 如果将 x 看成 y 的函数, 那么原微分方程可化为关于 x 的一阶非齐次线性微分方程

$$\frac{\mathrm{d}x}{\mathrm{d}y} - x = -\mathrm{e}^y,$$

且 $P(y) = -1, Q(y) = -\mathrm{e}^y$. 由公式(12.2.10)得所求的通解为

$$x = \mathrm{e}^{-\int (-1) \mathrm{d}y} \left[\int (-\mathrm{e}^y) \cdot \mathrm{e}^{\int (-1) \mathrm{d}y} \, \mathrm{d}y + C \right] = \mathrm{e}^y (C - y) \quad (C \text{ 为任意常数}).$$

注 在例 12.2.10 中, 如果将 y 看成 x 的函数, 那么原微分方程化为

$$\frac{\mathrm{d}y}{\mathrm{d}x} = \frac{1}{x - \mathrm{e}^y}.$$

此微分方程不是一阶线性微分方程, 不易求解.

12.2.11 求满足方程 $f(x) + 2\int_0^x f(t)\mathrm{d}t = x^2$ 的函数 $f(x)$.

解 在所给的方程中令 $x=0$，得 $f(0)=0$. 将所给的方程两边对 x 求导数，得

$$f'(x) + 2f(x) = 2x.$$

由此可见，$f(x)$ 是一阶线性微分方程

$$y' + 2y = 2x$$

满足定解条件 $y(0)=0$ 的特解. 该微分方程的通解为

$$y = \mathrm{e}^{-\int 2\mathrm{d}x}\left(\int 2x\,\mathrm{e}^{\int 2\mathrm{d}x}\,\mathrm{d}x + C\right) = \mathrm{e}^{-2x}\left(\int 2x\,\mathrm{e}^{2x}\,\mathrm{d}x + C\right)$$

$$= \mathrm{e}^{-2x}\left[\left(x - \frac{1}{2}\right)\mathrm{e}^{2x} + C\right]$$

$$= C\mathrm{e}^{-2x} + x - \frac{1}{2} \quad (C \text{ 为任意常数}).$$

由 $y(0)=0$ 可得 $C = \frac{1}{2}$. 故所求的函数为 $f(x) = \frac{1}{2}\mathrm{e}^{-2x} + x - \frac{1}{2}$.

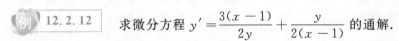

*五、伯努利方程

形如

$$y' + P(x)y = Q(x)y^{\alpha} \quad (\alpha \neq 0,1) \tag{12.2.11}$$

的微分方程，称为伯努利(Bernoulli)方程. 这是一类特殊的非线性微分方程，可通过变量代换化为线性微分方程.

方程(12.2.11)为非线性微分方程，此时在方程(12.2.11)两边除以 y^{α}，得

$$y^{-\alpha}\frac{\mathrm{d}y}{\mathrm{d}x} + P(x)y^{1-\alpha} = Q(x)$$

或

$$\frac{1}{1-\alpha}(y^{1-\alpha})' + P(x)y^{1-\alpha} = Q(x).$$

令 $z = y^{1-\alpha}$，可得到一个关于 z 的一阶线性微分方程：

$$z' + (1-\alpha)P(x)z = (1-\alpha)Q(x).$$

用公式(12.2.10)求出此微分方程的通解后，再代回原变量，便可得到微分方程(12.2.11)的通解.

 12.2.12 求微分方程 $y' = \frac{3(x-1)}{2y} + \frac{y}{2(x-1)}$ 的通解.

解 将原微分方程化为

$$y' - \frac{y}{2(x-1)} = \frac{3(x-1)}{2} y^{-1},$$

这是一个伯努利方程($\alpha = -1$). 在上式两边除以 y^{-1}, 得

$$yy' - \frac{y^2}{2(x-1)} = \frac{3(x-1)}{2}.$$

可将它化为关于 y^2 的一阶线性微分方程

$$(y^2)' - \frac{y^2}{x-1} = 3(x-1),$$

故由公式(12.2.10)可得原微分方程的通解

$$y^2 = (x-1)(3x+C) \quad (C \text{ 为任意常数}).$$

 习题12.2

1. 求下列微分方程的通解或满足定解条件的特解:

(1) $xy' - y\ln y = 0$;

(2) $x(y^2-1)dx + y(x^2-1)dy = 0$;

(3) $x\,dy + dx = e^y\,dx$;

(4) $\dfrac{dy}{dx} = e^{x+y}$;

(5) $\dfrac{x}{1+y}dx - \dfrac{y}{1+x}dy = 0, y(0) = 1$;

(6) $y' = e^{2x-y}, y(0) = 0$;

*(7) $xy' + y = 0, y(1) = 1$.

2. 求下列齐次方程的通解或满足定解条件的特解:

(1) $y' = \dfrac{y}{x} + \sec\dfrac{y}{x}$;

(2) $x\dfrac{dy}{dx} = y\ln\dfrac{y}{x}, y(1) = 1$;

(3) $3xy^2\,dy = (2y^3 - x^3)dx$;

(4) $x^2 y' + xy = y^2, y(1) = 1$;

(5) $y' = \dfrac{x}{y} + \dfrac{y}{x}, y(-1) = 2$.

3. 化下列微分方程为齐次方程, 并求出其通解:

(1) $\dfrac{dy}{dx} = \dfrac{2y - x + 5}{2x - y - 4}$;

(2) $(3y - 7x + 7)dx + (7y - 3x + 3)dy = 0$.

4. 求下列微分方程的通解或满足定解条件的特解:

(1) $\dfrac{dy}{dx} + 2xy = 4x$;

*(2) $y' + y\tan x = \cos x$;

(3) $(x-2)\dfrac{dy}{dx} = y + 2(x-2)^3$;

(4) $(x - 2y)dy + dx = 0$;

(5) $\dfrac{dy}{dx} = -3y + 8, y(0) = 2$;

(6) $y' = \dfrac{y}{x+1} + (x+1)e^x, y(0) = 1$;

(7) $y' - \dfrac{1}{x}y = -\dfrac{2}{x}\ln x, y(1) = 1$;

(8) $(y^2 - 6x)y' + 2y = 0, y(1) = 1$;

*(9) $xy' + 2y = x\ln x, y(1) = -\dfrac{1}{9}$;　　　　　*(10) $xy' + y = x\,\mathrm{e}^x, y(1) = 1$.

5. 求下列伯努利方程的通解：

(1) $y' - 3xy = xy^2$;　　　　　　　　(2) $3xy' - y - 3xy^4\ln x = 0$.

6. 设连续函数 $f(x)$ 满足方程 $f(x) = \displaystyle\int_0^x f(t)\mathrm{d}t + \mathrm{e}^x$，求 $f(x)$.

*7. 设连续函数 $f(x)$ 满足方程 $f(x) = \displaystyle\int_0^{3x} f\left(\dfrac{t}{3}\right)\mathrm{d}t + \mathrm{e}^{2x}$，求 $f(x)$.

8. （衰变问题）从物理学知识知道，放射性物质具有衰变现象．例如铀等放射性物质，由于不断放射出粒子而使质量减少，其衰变速度与质量成正比．设一块铀原来的质量为 m_0，经过 240 h 后质量减少 10%，求这块铀在 t（单位：h）时刻的质量．

9. 放射性物质镭的衰变速度与它的存量成正比，其比例系数为 $k = -\dfrac{\ln 2}{160}$.

(1) 求在 t（单位：年）时刻镭的存量 $Q(t)$.

(2) 问：经过多少年后，镭的存量只剩下原始量的一半？

10. 一个烧热的物体的温度是 98 ℃，把它放在 18 ℃ 的水里冷却 5 min 后，该物体的温度为 38 ℃．假定水温保持不变，问：该物体的温度降到 20 ℃ 还需要多长时间？（已知物体冷却的速度与物体和周围介质的温差成正比．）

11. 设某种产品的总利润 L（单位：元）是销售量 Q（单位：件）的函数：$L = L(Q)$．已知总利润的变化率是 $\dfrac{\mathrm{d}L}{\mathrm{d}Q} = (100 - 0.02Q)L$，且销售 1 000 件产品的总利润为 $L(1\,000) = 100\,000$ 元．求总利润函数 $L(Q)$.

12. 某种产品的消费量 $Q = Q(x)$（单位：件）与人均收入 x（单位：万元）满足微分方程 $\dfrac{\mathrm{d}Q}{\mathrm{d}x} = 0.2Q + 30\mathrm{e}^{0.2x}$，且 $Q(0) = 0$，求函数 $Q(x)$ 的表达式．

§12.3

几类可降阶的高阶微分方程

二阶及二阶以上的微分方程统称为高阶微分方程．对于一般的高阶方程，求解都很困难．下面介绍几种特殊类型的高阶微分方程的解法．

一、$y^{(n)} = f(x)$ 型的微分方程

因为此类型的微分方程右边仅含自变量 x，所以对其连续积分 n 次，即可得微分方程的通解：

$$y = \underbrace{\int\cdots\left\{\int\left[\int f(x)\mathrm{d}x\right]\mathrm{d}x\right\}\cdots\mathrm{d}x}_{n\text{个}}.$$

例 **12.3.1** 求微分方程 $y''' = e^x - \sin x$ 的通解.

解 原微分方程两边积分,得

$$y'' = \int (e^x - \sin x) \, dx = e^x + \cos x + C_1 ;$$

上式两边积分,得

$$y' = \int (e^x + \cos x + C_1) \, dx = e^x + \sin x + C_1 x + C_2 ;$$

上式两边再积分,得原微分方程的通解

$$y = \int (e^x + \sin x + C_1 x + C_2) \, dx$$

$$= e^x - \cos x + \frac{C_1}{2} x^2 + C_2 x + C_3 \quad (C_1, C_2, C_3 \ \text{为任意常数}).$$

二、$y'' = f(x, y')$ 型的微分方程

因为此类型微分方程不显含 y,所以可令 $y' = p = p(x)$,则 $y'' = \dfrac{dy'}{dx} = \dfrac{dp}{dx}$,从而原微分方程可化为关于 p 的一阶微分方程 $p' = f(x, p)$. 若能解出 $p = \varphi(x, C_1)$,即有 $\dfrac{dy}{dx} = \varphi(x, C_1)$,则再积分一次便得原微分方程的通解

$$y = \int \varphi(x, C_1) \, dx + C_2 \quad (C_1, C_2 \ \text{为任意常数}),$$

这里将 $\int \varphi(x, C_1) \, dx$ 看作函数 $\varphi(x, C_1)$ 的一个原函数.

例 **12.3.2** 求微分方程 $(1 + x^2) y'' = 2x y'$ 满足定解条件 $y \big|_{x=0} = 1, y' \big|_{x=0} = 3$ 的特解.

解 令 $y' = p$,则原微分方程可化为

$$(1 + x^2) p' = 2x p. \tag{12.3.1}$$

上式为可分离变量的微分方程.当 $p \neq 0$ 时,分离变量,得

$$\frac{1}{p} \, dp = \frac{2x}{1 + x^2} \, dx.$$

对上式两边积分,得通解 $p = C_1 (x^2 + 1)$ [因 $p = 0$ 也是方程(12.3.1)的解,故 C_1 可取任意常数],即

$$y' = C_1 (x^2 + 1) ;$$

再对上式两边积分,得原微分方程的通解

$$y = \frac{C_1}{3}x^3 + C_1 x + C_2 \quad (C_1, C_2 \text{ 为任意常数}).$$

由定解条件 $y(0) = 1, y'(0) = 3$ 得 $C_1 = 3, C_2 = 1$，故所求的特解为

$$y = x^3 + 3x + 1.$$

三、$y'' = f(y, y')$ 型的微分方程

因为此类型微分方程不显含自变量 x，所以可把 y 视为自变量，令 $y' = p = p(y)$，则

$$y'' = \frac{\mathrm{d}p}{\mathrm{d}x} = \frac{\mathrm{d}p}{\mathrm{d}y} \cdot \frac{\mathrm{d}y}{\mathrm{d}x} = p\frac{\mathrm{d}p}{\mathrm{d}y}.$$

代入原微分方程，得

$$p\frac{\mathrm{d}p}{\mathrm{d}y} = f(y, p).$$

若能解出 $p = \varphi(y, C_1)$，即有 $y' = \frac{\mathrm{d}y}{\mathrm{d}x} = \varphi(y, C_1)$，分离变量得

$$\frac{1}{\varphi(y, C_1)}\mathrm{d}y = \mathrm{d}x \quad [\varphi(y, C_1) \neq 0],$$

于是两边积分可求得原微分方程的通解

$$\int \frac{1}{\varphi(y, C_1)}\mathrm{d}y = x + C_2 \quad (C_1, C_2 \text{ 为任意常数}),$$

这里将 $\int \frac{1}{\varphi(y, C_1)}\mathrm{d}y$ 看作函数 $\frac{1}{\varphi(y, C_1)}$ 的一个原函数.

例 12.3.3 求微分方程 $yy'' + y'^2 = 0$ 满足定解条件 $y(0) = 1, y'(0) = \frac{1}{2}$ 的特解.

解 令 $y' = p$，则 $y'' = \frac{\mathrm{d}p}{\mathrm{d}y} \cdot \frac{\mathrm{d}y}{\mathrm{d}x} = p\frac{\mathrm{d}p}{\mathrm{d}y}$，从而原微分方程可化为

$$yp\frac{\mathrm{d}p}{\mathrm{d}y} + p^2 = 0. \tag{12.3.2}$$

当 $p \neq 0$ 时，上式分离变量，得

$$\frac{1}{p}\mathrm{d}p = -\frac{1}{y}\mathrm{d}y.$$

上式两边积分，得 $p = C_1\frac{1}{y}$[因为 $p = 0$ 也是方程(12.3.2)的解，所以 C_1 可取任意常数]，则有

$$\frac{\mathrm{d}y}{\mathrm{d}x} = C_1\frac{1}{y}, \quad \text{即} \quad y\mathrm{d}y = C_1\mathrm{d}x.$$

上式两边再积分，得原微分方程的通解

$$y^2 = C_1 x + C_2 \quad (C_1, C_2 \text{ 为任意常数}).$$

由 $y(0) = 1, y'(0) = \frac{1}{2}$ 可得 $C_1 = 1, C_2 = 1$，故所求的特解为 $y^2 = x + 1$.

1. 求下列微分方程的通解：

(1) $y'' = e^{3x} + \sin x$；

(2) $y'' = y' + x$；

(3) $y'' + \dfrac{y'^2}{1-y} = 0$；

(4) $xy'' = y' + x^2$.

2. 求下列微分方程满足定解条件的特解：

(1) $y'' = 3\sqrt{y}$，$y(0) = 1$，$y'(0) = 2$；

(2) $y'y'' - x = 0$，$y(1) = 2$，$y'(1) = 1$；

(3) $y'' = 2y^3$，$y(0) = 1$，$y'(0) = 1$.

3. 一条曲线 $y = f(x)$ 满足微分方程 $y'' - 4x = 0$，如果它通过点 $(0,2)$ 且在该点处与直线 $x - y + 2 = 0$ 相切，求此曲线方程.

§12.4

二阶线性微分方程

一、二阶线性微分方程的形式

线性微分方程具有一些很好的性质，这使得某些特殊的高阶线性微分方程变得容易求解.下面主要讨论二阶线性微分方程.

形如

$$y'' + p(x)y' + q(x)y = f(x) \tag{12.4.1}$$

的微分方程,称为二阶线性微分方程.若 $f(x) \equiv 0$,即有

$$y'' + p(x)y' + q(x)y = 0, \tag{12.4.2}$$

称此方程为二阶齐次线性微分方程;否则,称方程(12.4.1)为二阶非齐次线性微分方程,并且称方程(12.4.2)为二阶非齐次线性微分方程(12.4.1)对应的齐次线性微分方程.

二、二阶线性微分方程的通解结构

1.二阶齐次线性微分方程的解的结构

对于二阶齐次线性微分方程,有下述两个定理.

定理 12.4.1 设 $y_1 = y_1(x)$ 和 $y_2 = y_2(x)$ 均是方程(12.4.2)的解,则

$$y = C_1 y_1(x) + C_2 y_2(x) \tag{12.4.3}$$

也是方程(12.4.2)的解，其中 C_1,C_2 为任意常数.

证明 将式(12.4.3)直接代入方程(12.4.2)的左边，有

$$y'' + p(x)y' + q(x)y = (C_1 y_1 + C_2 y_2)'' + p(x)(C_1 y_1 + C_2 y_2)'$$
$$+ q(x)(C_1 y_1 + C_2 y_2)$$
$$= (C_1 y_1'' + C_2 y_2'') + p(x)(C_1 y_1' + C_2 y_2')$$
$$+ q(x)(C_1 y_1 + C_2 y_2)$$
$$= C_1[y_1'' + p(x)y_1' + q(x)y_1]$$
$$+ C_2[y_2'' + p(x)y_2' + q(x)y_2]$$
$$= C_1 \cdot 0 + C_2 \cdot 0 = 0,$$

即得证.

通常称式(12.4.3)为 $y_1(x)$ 与 $y_2(x)$ 的 线性组合. 定理 12.4.1 表明，方程 (12.4.2)的两个解的线性组合仍是该方程的解. 但要注意，虽然式(12.4.3)在 形式上含有两个任意常数 C_1 和 C_2，但它却不一定是方程(12.4.2)的通解. 例如， 如果 $y_1(x)$ 是方程(12.4.2)的解，则 $y_2(x) = ky_1(x)$（k 为常数）自然也是方程 (12.4.2)的解，但由这两个解所构成的解

$$y = C_1 y_1(x) + C_2 y_2(x) = C_1 y_1(x) + C_2 k y_1(x)$$
$$= (C_1 + kC_2) y_1(x)$$

实质上只含有一个任意常数，即 $C_1 + kC_2$，故它不是方程(12.4.2)的通解. 这里 y 不是通解的主要原因是 $y_1(x)$ 与 $y_2(x)$ 并不是相互独立（线性无关）的. 为了 解决这一问题，下面引入函数的线性相关与线性无关的概念.

设 $y_1(x), y_2(x), \cdots, y_n(x)$ 为定义在区间 I 上的 n 个函数. 如果存在不全 为零的常数 $k_1, k_2, \cdots, k_n$，使得 $k_1 y_1(x) + k_2 y_2(x) + \cdots + k_n y_n(x) = 0 (x \in I)$，那么称 $y_1(x), y_2(x), \cdots, y_n(x)$ 在区间 I 上线性相关；否则，称 $y_1(x),$ $y_2(x), \cdots, y_n(x)$ 在区间 I 上线性无关. 显然，若两个函数 $y_1(x), y_2(x)$ 满足 $\dfrac{y_1(x)}{y_2(x)} \equiv k [y_2(x) \neq 0, k$ 为常数$]$ 或 $\dfrac{y_2(x)}{y_1(x)} \equiv k [y_1(x) \neq 0, k$ 为常数$]$，则 $y_1(x)$ 与 $y_2(x)$ 线性相关；否则，$y_1(x)$ 与 $y_2(x)$ 线性无关.

例如，函数 $y_1(x) = \sin 2x$ 与 $y_2(x) = \sin x \cos x$ 是线性相关的，这是因为

$$\frac{y_1(x)}{y_2(x)} = \frac{\sin 2x}{\sin x \cos x} \equiv 2;$$

函数 $y_1(x) = \sin x$ 与 $y_2(x) = \cos x$ 是线性无关的，这是因为

$$\frac{y_1(x)}{y_2(x)} = \frac{\sin x}{\cos x} = \tan x.$$

基于上述线性无关的概念，可给出方程(12.4.2)的通解的结构定理.

定理 12.4.2 若 $y_1 = y_1(x)$，$y_2 = y_2(x)$ 是方程(12.4.2)的两个线性 无关的解，则

$$y = C_1 y_1(x) + C_2 y_2(x) \quad (C_1, C_2 \text{ 为任意常数})$$

是方程(12.4.2)的通解.

例如,容易验证 $y_1 = e^x, y_2 = e^{-x}$ 是微分方程 $y'' - y = 0$ 的两个解,且 $\dfrac{y_1}{y_2} =$

$\dfrac{e^x}{e^{-x}} = e^{2x} \neq$ 常数,即它们是线性无关的,因此微分方程 $y'' - y = 0$ 的通解为

$$y = C_1 e^x + C_2 e^{-x} \quad (C_1, C_2 \text{ 为任意常数}).$$

2. 二阶非齐次线性微分方程的解的结构

在一阶线性微分方程的讨论中已经看到,一阶非齐次线性微分方程的通解可以表示为其对应的齐次线性微分方程的通解与其本身的一个特解之和.对于二阶非齐次线性微分方程(12.4.1),其通解的结构也有类似结论,即有如下定理.

定理 12.4.3 设 y^* 是二阶非齐次线性微分方程(12.4.1)的一个特解,而 Y 是其对应的齐次线性微分方程(12.4.2)的通解,则

$$y = Y + y^* \tag{12.4.4}$$

是方程(12.4.1)的通解.

由定理 12.4.3 可知,求二阶非齐次线性微分方程(12.4.1)的通解,关键在于求出它的一个特解和其对应的齐次线性微分方程(12.4.2)的通解.例如,对于二阶非齐次线性微分方程 $y'' - y = x$,由前面的讨论可知,其对应的齐次线性微分方程 $y'' - y = 0$ 的通解为 $Y = C_1 e^x + C_2 e^{-x}$,又容易验证 $y^* = -x$ 是其本身的一个特解,故 $y = C_1 e^x + C_2 e^{-x} - x (C_1, C_2$ 是任意常数)是该非齐次线性微分方程的通解.

另外,还可以用直接验证的方法证明下面的定理.

定理 12.4.4 设 y_1^* 与 y_2^* 分别是微分方程

$$y'' + p(x)y' + q(x)y = f_1(x)$$

与

$$y'' + p(x)y' + q(x)y = f_2(x)$$

的解,则 $y_1^* + y_2^*$ 是微分方程

$$y'' + p(x)y' + q(x)y = f_1(x) + f_2(x)$$

的解.

三、二阶常系数齐次线性微分方程

形如

$$y'' + py' + qy = 0 \quad (p, q \text{ 为常数}) \tag{12.4.5}$$

的微分方程,称为二阶常系数齐次线性微分方程.

由观察法可推测方程(12.4.5)有形如 $y = e^{\lambda x}$ 的解,其中 λ 为待定常数.将 $y = e^{\lambda x}$ 代入方程(12.4.5)并化简,得

$$(\lambda^2 + p\lambda + q)e^{\lambda x} = 0.$$

因 $e^{\lambda x} \neq 0$,故 $y = e^{\lambda x}$ 是方程(12.4.5)的解的充要条件是:λ 为二次代数方程

$$\lambda^2 + p\lambda + q = 0 \tag{12.4.6}$$

的根.方程(12.4.6)称为方程(12.4.5)的**特征方程**,其根称为方程(12.4.5)的**特征根**.设 λ_1,λ_2 为方程(12.4.5)的两个特征根,下面根据特征根的不同情况分别讨论:

(1)若 λ_1,λ_2 是两个不相等的实根,则 $e^{\lambda_1 x},e^{\lambda_2 x}$ 是方程(12.4.5)的两个线性无关的解,故方程(12.4.5)的通解为

$$y=C_1 e^{\lambda_1 x}+C_2 e^{\lambda_2 x} \quad (C_1,C_2 \text{ 为任意常数}).$$

(2)若 λ_1,λ_2 是两个相等的实根,设 $\lambda_1=\lambda_2=\lambda$,则 $y_1=e^{\lambda x}$ 是方程(12.4.5)的一个解,还需求出另一个与 y_1 线性无关的解 y_2.设 $\dfrac{y_2}{y_1}=u(x)$,即

$$y_2=y_1 u(x)=e^{\lambda x}u(x).$$

下面求 $u(x)$.

将 $y_2=e^{\lambda x}u(x)$, $y_2'=e^{\lambda x}[u'(x)+\lambda u(x)]$, $y_2''=e^{\lambda x}[u''(x)+2\lambda u'(x)+\lambda^2 u(x)]$ 代入方程(12.4.5)并化简,得

$$e^{\lambda x}[u''(x)+(2\lambda+p)u'(x)+(\lambda^2+p\lambda+q)u(x)]=0.$$

因为 $e^{\lambda x}\neq 0$,而 λ 为特征方程(12.4.6)的根且为重根,即有

$$\lambda^2+p\lambda+q=0, \quad 2\lambda+p=0,$$

所以有 $u''(x)=0$.积分两次,得

$$u(x)=D_1 x+D_2 \quad (D_1,D_2 \text{ 为任意常数}).$$

由于只需得到一个不恒为常数的 $u(x)$,故取 $D_1=1,D_2=0$,对应得 $u(x)=x$.由此得方程(12.4.5)的另一个解为 $y_2=x e^{\lambda x}$,且 y_1 与 y_2 线性无关.于是,由定理12.4.2得方程(12.4.5)的通解

$$y=(C_1+C_2 x)e^{\lambda x} \quad (C_1,C_2 \text{ 为任意常数}).$$

(3)若 $\lambda_{1,2}=\alpha \pm i\beta$ 是一对共轭复根,则

$$y=C_1 e^{(\alpha+i\beta)x}+C_2 e^{(\alpha-i\beta)x}$$

为方程(12.4.5)的复数形式的通解.但是,在求解实际问题时,常常需要实数形式的通解.为此,由欧拉公式 $e^{ix}=\cos x+i\sin x$ 可得方程(12.4.5)的两个线性无关的实数形式的解

$$\begin{aligned}
y_1 &=\frac{1}{2}\left[e^{(\alpha+i\beta)x}+e^{(\alpha-i\beta)x}\right] \\
&=\frac{1}{2}\left[e^{\alpha x}(\cos\beta x+i\sin\beta x)+e^{\alpha x}(\cos\beta x-i\sin\beta x)\right] \\
&=e^{\alpha x}\cos\beta x, \\
y_2 &=\frac{1}{2i}\left[e^{(\alpha+i\beta)x}-e^{(\alpha-i\beta)x}\right] \\
&=\frac{1}{2i}\left[e^{\alpha x}(\cos\beta x+i\sin\beta x)-e^{\alpha x}(\cos\beta x-i\sin\beta x)\right] \\
&=e^{\alpha x}\sin\beta x.
\end{aligned}$$

于是,方程(12.4.5)的实数形式的通解为

$$y=e^{\alpha x}(C_1\cos\beta x+C_2\sin\beta x) \quad (C_1,C_2 \text{ 为任意常数}).$$

例 12.4.1 求微分方程 $y'' + 2y' - 3y = 0$ 的通解.

解 原微分方程的特征方程为

$$\lambda^2 + 2\lambda - 3 = 0,$$

解得特征根为 $\lambda_1 = 1, \lambda_2 = -3$. 故所求的通解为

$$y = C_1 e^x + C_2 e^{-3x} \quad (C_1, C_2 \text{ 为任意常数}).$$

例 12.4.2 求微分方程 $y'' + 4y' + 4y = 0$ 满足定解条件 $y(0) = 2, y'(0) = -4$ 的特解.

解 原微分方程的特征方程为

$$\lambda^2 + 4\lambda + 4 = 0,$$

解得特征根为 $\lambda_1 = \lambda_2 = -2$. 故原微分方程的通解为

$$y = (C_1 + C_2 x) e^{-2x} \quad (C_1, C_2 \text{ 为任意常数}).$$

由定解条件 $y(0) = 2, y'(0) = -4$ 可得 $C_1 = 2, C_2 = 0$. 故所求的特解为 $y = 2e^{-2x}$.

例 12.4.3 求微分方程 $y'' + 2y' + 5y = 0$ 的通解.

解 原微分方程的特征方程为

$$\lambda^2 + 2\lambda + 5 = 0,$$

解得特征根为 $\lambda_{1,2} = -1 \pm 2i$. 故所求的通解为

$$y = e^{-x}(C_1 \cos 2x + C_2 \sin 2x) \quad (C_1, C_2 \text{ 为任意常数}).$$

综上所述,求二阶常系数齐次线性微分方程

$$y'' + py' + qy = 0$$

的通解的具体步骤如下:

(1) 写出该微分方程的特征方程 $\lambda^2 + p\lambda + q = 0$;

(2) 求出特征方程的两个根 λ_1, λ_2;

(3) 根据特征方程的两个根的不同情形,按照表 12.1 写出该微分方程的通解.

表 12.1

特征方程 $\lambda^2 + p\lambda + q = 0$ 的两个根 λ_1, λ_2	微分方程 $y'' + py' + qy = 0$ 的通解
两个不相等的实根 $\lambda_1 \neq \lambda_2$	$y = C_1 e^{\lambda_1 x} + C_2 e^{\lambda_2 x}$
两个相等的实根 $\lambda_1 = \lambda_2 = \lambda$	$y = (C_1 + C_2 x) e^{\lambda x}$
一对共轭复根 $\lambda_{1,2} = \alpha \pm i\beta$	$y = e^{\alpha x}(C_1 \cos \beta x + C_2 \sin \beta x)$

这种根据特征方程的根直接确定二阶常系数齐次线性微分方程的通解的方法称为**特征方程法**.

四、二阶常系数非齐次线性微分方程

二阶常系数非齐次线性微分方程的一般形式是

$$y'' + py' + qy = f(x) \quad [p,q \text{ 为常数}, f(x) \not\equiv 0]. \quad (12.4.7)$$

由定理 12.4.3 可知,二阶常系数非齐次线性微分方程(12.4.7)的通解可表示为 $y = Y + y^*$,其中 Y 是其对应的常系数齐次线性微分方程(12.4.5)的通解,而 y^* 为其本身的一个特解.前面已介绍了方程(12.4.5)的求解方法.因此,下面介绍求方程(12.4.7)的一个特解的方法.

方程(12.4.7)的特解与函数 $f(x)$ 有关,而在一般情况下求方程(12.4.7)的特解是非常困难的,下面仅对两种特殊情形进行讨论.

1. $f(x) = P_m(x) e^{\lambda x}$

这里 λ 是常数,$P_m(x)$ 为 x 的一个 m 次多项式.由于 $f(x)$ 是多项式与以 e 为底的指数函数的乘积,这种乘积函数的导数仍然是同一类型的乘积函数,因此可推测方程(12.4.7)有形如 $y^* = Q(x) e^{\lambda x}$[$Q(x)$ 为待定多项式]的特解.将 $y^* = Q(x) e^{\lambda x}$ 代入方程(12.4.7),化简并整理得

$$Q''(x) + (2\lambda + p)Q'(x) + (\lambda^2 + p\lambda + q)Q(x) = P_m(x). \quad (12.4.8)$$

要使等式(12.4.8)恒成立,两边的多项式次数及同次幂的系数应相等.于是,根据 λ 是否为方程(12.4.7)对应的齐次线性微分方程的特征方程 $\lambda^2 + p\lambda + q = 0$ 的特征根,分以下三种情况考虑:

(1) 如果 λ 不是特征方程的根,即 $\lambda^2 + p\lambda + q \neq 0$,则由式(12.4.8)中的 $P_m(x)$ 为 m 次多项式可知,$Q(x)$ 也应为 m 次多项式 $Q_m(x)$,因此可设

$$y^* = Q_m(x) e^{\lambda x}.$$

(2) 如果 λ 是特征方程的单根,即 $\lambda^2 + p\lambda + q = 0, 2\lambda + p \neq 0$,则式(12.4.8)中的 $Q'(x)$ 应为 m 次多项式,因此可设 $Q(x) = x Q_m(x)$,从而

$$y^* = x Q_m(x) e^{\lambda x}.$$

(3) 如果 λ 是特征方程的二重根,即 $\lambda^2 + p\lambda + q = 0, 2\lambda + p = 0$,则式(12.4.8)中 $Q''(x)$ 应为 m 次多项式,因此可设

$$y^* = x^2 Q_m(x) e^{\lambda x}.$$

综上所述,当 $f(x) = P_m(x) e^{\lambda x}$ 时,方程(12.4.7)具有形如

$$y^* = x^k Q_m(x) e^{\lambda x}$$

的特解,其中 $Q_m(x)$ 是一个待定的 m 次多项式,而常数 k 按 λ 不是特征方程的根、是特征方程的单根或二重根依次取为 0,1 或 2.

2. $f(x) = e^{\lambda x} [P_l(x) \cos \omega x + P_n(x) \sin \omega x]$

这里 λ, ω 均为常数,$P_l(x), P_n(x)$ 分别为关于 x 的 l 次、n 次多项式.可以证明,此时方程(12.4.7)具有形如

$$y^* = x^k e^{\lambda x} [Q_m(x) \cos \omega x + R_m(x) \sin \omega x] \quad (12.4.9)$$

的特解,其中 $m = \max\{l, n\}$,$Q_m(x)$ 和 $R_m(x)$ 都是关于 x 的 m 次待定多项式;常数 k 按 $\lambda \pm i\omega$ 不是特征方程的根、是特征方程的根依次取为 0,1.

为了便于使用,根据 $f(x)$ 的上述两种形式,将方程(12.4.7)的特解形式归纳列表,如表 12.2 所示,其中 $Q_m(x)$ 和 $R_m(x)$ 均为 m 次待定多项式.

表 12.2

$f(x)$ 的形式	条件	$y'' + py' + qy = f(x)$ 的特解形式
$f(x) = P_m(x)e^{\lambda x}$	λ 不是特征方程的根	$y^* = Q_m(x)e^{\lambda x}$
	λ 是特征方程的单根	$y^* = xQ_m(x)e^{\lambda x}$
	λ 是特征方程的二重根	$y^* = x^2 Q_m(x)e^{\lambda x}$
$f(x) = e^{\lambda x}[P_l(x)\cos\omega x + P_n(x)\sin\omega x]$	$\lambda \pm i\omega$ 不是特征方程的根	$y^* = e^{\lambda x}[Q_m(x)\cos\omega x + R_m(x)\sin\omega x]$，其中 $m = \max\{l, n\}$
	$\lambda \pm i\omega$ 是特征方程的根	$y^* = xe^{\lambda x}[Q_m(x)\cos\omega x + R_m(x)\sin\omega x]$，其中 $m = \max\{l, n\}$

例 12.4.4 求微分方程 $y'' - 3y' + 2y = xe^x$ 的通解.

解 $f(x) = xe^x$ 属于 $P_m(x)e^{\lambda x}$ 型, 其中 $P_m(x) = x$, $\lambda = 1$.

原微分方程对应的齐次线性微分方程的特征方程为 $\lambda^2 - 3\lambda + 2 = 0$, 解得特征根为 $\lambda_1 = 1, \lambda_2 = 2$, 从而对应的齐次线性微分方程的通解为

$$Y = C_1 e^x + C_2 e^{2x} \quad (C_1, C_2 \text{ 为任意常数}).$$

由于 $\lambda = 1$ 是特征方程的单根, 而 $P_m(x) = x$ 为一次多项式, 因此可设原微分方程的一个特解为

$$y^* = x(Ax + B)e^x,$$

其中 A, B 为待定常数. 代入原微分方程并化简, 得

$$-2Ax + 2A - B = x.$$

比较同类项系数, 有

$$\begin{cases} -2A = 1, \\ 2A - B = 0, \end{cases}$$

解得 $A = -\dfrac{1}{2}, B = -1$, 从而原微分方程的一个特解为

$$y^* = -x\left(\frac{1}{2}x + 1\right)e^x.$$

故所求的通解为

$$y = C_1 e^x + C_2 e^{2x} - x\left(\frac{1}{2}x + 1\right)e^x.$$

例 12.4.5 求微分方程 $y'' + 2y' + 2y = x^2$ 的通解.

解 $f(x) = x^2$ 属于 $P_m(x)e^{\lambda x}$ 型, 其中 $P_m(x) = x^2$, $\lambda = 0$.

原微分方程对应的齐次线性微分方程的特征方程为 $\lambda^2 + 2\lambda + 2 = 0$, 解得特征根为 $\lambda_{1,2} = -1 \pm i$, 从而对应的齐次线性微分方程的通解为

$$Y = e^{-x}(C_1 \cos x + C_2 \sin x) \quad (C_1, C_2 \text{ 为任意常数}).$$

因为 $\lambda = 0$ 不是特征方程的根，而 $P_m(x) = x^2$ 为二次多项式，所以可设原微分方程的一个特解为

$$y^* = Ax^2 + Bx + C,$$

其中 A, B, C 为待定常数. 代入原微分方程并化简，得

$$2Ax^2 + 2(2A + B)x + 2(A + B + C) = x^2.$$

比较同类项的系数，有

$$\begin{cases} 2A = 1, \\ 2(2A + B) = 0, \\ 2(A + B + C) = 0, \end{cases}$$

解得 $A = \dfrac{1}{2}, B = -1, C = \dfrac{1}{2}$，从而 $y^* = \dfrac{1}{2}x^2 - x + \dfrac{1}{2}$ 为原微分方程的一个特解.

故所求的通解为

$$y = e^{-x}(C_1 \cos x + C_2 \sin x) + \frac{1}{2}x^2 - x + \frac{1}{2}.$$

例 12.4.6 求微分方程 $y'' - 2y' + 2y = e^x \sin x$ 的通解.

解 $f(x) = e^x \sin x$ 属于 $e^{\lambda x}[P_l(x)\cos \omega x + P_n(x)\sin \omega x]$ 型，其中 $\lambda = 1, \omega = 1$，$P_l(x) = 0, P_n(x) = 1$.

原微分方程对应的齐次线性微分方程的特征方程为 $\lambda^2 - 2\lambda + 2 = 0$，解得特征根为 $\lambda_{1,2} = 1 \pm i$，从而对应的齐次线性微分方程的通解为

$$Y = e^x(C_1 \cos x + C_2 \sin x) \quad (C_1, C_2 \text{ 为任意常数}).$$

因为 $\lambda \pm i\omega = 1 \pm i$ 是特征方程的根，而 $P_l(x) = 0$ 和 $P_n(x) = 1$ 都是零次多项式，所以可设原微分方程的一个特解为

$$y^* = x e^x(A\cos x + B\sin x),$$

其中 A, B 为待定常数. 代入原微分方程并化简，得

$$e^x(2B\cos x - 2A\sin x) = e^x \sin x.$$

分别比较上式两边 $\cos x$ 和 $\sin x$ 的系数，得

$$\begin{cases} 2B = 0, \\ -2A = 1, \end{cases}$$

解得 $B = 0, A = -\dfrac{1}{2}$，从而得到原微分方程的一个特解

$$y^* = -\frac{1}{2}x e^x \cos x.$$

因此，所求的通解为

$$y = e^x(C_1 \cos x + C_2 \sin x) - \frac{1}{2}x e^x \cos x.$$

例 12.4.7 求微分方程 $y'' - y = 3e^{2x} + 4x\sin x$ 的通解.

解 原微分方程对应的齐次线性微分方程的特征方程为 $\lambda^2 - 1 = 0$,解得特征根为 $\lambda_1 = 1$,$\lambda_2 = -1$,从而对应的齐次线性微分方程的通解为

$$Y = C_1 e^x + C_2 e^{-x} \quad (C_1, C_2 \text{ 为任意常数}).$$

为了求原微分方程的一个特解,可先分别求微分方程

$$y'' - y = 3e^{2x} \quad \text{与} \quad y'' - y = 4x\sin x$$

的特解.

微分方程 $y'' - y = 3e^{2x}$ 的一个特解可设为 $y_1^* = Ae^{2x}$(A 为待定常数),代入该微分方程,解得 $A = 1$,于是 $y_1^* = e^{2x}$.

微分方程 $y'' - y = 4x\sin x$ 的一个特解可设为 $y_2^* = (Ax + B)\cos x + (Cx + D)\sin x$($A, B, C, D$ 为待定常数),代入该微分方程,解得 $A = D = 0, B = C = -2$,于是 $y_2^* = -2(x\sin x + \cos x)$.

再根据定理 12.4.4,可得

$$y^* = y_1^* + y_2^* = e^{2x} - 2(x\sin x + \cos x)$$

为原微分方程的一个特解.

故所求的通解为

$$y = C_1 e^x + C_2 e^{-x} + e^{2x} - 2(x\sin x + \cos x).$$

习题12.4

1. 求下列微分方程的通解或满足定解条件的特解:
   (1) $y'' - 3y' + 2y = 0$;
   (2) $y'' + 6y' + 9y = 0$;
   (3) $y'' - 4y' + 5y = 0$;
   (4) $y'' + y' - 2y = 0, y(0) = 0, y'(0) = 1$;
   *(5) $y'' + 4y' + 4y = 0, y(0) = 2, y'(0) = -4$;
   (6) $y'' + 2y' + 2y = 0, y(0) = 1, y'(0) = 0$.

2. 确定下列微分方程的特解形式:
   (1) $y'' + 5y' + 4y = -2x + 3$;
   (2) $y'' + 2y' + 5y = e^{-x}\cos 2x$;
   (3) $y'' - y' = e^{2x}(x^2 + 1)$;
   (4) $y'' + 4y = 2\cos 2x - \sin 2x$;
   (5) $y'' + y = 3\sin 2x + x\cos 2x$;
   (6) $y'' - 3y' = 2x + xe^{-3x}$.

3. 求下列微分方程的通解或满足定解条件的特解:
   (1) $y'' - 3y' + 2y = 2x^2 + 1$;
   (2) $y'' - 2y' + y = 12xe^x$;
   (3) $y'' + 4y = 10\sin 2x$;
   (4) $y'' - 3y' + 2y = 2e^x\cos x$;
   (5) $y'' + y' = e^x + \cos x$;
   (6) $y'' - y = 4xe^x, y(0) = 0, y'(0) = 1$;
   (7) $y'' - 4y' = 5, y(0) = 1, y'(0) = 0$.

4. 设连续函数 $f(x)$ 满足 $f'(x) = x^2 + \int_0^x f(t)\,\mathrm{d}t$,且 $f(0) = 2$,求函数 $f(x)$.

5. 设二阶常系数非齐次线性微分方程 $y'' + ay' + by = ce^x$ 的一个特解为 $y = e^{2x} + (1+x)e^x$,试确定常数 a, b, c 的值.

6. 求微分方程 $y'' - y' - 2y = 3e^{-x}$ 的一个特解,使得其图形在点 $x = 0$ 处与直线 $y = x$ 相切.

§12.5

n 阶线性微分方程

$n(n \geqslant 3)$ 阶非齐次线性微分方程的一般形式为

$$y^{(n)} + p_1(x)y^{(n-1)} + \cdots + p_{n-1}(x)y' + p_n(x)y = f(x) , \quad (12.5.1)$$

其中 $f(x) \not\equiv 0$，其对应的齐次线性微分方程为

$$y^{(n)} + p_1(x)y^{(n-1)} + \cdots + p_{n-1}(x)y' + p_n(x)y = 0. \quad (12.5.2)$$

一、n 阶线性微分方程的解的结构

类似于二阶线性微分方程，n 阶线性微分方程也有如下关于其解的结构定理.

定理 12.5.1 　如果 $y_1(x), y_2(x), \cdots, y_n(x)$ 是 n 阶齐次线性微分方程(12.5.2)的 n 个线性无关的解，那么

$$y = C_1 y_1(x) + C_2 y_2(x) + \cdots + C_n y_n(x)$$

是方程(12.5.2)的通解，其中 $C_1, C_2, \cdots, C_n$ 为任意常数.

定理 12.5.2 　设 y^* 是方程(12.5.1)的一个特解，而 Y 是其对应的齐次线性微分方程(12.5.2)的通解，则

$$y = Y + y^*$$

是方程(12.5.1)的通解.

下面讨论两类特殊的高阶线性微分方程的解法.

二、n 阶常系数齐次线性微分方程的解法

n 阶常系数齐次线性微分方程的一般形式为

$$y^{(n)} + p_1 y^{(n-1)} + p_2 y^{(n-2)} + \cdots + p_{n-1} y' + p_n y = 0, \quad (12.5.3)$$

其中 $p_1, p_2, \cdots, p_n$ 均为常数，其特征方程为

$$\lambda^n + p_1 \lambda^{n-1} + p_2 \lambda^{n-2} + \cdots + p_{n-1}\lambda + p_n = 0. \quad (12.5.4)$$

类似于二阶常系数齐次线性微分方程，可以根据特征方程(12.5.4)的根，直接写出方程(12.5.3)的解，如表 12.3 所示[表中 $C_i, D_i (i = 0, 1, 2, \cdots, k-1)$ 为任意常数].

表 12.3

特征方程的根 λ	对应通解中的项
λ 是 k 重实根	$(C_0 + C_1 x + \cdots + C_{k-1} x^{k-1})\mathrm{e}^{\lambda x}$
$\lambda = \alpha \pm \mathrm{i}\beta$ 是 k 重共轭复根	$[(C_0 + C_1 x + \cdots + C_{k-1} x^{k-1})\cos \beta x + (D_0 + D_1 x + \cdots + D_{k-1} x^{k-1})\sin \beta x]\mathrm{e}^{\alpha x}$

注 由代数学知识可知,n 次代数方程有 n 个根.而特征方程(12.5.4)的每一个根都对应着方程(12.5.3)的通解中的一项,且每一项各含一个任意常数.

例 12.5.1 求微分方程 $y^{(4)} - 2y''' + 5y'' = 0$ 的通解.

解 特征方程为 $\lambda^4 - 2\lambda^3 + 5\lambda^2 = 0$,即 $\lambda^2(\lambda^2 - 2\lambda + 5) = 0$,特征根是 $\lambda_1 = \lambda_2 = 0$ 和 $\lambda_{3,4} = 1 \pm 2i$. 因此,原微分方程的通解为

$$y = C_1 + C_2 x + e^x(C_3 \cos 2x + C_4 \sin 2x) \quad (C_1, C_2, C_3, C_4 \text{ 为任意常数}).$$

例 12.5.2 求下列微分方程的通解:

(1) $y^{(5)} + 4y^{(3)} + 4y' = 0$;   (2) $y^{(6)} - 9y^{(4)} - y'' + 9y = 0$.

解 (1) 特征方程为 $\lambda^5 + 4\lambda^3 + 4\lambda = 0$,即 $\lambda(\lambda^2 + 2)^2 = 0$,特征根为

$$\lambda_1 = 0, \quad \lambda_2 = \lambda_3 = \sqrt{2}i, \quad \lambda_4 = \lambda_5 = -\sqrt{2}i.$$

故所求的通解为

$$y = C_1 + (C_2 + C_3 x)\cos\sqrt{2}x + (C_4 + C_5 x)\sin\sqrt{2}x,$$

其中 $C_i(i = 1, 2, 3, 4, 5)$ 为任意常数.

(2) 特征方程为 $\lambda^6 - 9\lambda^4 - \lambda^2 + 9 = 0$,即 $(\lambda^2 - 9)(\lambda^4 - 1) = 0$,特征根为

$$\lambda_1 = 3, \quad \lambda_2 = -3, \quad \lambda_3 = 1, \quad \lambda_4 = -1, \quad \lambda_5 = i, \quad \lambda_6 = -i.$$

故所求的通解为

$$y = C_1 e^{3x} + C_2 e^{-3x} + C_3 e^x + C_4 e^{-x} + C_5 \cos x + C_6 \sin x,$$

其中 $C_i(i = 1, 2, \cdots, 6)$ 为任意常数.

例 12.5.3 已知某四阶常系数齐次线性微分方程的四个线性无关的解分别为

$$y_1 = e^{2x}, \quad y_2 = x e^{2x}, \quad y_3 = \cos 2x, \quad y_4 = 3\sin 2x,$$

求此微分方程及其通解.

解 由 y_1 与 y_2 可知它们对应的特征根为二重根 $\lambda_1 = \lambda_2 = 2$,而由 y_3 与 y_4 可知它们对应的特征根为一对共轭复根 $\lambda_{3,4} = \pm 2i$. 因此,特征方程为

$$(\lambda - 2)^2(\lambda^2 + 4) = 0, \quad \text{即} \quad \lambda^4 - 4\lambda^3 + 8\lambda^2 - 4\lambda + 16 = 0,$$

它所对应的齐次线性微分方程为

$$y^{(4)} - 4y''' + 8y'' - 4y' + 16y = 0.$$

此微分方程的通解为

$$y = (C_1 + C_2 x)e^{2x} + C_3 \cos 2x + C_4 \sin 2x \quad (C_1, C_2, C_3, C_4 \text{ 为任意常数}).$$

三、欧拉方程

形如

$$x^n y^{(n)} + p_1 x^{n-1} y^{(n-1)} + \cdots + p_{n-1} x y' + p_n y = f(x) \quad (12.5.5)$$

的微分方程,称为**欧拉方程**,其中 $p_1, p_2, \cdots, p_n$ 均为常数.

做变量代换 $x = e^t$ 或 $t = \ln x$，将自变量 x 替换为 t，则有

$$\frac{dy}{dx} = \frac{dy}{dt} \cdot \frac{dt}{dx} = \frac{1}{x} \cdot \frac{dy}{dt},$$

$$\frac{d^2 y}{dx^2} = \frac{d}{dx}\left(\frac{1}{x} \cdot \frac{dy}{dt}\right) = -\frac{1}{x^2} \cdot \frac{dy}{dt} + \frac{1}{x} \cdot \frac{d}{dx}\left(\frac{dy}{dt}\right)$$

$$= -\frac{1}{x^2} \cdot \frac{dy}{dt} + \frac{1}{x} \cdot \frac{d^2 y}{dt^2} \cdot \frac{dt}{dx} = -\frac{1}{x^2} \cdot \frac{dy}{dt} + \frac{1}{x^2} \cdot \frac{d^2 y}{dt^2}$$

$$= \frac{1}{x^2}\left(\frac{d^2 y}{dt^2} - \frac{dy}{dt}\right).$$

同理，有

$$\frac{d^3 y}{dx^3} = \frac{1}{x^3}\left(\frac{d^3 y}{dt^3} - 3\frac{d^2 y}{dt^2} + 2\frac{dy}{dt}\right), \quad \cdots.$$

如果记号 D 表示对 t 求导数的运算 $\dfrac{d}{dt}$，那么上述结果可写成

$$xy' = Dy,$$

$$x^2 y'' = (D^2 - D)y = D(D-1)y,$$

$$x^3 y''' = (D^3 - 3D^2 + 2D)y = D(D-1)(D-2)y,$$

$$\cdots\cdots$$

一般地，有

$$x^k y^{(k)} = D(D-1)(D-2)\cdots(D-k+1)y, \quad k = 1, 2, \cdots.$$

将上述变量代换代入欧拉方程(12.5.5)，则欧拉方程(12.5.5)可化为以 t 为自变量的常系数线性微分方程. 在求出该微分方程的解后，把 t 换成 $\ln x$，即可得到欧拉方程(12.5.5)的解.

例 12.5.4　求欧拉方程 $x^3 y^{(3)} + 3x^2 y'' - 2xy' + 2y = 0$ 的通解.

解　做变量代换 $x = e^t$，即 $t = \ln x$，则原欧拉方程化为

$$D(D-1)(D-2)y + 3D(D-1)y - 2Dy + 2y = 0,$$

即

$$D^3 y - 3Dy + 2y = 0,$$

亦即

$$\frac{d^3 y}{dt^3} - 3\frac{dy}{dt} + 2y = 0. \tag{12.5.6}$$

这是三阶常系数齐次线性微分方程，它的特征方程为

$$\lambda^3 - 3\lambda + 2 = 0,$$

解得特征根为 $\lambda_1 = \lambda_2 = 1, \lambda_3 = -2$. 于是，方程(12.5.6)的通解为

$$y = (C_1 + C_2 t)e^t + C_3 e^{-2t} \quad (C_1, C_2, C_3 \text{ 为任意常数}).$$

将 $t = \ln x$ 代入上式，得原欧拉方程的通解

$$y = C_1 x + C_2 x \ln x + \frac{C_3}{x^2}.$$

例 12.5.5 求欧拉方程 $x^2y'' + xy' = 12\ln x + x$ 的通解.

解 做变量代换 $x = e^t$,即 $t = \ln x$,则原欧拉方程化为
$$D(D-1)y + Dy = 12t + e^t,$$

即
$$D^2 y = 12t + e^t,$$

亦即
$$\frac{d^2 y}{dt^2} = 12t + e^t.$$

对上式两次积分,即可求得其通解
$$y = 2t^3 + e^t + C_2 t + C_1 \quad (C_1, C_2 \text{ 为任意常数}).$$

将 $t = \ln x$ 代入上式,得原欧拉方程的通解
$$y = 2(\ln x)^3 + x + C_2 \ln x + C_1.$$

例 12.5.6 求微分方程 $(2x+1)^2 y'' - 4(2x+1)y' + 8y = 4(2x+1)^3$ 的通解.

解 令 $u = 2x + 1$,则
$$\frac{dy}{dx} = \frac{dy}{du} \cdot \frac{du}{dx} = 2\frac{dy}{du},$$
$$\frac{d^2 y}{dx^2} = 2\frac{d^2 y}{du^2} \cdot \frac{du}{dx} = 4\frac{d^2 y}{du^2}.$$

代入原微分方程,得
$$4u^2 \frac{d^2 y}{du^2} - 8u \frac{dy}{du} + 8y = 4u^3,$$

即得欧拉方程
$$u^2 \frac{d^2 y}{du^2} - 2u \frac{dy}{du} + 2y = u^3. \tag{12.5.7}$$

做变量代换 $u = e^t$,即 $t = \ln u$,则方程(12.5.7)化为
$$D(D-1)y - 2Dy + 2y = e^{3t},$$

即
$$D^2 y - 3Dy + 2y = e^{3t},$$

亦即
$$\frac{d^2 y}{dt^2} - 3\frac{dy}{dt} + 2y = e^{3t}. \tag{12.5.8}$$

此微分方程对应的齐次线性微分方程的特征方程为
$$\lambda^2 - 3\lambda + 2 = 0,$$

解得特征根为 $\lambda_1 = 1, \lambda_2 = 2$.因 $\lambda = 3$ 不是特征根,故可设方程(12.5.8)的一个特解为
$$y^* = A e^{3t},$$

其中 A 为待定常数.代入方程(12.5.8),解得 $A = \dfrac{1}{2}$.因此,方程(12.5.8)的通解为

$$y = C_1 e^t + C_2 e^{2t} + \frac{1}{2} e^{3t} \quad (C_1, C_2 \text{ 为任意常数}).$$

于是，欧拉方程(12.5.7)的通解为

$$y = C_1 u + C_2 u^2 + \frac{1}{2} u^3.$$

故原微分方程的通解为

$$y = C_1 (2x + 1) + C_2 (2x + 1)^2 + \frac{1}{2} (2x + 1)^3.$$

习题12.5

1. 求下列高阶微分方程的通解：

    (1) $y^{(3)} - 4y'' + y' + 6y = 0$；

    (2) $y^{(4)} - 5y^{(3)} + 6y'' + 4y' - 8y = 0$；

    (3) $y^{(4)} - y = 0$；

    (4) $y^{(5)} + 2y^{(3)} + y' = 0$.

2. 求下列欧拉方程的通解：

    (1) $x^2 y'' + x y' - y = 3x^2$；

    (2) $x^3 y''' + x^2 y'' - 4x y' = 3x^2$；

    (3) $x^2 y'' - 3x y' + 4y = x + x^2 \ln x$；

    (4) $y'' - \dfrac{y'}{x} + \dfrac{y}{x^2} = \dfrac{2}{x}$.

★§12.6

微分方程应用案例

微分方程在工程技术、经济管理等领域中有着广泛的应用. 本节将主要介绍微分方程的一些实际应用.

一、"饮酒驾车"问题

例 12.6.1　据报道，2010 年我国全国道路交通事故死亡人数为 67 759 人，其中因饮酒驾车造成事故的占有相当大的比例. 针对饮酒驾车造成的严重危害，2011 年 1 月 14 日，国家质量监督检验检疫总局、国家标准化管理委员会批准了新的强制性国家标准《车辆驾驶人员血液、呼气酒精含量阈值与检验》. 该新标准规定，车辆驾驶人员血液中的酒精含量大于或等于 20 mg/100 mL，小于 80 mg/100 mL 为饮酒驾车（原标准是小于 100 mg/100 mL），血液中的酒精含量大于或等于 80 mg/100 mL 为醉酒驾车（原标准是大于或等于 100 mg/100 mL）.

现有一起交通事故，在事故发生 3 h 后，测得肇事司机血液中的酒精含量是 56 mg/100 mL，又过 2 h，测得其酒精含量降为 40 mg/100 mL. 据此，交警能否判断事故发生时，肇事司机是饮酒驾车还是醉酒驾车而酿成交通事故？

解 设 $x = x(t)$（单位：mg/100mL）为 t（单位：h）时刻肇事司机血液中的酒精含量，事故发生时 $t = 0$. 由平衡原理可知，在时间段 $[t, t + \Delta t]$ 内酒精含量的增量 Δx 正比于 $x(t)\Delta t$，即

$$x(t + \Delta t) - x(t) = -kx(t)\Delta t,$$

其中 k 为比例系数. 上式中 k 前面的负号表示酒精含量随时间的推移是单调减少的. 上式两边同除以 Δt，并令 $\Delta t \to 0$，则得到

$$\frac{\mathrm{d}x}{\mathrm{d}t} = -kx. \tag{12.6.1}$$

又由题意知，$x(t)$ 满足 $x(3) = 56$ mg/100mL，$x(5) = 40$ mg/100mL. 记 $x(0) = x_0$.

容易求得方程（12.6.1）的通解为 $x(t) = Ce^{-kt}$（C 为任意常数）. 将 $x(0) = x_0$ 代入，得 $C = x_0$，则

$$x(t) = x_0 e^{-kt}.$$

再分别将 $x(3) = 56$ mg/100mL，$x(5) = 40$ mg/100mL 代入上式，得

$$\begin{cases} x_0 e^{-3k} = 56, & \tag{12.6.2} \\ x_0 e^{-5k} = 40. & \tag{12.6.3} \end{cases}$$

将式（12.6.2）与式（12.6.3）做商，得 $e^{2k} = \dfrac{56}{40}$，即有 $k \approx 0.17$. 将 $k = 0.17$ 代入式（12.6.2），得 $x_0 e^{-3 \times 0.17} = 56$，从而解得

$$x_0 = 56e^{3 \times 0.17} \text{ mg/100mL} \approx 93.3 \text{ mg/100mL} > 80 \text{ mg/100mL}.$$

由于 $x_0 \approx 93.3$ mg/100mL > 80 mg/100mL，因此事故发生时，肇事司机血液中的酒精含量已超出饮酒驾车标准，属于醉酒驾车，应当依法严肃处理.

二、飞机安全着陆问题

例 12.6.2 当飞机跑道长度不足时，常常使用减速伞作为飞机的减速装置. 在飞机接触跑道开始着陆时，由飞机尾部张开一把减速伞，利用空气对伞的阻力来减少飞机的滑跑距离，以保障飞机在较短的跑道上安全着陆. 设减速伞的阻力与飞机的速度成正比，并忽略飞机所受的其他阻力.

现已知机场跑道长 1 500 m，一架质量为 4.5 t 的飞机以 600 km/h 的速度开始着陆，在减速伞的作用下滑行 500 m 后速度减为 100 km/h，且能安全着陆. 如果将同样的减速伞装

在一架质量为 9 t 的轰炸机上，且该轰炸机以 700 km/h 的速度开始着陆，问：该轰炸机能否安全着陆？

解 设飞机的质量为 m（单位：t），着陆速度为 v_0（单位：km/h），t（单位：h）时刻的滑行距离为 $x(t)$（单位：km），着陆时 $t=0$，则由导数的意义及题意知，飞机滑行速度为 $v(t) = \dfrac{\mathrm{d}x}{\mathrm{d}t}$，减速伞的阻力为 $-kv(t)$，其中 k 为阻力系数. 根据牛顿第二运动定律，有

$$m\frac{\mathrm{d}v}{\mathrm{d}t} = -kv(t). \tag{12.6.4}$$

这是可分离变量的微分方程，求得通解

$$v(t) = C_1 \mathrm{e}^{-\frac{k}{m}t} \quad (C_1 \text{ 为任意常数}).$$

由 $v(0) = v_0$ 得 $C_1 = v_0$，因此

$$v(t) = v_0 \mathrm{e}^{-\frac{k}{m}t}. \tag{12.6.5}$$

而 $\dfrac{\mathrm{d}x}{\mathrm{d}t} = v(t)$，故式（12.6.5）可写为微分方程

$$\frac{\mathrm{d}x}{\mathrm{d}t} = v_0 \mathrm{e}^{-\frac{k}{m}t}.$$

分离变量并两边积分，得通解

$$x(t) = -\frac{mv_0}{k}\mathrm{e}^{-\frac{k}{m}t} + C_2 \quad (C_2 \text{ 为任意常数}).$$

由 $x(0) = 0$ km 得 $C_2 = \dfrac{mv_0}{k}$，因此

$$x(t) = \frac{mv_0}{k}\left(1 - \mathrm{e}^{-\frac{k}{m}t}\right). \tag{12.6.6}$$

由式（12.6.6）可知，飞机的滑行距离满足

$$x(t) < \frac{mv_0}{k}. \tag{12.6.7}$$

下面根据已知条件确定阻力系数 k. 由复合函数求导的链式法则有

$$\frac{\mathrm{d}v}{\mathrm{d}t} = \frac{\mathrm{d}v}{\mathrm{d}x} \cdot \frac{\mathrm{d}x}{\mathrm{d}t} = v(t)\frac{\mathrm{d}v}{\mathrm{d}x}.$$

代入式（12.6.4），得微分方程

$$mv(t)\frac{\mathrm{d}v}{\mathrm{d}x} = -kv(t).$$

分离变量并两边积分，得通解

$$v(t) = -\frac{k}{m}x(t) + C_3 \quad (C_3 \text{ 为任意常数}).$$

由 $v(0) = v_0, x(0) = 0$ km 得 $C_3 = v_0$，从而

$$v(t) = v_0 - \frac{k}{m}x(t),$$

即有

$$k = \frac{m[v_0 - v(t)]}{x(t)}.$$ (12.6.8)

对于已知的一架飞机,有 $m = 4\,500$ kg,$v_0 = 600$ km/h,且当 $x(t) = 0.5$ km 时,$v(t) = 100$ km/h,将它们代入式(12.6.8),计算得

$$k = 4.5 \times 10^6.$$

对于一架轰炸机,由于 $m = 9\,000$ kg,$v_0 = 700$ km/h,从而

$$\frac{mv_0}{k} = \frac{9\,000 \times 700}{4.5 \times 10^6} = 1.4 \text{(单位:km)},$$

于是该轰炸机的滑行距离小于 1.4 km. 由于 1.4 km = 1 400 m < 1 500 m,因此该轰炸机可以在此跑道上安全着陆.

三、凶杀案发生时间的估计问题

例 12.6.3 某件凶杀案发生后,被害人的尸体于晚上 19:30 被发现. 法医于晚上 20:20 赶到凶杀案现场,测得尸体温度为 32.6 ℃. 1 h 后,当尸体即将被抬走时,测得尸体温度为 31.4 ℃. 假定室温始终保持在 21.1 ℃. 经初步了解,此案最大的犯罪嫌疑人是张某,但张某声称自己不是杀人犯,并有证人证明:当天下午张某一直在办公室上班,直到 17:00 才离开办公室. 从张某办公室到凶杀案现场步行只需 5 min,问:证人的证明能否排除张某的嫌疑?

解 人的体温受大脑神经中枢调节,死后体温调节功能消失,尸体的温度受外界环境温度的影响. 一般尸体温度的变化率服从牛顿冷却定律,即尸体温度的变化率正比于尸体的温度与室温之差.

设 $T = T(t)$(单位:℃)表示 t(单位:h)时刻尸体的温度,法医到达凶杀案现场时 $t = 0$. 已知 $T(0) = 32.6$ ℃,$T(1) = 31.4$ ℃. 由冷却定律有

$$\frac{\mathrm{d}T}{\mathrm{d}t} = -k(T - 21.1),$$ (12.6.9)

其中 k 是比例系数. 易求得可分离变量的微分方程(12.6.9)的通解

$$T(t) = 21.1 + Ce^{-kt} \quad (C \text{ 为任意常数}).$$

将 $T(0) = 32.6$ ℃ 代入上式,解得 $C = 11.5$,即

$$T(t) = 21.1 + 11.5e^{-kt}.$$ (12.6.10)

将 $T(1) = 31.4$ ℃ 代入式(12.6.10),得

$$e^k = \frac{115}{103}, \quad \text{即} \quad k = \ln 115 - \ln 103 \approx 0.11.$$

于是

$$T(t) = 21.1 + 11.5e^{-0.11t}.$$

当 $T(t) = 37$ ℃(假定被害人死亡时体温是正常的)时,有

$$21.1 + 11.5e^{-0.11t} = 37,$$

解得 $t \approx -2.95\,\mathrm{h}$，从而凶杀案发生的时间大约在法医到达凶杀案现场的 $2\,\mathrm{h}\,57\,\mathrm{min}$ 之前，即被害人死亡时间大约在下午 $17:23$．因此，不能排除张某的嫌疑．

1. 一个容积为 $200\,\mathrm{m}^3$ 的房间内空气中含有 0.15% 的 CO_2．通风机每分钟送入 $20\,\mathrm{m}^3$ 空气，其中含有 0.04% 的 CO_2．问：经过了多少时间，房间内空气中的 CO_2 含量会减少 $\dfrac{2}{3}$？

2. 一条小船在水的阻力作用下运动减慢，阻力和小船速度成比例．已知该小船的初速度是 $1.5\,\mathrm{m/s}$，经过 $4\,\mathrm{s}$ 后它的速度是 $1\,\mathrm{m/s}$．问：该小船经多长时间速度才能减少到 $1\,\mathrm{cm/s}$？该小船停止前经过多少航程？

3. 某湖泊的水容量为 V，每年净水流入量为 $6V$，湖水流出量为 $\dfrac{V}{3}$．至 2000 年年底，湖水中污物 A 的浓度为 $\dfrac{m_0}{2V}$，低于国家规定的 $\dfrac{m_0}{V}$ 的浓度标准．但从 2001 年年初开始，每年流入 $\dfrac{V}{6}$ 含污物 A 的浓度为 $\dfrac{12m_0}{V}$ 的污水．问：

   (1) 至 2006 年年底，湖水中污物 A 的浓度超过国家标准多少倍？

   (2) 如果从 2007 年年初开始，为了治理湖水污染，国家限定流入湖的污水中污物 A 的浓度不得超过 $\dfrac{m_0}{V}$，那么要经过多少年的治理，才可使湖水中污物 A 的浓度达到国家标准？

4. 设对某种传染病，在 $t = 0$ 时，某个居民小区可能感染而尚未感染的人数为 a（单位：人），已感染的人数为 x_0（单位：人，且 x_0 远小于 a）．假定该小区此后与外界隔离，用 $x(t)$ 表示在 t（单位：天）时刻该小区已感染的人数．据传染病学的研究，传染病的传染速度与该小区已感染的人数及可能感染而尚未感染的人数的乘积成正比（比例系数为 k）．求已感染的人数与时间的函数关系 $x(t)$（假定不考虑免疫者）．

总复习题十二

1. 写出在点 (x, y) 处切线的斜率等于该点横坐标平方的曲线 $y = y(x)$ 所满足的微分方程．

2. 求下列微分方程的通解：

   (1) $(e^{x+y} - e^x)\mathrm{d}x + (e^{x+y} + e^y)\mathrm{d}y = 0$;

   (2) $\cos x \sin y\,\mathrm{d}x + \sin x \cos y\,\mathrm{d}y = 0$;

   (3) $y\mathrm{d}x + (x^2 - 4x)\mathrm{d}y = 0$.

3. 求下列微分方程满足所给定解条件的特解:

    (1) $y'\sin x = y\ln y$,$y\Big|_{x=\frac{\pi}{2}} = \mathrm{e}$;

    (2) $\cos y\mathrm{d}x + (1+\mathrm{e}^{-x})\sin y\mathrm{d}y = 0$,$y\Big|_{x=0} = \dfrac{\pi}{4}$;

    (3) $(x^2-1)y' + 2xy^2 = 0$,$y(0) = 1$.

4. 求下列齐次方程的通解:

    (1) $xy' - y - \sqrt{y^2 - x^2} = 0$;   (2) $(x^2 + y^2)\mathrm{d}x - xy\mathrm{d}y = 0$;

    (3) $y^2 + (x^2 - xy)\dfrac{\mathrm{d}y}{\mathrm{d}x} = 0$;   (4) $(1+2\mathrm{e}^{\frac{x}{y}})\mathrm{d}x + 2\mathrm{e}^{\frac{x}{y}}\left(1 - \dfrac{x}{y}\right)\mathrm{d}y = 0$.

5. 化下列微分方程为齐次方程,并求出通解:

    (1) $(x - y - 1)\mathrm{d}x + (4y + x - 1)\mathrm{d}y = 0$;

    (2) $(x + y)\mathrm{d}x + (3x + 3y - 4)\mathrm{d}y = 0$.

6. 求下列微分方程的通解:

    (1) $\dfrac{\mathrm{d}y}{\mathrm{d}x} - 2xy = 2x$;   (2) $y\ln y\mathrm{d}x + (x - \ln y)\mathrm{d}y = 0$;

    (3) $(x + 2)\dfrac{\mathrm{d}y}{\mathrm{d}x} = 2y + (x + 2)^3$;   (4) $(y^2 - 2x)\dfrac{\mathrm{d}y}{\mathrm{d}x} - y = 0$.

*7. 求下列伯努利方程的通解:

    (1) $\dfrac{\mathrm{d}y}{\mathrm{d}x} + y = y^2(\cos x - \sin x)$;   (2) $\dfrac{\mathrm{d}y}{\mathrm{d}x} + \dfrac{1}{3}y = \dfrac{1}{3}(1 - 2x)y^4$;

    (3) $x\mathrm{d}y - [y + xy^3(1 + \ln x)]\mathrm{d}x = 0$.

8. 求下列微分方程的通解:

    (1) $y''' = x\mathrm{e}^x$;   (2) $y'' = 1 + y'^2$;

    (3) $xy'' + y' = 0$;   (4) $y^3y'' - 1 = 0$;

    (5) $y'' = y'^3 + y'$.

9. 求下列微分方程满足所给定解条件的特解:

    (1) $y^3y'' + 1 = 0$,$y\Big|_{x=1} = 1$,$y'\Big|_{x=1} = 0$;

    (2) $y'' = \mathrm{e}^{2y}$,$y\Big|_{x=0} = y'\Big|_{x=0} = 0$.

10. 判断下列函数组在其定义区间内是否线性无关:

    (1) x,x^2;   (2) e^{2x},$3\mathrm{e}^{2x}$;

    (3) $\cos 2x$,$\sin 2x$;   (4) $\sin 2x$,$\cos x\sin x$;

    (5) $\ln x$,$x\ln x$.

11. 验证 $y_1 = \mathrm{e}^{x^2}$ 及 $y_2 = x\mathrm{e}^{x^2}$ 都是微分方程 $y'' - 4xy' + (4x^2 - 2)y = 0$ 的解,并写出其通解.

12. 求下列微分方程的通解:

    (1) $y'' - 2y' - 3y = 0$;   (2) $4\dfrac{\mathrm{d}^2x}{\mathrm{d}t^2} - 20\dfrac{\mathrm{d}x}{\mathrm{d}t} + 25x = 0$;

    (3) $y'' + y' + y = 0$;   (4) $y^{(4)} + 2y'' + y = 0$.

13. 求下列微分方程的通解:

    (1) $y'' + 3y' + 2y = 3x\mathrm{e}^{-x}$;   (2) $y'' - 6y' + 9y = (x + 1)\mathrm{e}^{3x}$;

(3) $y'' + 4y = x\cos x$； (4) $y'' - y = \sin^2 x$.

14. 求下列微分方程满足所给定解条件的特解：

$(1)\ y'' + y + \sin 2x = 0, y\big|_{x=\pi} = 1, y'\big|_{x=\pi} = 1;$

$(2)\ y'' - 10y' + 9y = e^{2x}, y\big|_{x=0} = \dfrac{6}{7}, y'\big|_{x=0} = \dfrac{33}{7}.$

15. 求下列微分方程的通解：

(1) $y^{(4)} - 2y^{(3)} + y'' = 0$； (2) $y^{(6)} - 2y^{(4)} - y'' + 2y = 0$.

16. 求下列欧拉方程的通解：

(1) $x^2 y'' + 2xy' - 2y = 0$； (2) $x^2 y'' - 2xy' + 2y = 2x^3 - x$；

(3) $x^2 y'' + xy' + y = x$； (4) $x^2 y'' - xy' = x^3$.

17. 设函数 $\varphi(x)$ 连续，且满足

$$\varphi(x) = e^x + \int_0^x t\varphi(t)\,\mathrm{d}t - x\int_0^x \varphi(t)\,\mathrm{d}t,$$

求 $\varphi(x)$.

18. 一个质量为 $1\,\mathrm{g}$ 的质点受外力作用做直线运动，此外力和时间 t 成正比，和质点运动的速度 v 成反比. 在 $t = 10\,\mathrm{s}$ 时，速度为 $50\,\mathrm{cm/s}$，外力为 $4\,\mathrm{g \cdot cm/s^2}$. 问：运动开始 $1\,\mathrm{min}$ 后的速度是多少？

19. 一条曲线通过点 $(2,3)$，它在两条坐标轴间的任一切线线段均被切点所平分，求此曲线的方程.

20. 一条小船从河边点 O 处出发驶向对岸（两岸为平行直线）. 设该小船的速度为 a，船行方向始终与河岸垂直，又设河宽为 h，河中任一点处的水流速度与该点到两岸距离的乘积成正比（比例系数为 k），求该小船的航行路线（取点 O 为原点，以河的一岸为 x 轴，以垂直河岸的直线为 y 轴，建立直角坐标系）.

21. 设有一个质量为 m 的质点做直线运动. 从速度为零的时刻起，有一个与其运动方向一致、大小与时间成正比（比例系数为 k_1）的力作用于它. 此外，它还受到一个与其速度成正比（比例系数为 k_2）的阻力作用. 求该质点运动的速度 v 与时间 t 的函数关系.

*第13章

差分方程初步

由于时间变化的连续性,描述实际问题的变量通常是连续变化的,这样的变量称为连续型变量.第12章中所介绍的微分方程就是解决有关连续型变量的问题的有力工具.然而,在科学研究、工程技术和经济管理等领域的许多问题中,关于一些变量的数据都是以一定的时间间隔进行统计的.例如,农作物的产量以年为单位计算,商品销售收入及利润按月统计,等等.这类间隔取值的变量称为离散型变量.通常可以用差分描述这类变量的变化,而求解与实际问题对应的差分方程即可了解事物的发展变化规律.本章将对差分方程的基本理论和方法做初步介绍.

课程思政

知识框图

§13.1
差分方程的基本概念

一、差分的概念与性质

差分方程主要研究的对象是定义在整数集上的函数,这种函数一般记为

$$y_t = y(t), \quad t = \cdots, -2, -1, 0, 1, 2, \cdots,$$

简记为 $y_t = y(t)$ 或 y_t. 对于连续函数 $y = f(t)$,可以用导数 $\dfrac{\mathrm{d}y}{\mathrm{d}t}$ 来刻画 y 对 t 的变化率. 但对于仅在离散点取值的函数 y_t,一般用差商 $\dfrac{\Delta y_t}{\Delta t}$ 代替导数来近似刻画 y_t 对 t 的变化率. 如果选择 $\Delta t = 1$,那么

$$\Delta y_t = y(t+1) - y(t) \tag{13.1.1}$$

就可以近似表示函数 y_t 的变化率. 这就得到以下关于差分的概念.

定义 13.1.1 设 $y_t = y(t)$ 是定义在整数集上的函数,称增量 $y_{t+1} - y_t$ 为函数 y_t 在点 t 处的**一阶差分**,简称差分,记为 Δy_t,即

$$\Delta y_t = y_{t+1} - y_t \quad \text{或} \quad \Delta y_t = y(t+1) - y(t).$$

一阶差分的差分称为**二阶差分**,记为 $\Delta^2 y_t$,即

$$\begin{aligned}
\Delta^2 y_t = \Delta(\Delta y_t) &= \Delta y_{t+1} - \Delta y_t \\
&= (y_{t+2} - y_{t+1}) - (y_{t+1} - y_t) \\
&= y_{t+2} - 2y_{t+1} + y_t.
\end{aligned}$$

类似地,可定义**三阶差分、四阶差分** …… 即

$$\Delta^3 y_t = \Delta(\Delta^2 y_t), \quad \Delta^4 y_t = \Delta(\Delta^3 y_t), \quad \cdots.$$

一般地,函数 y_t 的 $n-1$ 阶差分的差分称为 n **阶差分**,记为 $\Delta^n y_t$,即

$$\Delta^n y_t = \Delta^{n-1} y_{t+1} - \Delta^{n-1} y_t = \sum_{i=0}^{n} (-1)^i C_n^i y_{t+n-i}. \tag{13.1.2}$$

二阶及二阶以上的差分统称为**高阶差分**.

例 13.1.1 设函数 $y_t = t^2 + 2t + 1$,求 $\Delta y_t, \Delta^2 y_t, \Delta^3 y_t$.

解 由差分的定义有

$$\Delta y_t = y_{t+1} - y_t = [(t+1)^2 + 2(t+1) + 1] - (t^2 + 2t + 1) = 2t + 3,$$

$$\Delta^2 y_t = \Delta(\Delta y_t) = \Delta y_{t+1} - \Delta y_t = [2(t+1) + 3] - (2t + 3) = 2,$$

$$\Delta^3 y_t = \Delta(\Delta^2 y_t) = \Delta^2 y_{t+1} - \Delta^2 y_t = 2 - 2 = 0.$$

由例13.1.1可知,多项式的差分是比其低一次的多项式.如果 $y_t = y(t)$ 为 n 次多项式,则 $\Delta^n y_t$ 为常数,且

$$\Delta^m y_t = 0, \quad m = n+1, n+2, \cdots.$$

 13.1.2　设函数 $y_t = a^t$,求 $\Delta^n y_t$.

解　由差分的定义有

$$\Delta y_t = y_{t+1} - y_t = a^{t+1} - a^t = (a-1)a^t,$$

$$\Delta^2 y_t = \Delta(\Delta y_t) = \Delta y_{t+1} - \Delta y_t = (a-1)^2 a^t,$$

$$\Delta^3 y_t = \Delta(\Delta^2 y_t) = \Delta^2 y_{t+1} - \Delta^2 y_t = (a-1)^3 a^t,$$

$$\cdots\cdots$$

由数学归纳法可得

$$\Delta^n y_t = \Delta(\Delta^{n-1} y_t) = (a-1)^n a^t.$$

由例13.1.2可知,指数函数的各阶差分等于原来函数的常数倍.

不难验证,差分具有与导数相类似的如下运算性质:

(1) $\Delta(C) = 0$　(C 为常数);

(2) $\Delta(C y_t) = C\Delta y_t$　（C 为常数);

(3) $\Delta(y_t \pm z_t) = \Delta y_t \pm \Delta z_t$;

(4) $\Delta(y_t z_t) = z_t \Delta y_t + y_{t+1}\Delta z_t = y_t \Delta z_t + z_{t+1}\Delta y_t$;

(5) $\Delta\left(\dfrac{y_t}{z_t}\right) = \dfrac{z_t \Delta y_t - y_t \Delta z_t}{z_{t+1} z_t} = \dfrac{z_{t+1}\Delta y_t - y_{t+1}\Delta z_t}{z_{t+1} z_t}$　$(z_t \neq 0)$.

 13.1.3　设函数 $y_t = 2t\mathrm{e}^t$,求 Δy_t.

解　由差分的性质(2) 和(4) 有

$$\Delta y_t = 2[\mathrm{e}^t \Delta(t) + (t+1)\Delta(\mathrm{e}^t)] = 2[\mathrm{e}^t + (t+1)(\mathrm{e}-1)\mathrm{e}^t] = 2\mathrm{e}^t(\mathrm{e}t - t + \mathrm{e}).$$

二、差分的几何意义

因为函数 $y_t = y(t)$ 在点 t 处的一阶差分可表示为

$$\Delta y_t = y(t+1) - y(t) = \frac{y(t+1) - y(t)}{(t+1) - t},$$

所以差分的几何意义是:它表示通过两点 (t, y_t) 和 $(t+1, y_{t+1})$ 的直线的斜率.

由差分的定义可知,一阶和二阶差分反映了 y_t 的变化特征.例如,$\Delta y_t > 0$ 说明 y_t 是单调增加的;$\Delta y_t < 0$ 说明 y_t 是单调减少的;$\Delta^2 y_t > 0$ 说明 y_t 的变化速度在增加;$\Delta^2 y_t < 0$ 说明 y_t 的变化速度在减少.

三、差分方程的概念

定义 13.1.2　　含有未知函数 y_t 的差分的方程称为常差分方程,简称差分方程.差分方程中所含未知函数差分的最高阶数称为该差分方程的阶.

n 阶差分方程的一般形式为

$$F(t,y_t,\Delta y_t,\Delta^2 y_t,\cdots,\Delta^n y_t)=0, \tag{13.1.3}$$

其中 $F(t,y_t,\Delta y_t,\Delta^2 y_t,\cdots,\Delta^n y_t)$ 是关于 $t,y_t,\Delta y_t,\Delta^2 y_t,\cdots,\Delta^n y_t$ 的已知函数,且 $\Delta^n y_t$ 必须出现,而其余变量可以不出现.

例如,$\Delta y_t=2t+1$ 是一阶差分方程,而 $\Delta^2 y_t+(\Delta y_t)^3=y_t$ 是二阶差分方程.

由差分的定义知,函数 y_t 的各阶差分都可以表示为不同点处的函数值之间的关系.因此,差分方程也可如下定义.

定义 13.1.3　　含有自变量 t 和 $y_t,y_{t+1},\cdots,y_{t+n},\cdots$ 中两个或两个以上函数值的方程称为常差分方程,简称差分方程.差分方程中未知函数的最大下标与最小下标之差称为该差分方程的阶.

在上述定义下,n 阶差分方程有如下一般形式:

$$G(t,y_t,y_{t+1},y_{t+2},\cdots,y_{t+n})=0, \tag{13.1.4}$$

其中 $G(t,y_t,y_{t+1},y_{t+2},\cdots,y_{t+n})$ 是关于 $t,y_t,y_{t+1},y_{t+2},\cdots,y_{t+n}$ 的已知函数,且 y_t 和 y_{t+n} 必须出现,而其余变量可以不出现.

例如,根据定义 13.1.3,$y_{t+2}+y_{t+1}=t^2$ 是一阶差分方程,$y_{t+5}+3y_{t+4}-y_{t+2}=0$ 是三阶差分方程,而 $y_t+t=1$ 不是差分方程.

差分方程的两种不同表示形式可以利用差分公式(13.1.2)互相转化.但值得注意的是,差分方程的两种定义方式有时不是完全等价的.

例如,二阶差分方程 $y_{t+2}-y_t=2t$ 可转化为等价形式 $\Delta^2 y_t+2\Delta y_t=2t$;而二阶差分方程 $y_{t+3}-3y_{t+2}+2y_{t+1}=0$ 转化后却变为三阶差分方程 $\Delta^3 y_t-\Delta y_t=0$.除特别说明外,本章后续内容皆采用定义 13.1.3 为差分方程及其阶的定义.

例 13.1.4　　在种群生态学中,像蚕、蝉这样的昆虫一代一代之间不是交叠的,每年成虫产卵后便全部死亡,下一年每个虫卵孵化成一只虫子,这样的昆虫数量称为"虫口".设每年每只虫子的平均产卵量为 a（单位:个）,试建立并讨论虫口模型.

解　　设第 t 年的虫口为 y_t（单位:只）,易知相邻两年虫口之间依赖关系的差分方程模型为

$$y_{t+1}=ay_t, \quad t=0,1,2,\cdots. \tag{13.1.5}$$

若进一步考虑到周围环境所能提供的空间与食物是有限的,则虫子的生存可能会因传染病的发生或互相竞争咬斗而受到威胁.又因接触和咬斗都发生在两只虫子之间,而虫口为 y_t 时虫子配对的事件总数为 $\dfrac{1}{2}y_t(y_t-1)$,故可将模型(13.1.5)修改为如下形式:

$$y_{t+1} = by_t - cy_t^2,$$
(13.1.6)

其中 b, c 为待定参数.

四、差分方程的解

定义 13.1.4 满足差分方程的函数称为差分方程的解. 如果差分方程的解中相互独立的任意常数的个数等于差分方程的阶数, 则称这个解为差分方程的通解. 差分方程的满足某些特定条件的解称为差分方程的特解, 这种特定条件称为差分方程的定解条件或初始条件.

一般地, n 阶差分方程的定解条件可表示为

$$y_0 = a_0, \quad y_1 = a_1, \quad y_2 = a_2, \quad \cdots, \quad y_{n-1} = a_{n-1},$$

其中 $a_0, a_1, a_2, \cdots, a_{n-1}$ 为已知常数.

例 13.1.5 验证函数 $y_t = 3t + 1$ 是差分方程 $y_{t+1} - y_t = 3$ 的解.

证明 将 $y_t = 3t + 1$ 代入差分方程, 得

$$左边 = [3(t+1) + 1] - (3t + 1) = 3 = 右边.$$

故 $y_t = 3t + 1$ 是所给差分方程的解.

由定义 13.1.3 和定义 13.1.4 知, 差分方程 $y_{t+1} - y_t = 3$ 与差分方程 $y_{t+k+1} - y_{t+k} = 3$ (k 为整数) 具有相同的阶数和解.

一般地, 若将差分方程中各项的自变量 t 同时向前或同时向后移动一个相同的间隔, 则所得到的差分方程与原差分方程具有相同的解, 即它们是等价的. 这种特性称为滞后结构不变性. 利用这一性质, 可以在求解差分方程时对其做适当的变形以简化求解过程.

例 13.1.6 验证函数 $y_t = C_1 + C_2 (-1)^t$ (C_1, C_2 为任意常数) 是差分方程 $y_{t+2} - y_t = 0$ 的通解, 并求出该差分方程满足定解条件 $y_0 = 0, y_1 = 2$ 的特解.

解 将 $y_t = C_1 + C_2 (-1)^t$ 代入所给的差分方程, 得

$$左边 = [C_1 + C_2 (-1)^{t+2}] - [C_1 + C_2 (-1)^t] = 0 = 右边,$$

即 $y_t = C_1 + C_2 (-1)^t$ 是所给差分方程的解. 而此解中含有两个相互独立的任意常数, 故它就是所给差分方程的通解.

将定解条件 $y_0 = 0, y_1 = 2$ 代入通解, 解得 $C_1 = 1, C_2 = -1$, 从而所求的特解为

$$y_t = 1 - (-1)^t.$$

五、线性差分方程及其解的结构

差分方程可分为线性差分方程和非线性差分方程两大类. 例如,方程(13.1.5)是线性差分方程,而方程(13.1.6)是非线性差分方程. 在实际应用中,线性差分方程是应用最广泛的一类差分方程,而能求得精确解的差分方程绝大多数也是线性差分方程,故本章主要研究线性差分方程. 下面先给出线性差分方程的一般定义及其解的结构定理.

定义 13.1.5　若一个差分方程中所含的未知函数及未知函数的各阶差分均为一次的,则称该差分方程为线性差分方程.

n 阶线性差分方程的一般形式是

$$y_{t+n} + a_1(t)y_{t+n-1} + \cdots + a_{n-1}(t)y_{t+1} + a_n(t)y_t = f(t), \quad (13.1.7)$$

其中 $a_1(t), a_2(t), \cdots, a_n(t)$ 和 $f(t)$ 均为已知函数,且 $a_n(t) \neq 0$. 如果 $f(t) \not\equiv 0$,则称方程(13.1.7)为 n 阶非齐次线性差分方程;如果 $f(t) \equiv 0$,则方程(13.1.7)为

$$y_{t+n} + a_1(t)y_{t+n-1} + \cdots + a_{n-1}(t)y_{t+1} + a_n(t)y_t = 0, \quad (13.1.8)$$

称此方程为 n 阶齐次线性差分方程. 通常也称方程(13.1.8)为方程(13.1.7)对应的齐次线性差分方程.

例如,差分方程 $y_{t+3} + 4ty_{t+1} - y_t = t$ 是三阶线性差分方程,其对应的齐次线性差分方程为 $y_{t+3} + 4ty_{t+1} - y_t = 0$.

由前面的讨论可知,差分方程和微分方程在定义及解的概念上都是十分类似的. 进一步,线性差分方程也有以下类似于线性微分方程的解的性质及结构定理.

定理 13.1.1　若函数 $y_t = y_i(t)(i = 1, 2, \cdots, k)$ 均为 n 阶齐次线性差分方程(13.1.8)的解,则对于任意常数 $C_i(i = 1, 2, \cdots, k)$,函数

$$y_t = C_1 y_1(t) + C_2 y_2(t) + \cdots + C_k y_k(t)$$

也是方程(13.1.8)的解.

定理 13.1.2　若函数 $y_t = y_i(t)(i = 1, 2, \cdots, n)$ 为 n 阶齐次线性差分方程(13.1.8)的 n 个线性无关的解,则函数

$$y_t = C_1 y_1(t) + C_2 y_2(t) + \cdots + C_n y_n(t)$$

是方程(13.1.8)的通解,其中 $C_i(i = 1, 2, \cdots, n)$ 为任意常数.

定理 13.1.3　若函数 $y_t = y^*(t)$ 是 n 阶非齐次线性差分方程(13.1.7)的一个特解,函数 $\overline{y_t} = \overline{y}(t)$ 是方程(13.1.7)对应的齐次线性差分方程(13.1.8)的通解,则 $y_t = \overline{y}(t) + y^*(t)$ 为方程(13.1.7)的通解.

定理 13.1.4　若函数 $y_t = y_1(t)$ 和 $y_t = y_2(t)$ 分别是差分方程

$$y_{t+n} + a_1(t)y_{t+n-1} + \cdots + a_{n-1}(t)y_{t+1} + a_n(t)y_t = f_1(t)$$

与

$$y_{t+n} + a_1(t)y_{t+n-1} + \cdots + a_{n-1}(t)y_{t+1} + a_n(t)y_t = f_2(t)$$

的解,则函数 $y_t = y_1(t) + y_2(t)$ 是差分方程

$$y_{t+n} + a_1(t)y_{t+n-1} + \cdots + a_{n-1}(t)y_{t+1} + a_n(t)y_t = f_1(t) + f_2(t)$$

的解.

以上定理的证明皆类似于微分方程相应定理的证明,在此从略.在以上定理的基础上,我们将在 §13.2 和 §13.3 中具体介绍一阶和二阶常系数线性差分方程的解法.

1. 求下列函数的一阶和二阶差分:

    (1) $y_t = t^2 - 3t$;   (2) $y_t = e^{4t}$;

    (3) $y_t = t \cdot 3^t$;   (4) $y_t = \ln(1+t)$.

2. 将下列差分方程改写为另一种表示形式,并指出其阶数:

    (1) $2\Delta y_t = y_t - t$;   (2) $\Delta^2 y_t - y_t - 1 = 0$;

    (3) $y_{t+2} - 2y_{t+1} - y_t = 2^t$.

3. 验证下列函数是否为所给差分方程的解:

    (1) $y_t = 3^t - 1, y_{t+1} - 3y_t = 2$;

    (2) $y_t = \dfrac{1}{1+Ct}$(C 为任意常数)$,(1+y_t)y_{t+1} = y_t$;

    (3) $y_t = C_1 + C_2 2^t - t$(C_1, C_2 为任意常数)$, y_{t+2} - 3y_{t+1} + 2y_t = 1$.

4. 某会议室的座位设置规律为:第 1 排有 28 个座位,且后面每一排比前一排多 2 个座位.若用 y_t 表示第 t 排的座位数,试给出第 t 排与第 $t+1$ 排座位数之间的关系式,并求出第 10 排的座位数.

5. 证明:$\Delta(y_t z_t) = z_t \Delta y_t + y_{t+1}\Delta z_t = y_t \Delta z_t + z_{t+1}\Delta y_t$.

§13.2

一阶常系数线性差分方程

若 n 阶线性差分方程(13.1.7)或(13.1.8)中的函数 $a_i(t)(i=1,2,\cdots,n)$ 均恒为常数,则称其为 n 阶常系数线性差分方程.

一阶常系数线性差分方程的一般形式为

$$y_{t+1} + ay_t = f(t), \tag{13.2.1}$$

其中 a 为非零常数,$f(t)$ 为已知函数.如果 $f(t) \not\equiv 0$,则称方程(13.2.1)为一阶常系数非齐次线性差分方程;如果 $f(t) \equiv 0$,则方程(13.2.1)为

$$y_{t+1} + ay_t = 0, \tag{13.2.2}$$

称此方程为一阶常系数齐次线性差分方程,它也是方程(13.2.1)对应的齐次线性差分方程.

下面分别讨论一阶常系数齐次线性差分方程和一阶常系数非齐次线性差分

方程的解法.

一、一阶常系数齐次线性差分方程的通解

假设定解条件 $y_0 = C$（C 为任意常数）已知，将一阶常系数齐次线性方程(13.2.2)改写为 $y_{t+1} = -ay_t$，对 t 做逐次迭代可得

$$y_1 = -ay_0 = -aC,$$
$$y_2 = -ay_1 = (-a)^2 C,$$
$$y_3 = -ay_2 = (-a)^3 C,$$
$$\cdots\cdots$$

归纳即得方程(13.2.2)的通解

$$y_t = C(-a)^t. \tag{13.2.3}$$

因此，只要依方程(13.2.2)的结构确定了常数 a，则其相应的通解即可由公式(13.2.3)得到.

例 13.2.1 求差分方程 $2y_{t+1} - 3y_t = 0$ 的通解.

解 由原差分方程知 $a = -\dfrac{3}{2}$，故原差分方程的通解为

$$y_t = C\left(\frac{3}{2}\right)^t \quad （C \text{ 为任意常数}）.$$

例 13.2.2 污水处理是指通过清除水中的污物而生产出有用的肥料和清洁用水的过程. 假设某套污水处理设备每小时能清除污水处理池中 12% 的残留污物，问：一天后污水处理池中还剩多少污物？

解 设污水处理池中污物的初始含量为 M，y_t 表示经过时间 t（单位：h）后污水处理池中污物的含量，则由题意可得如下一阶常系数齐次线性差分方程：

$$y_{t+1} = (1 - 0.12)y_t = 0.88y_t.$$

由公式(13.2.3)及 $y_0 = M$ 易得该差分方程的解

$$y_t = M \cdot 0.88^t.$$

令 $t = 24$，得 $y_{24} = M \cdot 0.88^{24} \approx 0.046\,5M$，即一天后污水处理池中的污物大概还剩下 4.65%.

二、一阶常系数非齐次线性差分方程的特解和通解

由定理13.1.3知，一阶常系数非齐次线性差分方程(13.2.1)的通解由该差分方程的一个特解与其对应的齐次线性差分方程(13.2.2)的通解之和构成. 前面已讨论了方程(13.2.2)的通解的求法，下面再介绍求方程(13.2.1)的特解的迭代法和待定系数法，进而得到方程(13.2.1)的通解.

1. 迭代法

将方程(13.2.1)改写为

$$y_{t+1} = -ay_t + f(t).$$

不失一般性,假设 $y_0 = 0$,对 t 做逐次迭代可得

$$y_1 = -ay_0 + f(0) = f(0),$$

$$y_2 = -ay_1 + f(1) = (-a)f(0) + f(1),$$

$$y_3 = -ay_2 + f(2) = (-a)^2 f(0) + (-a)f(1) + f(2),$$

$$\cdots\cdots$$

归纳即可得方程(13.2.1)的一个特解

$$y_t^* = (-a)^{t-1} f(0) + (-a)^{t-2} f(1) + \cdots + (-a)f(t-2) + f(t-1)$$

$$= \sum_{i=0}^{t-1} (-a)^i f(t-i-1). \tag{13.2.4}$$

因此,方程(13.2.1)的通解为

$$y_t = C(-a)^t + \sum_{i=0}^{t-1} (-a)^i f(t-i-1) \quad (C \text{ 为任意常数}).$$

例 13.2.3 求差分方程 $y_{t+1} - 2y_t = e^t$ 的通解.

解 由原差分方程知 $a = -2$,故原差分方程对应的齐次线性差分方程的通解为

$$\overline{y_t} = C \cdot 2^t \quad (C \text{ 为任意常数}).$$

再由 $f(t) = e^t$ 及式(13.2.4)可得原差分方程的一个特解

$$y_t^* = \sum_{i=0}^{t-1} 2^i e^{t-i-1} = \frac{e^t - 2^t}{e - 2}.$$

因此,原差分方程的通解为

$$y_t = C \cdot 2^t + \frac{e^t - 2^t}{e - 2} \quad (C \text{ 为任意常数}).$$

用迭代法求一阶常系数非齐次线性差分方程的特解的优点是对非齐次项 $f(t)$ 的函数类型没有任何限制,且可以应用计算机软件编程来求解;缺点是计算较为复杂,且往往难以求出特解的解析表达式.

2. 待定系数法

当方程(13.2.1)的非齐次项 $f(t)$ 是某些特殊类型的函数时,可用待定系数法求出它的特解. 具体步骤是:先假设一个与 $f(t)$ 形式相同但含有待定系数的函数 $y_t^* = y^*(t)$ 为方程(13.2.1)的特解,再将其代入方程(13.2.1)以确定待定系数,从而得到所求的特解. 下面仅对 $f(t)$ 为两种常见类型函数时的差分方程(13.2.1)介绍其特解的求法.

(1) $f(t) = u^t P_m(t) [P_m(t)$ 为 m 次多项式,常数 $u \neq 0]$.

此时,方程(13.2.1)为

$$y_{t+1} + ay_t = u^t P_m(t). \tag{13.2.5}$$

根据 $f(t) = u^t P_m(t)$ 的形式,可设方程(13.2.5)的特解为 $y_t^* = u^t z_t$,其中 z_t 是待定多项式.将 $y_t^* = u^t z_t$ 代入方程(13.2.5),整理得

$$z_{t+1} + \frac{a}{u} z_t = \frac{1}{u} P_m(t). \tag{13.2.6}$$

为了确定 z_t 的次数,我们利用差分的定义将式(13.2.6)改写为

$$\Delta z_t + \left(1 + \frac{a}{u}\right) z_t = \frac{1}{u} P_m(t). \tag{13.2.7}$$

因 Δz_t 是比 z_t 低一次的多项式,故由式(13.2.7)可得以下结论:

① 当 $u \neq -a$ 时,z_t 是 m 次多项式,此时可设特解为

$$y_t^* = u^t Q_m(t); \tag{13.2.8}$$

② 当 $u = -a$ 时,z_t 是 $m+1$ 次多项式,此时可设特解为

$$y_t^* = u^t t Q_m(t), \tag{13.2.9}$$

其中 $Q_m(t)$ 为 m 次多项式,即

$$Q_m(t) = b_0 t^m + b_1 t^{m-1} + \cdots + b_{m-1} t + b_m,$$

这里 $b_i (i = 0, 1, 2, \cdots, m)$ 为待定系数,且 $b_0 \neq 0$.

将所设的特解 y_t^* 代入方程(13.2.5),比较两边同类项的系数,即可确定待定系数 $b_i (i = 0, 1, 2, \cdots, m)$,从而求得方程(13.2.5)的一个特解.

例 13.2.4 求差分方程 $y_{t+1} - y_t = t \cdot 2^t$ 的通解.

解 由 $a = -1$ 得原差分方程对应的齐次线性差分方程的通解为

$$\bar{y}_t = C \cdot 1^t = C \quad (C \text{ 为任意常数}).$$

而 $u = 2 \neq -a$,故可设原差分方程的一个特解为 $y_t^* = 2^t(b_0 t + b_1)(b_0, b_1$ 为待定系数). 将其代入原差分方程,整理后得

$$b_0 t + 2b_0 + b_1 = t.$$

比较上式两边同类项的系数,解得 $b_0 = 1, b_1 = -2$,即 $y_t^* = 2^t(t-2)$.

因此,原差分方程的通解为

$$y_t = C + 2^t(t-2).$$

例 13.2.5 给定平面上 $t(t \geqslant 1)$ 点,假设其中任意三点不共线,试确定这 t 点可连成多少条直线.

解 设 y_t 表示给定的这 t 点可连成的直线条数,若在所给平面上另外添加一点,使这一点与原有的 t 点中任意两点都不共线,则这 $t+1$ 点可连成的直线条数 y_{t+1} 满足非齐次线性差分方程

$$y_{t+1} - y_t = t \tag{13.2.10}$$

及定解条件 $y_1 = 0$.

由 $a = -1$ 得方程(13.2.10)对应的齐次线性差分方程的通解为

$$\bar{y}_t = C \cdot 1^t = C \quad (C \text{ 为任意常数}).$$

因为 $u=1=-a$，所以可设方程(13.2.10)的一个特解为 $y_t^* = t(b_0 t + b_1)$（b_0,b_1 为待定系数）.代入并整理,得

$$2b_0 t + b_0 + b_1 = t.$$

比较上式两边同类项的系数,解得 $b_0 = \dfrac{1}{2}$，$b_1 = -\dfrac{1}{2}$，即 $y_t^* = \dfrac{1}{2}t(t-1)$.故方程(13.2.10)的通解为

$$y_t = C + \frac{1}{2}t(t-1).$$

由 $y_1 = 0$ 得 $C = 0$,故这 t 点可连成的直线条数为

$$y_t = \frac{1}{2}t(t-1).$$

(2) $f(t) = u^t(B_1 \cos \omega t + B_2 \sin \omega t)$（$B_1,B_2,\omega,u$ 均为常数,$u \neq 0$）.

假设 B_1,B_2 不同时为零,且 $\omega \neq 0$[否则,方程(13.2.1)将变为齐次线性差分方程或类型(1)的情形].此时,方程(13.2.1)的特解可按以下规则设置:

① 当 $u(\cos \omega + \mathrm{i}\sin \omega) \neq -a$ 时,可设特解为

$$y_t^* = u^t(b_1 \cos \omega t + b_2 \sin \omega t); \qquad (13.2.11)$$

② 当 $u(\cos \omega + \mathrm{i}\sin \omega) = -a$ 时,可设特解为

$$y_t^* = u^t t(b_1 \cos \omega t + b_2 \sin \omega t). \qquad (13.2.12)$$

这里 b_1,b_2 为待定系数.

将所设的特解 y_t^* 代入方程(13.2.1),确定待定系数 b_1,b_2,即可求得方程(13.2.1)的一个特解.

例 13.2.6 求差分方程 $y_{t+1} - 3y_t = \sin \dfrac{\pi}{2}t$ 的通解,并求满足定解条件 $y_0 = 1$ 的特解.

解 由 $a = -3$ 得原差分方程对应的齐次线性差分方程的通解为

$$\overline{y_t} = C \cdot 3^t \quad （C \text{ 为任意常数}）.$$

由 $f(t) = \sin \dfrac{\pi}{2}t = u^t(B_1 \cos \omega t + B_2 \sin \omega t)$ 知

$$u = 1, \quad \omega = \frac{\pi}{2}, \quad B_1 = 0, \quad B_2 = 1.$$

因为

$$u(\cos \omega + \mathrm{i}\sin \omega) = \cos \frac{\pi}{2} + \mathrm{i}\sin \frac{\pi}{2} = \mathrm{i} \neq -a,$$

所以可设原差分方程的一个特解为

$$y_t^* = b_1 \cos \frac{\pi}{2}t + b_2 \sin \frac{\pi}{2}t,$$

其 b_1, b_2 为待定系数.代入原差分方程,整理后得

$$(b_2 - 3b_1)\cos\frac{\pi}{2}t - (b_1 + 3b_2)\sin\frac{\pi}{2}t = \sin\frac{\pi}{2}t.$$

比较上式两边同类项的系数,解得 $b_1 = -\frac{1}{10}, b_2 = -\frac{3}{10}$,即

$$y_t^* = -\frac{1}{10}\cos\frac{\pi}{2}t - \frac{3}{10}\sin\frac{\pi}{2}t.$$

因此,原差分方程的通解为

$$y_t = C \cdot 3^t - \frac{1}{10}\cos\frac{\pi}{2}t - \frac{3}{10}\sin\frac{\pi}{2}t.$$

由 $y_0 = 1$ 得 $C = \frac{11}{10}$,故所求的特解为

$$y_t = \frac{11}{10}3^t - \frac{1}{10}\cos\frac{\pi}{2}t - \frac{3}{10}\sin\frac{\pi}{2}t.$$

在实际应用中,经常会遇到差分方程的非齐次项 $f(t)$ 是上述两种类型函数的线性组合的情形,此时可采用本节的方法并结合定理 13.1.4 求出差分方程的特解,进而求出其通解.

例 13.2.7 求差分方程 $y_{t+1} - y_t = 3t + 2^t t$ 的通解.

解 由 $a = -1$ 得原差分方程对应的齐次线性差分方程的通解为

$$\overline{y_t} = C \cdot 1^t = C \quad (C \text{ 为任意常数}).$$

对于差分方程 $y_{t+1} - y_t = 3t$,因 $u = 1 = -a$,故可设它的一个特解为

$$y_1^*(t) = t(b_0 t + b_1),$$

其中 b_0, b_1 为待定系数.而对于差分方程 $y_{t+1} - y_t = 2^t t$,因 $u = 2 \neq -a$,故可设它的一个特解为

$$y_2^*(t) = 2^t(c_0 t + c_1),$$

其中 c_0, c_1 为待定系数.于是,可设原差分方程的一个特解为

$$y_t^* = y_1^*(t) + y_2^*(t) = t(b_0 t + b_1) + 2^t(c_0 t + c_1).$$

代入原差分方程,整理后得

$$b_0 + b_1 + 2b_0 t + (2c_0 + c_1) \cdot 2^t + c_0 \cdot 2^t t = 3t + 2^t t.$$

比较上式两边同类项的系数,解得 $b_0 = \frac{3}{2}, b_1 = -\frac{3}{2}, c_0 = 1, c_1 = -2$,即

$$y_t^* = \frac{3}{2}t(t-1) + 2^t(t-2).$$

因此,原差分方程的通解为

$$y_t = C + \frac{3}{2}t(t-1) + 2^t(t-2).$$

习题13.2

1. 求下列一阶差分方程的通解:

   (1) $2y_{t+1} - y_t = 0$;

   (2) $2y_{t+1} + 10y_t - 5t = 0$;

   (3) $y_{t+1} + 2y_t = 2^t$;

   (4) $y_{t+1} - y_t = 2\cos \pi t$;

   (5) $y_{t+1} - 3y_t = 3^t \left(\cos \dfrac{\pi}{2}t - 2\sin \dfrac{\pi}{2}t \right)$;

   (6) $3y_t - 3y_{t-1} = 3^t t + 1$.

2. 求下列一阶差分方程满足定解条件的特解:

   (1) $2y_{t+1} + 5y_t = 0, y_0 = 3$;

   (2) $y_{t+1} + 2y_t = 2^t, y_0 = \dfrac{4}{3}$;

   (3) $y_{t+1} + 2y_t = 2t - 1 + e^t, y_0 = \dfrac{1}{e+2}$;

   (4) $y_{t+1} - 5y_t = \sin \dfrac{\pi}{2}t, y_0 = 0$.

3. 已知级数 $\displaystyle\sum_{n=1}^{\infty} u_n$ 的通项为 $u_n = 2\cos \dfrac{n\pi}{2} + 3\sin \dfrac{n\pi}{2}$, 求其部分和数列 $\{S_n\}$ 的通项.

§13.3

二阶常系数线性差分方程

二阶常系数线性差分方程的一般形式为

$$y_{t+2} + ay_{t+1} + by_t = f(t), \tag{13.3.1}$$

其中 a, b 均为常数, 且 $b \neq 0$, $f(t)$ 是已知函数. 当 $f(t) \not\equiv 0$ 时, 称方程(13.3.1)为二阶常系数非齐次线性差分方程. 当 $f(t) \equiv 0$ 时, 方程(13.3.1) 即为

$$y_{t+2} + ay_{t+1} + by_t = 0, \tag{13.3.2}$$

称此方程为二阶常系数齐次线性差分方程, 也称它为方程(13.3.1)对应的齐次线性差分方程.

下面分别讨论二阶常系数齐次线性差分方程和二阶常系数非齐次线性差分方程的解法.

一、二阶常系数齐次线性差分方程的通解

由定理13.1.2知, 若求得方程(13.3.2)的两个线性无关的解 $y_t = y_1(t)$ 和 $y_t = y_2(t)$, 则其通解为 $y_t = C_1 y_1(t) + C_2 y_2(t)$($C_1, C_2$ 为任意常数). 由方程(13.3.2)的结构及指数函数差分的特征, 可设方程(13.3.2)有形如 $y_t = \lambda^t$ 的解, 其中 λ 为非零的待定常数. 将 $y_t = \lambda^t$ 代入方程(13.3.2), 整理后得

$$\lambda^2 + a\lambda + b = 0. \tag{13.3.3}$$

因此, 若 λ 满足代数方程(13.3.3), 则函数 $y_t = \lambda^t$ 就是方程(13.3.2)的解. 称方

程(13.3.3)为方程(13.3.2)的**特征方程**,并称特征方程的根为方程(13.3.2)的**特征根**.类似于二阶常系数齐次线性微分方程,下面根据特征根的不同情况给出方程(13.3.2)的通解(这种求二阶常系数齐次线性差分方程通解的方法称为特征方程法).

1. 特征方程有两个不相等的实根

设特征方程(13.3.3)的两个不相等的实根分别为 λ_1 和 λ_2,则 $y_1(t)=\lambda_1^t$ 和 $y_2(t)=\lambda_2^t$ 都是方程(13.3.2)的解.因 $\lambda_1 \neq \lambda_2$,$\lambda_1\lambda_2 \neq 0$,故 $\dfrac{y_1(t)}{y_2(t)}=\left(\dfrac{\lambda_1}{\lambda_2}\right)^t \not\equiv$ 常数,即 $y_1(t)$ 和 $y_2(t)$ 线性无关,从而得到方程(13.3.2)的通解

$$y_t=C_1\lambda_1^t+C_2\lambda_2^t \quad (C_1,C_2 \text{ 为任意常数}). \tag{13.3.4}$$

2. 特征方程有两个相等的实根

设特征方程(13.3.3)的两个相等的实根为 $\lambda_1=\lambda_2=\lambda$,则 $y_1(t)=\lambda^t$ 为方程(13.3.2)的一个解.为了求方程(13.3.2)另一个与 $y_1(t)$ 线性无关的解 $y_2(t)$,可设 $y_2(t)=z_t\lambda^t(z_t$ 不为常数).代入方程(13.3.2),整理后得

$$\lambda^2 z_{t+2}+\lambda a z_{t+1}+b z_t=0.$$

再利用差分的定义将上式改写为

$$\lambda^2 \Delta^2 z_t+\lambda(2\lambda+a)\Delta z_t+(\lambda^2+a\lambda+b)z_t=0. \tag{13.3.5}$$

因为 λ 是方程(13.3.3)的二重根,所以有 $2\lambda+a=0$ 及 $\lambda^2+a\lambda+b=0$,则式(13.3.5)可化简为

$$\lambda^2 \Delta^2 z_t=0, \quad \text{即} \quad \Delta^2 z_t=0.$$

因 z_t 不为常数,故可取 $z_t=t$,即取 $y_2(t)=t\lambda^t$.因此,方程(13.3.2)的通解为

$$y_t=(C_1+C_2 t)\lambda^t \quad (C_1,C_2 \text{ 为任意常数}). \tag{13.3.6}$$

3. 特征方程有一对共轭的复根

设特征方程(13.3.3)的一对共轭的复根为 $\lambda_1=\alpha+\mathrm{i}\beta$ 和 $\lambda_2=\alpha-\mathrm{i}\beta$.此时,方程(13.3.2)有两个复数形式的解:

$$y_1(t)=(\alpha+\mathrm{i}\beta)^t, \quad y_2(t)=(\alpha-\mathrm{i}\beta)^t.$$

令

$$r=\sqrt{\alpha^2+\beta^2},$$

$$\theta=\arctan\frac{\beta}{\alpha} \quad (0<\theta<\pi),$$

其中当 $\alpha=0$ 时,$\theta=\dfrac{\pi}{2}$,则有 $\alpha\pm\mathrm{i}\beta=r(\cos\theta\pm\mathrm{i}\sin\theta)$.再结合公式 $(\cos\theta\pm\mathrm{i}\sin\theta)^t=\cos\theta t\pm\mathrm{i}\sin\theta t$,可求得方程(13.3.2)的两个线性无关的实数形式的解

$$y_1(t)=r^t\cos\theta t, \quad y_2(t)=r^t\sin\theta t.$$

因此,方程(13.3.2)的通解为

$$y_t=(C_1\cos\theta t+C_2\sin\theta t)r^t \quad (C_1,C_2 \text{ 为任意常数}). \tag{13.3.7}$$

例 13.3.1 求差分方程 $y_{t+2} - 4y_{t+1} + 4y_t = 0$ 的通解.

解 特征方程为

$$\lambda^2 - 4\lambda + 4 = 0,$$

解得特征根 $\lambda_1 = \lambda_2 = 2$. 故原差分方程的通解为

$$y_t = (C_1 + C_2 t) \cdot 2^t \quad (C_1, C_2 \text{ 为任意常数}).$$

例 13.3.2 求差分方程 $y_{t+2} - y_{t+1} + y_t = 0$ 的通解.

解 特征方程为

$$\lambda^2 - \lambda + 1 = 0,$$

解得特征根 $\lambda_1 = \dfrac{1}{2} + \mathrm{i}\dfrac{\sqrt{3}}{2}, \lambda_2 = \dfrac{1}{2} - \mathrm{i}\dfrac{\sqrt{3}}{2}$, 则 $r = 1, \theta = \dfrac{\pi}{3}$, 从而原差分方程的通解为

$$y_t = C_1 \cos\frac{\pi}{3}t + C_2 \sin\frac{\pi}{3}t \quad (C_1, C_2 \text{ 为任意常数}).$$

例 13.3.3 求差分方程 $y_{t+2} + 4y_t = 0$ 的通解.

解 特征方程为

$$\lambda^2 + 4 = 0,$$

解得特征根 $\lambda_1 = 2\mathrm{i}, \lambda_2 = -2\mathrm{i}$, 则 $r = 2, \theta = \dfrac{\pi}{2}$, 从而原差分方程的通解为

$$y_t = \left(C_1 \cos\frac{\pi}{2}t + C_2 \sin\frac{\pi}{2}t\right) \cdot 2^t \quad (C_1, C_2 \text{ 为任意常数}).$$

例 13.3.4 某家庭现有一对幼兔(一雄一雌). 假设这对幼兔在一个月后将长成一对成兔,并且在一个月后每月生下一对幼兔(一雄一雌),而新生的幼兔在一个月后长成成兔,并与原有的成兔一起以同样的方式繁衍后代. 如果这样一代代繁衍下去,问:这个家庭在第 t 个月后将有多少对兔子(t 不超出家兔的平均寿命月数)?

解 设 y_t, x_t, z_t 分别表示第 t 个月后兔子的总对数、成兔的对数及幼兔的对数,即 $y_t = x_t + z_t$,则由题意知

$$x_{t+1} = x_t + z_t, \quad z_{t+1} = x_t, \quad y_0 = 1, \quad y_1 = 1,$$

从而有

$$y_{t+2} - y_{t+1} - y_t = 0.$$

这是一个二阶常系数齐次线性差分方程,其特征方程为

$$\lambda^2 - \lambda - 1 = 0,$$

解得特征根为 $\lambda_1 = \dfrac{1+\sqrt{5}}{2}, \lambda_2 = \dfrac{1-\sqrt{5}}{2}$. 故上述差分方程的通解为

$$y_t = C_1 \left(\frac{1+\sqrt{5}}{2}\right)^t + C_2 \left(\frac{1-\sqrt{5}}{2}\right)^t \quad (C_1, C_2 \text{ 为任意常数}).$$

由 $y_0 = 1, y_1 = 1$ 可得 $C_1 = \dfrac{5+\sqrt{5}}{10}, C_2 = \dfrac{5-\sqrt{5}}{10}$，故第 t 个月后的兔子对数为

$$y_t = \frac{5+\sqrt{5}}{10}\left(\frac{1+\sqrt{5}}{2}\right)^t + \frac{5-\sqrt{5}}{10}\left(\frac{1-\sqrt{5}}{2}\right)^t.$$

二、二阶常系数非齐次线性差分方程的特解和通解

由定理 13.1.3 知，二阶常系数非齐次线性差分方程(13.3.1) 的通解由该差分方程的一个特解与其对应的齐次线性差分方程(13.3.2) 的通解之和构成. 由前面的讨论知，利用特征方程法可方便地求出方程(13.3.2) 的通解，故求方程(13.3.1) 的通解的关键在于求出它的一个特解. 与一阶常系数非齐次线性差分方程相类似，下面仅对非齐次项 $f(t)$ 为两种常见类型函数时的方程(13.3.1) 介绍其特解的求法.

(1) $f(t) = u^t P_m(t)$ $[P_m(t)$ 为 m 次多项式，$u \neq 0]$.

此时，方程(13.3.1) 为

$$y_{t+2} + a y_{t+1} + b y_t = u^t P_m(t). \tag{13.3.8}$$

根据 $f(t) = u^t P_m(t)$ 的形式，可设方程(13.3.8) 的特解为 $y_t^* = u^t z_t$，其中 z_t 是待定多项式. 将 $y_t^* = u^t z_t$ 代入方程(13.3.8)，整理后得

$$z_{t+2} + \frac{a}{u} z_{t+1} + \frac{b}{u^2} z_t = \frac{1}{u^2} P_m(t). \tag{13.3.9}$$

为了确定 z_t 的次数，利用差分的定义将式(13.3.9) 改写为

$$\Delta^2 z_t + \left(2 + \frac{a}{u}\right)\Delta z_t + \left(1 + \frac{a}{u} + \frac{b}{u^2}\right) z_t = \frac{1}{u^2} P_m(t). \tag{13.3.10}$$

注意到 $\Delta^2 z_t$ 和 Δz_t 分别是比 z_t 低两次和低一次的多项式，故由式(13.3.10) 可得以下结论：

① 当 $1 + \dfrac{a}{u} + \dfrac{b}{u^2} \neq 0$，即 u 不是特征方程(13.3.3) 的根时，z_t 是 m 次多项式，则可设特解为

$$y_t^* = u^t Q_m(t); \tag{13.3.11}$$

② 当 $1 + \dfrac{a}{u} + \dfrac{b}{u^2} = 0$ 但 $2 + \dfrac{a}{u} \neq 0$，即 u 是特征方程(13.3.3) 的单根时，z_t 是 $m+1$ 次多项式，则可设特解为

$$y_t^* = u^t t Q_m(t); \tag{13.3.12}$$

③ 当 $1 + \dfrac{a}{u} + \dfrac{b}{u^2} = 0$ 且 $2 + \dfrac{a}{u} = 0$，即 u 是特征方程(13.3.3) 的二重根时，z_t 是 $m+2$ 次多项式，则可设特解为

$$y_t^* = u^t t^2 Q_m(t), \tag{13.3.13}$$

其中 $Q_m(t)$ 为 m 次多项式，即

$$Q_m(t) = b_0 t^m + b_1 t^{m-1} + \cdots + b_{m-1} t + b_m,$$

这里 $b_i (i = 0,1,2,\cdots,m)$ 为待定系数,且 $b_0 \neq 0$.

将所设的特解 y_t^* 代入方程(13.3.8),整理后比较方程两边同类项的系数,即可求出待定系数 $b_i (i = 0,1,2,\cdots,m)$,从而求得方程(13.3.8)的一个特解.

例 13.3.5 求差分方程 $y_{t+2} + 3y_{t+1} + 2y_t = 2^t$ 的一个特解.

解 特征方程为

$$\lambda^2 + 3\lambda + 2 = 0,$$

解得特征根 $\lambda_1 = -1, \lambda_2 = -2$. 因 $u = 2$ 不是特征根,故可设特解为 $y_t^* = b_0 \cdot 2^t (b_0$ 为待定系数). 代入原差分方程,解得 $b_0 = \dfrac{1}{12}$,即原差分方程的一个特解为 $y_t^* = \dfrac{1}{12} 2^t$.

例 13.3.6 求差分方程 $y_{t+2} + 5y_{t+1} - 6y_t = 14t - 5$ 的通解.

解 特征方程为

$$\lambda^2 + 5\lambda - 6 = 0,$$

解得特征根 $\lambda_1 = -6, \lambda_2 = 1$,则原差分方程对应的齐次线性差分方程的通解为

$$\overline{y_t} = C_1(-6)^t + C_2 \quad (C_1, C_2 \text{ 为任意常数}).$$

因 $u = 1$ 是单特征根,故可设特解为 $y_t^* = t(b_0 t + b_1)(b_0, b_1$ 为待定系数). 代入原差分方程,整理后得

$$14b_0 t + 9b_0 + 7b_1 = 14t - 5.$$

比较上式两边同类项的系数,解得 $b_0 = 1, b_1 = -2$,即 $y^*(t) = t^2 - 2t$.

所以,所给差分方程的通解为

$$y_t = C_1(-6)^t + C_2 + t^2 - 2t.$$

例 13.3.7 求差分方程 $y_{t+2} - 2y_{t+1} + y_t = 6$ 的通解.

解 特征方程为

$$\lambda^2 - 2\lambda + 1 = 0,$$

解得特征根 $\lambda_1 = \lambda_2 = 1$,则原差分方程对应的齐次线性差分方程的通解为

$$\overline{y_t} = C_1 + C_2 t \quad (C_1, C_2 \text{ 为任意常数}).$$

因 $u = 1$ 为二重特征根,故可设特解为 $y_t^* = b_0 t^2 (b_0$ 为待定系数). 代入原差分方程,解得 $b_0 = 3$,即 $y_t^* = 3t^2$.

因此,所给差分方程的通解为

$$y_t = C_1 + C_2 t + 3t^2.$$

(2) $f(t) = u^t(B_1 \cos \omega t + B_2 \sin \omega t)(B_1, B_2, \omega, u$ 均为常数,$u \neq 0)$.

假设 B_1, B_2 不同时为零,且 $\omega \neq 0$[否则,方程(13.3.1)将变为齐次线性差分方程或类型(1)的情形]. 此时,方程(13.3.1)的特解可按以下规则设置:

① 当 $u(\cos \omega + i\sin \omega)$ 不是特征方程(13.3.3)的根时,可设特解为

$$y_t^* = u^t(b_1 \cos \omega t + b_2 \sin \omega t); \tag{13.3.14}$$

② 当 $u(\cos \omega + i\sin \omega)$ 是特征方程(13.3.3)的单根时,可设特解为

$$y_t^* = u^t t(b_1 \cos \omega t + b_2 \sin \omega t); \tag{13.3.15}$$

③ 当 $u(\cos \omega + i\sin \omega)$ 是特征方程(13.3.3)的二重根时,可设特解为

$$y_t^* = u^t t^2(b_1 \cos \omega t + b_2 \sin \omega t). \tag{13.3.16}$$

这里 b_1, b_2 为待定系数.

将所设的特解 y_t^* 代入方程(13.3.1),确定待定系数 b_1, b_2,即可求得方程(13.3.1)的一个特解.

例 13.3.8 求差分方程 $y_{t+2} + y_t = 2\cos \dfrac{\pi}{2}t - \sin \dfrac{\pi}{2}t$ 的通解.

解 特征方程为

$$\lambda^2 + 1 = 0,$$

解得特征根 $\lambda_1 = i, \lambda_2 = -i$,则 $r = 1, \theta = \dfrac{\pi}{2}$. 故原差分方程对应的齐次线性差分方程的通解为

$$\overline{y_t} = C_1 \cos \dfrac{\pi}{2}t + C_2 \sin \dfrac{\pi}{2}t \quad (C_1, C_2 \text{ 为任意常数}).$$

由 $f(t) = 2\cos \dfrac{\pi}{2}t - \sin \dfrac{\pi}{2}t = u^t(B_1 \cos \omega t + B_2 \sin \omega t)$ 知 $u = 1, \omega = \dfrac{\pi}{2}$. 又因为 $u(\cos \omega + i\sin \omega) = i$ 是单特征根,所以可设原差分方程的特解为

$$y_t^* = t\left(b_1 \cos \dfrac{\pi}{2}t + b_2 \sin \dfrac{\pi}{2}t\right),$$

其中 b_1, b_2 为待定系数. 代入原差分方程,整理后得

$$-2b_1 \cos \dfrac{\pi}{2}t - 2b_2 \sin \dfrac{\pi}{2} = 2\cos \dfrac{\pi}{2}t - \sin \dfrac{\pi}{2}t.$$

比较上式两边同类项的系数,解得 $b_1 = -1, b_2 = \dfrac{1}{2}$,即

$$y_t^* = t\left(-\cos \dfrac{\pi}{2}t + \dfrac{1}{2}\sin \dfrac{\pi}{2}t\right).$$

因此,所给差分方程的通解为

$$y_t = (C_1 - t)\cos \dfrac{\pi}{2}t + \left(C_2 + \dfrac{1}{2}t\right)\sin \dfrac{\pi}{2}t.$$

例 13.3.9 求差分方程 $y_{t+2} + 4y_{t+1} + 4y_t = 2^t \cos \pi t$ 的通解.

解 特征方程为

$$\lambda^2 + 4\lambda + 4 = 0,$$

解得特征根 $\lambda_1 = \lambda_2 = -2$,则原差分方程对应的齐次线性差分方程的通解为

$$\overline{y_t} = (C_1 + C_2 t)(-2)^t \quad (C_1, C_2 \text{ 为任意常数}).$$

由 $f(t) = 2^t \cos \pi t = u^t(B_1 \cos \omega t + B_2 \sin \omega t)$ 知 $u = 2, \omega = \pi$. 又因为 $u(\cos \omega + i\sin \omega) = -2$ 是二重特征根,所以可设原差分方程的特解为

$$y_t^* = 2^t t^2 (b_1 \cos \pi t + b_2 \sin \pi t).$$

代入原差分方程,整理后得

$$8b_1 \cos \pi t + 8b_2 \sin \pi t = \cos \pi t.$$

比较上式两边同类项的系数,解得 $b_1 = \dfrac{1}{8}$,$b_2 = 0$,即

$$y_t^* = \frac{1}{8} 2^t t^2 \cos \pi t.$$

因此,所给差分方程的通解为

$$y_t = (C_1 + C_2 t)(-2)^t + \frac{1}{8} 2^t t^2 \cos \pi t.$$

习题13.3

1. 求下列二阶齐次线性差分方程的通解或满足定解条件的特解:

(1) $y_{t+2} - 9y_{t+1} + 8y_t = 0$;

(2) $y_{t+2} + 10y_{t+1} + 25y_t = 0$;

(3) $y_{t+2} - 2y_{t+1} + 4y_t = 0$;

(4) $y_{t+2} + 4y_{t+1} + 4y_t = 0$,$y_0 = 1$,$y_1 = -4$;

(5) $y_{t+2} + y_{t+1} - 12y_t = 0$,$y_0 = 1$,$y_1 = 10$;

(6) $y_{t+2} - 2y_{t+1} + 2y_t = 0$,$y_0 = 2$,$y_1 = 2$.

2. 求下列二阶非齐次线性差分方程的通解或满足定解条件的特解:

(1) $y_{t+2} - 6y_{t+1} + 9y_t = t + 1$;

(2) $y_{t+2} - 5y_{t+1} + 6y_t = 3\cos \dfrac{\pi}{2} t$;

(3) $y_{t+2} + 2y_{t+1} + y_t = 3 \cdot 2^t$,$y_0 = 1$,$y_1 = 2$;

(4) $3y_{t+2} - 2y_{t+1} - y_t = 10\sin \dfrac{\pi}{2} t$,$y_0 = 1$,$y_1 = 0$.

3. 写出差分方程 $y_{t+2} - 4y_{t+1} + 4y_t = 3t + \sin \pi t$ 的特解形式.

§13.4

一阶常系数线性差分方程组

在很多实际问题中,会碰到需要求解含有多个未知函数的差分方程组.为此,有必要研究差分方程组的求解问题.本节主要介绍只含有两个未知函数的一

阶常系数线性差分方程组的解法.

考虑差分方程组

$$\begin{cases} x_{t+1} = ax_t + by_t + f(t), \\ y_{t+1} = cx_t + dy_t + g(t), \end{cases} \tag{13.4.1}$$

其中 a,b,c,d 均为常数, $f(t),g(t)$ 是已知函数. 当 $f(t)=g(t)\equiv 0$ 时, 方程组 (13.4.1) 变为

$$\begin{cases} x_{t+1} = ax_t + by_t, \\ y_{t+1} = cx_t + dy_t. \end{cases} \tag{13.4.2}$$

当 $f(t)$ 与 $g(t)$ 不全恒为零时, 称方程组 (13.4.1) 为一阶常系数非齐次线性差分方程组, 而称方程组 (13.4.2) 为一阶常系数齐次线性差分方程组, 也称它是方程组 (13.4.1) 对应的齐次线性差分方程组.

下面分别介绍一阶常系数齐次线性差分方程组和一阶常系数非齐次线性差分方程组的解法.

一、一阶常系数线性差分方程组的解的结构

与一阶常系数线性差分方程相类似, 关于一阶常系数线性差分方程组的解, 有如下结论.

定理 13.4.1 若 $\begin{cases} x_t^* = x^*(t), \\ y_t^* = y^*(t) \end{cases}$ 是一阶常系数非齐次线性差分方程组

(13.4.1) 的一个特解, 而 $\begin{cases} \overline{x}_t = \overline{x}(t), \\ \overline{y}_t = \overline{y}(t) \end{cases}$ 是其对应的齐次线性差分方程组 (13.4.2)

的通解 (通解中含有两个相互独立的任意常数), 则

$$\begin{cases} x_t = \overline{x}(t) + x^*(t), \\ y_t = \overline{y}(t) + y^*(t) \end{cases}$$

为方程组 (13.4.1) 的通解.

证明 因 $x^*(t), y^*(t)$ 是方程组 (13.4.1) 的一个特解, 故有

$$\begin{cases} x^*(t+1) = ax^*(t) + by^*(t) + f(t), \\ y^*(t+1) = cx^*(t) + dy^*(t) + g(t). \end{cases} \tag{13.4.3}$$

又因为 $\overline{x}(t), \overline{y}(t)$ 是方程组 (13.4.2) 的通解, 所以有

$$\begin{cases} \overline{x}(t+1) = a\overline{x}(t) + b\overline{y}(t), \\ \overline{y}(t+1) = c\overline{x}(t) + d\overline{y}(t). \end{cases} \tag{13.4.4}$$

将式 (13.4.3) 和式 (13.4.4) 中对应的方程分别相加, 得

$$\begin{cases} \overline{x}(t+1) + x^*(t+1) = a[\overline{x}(t) + x^*(t)] + b[\overline{y}(t) + y^*(t)] + f(t), \\ \overline{y}(t+1) + y^*(t+1) = c[\overline{x}(t) + x^*(t)] + d[\overline{y}(t) + y^*(t)] + g(t), \end{cases} \tag{13.4.5}$$

即 $\begin{cases} x_t = \overline{x}(t) + x^*(t), \\ y_t = \overline{y}(t) + y^*(t) \end{cases}$ 为方程组 (13.4.1) 的解. 于是, 由 $\begin{cases} \overline{x}_t = \overline{x}(t), \\ \overline{y}_t = \overline{y}(t) \end{cases}$ 是方程组

(13.4.2) 的通解知定理得证.

由定理13.4.1知,只要求出方程组(13.4.1)的一个特解及其对应的齐次线性差分方程组(13.4.2)的通解,即可得到方程组(13.4.1)的通解.

二、一阶常系数齐次线性差分方程组的通解

利用差分方程的滞后结构不变性,将方程组(13.4.2)中的第一个差分方程改写为

$$x_{t+2} = ax_{t+1} + by_{t+1}, \tag{13.4.6}$$

再将方程组(13.4.2)中的第二个差分方程代入式(13.4.6),得

$$x_{t+2} = ax_{t+1} + bcx_t + bdy_t. \tag{13.4.7}$$

另外,由方程组(13.4.2)中的第一个差分方程可得 $by_t = x_{t+1} - ax_t$,将其代入式(13.4.7),得

$$x_{t+2} - (a+d)x_{t+1} - (bc-ad)x_t = 0. \tag{13.4.8}$$

这是一个二阶常系数齐次线性差分方程,可以采用§13.3所介绍的特征方程法求出其通解,进而可求得方程组(13.4.2)的通解.下面举例说明.

例 13.4.1 求差分方程组 $\begin{cases} x_{t+1} = 4x_t - 2y_t, \\ y_{t+1} = 2x_t \end{cases}$ 的通解.

解 消去原差分方程组中的 y_t,得二阶常系数齐次线性差分方程

$$x_{t+2} - 4x_{t+1} + 4x_t = 0. \tag{13.4.9}$$

其特征方程为

$$\lambda^2 - 4\lambda + 4 = 0,$$

解得特征根 $\lambda_1 = \lambda_2 = 2$.故方程(13.4.9)的通解为

$$x_t = (C_1 + C_2 t) \cdot 2^t \quad (C_1, C_2 \text{ 为任意常数}).$$

再将上式代入原差分方程组的第一个差分方程,得

$$y_t = (C_1 - C_2 + C_2 t) \cdot 2^t.$$

因此,原差分方程组的通解为

$$\begin{cases} x_t = (C_1 + C_2 t) \cdot 2^t, \\ y_t = (C_1 - C_2 + C_2 t) \cdot 2^t. \end{cases}$$

三、一阶常系数非齐次线性差分方程组的通解

类似于一阶常系数齐次线性差分方程组的解法,可以采用消元法将一阶常系数非齐次线性差分方程组化为只含有一个未知函数的二阶常系数非齐次线性差分方程.

将方程组(13.4.1)中的第一个差分方程改写为

$$x_{t+2} = ax_{t+1} + by_{t+1} + f(t+1), \tag{13.4.10}$$

再将方程组(13.4.1)中的第二个差分方程代入式(13.4.10),得

$$x_{t+2} = ax_{t+1} + bcx_t + bdy_t + bg(t) + f(t+1). \tag{13.4.11}$$

另外，由方程组(13.4.1)中的第一个差分方程可得

$$by_t = x_{t+1} - ax_t - f(t),$$

将其代入式(13.4.11)，即得二阶常系数非齐次线性差分方程

$$x_{t+2} - (a+d)x_{t+1} - (bc - ad)x_t = f(t+1) - df(t) + bg(t). \tag{13.4.12}$$

当 $f(t), g(t)$ 为形如

$$u^t P_m(t) \quad \text{或} \quad u^t(B_1 \cos \omega t + B_2 \sin \omega t)$$

$[P_m(t)$ 为 m 次多项式，B_1, B_2, ω, u 均为常数，$u \neq 0]$ 的函数时，可以采用 §13.3 所介绍的方法求出差分方程(13.4.12)的通解，进而可求得方程组(13.4.1)的通解.

例 13.4.2 求差分方程组 $\begin{cases} x_{t+1} = -x_t - 2y_t + 24, \\ y_{t+1} = -2x_t + 2y_t + 9 \end{cases}$ 的通解.

解 消去原差分方程组中的 y_t，得二阶常系数非齐次线性差分方程

$$x_{t+2} - x_{t+1} - 6x_t = -42. \tag{13.4.13}$$

其特征方程为

$$\lambda^2 - \lambda - 6 = 0,$$

解得特征根 $\lambda_1 = 3, \lambda_2 = -2$. 故方程(13.4.13)对应的齐次线性差分方程的通解为

$$\overline{x_t} = C_1 \cdot 3^t + C_2(-2)^t \quad (C_1, C_2 \text{ 为任意常数}).$$

因 $u = 1$ 不是特征根，故可设方程(13.4.13)的特解为 $x_t^* = b_0 (b_0$ 为待定系数). 代入方程(13.4.13)，解得 $b_0 = 7$，即 $x_t^* = 7$. 因此，方程(13.4.13)的通解为

$$x_t = C_1 \cdot 3^t + C_2(-2)^t + 7.$$

将上式代入原差分方程组中的第一个差分方程，得

$$y_t = -2C_1 \cdot 3^t + \frac{1}{2}C_2(-2)^t + 5,$$

故原差分方程组的通解为

$$\begin{cases} x_t = C_1 \cdot 3^t + C_2(-2)^t + 7, \\ y_t = -2C_1 \cdot 3^t + \dfrac{1}{2}C_2(-2)^t + 5. \end{cases}$$

 习题13.4

1. 求下列差分方程组的通解：

 (1) $\begin{cases} x_{t+1} = 2x_t - y_t, \\ y_{t+1} = 2x_t - 2y_t; \end{cases}$ (2) $\begin{cases} x_{t+1} = y_t, \\ y_{t+1} = x_t + 2^t. \end{cases}$

2. 设一家汽车出租公司在两个城市 A 和 B 各有一个营业点，每天 A 市的营业点中有 10％ 的汽车被客户开到

B市并留在B市的营业点出租,而B市的营业点中有12%的汽车被客户开到A市并留在A市的营业点出租.设 x_t 和 y_t 分别表示A市和B市第 t 天可出租的汽车数,试建立并求解相应的差分方程模型.

§13.5
差分方程应用案例

离散型数学模型具有计算简单及便于采用计算机编程求解的优点,并且在自然科学和社会科学等领域中有很多现象只能用差分方程模型描述.因此,差分方程模型在实际生活中有着非常广泛的应用.下面举两个简单的应用案例.

一、塑身计划问题

例 13.5.1 设某人目前体重 $100\,\mathrm{kg}$,如果每周摄入热量 $20\,000\,\mathrm{kcal}$,则体重维持不变.现欲通过控制饮食和增加运动量将体重减至 $75\,\mathrm{kg}$.考虑以下的塑身计划问题:

(1) 在不运动的情况下分两阶段进行塑身:第一阶段,每周减 $1\,\mathrm{kg}$ 体重,每周摄入热量逐渐减少,直至达到下限 $C(C=10\,000\,\mathrm{kcal})$;第二阶段,每周摄入热量保持在下限,直至达到减肥目标.问:第一阶段每周应摄入多少热量?第一和第二阶段各需多少周?

(2) 在第二阶段增加运动量以加快塑身计划进程,各种运动每小时每千克体重消耗的热量 γ 如表 13.1 所示.试根据计划选择合适的运动及运动的时间.

表 13.1

运动类型	跑步	跳舞	打乒乓球	骑自行车(中速)	游泳(50 m/min)
γ/kcal	7.0	3.0	4.4	2.5	7.9

(3) 给出达到目标后维持体重的方案.

解 设 y_t(单位:kg)表示第 t 周末的体重,c_t(单位:kcal)为第 t 周摄入的热量,则 y_t 满足如下差分方程:

$$y_{t+1}=y_t+\alpha c_{t+1}-\beta y_t, \tag{13.5.1}$$

其中 $\alpha=\dfrac{1}{8\,000}$ kg/kcal 表示过多热量转化为脂肪的关系,而 β 为因人而异的代谢消耗系数.

(1) 由该人每周摄入热量 $c=20\,000\,\mathrm{kcal}$ 时体重 $y=100\,\mathrm{kg}$ 不变,可得关系式 $y=y+\alpha c-\beta y$,从而可求得他的代谢消耗系数

$$\beta=\frac{\alpha c}{y}=\frac{20\,000}{8\,000\times100}=0.025.$$

① 第一阶段:y_t 每周减 $1\,\mathrm{kg}$,c_t 减至下限 $C=10\,000\,\mathrm{kcal}$.显然,有

$$y_{t+1} - y_t = -1.$$

由此得 $y_t = y_0 - t$，再结合方程(13.5.1)，即得

$$c_{t+1} = \frac{\beta y_t - 1}{\alpha} = \frac{\beta}{\alpha} y_0 - \frac{1}{\alpha}(1 + \beta t) = 12\,000 - 200t \geqslant 10\,000,$$

即 $t \leqslant 10$. 故第一阶段历时 10 周，摄入热量为

$$c_{t+1} = 12\,000 - 200t, \quad t = 0, 1, 2, \cdots, 9.$$

② 第二阶段：每周摄入热量保持在下限 $C = 10\,000$ kcal，体重减至 75 kg. 由方程(13.5.1)有

$$y_{t+1} = (1 - \beta)y_t + \alpha C.$$

由此得

$$y_{t+n} = (1 - \beta)^n y_t + \alpha C \frac{1 - (1 - \beta)^n}{\beta} = (1 - \beta)^n \left(y_t - \frac{\alpha C}{\beta} \right) + \frac{\alpha C}{\beta}. \quad (13.5.2)$$

将 $\alpha = \dfrac{1}{8\,000}$ kg/kcal，$\beta = 0.025$，$C = 10\,000$ kcal 代入式(13.5.2)，得

$$y_{t+n} = 0.975^n (y_t - 50) + 50. \quad (13.5.3)$$

按第二阶段塑身计划，在已知 $y_t = 90$ kg 的情况下，要求 n，使得 $y_{t+n} = 75$ kg. 将它们代入式(13.5.3)，得到

$$75 = 40 \times 0.975^n + 50,$$

可解得 $n = 19$，即第二阶段历时 19 周，每周摄入热量保持在下限 $C = 10\,000$ kcal，体重按 $y_n = 40 \times 0.975^n + 50 (n = 1, 2, \cdots, 19)$ 减少至目标 75 kg.

(2) 设 h（单位：h）为每周运动的时间. 由于增加运动量需要消耗热量，故方程(13.5.1)变为

$$y_{t+1} = y_t + \alpha c_{t+1} - (\beta + \alpha \gamma h)y_t. \quad (13.5.4)$$

取 $\gamma h = 24$ kcal，则类似于(1)中的推导，有

$$75 = 45.4 \times 0.975^n + 44.6,$$

可解得 $n = 14$. 这表明，如果每周增加运动量，使得每千克体重消耗 $\gamma h = 24$ kcal 热量，例如每周跑步约 3.5 h 或跳舞 8 h，则 14 周即可达到目标体重.

(3) 假设达到目标体重后每周摄入热量保持在某个常量 C'（单位：kcal），以使得体重不变，则分两种情况：

① 不运动.

由方程(13.5.1)得 $y = y + \alpha C' - \beta y$，即

$$C' = \frac{\beta y}{\alpha} = 8\,000 \times 0.025 \times 75 \text{ kcal} = 15\,000 \text{ kcal}.$$

② 运动.

由式(13.5.4)得 $y = y + \alpha C' - (\beta + \alpha \gamma h)y$，取 $\gamma h = 24$ kcal，即得

$$C' = \frac{(\beta + \alpha \gamma h)y}{\alpha} = 8\,000 \times 0.028 \times 75 \text{ kcal} = 16\,800 \text{ kcal}.$$

二、捕食与被捕食问题

例 13.5.2 考虑如下简化的生态模型：假设在某个生态环境中，兔子以草为食，并以每年10％的比例繁殖，而兔子为狐狸的单一食物来源．由于食物有限，狐狸每年以15％的比例减少．显然，兔子数量的增加将引起狐狸数量的增加，设狐狸增加的数量与兔子数量成正比，比例系数为0.1；反之，狐狸的增加则会使兔子的数量减少，设兔子减少的数量与狐狸数量成正比，比例系数为0.15．试建立并分析狐狸和兔子之间捕食与被捕食关系的差分方程模型．

解 设 x_t 和 y_t 分别表示第 t 年兔子和狐狸的数量（单位：只），则狐狸和兔子之间的捕食与被捕食关系满足如下一阶常系数齐次线性差分方程组：

$$\begin{cases} x_{t+1} = 1.1x_t - 0.15y_t, \\ y_{t+1} = 0.1x_t + 0.85y_t. \end{cases} \tag{13.5.5}$$

消去方程组(13.5.5)中的未知函数 y_t，可得二阶常系数齐次线性差分方程

$$x_{t+2} - 1.95x_{t+1} + 0.95x_t = 0. \tag{13.5.6}$$

其特征方程为

$$\lambda^2 - 1.95\lambda + 0.95 = 0,$$

解得特征根 $\lambda_1 = 1, \lambda_2 = 0.95$．故方程(13.5.6)的通解为

$$x_t = C_1 + C_2 \cdot 0.95^t \quad (C_1, C_2 \text{ 为任意常数}).$$

再将上式代入方程组(13.5.5)的第一个差分方程，得

$$y_t = 0.67C_1 + C_2 \cdot 0.95^t.$$

因此，方程组(13.5.5)的通解为

$$\begin{cases} x_t = C_1 + C_2 \cdot 0.95^t, \\ y_t = 0.67C_1 + C_2 \cdot 0.95^t. \end{cases} \tag{13.5.7}$$

进一步，假设开始时兔子和狐狸的数量分别为 $x_1 = 80$ 只，$y_1 = 20$ 只，代入式(13.5.7)可解得 $C_1 = 182, C_2 = -107$，进而得到如下反映兔子和狐狸数量变化关系的差分方程模型：

$$\begin{cases} x_t = 182 - 107 \cdot 0.95^t, \\ y_t = 122 - 107 \cdot 0.95^t. \end{cases} \tag{13.5.8}$$

由式(13.5.8)可知，经过充分长时间后，兔子和狐狸的数量将达到稳定的值：

$$x_t \to 182, \quad y_t \to 122 \quad (t \to +\infty).$$

此时，生态系统趋于平衡．

习题13.5

1. 对于某种农产品，已知消费者对本期产品的需求量 y_t 和生产者在下一期种植的意愿 z_{t+1}（产品供给量）与本期产品的价格 P_t 有如下关系：

$$y_t = a - bP_t, \quad z_{t+1} = -c + dP_t,$$

其中 a, b, c, d 均为正常数，求产品价格随时间的变化规律 P_t.（在农业生产中，种植先于产出与销售一期.）

2. 某家庭从现在开始，从每月工资中拿出一部分资金存入银行，用于投资子女的教育，计划 20 年后开始从投资账户中每月支取 1 000 元，这样再经过 10 年，子女大学毕业并用完全部资金. 要实现这个投资目标，20 年内总共要筹措多少资金？每月要在银行存入多少资金（假设投资的月利率为 0.5%）？

总复习题十三

1. 填空题：

（1）设函数 $y_t = t^3$，则 $\Delta^3 y_t =$ _____；

（2）一阶差分方程 $y_t + 3y_{t-1} = 0$ 的通解为 _____；

（3）二阶差分方程 $y_{t+2} + 3y_{t+1} - 4y_t = 0$ 的通解为 _____；

（4）设 $y_t = e^t$ 是差分方程 $y_{t+1} + ay_{t-1} = 2e^t$ 的一个解，则常数 $a =$ _____；

（5）差分方程 $y_{t+2} + y_t = a\cos\frac{\pi}{2}t + b\sin\frac{\pi}{2}t$（$a, b$ 为常数）的通解形式为 $y_t =$ _____；

（6）设某公司每年的工资总额在比上一年增加 20% 的基础上再追加 2 百万元，W_t 表示第 t 年的工资总额（单位：百万元），则 W_t 满足的差分方程是 _____.

2. 选择题：

（1）当（　　）时，函数 $y_t = at^2 + bt$（a, b 为常数）满足差分方程 $\Delta^2 y_t + \Delta y_t = t + \frac{1}{2}$；

A. $a = 2, b = -1$　　　　　　　　　　B. $a = \frac{1}{2}, b = -1$

C. $a = -2, b = 1$　　　　　　　　　　D. $a = -\frac{1}{2}, b = 1$

（2）下列等式中，不是差分方程的是（　　）；

A. $2\Delta y_t - \frac{1}{2}y_t = 2$　　　　　　　B. $3\Delta y_t + 3y_t = \frac{t-1}{3}$

C. $\Delta^2 y_t = 0$　　　　　　　　　　D. $y_t - y_{t-1} = \sin\frac{\pi}{2}t$

（3）函数 $y_t = C \cdot 2^t + 8$（C 为任意常数）是差分方程（　　）的通解；

A. $\Delta y_{t+2} - 3y_{t+1} - 2y_t = 0$　　　B. $y_t - 3y_{t-1} + 2y_{t-2} = \frac{2}{3}$

C. $\dfrac{1}{2}y_{t+1} - y_t = -4$ D. $y_{t+1} - 2y_t = 8$

(4) 若函数 $y_1(t), y_2(t)$ 是某个二阶齐次线性差分方程的解,则 $y_t = C_1 y_1(t) + C_2 y_2(t)$ (C_1, C_2 为任意常数)( );

A. 一定是该差分方程的解   B. 一定是该差分方程的通解

C. 一定是该差分方程的特解   D. 未必是该差分方程的解

(5) 差分方程 $y_{t+2} - y_{t+1} - 2y_t = t + 1$ 的特解形式可设为( );

A. $y_t^* = t(at + b)$ B. $y_t^* = at + b$

C. $y_t^* = at^3$ D. $y_t^* = at^2$

(6) 差分方程 $y_{t+2} - y_{t+1} - 2y_t = (-2)^t \sin \pi t$ 的特解形式可设为( ).

A. $y_t^* = t \cdot (-2)^t (a \cos \pi t + b \sin \pi t)$ B. $y_t^* = (-2)^t (a \cos \pi t + b \sin \pi t)$

C. $y_t^* = t \cdot (-2)^t a \sin \pi t$ D. $y_t^* = t^2 \cdot (-2)^t (a \cos \pi t + b \sin \pi t)$

3. 求下列一阶差分方程的通解或满足定解条件的特解:

(1) $y_{t+1} - 3y_t = 2$;   (2) $y_{t+1} + 2y_t = 2^t \cos \pi t$;

(3) $5y_{t+1} + 2y_t = 140, y_0 = 30$;   (4) $y_{t+1} - y_t = 2^t - 1, y_0 = 5$.

4. 求下列二阶差分方程的通解或满足定解条件的特解:

(1) $4y_{t+2} - 4y_{t+1} + y_t = 8$;

(2) $y_{t+2} - 6y_{t+1} + 9y_t = 3^t, y_0 = 3, y_1 = 3$;

(3) $y_{t+2} - y_{t+1} - 6y_t = (2t + 1)3^t$;

(4) $y_{t+2} - 4y_{t+1} + 4y_t = 25 \sin \dfrac{\pi}{2} t, y_0 = 0, y_1 = 1$.

5. 假设某个湖中最初有 10 万条鱼,且鱼量的年增长率为 25%,每年的捕鱼量为 3 万条.

(1) 建立并求解关于每年该湖中的鱼量(单位:万条)的差分方程.

(2) 问:多少年之后,该湖中的鱼将被捕捞完?

6. 已知某人有 25 000 元债务,月利率为 1%. 此人计划按 12 个月分期付款还清债务. 设 y_t(单位:元)为第 t 个月还款后的欠款额,P(单位:元)为每月还款额,求 P 的值.

7. 验证:通过变量代换 $u_t = (t + 1)y_t$ 可将差分方程

$$(t + 3)y_{t+2} + a(t + 2)y_{t+1} + b(t + 1)y_t = f(t) \quad (a, b \text{ 为常数})$$

变换为关于 u_t 的二阶常系数线性差分方程,并由此求出差分方程

$$(t + 3)y_{t+2} - 2(t + 2)y_{t+1} + (t + 1)y_t = 0$$

的通解.

8. 设 c_t 是 t 时刻的消费水平,常数 I 是 t 时刻的投资水平,y_t 是 t 时刻的国民收入,它们满足差分方程组

$$\begin{cases} y_t = c_t + I, \\ c_t = a y_{t-1} + b, \end{cases}$$ 其中 a, b 均为常数,$0 < a < 1, b > 0$,求 y_t 和 c_t.

习题参考答案与提示

第 7 章

习题 7.1

1. A 在第一卦限内, B 在 xOy 面上, C 在 yOz 面上, D 在 z 轴上, E 在 y 轴上, F 在 x 轴上, G 在第四卦限内, H 在第五卦限内.

2. 到原点: $5\sqrt{2}$; 到 x 轴: 5; 到 y 轴: $\sqrt{41}$; 到 z 轴: $\sqrt{34}$.

3. 关于原点、xOy 面、yOz 面、zOx 面、x 轴、y 轴、z 轴的对称点的坐标分别为 $(-1,-2,3)$, $(1,2,3)$, $(-1,2,-3)$, $(1,-2,-3)$, $(1,-2,3)$, $(-1,2,3)$, $(-1,-2,-3)$.

4. $(-1,0,0)$.

5. ~ 6. 略.

7. $(1,-3,2)$.

8. $(6,-12,-3)$.

9. $\pm\dfrac{1}{9}(4,-1,8)$.

10. $\cos\alpha = \cos\beta = \cos\gamma = \dfrac{\sqrt{3}}{3}$ 或 $\cos\alpha = \cos\beta = \cos\gamma = -\dfrac{\sqrt{3}}{3}$.

习题 7.2

1. (1) $-3,(-3,3,3)$; (2) $\dfrac{2\pi}{3}$; (3) $\pm\dfrac{\sqrt{3}}{3}(-1,1,1)$.

2. $-\dfrac{3}{2}$.

3. (1) $\sqrt{19}$; (2) $\sqrt{7}$; (3) 3; (4) $3\sqrt{3}$.

4. $\dfrac{\sqrt{29}}{2}$.

5. 11.

6. ~ 8. 略.

9. $(14,10,2)$.

10. $(-2,-2,5),3$.

11. (1) 不共面; (2) 共面; (3) 共面.

12. 72.

习题 7.3

1. $2x - 3y - z = 0$.

2. (1) $2y + 3z = 0$; (2) $x + 5 = 0$; (3) $x - z - 1 = 0$.

3. $x - y - z = 0$.

4. $2x + 3y + z = 0$.

5. $8x - 9y - 22z - 59 = 0$.

6. $\dfrac{x-24}{4} = \dfrac{y-20}{1} = \dfrac{z-1}{-3}$; $\begin{cases} x = 24 + 4t, \\ y = 20 + t, \\ z = 1 - 3t. \end{cases}$

7. $(1, 2, 2)$.

8. (1) 垂直; (2) 平行; (3) 直线在平面上.

9. $\dfrac{x-2}{0} = \dfrac{y+5}{1} = \dfrac{z-3}{1}$.

10. $\sqrt{2}$.

11. $2x - y - 3z - 13 = 0$.

12. $\dfrac{x+1}{3} = \dfrac{y}{2} = \dfrac{z-1}{-1}$.

13. $\dfrac{\pi}{3}$.

14. 与 xOy 面、yOz 面、zOx 面的夹角余弦分别为 $\dfrac{1}{3}, \dfrac{2}{3}, \dfrac{2}{3}$.

15. $\dfrac{\pi}{3}$.

16. $\arcsin \dfrac{\sqrt{2}}{3}$.

17. $\begin{cases} 2x + 3y + 4z - 13 = 0, \\ x - 2y + z - 5 = 0. \end{cases}$

18. $\begin{cases} x + z - 6 = 0, \\ x - y - z = 2. \end{cases}$

习题 7.4

1. $(x-1)^2 + (y-3)^2 + (z+2)^2 = 14$.

2. 表示以点 $(1, -2, -1)$ 为球心, 半径为 3 的球面.

3. $x^2 + y^2 = 4 - 2z$.

4. 绕 x 轴旋转: $4x^2 + 9y^2 + 9z^2 = 36$; 绕 z 轴旋转: $4x^2 + 4y^2 + 9z^2 = 36$.

5. 略.

6. (1) 是 xOy 面上的双曲线 $4x^2 - 9y^2 = 36$ 绕 x 轴旋转一周所形成的, 或者是 zOx 面上的双曲线 $4x^2 - 9z^2 = 36$ 绕 x 轴旋转一周所形成的;

(2) 是 xOy 面上的双曲线 $\dfrac{x^2}{4} - \dfrac{y^2}{9} = -1$ 绕 y 轴旋转一周所形成的, 或者是 yOz 面上的双曲线 $-\dfrac{y^2}{9} + \dfrac{z^2}{4} = -1$ 绕 y 轴旋转一周所形成的;

(3) 是 yOz 面上的直线 $z = \sqrt{2}\, y$ 绕 z 轴旋转一周所形成的, 或者是 zOx 面上的直线 $z = \sqrt{2}\, x$ 绕 z 轴旋转一周所形成的;

(4) 是 zOx 面上的椭圆 $3x^2 + 2z^2 = 1$ 绕 x 轴旋转一周所形成的, 或者是 xOy 面上的椭圆 $3x^2 + 2y^2 = 1$ 绕 x 轴旋转一周所形成的.

习题 7.5

1. (1) 在平面解析几何中表示两条直线的交点, 在空间解析几何中表示两个平面的交线;

(2) 在平面解析几何中表示椭圆与它的一条切线的交点, 在空间解析几何中表示椭圆柱面与它的一个切平面的交线.

2. 母线平行于 x 轴的柱面方程：$3y^2 - z^2 = 16$；母线平行于 y 轴的柱面方程：$3x^2 + 2z^2 = 16$.

3. $\begin{cases} x^2 + y^2 - x - y = 8, \\ z = 0. \end{cases}$

4. $\begin{cases} y^2 + 9 - 2x = 0, \\ z = 0. \end{cases}$ 原曲线是平面 $z = 3$ 上的抛物线.

5. (1) 平面 $y = 2$ 上的椭圆；　(2) 平面 $x = -3$ 上的双曲线.

6. xOy 面上：$\begin{cases} \dfrac{x^2}{3} + \dfrac{y^2}{2} \leqslant 1, \\ z = 0; \end{cases}$　yOz 面上：$\begin{cases} 3y^2 \leqslant z \leqslant 6, \\ x = 0; \end{cases}$　zOx 面上：$\begin{cases} 2x^2 \leqslant z \leqslant 6, \\ y = 0. \end{cases}$

7. 略.

总复习题七

1. (1) $\vec{a} \perp \vec{b}$；　(2) $\vec{a}$ 与 $\vec{b}$ 同向；　(3) $\vec{a} \cdot \vec{b} = 0$；　(4) $\vec{a} \times \vec{b} = \vec{0}$；　(5) $-\dfrac{7}{3}$；

　(6) 9；　　　(7) -1；　　　(8) $\dfrac{\sqrt{2}}{2}$；　　　(9) $2y = 1 - 3x^2 - 3z^2$；　(10) $\arcsin \dfrac{4}{21}$.

2. (1) 错；　(2) 错；　(3) 对；　(4) 错；　(5) 对.

3. (1) B；　(2) A；　(3) B；　(4) A；　(5) B；　(6) A；　(7) D；　(8) D.

4. $\sqrt{30}$.

5. $(0, 0, -1)$ 或 $\left(\dfrac{\sqrt{2}}{2}, \dfrac{\sqrt{2}}{2}, 0 \right)$.

6. 1.

7. $z = -4$，最小值为 $\dfrac{\pi}{4}$.

8. 30.

9. $\pm(-1, 1, 1)$.

10. $\dfrac{\pi}{3}$.

11. $(\sqrt{2}, \sqrt{2}, -\sqrt{2})$.

12. (1) $x + \sqrt{26}y + 3z - 3 = 0$ 或 $x - \sqrt{26}y + 3z - 3 = 0$；

　(2) $x + 3y = 0$ 或 $3x - y = 0$.

13. $\dfrac{x-1}{1} = \dfrac{y-2}{2} = \dfrac{z}{5}$.

14. $\begin{cases} 4x - 2y - z - 1 = 0, \\ 3x - y - 2z = 0. \end{cases}$

15. $x + 20y + 7z - 12 = 0$ 或 $x - z + 4 = 0$.

16. $x - 2y - z + 4 = 0$ 或 $x + z = 6$.

17. $\begin{cases} 2x + 7y + 5z - 12 = 0, \\ 3x - 9y + z + 8 = 0. \end{cases}$

*18. $L_0 : \begin{cases} x - y + 2z - 1 = 0, \\ x - 3y - 2z + 1 = 0, \end{cases}$ $4x^2 - 17y^2 + 4z^2 + 2y - 1 = 0$.

*19. $x^2 + y^2 = 2z^2 - 2z + 1$.

第 8 章

习题 8.1

1. 画图略. (1) $\{(x,y) \mid 4x^2 + y^2 \geqslant 1\}$;　(2) $\{(x,y) \mid x - 3y + 2 > 0\}$;

　(3) $\{(x,y) \mid \mid x \mid \leqslant 1 \text{ 且 } \mid y \mid \geqslant 1\}$;　(4) $\{(x,y) \mid x^2 + y^2 \neq R^2\}$.

2. (1) $(x + y - 3xy)^2$;　(2) $\mathrm{e}^{\frac{x}{y}} \sin^2 x$;

　(3) $\mathrm{e}^{-(x-2y)} \cos 2(x - 2y)$;　(4) $\dfrac{x^2(1-y)}{1+y}$　$(y \neq -1)$.

3. (1) 1;　(2) $\dfrac{\pi}{15}$;　(3) 3;　(4) -4.

4. 略.

5. (1) 不连续;　(2) 连续;　(3) 连续.

6. $\{(x,y) \mid x^2 + y^2 > 2\}$.

7. $\{(x,y) \mid 0 < x < +\infty, -\infty < y < +\infty\}$.

习题 8.2

1. (1) $\dfrac{-x}{\sqrt{b^2 - x^2}}$, $\dfrac{-x}{\sqrt{y^2 - x^2}}$; 比较略.

　(2) $\dfrac{\mathrm{d}s}{\mathrm{d}x}\bigg|_{x=\frac{b}{2}} = -\dfrac{\sqrt{3}}{3}$, 表示曲线 $s = \sqrt{b^2 - x^2}$ 在点 $\left(\dfrac{b}{2}, \dfrac{\sqrt{3}}{2}b\right)$ 处的切线斜率;

$\dfrac{\partial z}{\partial x}\bigg|_{\substack{x=\frac{b}{2} \\ y=b}} = -\dfrac{\sqrt{3}}{3}$, 表示曲线 $\begin{cases} z = \sqrt{y^2 - x^2}, \\ y = b \end{cases}$ 在点 $\left(\dfrac{b}{2}, b, \dfrac{\sqrt{3}}{2}b\right)$ 处的切线对 x 轴的斜率.

2. (1) $16\,836$, $11\,776\ln 2 - 1\,104$;　(2) $-\dfrac{1}{10}$, $\dfrac{3}{10}$.

3. $0, 0$.

4. (1) $\dfrac{\partial z}{\partial x} = \dfrac{\sin y \cdot x^{\sin y}}{xy}$,　$\dfrac{\partial z}{\partial y} = \dfrac{x^{\sin y}(y\ln x \cos y - 1)}{y^2}$;

　(2) $\dfrac{\partial z}{\partial x} = -\dfrac{\ln y}{x(\ln x)^2}$,　$\dfrac{\partial z}{\partial y} = \dfrac{1}{y\ln x}$;

　(3) $\dfrac{\partial s}{\partial u} = \dfrac{1}{v} - \dfrac{v}{u^2}$,　$\dfrac{\partial s}{\partial v} = \dfrac{1}{u} - \dfrac{u}{v^2}$;

　(4) $\dfrac{\partial z}{\partial x} = a\,\mathrm{e}^{ax}\sin by$,　$\dfrac{\partial z}{\partial y} = b\,\mathrm{e}^{ax}\cos by$;

　(5) $\dfrac{\partial u}{\partial x} = \dfrac{z}{y}x^{\frac{z}{y}-1}$,　$\dfrac{\partial u}{\partial y} = \ln x \cdot x^{\frac{z}{y}}\left(-\dfrac{z}{y^2}\right)$,　$\dfrac{\partial u}{\partial z} = \ln x \cdot x^{\frac{z}{y}}\dfrac{1}{y}$;

　(6) $\dfrac{\partial u}{\partial x} = (1 + \pi xyz)\mathrm{e}^{\pi xyz}$,　$\dfrac{\partial u}{\partial y} = \pi x^2 z\,\mathrm{e}^{\pi xyz}$,　$\dfrac{\partial u}{\partial z} = \pi x^2 y\,\mathrm{e}^{\pi xyz}$.

5. (1) $\dfrac{\partial^2 z}{\partial x^2} = \dfrac{2x(x^2 - 3y^2)}{(x^2 + y^2)^3}$,　$\dfrac{\partial^2 z}{\partial x \partial y} = \dfrac{2y(3x^2 - y^2)}{(x^2 + y^2)^3}$,　$\dfrac{\partial^2 z}{\partial y^2} = \dfrac{-2x(x^2 - 3y^2)}{(x^2 + y^2)^3}$;

　(2) $\dfrac{\partial^2 z}{\partial x^2} = y^x \ln^2 y$,　$\dfrac{\partial^2 z}{\partial x \partial y} = y^{x-1}(1 + x\ln y)$,　$\dfrac{\partial^2 z}{\partial y^2} = x(x-1)y^{x-2}$;

　(3) $\dfrac{\partial^2 z}{\partial x^2} = -\dfrac{1}{4}yx^{-\frac{3}{2}}$,　$\dfrac{\partial^2 z}{\partial x \partial y} = \dfrac{1}{2\sqrt{x}} + 4y^3$,　$\dfrac{\partial^2 z}{\partial y^2} = 12xy^2$;

（4） $\dfrac{\partial^2 z}{\partial x^2} = \dfrac{\mathrm{e}^{x+y}}{(\mathrm{e}^x + \mathrm{e}^y)^2}$，　$\dfrac{\partial^2 z}{\partial x \partial y} = \dfrac{-\mathrm{e}^{x+y}}{(\mathrm{e}^x + \mathrm{e}^y)^2}$，　$\dfrac{\partial^2 z}{\partial y^2} = \dfrac{\mathrm{e}^{x+y}}{(\mathrm{e}^x + \mathrm{e}^y)^2}$.

6. $\mathrm{e}^{xy}(2x\cos x + x^2 y\cos x - x^2 \sin x)$.

7. $\dfrac{\pi^2}{\mathrm{e}^2}$.

8. $L_x(10,20) = 15$，其经济意义是：当产品 B 的销售量为 20 件时，若产品 A 的销售量在 10 件的基础上增加（或减少）1 件，则总利润将会增加（或减少）15 元.

　　$L_y(10,20) = 10$，其经济意义是：当产品 A 的销售量为 10 件时，若产品 B 的销售量在 20 件的基础上增加（或减少）1 件，则总利润将会增加（或减少）10 元.

9. 略.

习题 8.3

1. （1） $\mathrm{d}z = (y^3 + 3x^2 y)\mathrm{d}x + (3xy^2 + x^3)\mathrm{d}y$；　　　（2） $\mathrm{d}z = \sec(xy)\tan(xy)(y\mathrm{d}x + x\mathrm{d}y)$；

　（3） $\mathrm{d}z = \dfrac{1}{1+x^2}\mathrm{d}x + \dfrac{1}{1+y^2}\mathrm{d}y$；　　　　（4） $\mathrm{d}u = \dfrac{\ln y}{z}\mathrm{d}x + \dfrac{x}{yz}\mathrm{d}y + \left(-\dfrac{x\ln y}{z^2}\right)\mathrm{d}z$；

　（5） $\mathrm{d}u = yzx^{yz-1}\mathrm{d}x + zx^{yz}\ln x\mathrm{d}y + yx^{yz}\ln x\mathrm{d}z$；

　（6） $\mathrm{d}u = (x-2y)^z\left[\dfrac{z}{x-2y}\mathrm{d}x - \dfrac{2z}{x-2y}\mathrm{d}y + \ln(x-2y)\mathrm{d}z\right]$.

2. $\mathrm{d}z\Big|_{\substack{x=2 \\ y=1}} = \mathrm{e}^2\mathrm{d}x + 2\mathrm{e}^2\mathrm{d}y$.

3. 0.04.

4. 2.95.

5. 0.502.

6. 102.05 cm³.

7. 大约增加 4 021.25 cm³.

习题 8.4

1. $\mathrm{e}^{ax}\sin x$.

2. $\dfrac{3(1-4t^2)}{\sqrt{1-(3t-4t^3)^2}}$.

3. $\dfrac{\partial z}{\partial x} = \dfrac{1}{x^2 y}(x^4 - y^4 + 2x^3 y)\mathrm{e}^{\frac{x^2+y^2}{xy}}$，　$\dfrac{\partial z}{\partial y} = \dfrac{1}{xy^2}(y^4 - x^4 + 2xy^3)\mathrm{e}^{\frac{x^2+y^2}{xy}}$.

4. $\dfrac{\partial z}{\partial x} = \dfrac{2x}{y^2}\ln(3x-2y) + \dfrac{3x^2}{(3x-2y)y^2}$，　$\dfrac{\partial z}{\partial y} = -\dfrac{2x^2}{y^3}\ln(3x-2y) - \dfrac{2x^2}{(3x-2y)y^2}$.

5. $\dfrac{\partial z}{\partial x} = 3x^2\sin y\cos y(\sin y - \cos y)$，　$\dfrac{\partial z}{\partial y} = x^3(2\sin y\cos^2 y + 2\sin^2 y\cos y - \cos^3 y - \sin^3 y)$.

6. （1） $\dfrac{\partial z}{\partial u} = 3f_1' + 4f_2'$，　$\dfrac{\partial z}{\partial v} = 2f_1' - 2f_2'$；

　（2） $\dfrac{\mathrm{d}z}{\mathrm{d}t} = (\cos t - t\sin t)f_1' + \dfrac{f_2'}{t}$；

　（3） $\dfrac{\partial z}{\partial x} = -\dfrac{2xy}{f^2}f'$，　$\dfrac{\partial z}{\partial y} = \dfrac{f + 2y^2 f'}{f^2}$；

　（4） $\dfrac{\partial u}{\partial x} = f'(x+xy+xyz)(1+y+yz)$，　$\dfrac{\partial u}{\partial y} = f'(x+xy+xyz)(x+xz)$，　$\dfrac{\partial u}{\partial z} = f'(x+xy+xyz)xy$；

　（5） $\dfrac{\partial w}{\partial x} = \dfrac{1}{y}f_1'$，　$\dfrac{\partial w}{\partial y} = -\dfrac{x}{y^2}f_1' + \dfrac{1}{z}f_2'$，　$\dfrac{\partial w}{\partial z} = -\dfrac{y}{z^2}f_2'$.

7. $f'\dfrac{x\,\mathrm{d}x + y\,\mathrm{d}y + z\,\mathrm{d}z}{\sqrt{x^2 + y^2 + z^2}}$.

8. $-\dfrac{x}{y^2}\left(f''_{12} + \dfrac{1}{y}f''_{22}\right) - \dfrac{1}{y^2}f'_2$.

9. $\dfrac{\partial^2 z}{\partial x^2} = \ln^2 y f''_{11} + 2\ln y f''_{12} + f''_{22}$, $\quad \dfrac{\partial^2 z}{\partial x \partial y} = \dfrac{x}{y}\ln y f''_{11} + \left(\dfrac{x}{y} - \ln y\right)f''_{12} - f''_{22} + \dfrac{1}{y}f'_1$,

$\dfrac{\partial^2 z}{\partial y^2} = \dfrac{x^2}{y^2}f''_{11} - \dfrac{2x}{y}f''_{12} + f''_{22} - \dfrac{x}{y^2}f'_1$.

10. $\cos(xy) - xy\sin(xy) - \dfrac{1}{y^2}\varphi'_2 - \dfrac{x}{y^2}\varphi''_{12} - \dfrac{x}{y^3}\varphi''_{22}$.

11. $4x^3 f'_1 + 2x f'_2 + x^4 y f''_{11} - y f''_{22}$.

12. $f''_{11}xy - f''_{22}\dfrac{x}{y^3} + f'_1 - \dfrac{1}{y^2}f'_2 - \dfrac{y}{x^3}g'' - \dfrac{1}{x^2}g'$.

*13. 3.

习题 8.5

1. $\dfrac{\mathrm{d}y}{\mathrm{d}x} = -\dfrac{y(x - \ln y)}{x(y - \ln x)}$.

2. $\dfrac{\mathrm{d}y}{\mathrm{d}x} = -\dfrac{x[2(x^2 + y^2) - a^2]}{y[2(x^2 + y^2) + a^2]}$.

3. $\dfrac{\partial z}{\partial x} = -\dfrac{z^2 + y}{2xz - 3yz^2}$, $\quad \dfrac{\partial z}{\partial y} = -\dfrac{-z^3 + x}{2xz - 3yz^2}$.

4. $\dfrac{\partial z}{\partial x} = -\dfrac{z(1 + z^2)(2x\sin y + \mathrm{e}^x\arctan z)}{\mathrm{e}^x z - \sqrt{y}(1 + z^2)}$, $\quad \dfrac{\partial z}{\partial y} = -\dfrac{z(1 + z^2)(2\sqrt{y}x^2\cos y - \ln z)}{2\sqrt{y}[\mathrm{e}^x z - \sqrt{y}(1 + z^2)]}$.

5. $\mathrm{d}z = \dfrac{z\mathrm{e}^{-x^2}\mathrm{d}x - z\mathrm{e}^{-y^2}\mathrm{d}y}{1 + z}$.

6. $\mathrm{d}z = -\dfrac{\sin z\,\mathrm{d}x + z\sec^2(yz)\mathrm{d}y}{x\cos z + y\sec^2(yz)}$.

7.~8. 略.

9. $\dfrac{\partial^2 z}{\partial x \partial y} = \dfrac{1}{\mathrm{e}^z + 1} - \dfrac{xy\mathrm{e}^z}{(\mathrm{e}^z + 1)^3}$.

10. $-\dfrac{2}{5}, -\dfrac{1}{5}, -\dfrac{394}{125}$.

11. $\dfrac{\partial u}{\partial x} = \dfrac{4xv + y^2 u}{2(u^2 + v^2)}$, $\quad \dfrac{\partial u}{\partial y} = \dfrac{2yv + xyu}{u^2 + v^2}$, $\quad \dfrac{\partial v}{\partial x} = \dfrac{4xu - y^2 v}{2(u^2 + v^2)}$, $\quad \dfrac{\partial v}{\partial y} = \dfrac{2yu - xyv}{u^2 + v^2}$.

12. $\dfrac{\mathrm{d}u}{\mathrm{d}x} = f_x + \dfrac{y^2 f_y}{1 - xy} + \dfrac{zf_z}{xz - x}$.

*13. $\dfrac{\mathrm{d}u}{\mathrm{d}x} = f'_1 + f'_2\cos x - f'_3\dfrac{1}{\varphi'_3}(2x\varphi'_1 + \varphi'_2\mathrm{e}^y\cos x)$.

习题 8.6

1. (1) $\begin{cases} y = 0, \\ z = 1, \end{cases} \quad x = 1;$

(2) $\dfrac{x - \dfrac{\pi}{2} + 1}{1} = \dfrac{y - 1}{1} = \dfrac{z - 2\sqrt{2}}{\sqrt{2}}, \quad x + y + \sqrt{2}z = \dfrac{\pi}{2} + 4;$

(3) $\dfrac{x-a}{\sqrt{2}}=\dfrac{y-a}{0}=\dfrac{z-\sqrt{2}a}{-1}$, $\quad \sqrt{2}\,x-z=0$;

(4) $\dfrac{x-1}{12}=\dfrac{y-3}{-4}=\dfrac{z-4}{3}$, $\quad 12x-4y+3z-12=0$.

2. $(-1,1,-1)$ 或 $\left(-\dfrac{1}{3},\dfrac{1}{9},-\dfrac{1}{27}\right)$.

3. (1) $x+2y-z+5=0$, $\quad \dfrac{x-2}{1}=\dfrac{y+3}{2}=\dfrac{z-1}{-1}$;

(2) $z+a=0$, $\quad \dfrac{x-a}{0}=\dfrac{y-a}{0}=\dfrac{z+a}{1}$;

(3) $x-y+2z-\dfrac{\pi}{2}=0$, $\quad \dfrac{x-1}{1}=\dfrac{y-1}{-1}=\dfrac{z-\dfrac{\pi}{4}}{2}$;

(4) $9x+y-z-27=0$, $\quad x-3=9(y-1)=9(1-z)$.

4. $(-3,-1,3)$, $\quad x+3y+z+3=0$, $\quad \dfrac{x+3}{1}=\dfrac{y+1}{3}=\dfrac{z-3}{3}$.

5. $x+2z-7=0$ 或 $x+4y+6z-21=0$.

习题 8.7

1. $\dfrac{1}{2}$.

2. $\dfrac{11}{7}$.

3. $\dfrac{2}{9}(1,2,-2)$.

4. $-2\left(\dfrac{1}{a},\dfrac{1}{b},-\dfrac{1}{c}\right)$.

5. (1) $\dfrac{1}{r}(x,y,z)$; (2) $-\dfrac{1}{r^{3}}(x,y,z)$.

习题 8.8

1. 极大值为 $z\Big|_{(0,0)}=0$.

2. 极小值为 $z\Big|_{(-1,1)}=0$.

3. 极小值为 $z\Big|_{\left(\frac{1}{2},-1\right)}=-\dfrac{\mathrm{e}}{2}$.

4. 最大值为 $z\left(\dfrac{\sqrt{2}}{2},\dfrac{\sqrt{2}}{2}\right)=z\left(-\dfrac{\sqrt{2}}{2},-\dfrac{\sqrt{2}}{2}\right)=\dfrac{1}{2}$,最小值为 $z\left(-\dfrac{\sqrt{2}}{2},\dfrac{\sqrt{2}}{2}\right)=z\left(\dfrac{\sqrt{2}}{2},-\dfrac{\sqrt{2}}{2}\right)=-\dfrac{1}{2}$.

5. 最大值为 $f(2,1)=4$,最小值为 $f(4,2)=-64$.

6. $\dfrac{7}{4\sqrt{6}}$.

7. 椭圆的长半轴为 $\sqrt{3}R$,短半轴为 R.

8. $1:1:2$.

9. 当 $P_1=80$ 单位, $P_2=120$ 单位时获得的总利润最大,最大总利润为 605 货币单位.

10. 购买 $100\,\mathrm{kg}$ 原料 A, $25\,\mathrm{kg}$ 原料 B.

11. 生产 5 百件产品 A 和 1 百件产品 B 时总利润最大,最大总利润为 3 万元.

12. $\dfrac{8}{9}\sqrt{3}\,abc$.

13. (1) $\left(\dfrac{\sqrt{3}}{3},\dfrac{1}{3},\dfrac{\sqrt{3}}{3}\right)$; (2) $\left(\dfrac{\sqrt{6}}{4},\dfrac{\sqrt{3}}{6},\dfrac{\sqrt{6}}{4}\right)$.

习题 8.9

1. (1) $x_1 = 75$ 百万元，$x_2 = 125$ 百万元； (2) $x_1 = 0$ 百万元，$x_2 = 150$ 百万元.

2. 购买 12 张光盘、10 盒录音磁带.

3. $P = \dfrac{C_0 - k\ln M + \dfrac{1}{a} - k}{1 - ak}$.

总复习题八

1. (1) 充分； (2) 充分； (3) 必要； (4) $z = f(x_0, y_0)$.

2. (1) C； (2) D； (3) B； (4) D； (5) B； (6) C.

3. $-\dfrac{x+y}{y^3}\mathrm{e}^{\frac{x}{y}}$.

4. $\dfrac{x^2 - y^2}{x^2 + y^2}$.

5. $-2\mathrm{e}^{-x^2 y^2}$.

6. $\dfrac{\partial z}{\partial x} = yf - \dfrac{y^2}{x}f',\ \dfrac{\partial z}{\partial y} = xf + yf'$.

7. $2(x - 2y) - \mathrm{e}^{-x} + \mathrm{e}^{2y - x}$.

8. $x^2 + y^2$.

9. $-\dfrac{g'}{g^2}$.

10. 1.

11. $f_x - \dfrac{y}{x}f_y + \left[1 - \dfrac{\mathrm{e}^x(x-z)}{\sin(x-z)}\right]f_z$.

12. $\left(f_x + f_z\dfrac{x+1}{z+1}\mathrm{e}^{x-z}\right)\mathrm{d}x + \left(f_y - f_z\dfrac{y+1}{z+1}\mathrm{e}^{y-z}\right)\mathrm{d}y$.

13. (1) 当 $Q_1 = 4\ \mathrm{t}, Q_2 = 5\ \mathrm{t}, P_1 = 10$ 万元 $/\mathrm{t}, P_2 = 7$ 万元 $/\mathrm{t}$ 时，该企业获得最大总利润 52 万元；

   (2) 当 $Q_1 = 5\ \mathrm{t}, Q_2 = 4\ \mathrm{t}, P_1 = P_2 = 8$ 万元 $/\mathrm{t}$ 时，该企业获得最大总利润 49 万元；

   (3) 显然，价格差别策略下的总利润要大于价格无差别策略下的总利润.

第 9 章

习题 9.1

1. 略.

2. (1) $\iint\limits_{D}\sqrt{1 + x^2 + y^2}\,\mathrm{d}\sigma \geqslant \iint\limits_{D}\sqrt{1 + x^4 + y^4}\,\mathrm{d}\sigma$； (2) $\iint\limits_{D}(x+y)^3\,\mathrm{d}\sigma \geqslant \iint\limits_{D}(x+y)^2\,\mathrm{d}\sigma$；

   (3) $\iint\limits_{D}\ln(x+y)\,\mathrm{d}\sigma \geqslant \iint\limits_{D}[\ln(x+y)]^2\,\mathrm{d}\sigma$； (4) $I_2 \leqslant I_1 \leqslant I_3$.

3. 略.

4. $f(0,0)$.

5. 略.

习题 9.2

1. (1) $\dfrac{20}{3}$；　　　　(2) $\dfrac{\pi}{12}$；　　　　(3) $\dfrac{33}{140}$；　　　　(4) $\dfrac{1}{6}\left(1-\dfrac{2}{e}\right)$；

(5) 0；　　　　(6) $\pi(e^4-1)$；　　(7) $\dfrac{\pi}{4}(2\ln 2-1)$；　　(8) $\dfrac{3\pi^2}{64}$.

2. (1) $\displaystyle\int_0^1 dx\int_x^1 f(x,y)dy$；　　　　　　(2) $\displaystyle\int_0^1 dx\int_{x^2}^x f(x,y)dy$；

(3) $\displaystyle\int_0^1 dy\int_y^{2-y} f(x,y)dx$；　　　　(4) $\displaystyle\int_0^1 dx\int_{1-x}^1 f(x,y)dy+\int_1^e dx\int_{\ln x}^1 f(x,y)dy$.

3. (1) $\displaystyle\int_0^{\frac{\pi}{2}} d\theta\int_0^R f(r\cos\theta,r\sin\theta)r\,dr$；　　　　(2) $\displaystyle\int_0^{\frac{\pi}{2}} d\theta\int_0^{2R\sin\theta} f(r\cos\theta,r\sin\theta)r\,dr$；

(3) $\displaystyle\int_0^{\frac{\pi}{2}} d\theta\int_{(\cos\theta+\sin\theta)^{-1}}^1 f(r\cos\theta,r\sin\theta)r\,dr$；　　(4) $\displaystyle\int_0^{\frac{\pi}{4}} d\theta\int_{\sec\theta\tan\theta}^{\sec\theta} f(r\cos\theta,r\sin\theta)r\,dr$.

4. (1) $a\ln(\sqrt{2}+1)$；　(2) $\dfrac{\pi}{8}a^4$.

5. $\dfrac{2}{3}$.

6. $\dfrac{7}{2}$.

7. $\dfrac{560}{3}$.

8. $\dfrac{9}{16}$.

9. $\dfrac{1}{3}\left(\dfrac{\pi}{6}-\dfrac{16}{3}+3\sqrt{3}\right)$.

10. $\dfrac{4}{3}$.

*11. 提示：利用极坐标及不等式 $x-\dfrac{x^3}{3!}\leqslant\sin x\leqslant x\ (x\geqslant 0)$.

*12. (1) $\dfrac{28}{3}\ln 3$；　　(2) $\dfrac{14}{45}$；　　　　(3) $\dfrac{1}{2}\pi ab$；

(4) $\dfrac{e-1}{2}$；　　(5) $\dfrac{1}{2}\sin 1$；　　(6) $\dfrac{2}{15}$.

习题 9.3

1. (1) $\dfrac{1}{364}$；　(2) $\dfrac{1}{2}\left(\ln 2-\dfrac{5}{8}\right)$；　(3) $\dfrac{\pi}{4}-\dfrac{1}{2}$；　(4) 9π；　(5) $\dfrac{1}{3}$.

2. (1) $\dfrac{16\pi}{3}$；　(2) $\dfrac{7\pi}{12}$.

3. (1) $\dfrac{\pi}{8}a^4$；　(2) $\dfrac{7\pi}{6}a^4$；　　　(3) $\dfrac{4\pi}{5}$.

4. (1) $\dfrac{1}{8}$；　　(2) $\dfrac{\pi}{10}$；　　　(3) 8π；　　(4) $\dfrac{4\pi}{15}(b^5-a^5)$.

5. (1) $\dfrac{256}{3}\pi$；　(2) $\dfrac{4\sqrt{2}}{3}\pi-\dfrac{5}{6}\pi$；　(3) $2\pi a^5$.

6. (1) $2\pi\left(2\sqrt{6}-\dfrac{11}{3}\right)$；　　　　　(2) $\dfrac{\pi(2-\sqrt{2})(b^3-a^3)}{3}$.

7. $\dfrac{4}{15}\pi abc(a^2+b^2+c^2)$.

8. $\dfrac{\mathrm{d}F}{\mathrm{d}t}=\dfrac{2}{3}\pi h^3 t+2\pi h t f(t^2)$, $\quad \lim\limits_{t\to0^+}\dfrac{F(t)}{t^2}=\dfrac{1}{3}\pi h^3+\pi h f(0)$.

*9. $\dfrac{1}{6}\sin 1$.

习题 9.4

1. $(\overline{x},\overline{y}):\overline{x}=\dfrac{35}{48},\overline{y}=\dfrac{35}{54}$.

2. $(\overline{x},\overline{y}):\overline{x}=\overline{y}=\dfrac{2}{5}a$.

3. $\left(0,\dfrac{3R}{2\pi}\right)$.

4. $I_x=\dfrac{72}{5},I_y=\dfrac{96}{7}$.

5. 对边长为 a 的直角边的转动惯量为 $\dfrac{ab^3}{12}$,对边长为 b 的直角边的转动惯量为 $\dfrac{a^3 b}{12}$.

6. $(\overline{x},\overline{y}):\overline{x}=1,\overline{y}=\dfrac{1}{3};I_x=\dfrac{1}{12},I_y=\dfrac{7}{12}$.

7. (1) $\left(0,\dfrac{3}{5}\right)$; (2) $\dfrac{352}{3\,045}$.

8. $\dfrac{2}{3}\pi(2\sqrt{2}-1)$.

9. $\sqrt{2}\pi$.

10. $16R^2$.

11. (1) $\left(0,0,\dfrac{1}{3}\right)$; (2) $\left(\dfrac{1}{4},\dfrac{1}{8},-\dfrac{1}{4}\right)$; (3) $\left(0,0,\dfrac{3}{8}R\right)$.

12. $\dfrac{8\pi}{5}$.

13. $\dfrac{2}{3}\rho a^5$.

14. $\dfrac{8}{15}\pi R^5$.

15. $\dfrac{1}{2}a^2 M$,其中 $M=\rho\pi a^2 h$ 为圆柱体的质量.

16. (1) $\dfrac{8}{3}a^4$; (2) $\left(0,0,\dfrac{7}{15}a^2\right)$; (3) $\dfrac{112}{45}a^6\rho$.

17. $(0,0,F_z)$,其中 $F_z=-2\pi G\rho\left[\sqrt{(h-a)^2+R^2}-\sqrt{R^2+a^2}+h\right]$,$G$ 为万有引力常数.

18. $\left(0,0,-G\dfrac{M}{a^2}\right)$,其中 G 为万有引力常数,$M=\dfrac{4}{3}\pi R^3\rho$ 为球体的质量.

习题 9.5

1. (1) $\pi\arcsin a$. 提示:对参数 a 求导数.

(2) $\dfrac{\pi}{2}\ln(1+\sqrt{2})$. 提示:利用 $\dfrac{\arctan x}{x}=\displaystyle\int_0^1\dfrac{\mathrm{d}y}{1+x^2 y^2}$.

(3) $\arctan(1+b)-\arctan(1+a)$. 提示:利用 $\dfrac{x^b-x^a}{\ln x}=\displaystyle\int_a^b x^y\,\mathrm{d}y$.

(4) $\dfrac{\pi}{8}\ln 2$. 提示：构造函数 $g(t) = \displaystyle\int_0^1 \dfrac{\ln(1+tx)}{1+x^2}\mathrm{d}x$，然后求 $g'(t)$.

2. (1) $\ln\sqrt{\dfrac{x^2+1}{x^4+1}} + 3x^2\arctan x^2 - 2x\arctan x$；   (2) $\dfrac{2}{x}\ln(1+x^2)$.

习题 9.6

1. 约为 $1.435abh_m$，约为 $\dfrac{1.435}{\pi}h_m$.

2. 约为 $127\ 324\ \mathrm{m}^3$.

3. 约为 $0.933\ 3$.

总复习题九

1. (1) $\dfrac{3}{2} + \cos 1 + \sin 1 - \cos 2 - 2\sin 2$；   (2) $\dfrac{533}{945}$；

 (3) $\dfrac{1}{3}R^3\left(\pi - \dfrac{4}{3}\right)$；   (4) $\dfrac{\pi}{4}R^4 + 19\pi R^2$；

 (5) $\pi(\mathrm{e}^4 - 1)$；   (6) $\dfrac{1}{9}(2\sqrt{2} - 1)$.

2. (1) $\displaystyle\int_0^1 \mathrm{d}x \int_0^{x^2} f(x,y)\mathrm{d}y + \int_1^{\sqrt{2}} \mathrm{d}x \int_0^{\sqrt{2-x^2}} f(x,y)\mathrm{d}y$；

 (2) $\displaystyle\int_0^1 \mathrm{d}y \int_0^{y^2} f(x,y)\mathrm{d}x + \int_1^2 \mathrm{d}y \int_0^{\sqrt{2y-y^2}} f(x,y)\mathrm{d}x$；

 (3) $\displaystyle\int_{\frac{1}{2}}^1 \mathrm{d}x \int_{x^2}^{x} f(x,y)\mathrm{d}y$；

 (4) $\displaystyle\int_0^1 \mathrm{d}y \int_0^{\sqrt{y}} f(x,y)\mathrm{d}x + \int_1^2 \mathrm{d}y \int_0^1 f(x,y)\mathrm{d}x + \int_2^3 \mathrm{d}y \int_0^{3-y} f(x,y)\mathrm{d}x$.

3. $f(x,y) = xy + \dfrac{1}{8}$.

*4. $\dfrac{4}{5}f'(0)$.

5. $\dfrac{\pi}{2} - 1$.

6. 略.

7. $\dfrac{A^2}{2}$.

8. $\dfrac{1}{2}$.

9. $\dfrac{1}{4}\sin 1$.

*10. $\dfrac{1}{2}$.

11. $\dfrac{1}{15}$.

12. (1) $\dfrac{59}{480}\pi R^5$；   (2) $\dfrac{250\pi}{3}$；   (3) $\dfrac{4}{15}\pi abc(a^2+b^2)$；

 (4) $\dfrac{5\pi}{3}$；   (5) $\dfrac{31\pi}{15}$；   (6) $\dfrac{28}{45}$.

13. $\dfrac{1}{3}(2-\sqrt{2})\pi$.

14. $\dfrac{1}{18}(2\sqrt{2}-1)$.

15. 略.

16. $\dfrac{1}{2}\sqrt{a^2b^2+b^2c^2+c^2a^2}$.

17. $\dfrac{5R}{4}$.

18. $(2-\sqrt{2})\pi G\rho R$,其中 G 为万有引力常数.

19. $\dfrac{2}{3}\pi a^4 h+\dfrac{4}{9}\pi a^2 h^3$.

20. $\sqrt{\dfrac{2}{3}}R$.

第 10 章

习题 10.1

1. (1) $I_x=\displaystyle\int_\Gamma(y^2+z^2)\mu(x,y,z)\mathrm{d}s,\ I_y=\int_\Gamma(z^2+x^2)\mu(x,y,z)\mathrm{d}s,\ I_z=\int_\Gamma(x^2+y^2)\mu(x,y,z)\mathrm{d}s$;

    (2) $\bar{x}=\dfrac{1}{M}\displaystyle\int_\Gamma x\mu(x,y,z)\mathrm{d}s,\ \bar{y}=\dfrac{1}{M}\int_\Gamma y\mu(x,y,z)\mathrm{d}s,\ \bar{z}=\dfrac{1}{M}\int_\Gamma z\mu(x,y,z)\mathrm{d}s$,其中 $M=\displaystyle\int_\Gamma\mu(x,y,z)\mathrm{d}s$.

2. (1) $\sqrt{2}$;   (2) $\dfrac{\sqrt{2}}{2}(\mathrm{e}^{a^2}-1)+\sqrt{2}a^2\mathrm{e}^{a^2}$;   (3) $\dfrac{256}{15}a^3$;

    (4) $\dfrac{2}{3}(1-\mathrm{e}^{-2\pi})$;   (5) $2\pi a^2$;   (6) $\dfrac{2\pi}{3}a^3$.

3. (1) $\dfrac{2\pi}{3}a^2(3a^2+4\pi^2k^2)\sqrt{a^2+k^2}$;   (2) $\left(\dfrac{6ak^2}{3a^2+4\pi^2k^2},\dfrac{-6\pi ak^2}{3a^2+4\pi^2k^2},\dfrac{3k(\pi a^2+2\pi^3k^2)}{3a^2+4\pi^2k^2}\right)$.

4. $4R^2$.

习题 10.2

1. (1) $-ab\pi$;   (2) $\dfrac{2}{5}$;   (3) 2π;   (4) 0;   (5) 2;   (6) 1;   (7) $\dfrac{\pi}{8\sqrt{2}}$.

2. (1) $\dfrac{34}{3}$;   (2) 11;   (3) 14;   (4) $\dfrac{32}{3}$.

3. (1) $\displaystyle\int_L\dfrac{\sqrt{2}}{2}(P(x,y)+Q(x,y))\mathrm{d}s$;   (2) $\displaystyle\int_L\dfrac{P(x,y)+2x\,Q(x,y)}{\sqrt{1+4x^2}}\mathrm{d}s$;

    (3) $\displaystyle\int_L[\sqrt{2x-x^2}P(x,y)+(1-x)Q(x,y)]\mathrm{d}s$.

4. $\dfrac{k}{2}(b^2-a^2)$.

习题 10.3

1. (1) $-\dfrac{\pi}{2}a^2$;   (2) 18π;   (3) -1;   (4) $\dfrac{1}{30}$;   (5) 2π.

2. $\dfrac{\pi}{2}$.

3. $\dfrac{\pi}{2}a^3$.

4. (1) $-\cos 2x \sin 3y$；　(2) $x^3y + 4x^2y^2 - 12e^y + 12ye^y$.

5. (1) 236；　(2) 9.

6. $\dfrac{e^y - 1}{1 + x^2} + C$（$C$ 为任意常数）.

7. π.

8. π.

9. 当 $0 < a < 1$ 时，$I = 0$；当 $a > 1$ 时，$I = -2\pi$.

10. $e^{\pi a}\sin 2a - 2ma^2\pi$.

11. π.

*12. $x^2 + 2y - 1$.

13. $f(x) = x^2$，$I = \dfrac{1}{2}$.

14. (1) 略；　(2) $\varphi(y) = -y^2$.

习题 10.4

1. $\sqrt{2}\,\pi$.

2. $\dfrac{2\pi}{3}\left[(1 + a^2)^{\frac{3}{2}} - 1\right]$.

3. (1) πR^3；　　(2) 0；　　　(3) $\dfrac{4}{3}\pi R^4(a^2 + b^2 + c^2)$；　　(4) $8\pi a^4$；

(5) $4\pi a^3$；　　(6) $\dfrac{8}{3}\pi R^4$；　(7) $4\sqrt{61}$；　　　　　　(8) $\dfrac{64\sqrt{2}}{15}a^4$.

4. $\dfrac{3 - \sqrt{3}}{2} + (\sqrt{3} - 1)\ln 2$.

5. $\dfrac{3\pi}{2}$.

6. $\left(0, 0, \dfrac{R}{2}\right)$，$\dfrac{4}{3}\rho\pi R^4$.

习题 10.5

1. (1) $-\dfrac{\pi}{2}$；　(2) $-\dfrac{2}{3}\pi R^3$；　(3) $\dfrac{2}{15}$；　(4) $\dfrac{5}{32}\pi a^4$；　(5) $\dfrac{1}{4}\pi a^2 h$.

2. $\dfrac{\pi^2}{2}a$.

3. (1) $\dfrac{1}{5}\iint\limits_{\Sigma}[3P(x,y,z) + 2Q(x,y,z) + 2\sqrt{3}R(x,y,z)]\mathrm{d}S$；

(2) $\iint\limits_{\Sigma}\dfrac{2xP(x,y,z) + 2yQ(x,y,z) + R(x,y,z)}{\sqrt{1 + 4x^2 + 4y^2}}\mathrm{d}S$.

4. (1) $\dfrac{4}{3}$；　(2) $\dfrac{32\pi}{3}$.

5. -1.

习题 10.6

1. (1) 224π；　(2) $\dfrac{1}{8}$；　(3) $\dfrac{5\pi}{6}$；　(4) 0.

2. $-\dfrac{3\pi}{2}$.

3. (1) $-2\pi a^2$; (2) -20π.

4. 48.

5. 略.

总复习题十

1. (1) $\sqrt{2}a^2$; (2) -8π; (3) $\dfrac{1}{35}$; (4) -4; (5) $\dfrac{\pi}{2}-4$.

2. (1) 略; (2) $I=\dfrac{c}{d}-\dfrac{a}{b}$.

3. 略.

4. (1) $2\pi\arctan\dfrac{h}{R}$; (2) $2\pi R\ln\dfrac{R}{h}$; (3) $4\pi R^2\left[\dfrac{R^2}{3}(A^2+B^2+C^2)+D^2\right]$;

(4) $\dfrac{1}{3}a^3h^2$; (5) $\dfrac{15\pi}{2}$; (6) 4π.

5. $\left(0,0,\dfrac{a}{2}\right)$.

6. $\left(\dfrac{a}{2},0,\dfrac{16a}{9\pi}\right)$.

7. $9+\dfrac{15}{4}\ln 5$.

8. $-\dfrac{k\ln 2}{|c|}\sqrt{a^2+b^2+c^2}$.

9. 略.

10. (1) $\begin{cases} x^2+y^2+z^2-yz-1=0, \\ y-2z=0; \end{cases}$ (2) 2π.

11. $\dfrac{3\pi}{16}$.

12. -4.

第 11 章

习题 11.1

1. (1) 发散; (2) 收敛,$S=\dfrac{1}{5}$; (3) 收敛,$S=1-\sqrt{2}$;

(4) 发散; (5) 发散.

2. (1) 收敛; (2) 发散; (3) 收敛; (4) 发散; (5) 发散; (6) 发散.

习题 11.2

1. (1) 发散; (2) 发散; (3) 收敛; (4) 收敛; (5) 收敛; (6) 发散; (7) 收敛; (8) 收敛.

2. (1) 发散; (2) 收敛; (3) 发散; (4) 收敛; (5) 收敛; (6) 发散; (7) 收敛.

3. (1) 发散; (2) 收敛; (3) 收敛.

4. (1) 收敛; (2) 发散; (3) $a>1$ 时收敛,$0<a\leqslant 1$ 时发散; (4) 发散.

5. (1) 条件收敛; (2) 绝对收敛; (3) 条件收敛; (4) 发散; (5) 发散; (6) 条件收敛.

习题 11.3

1. (1) $(-1,1]$; (2) $\{0\}$; (3) $[-3,3)$;

(4) $(-\infty,+\infty)$；　　(5) $[-1,1]$；　　(6) $[2,4]$；

(7) $(-\sqrt{5},\sqrt{5})$；　　(8) $\left(1-\dfrac{\sqrt{2}}{2},1+\dfrac{\sqrt{2}}{2}\right)$.

2. (1) $(-1,1)$，$\dfrac{1+x}{(1-x)^3}$；　(2) $(-1,1)$，$\dfrac{1}{4}\ln\dfrac{1+x}{1-x}+\dfrac{1}{2}\arctan x-x$；

(3) $(-2,2)$，$\dfrac{2x}{(2-x)^2}$；　(4) $(0,6]$，$\ln 3-\ln x$.

3. $\dfrac{1}{2}\ln\left|\dfrac{1+x}{1-x}\right|$，$\dfrac{\sqrt{2}}{2}\ln(\sqrt{2}+1)$.

4. $\dfrac{1}{2}\ln(1+x^2)$，$\dfrac{1}{2}\ln\dfrac{7}{4}$.

习题 11.4

1. (1) $\ln 2+\displaystyle\sum_{n=1}^{\infty}(-1)^{n-1}\dfrac{1}{n}\left(\dfrac{x}{2}\right)^n$，$(-2,2]$；

(2) $\displaystyle\sum_{n=0}^{\infty}\dfrac{x^{2n+1}}{(2n+1)!}$，$(-\infty,+\infty)$；

(3) $\displaystyle\sum_{n=0}^{\infty}\dfrac{(x\ln a)^n}{n!}$，$(-\infty,+\infty)$；

(4) $\displaystyle\sum_{n=0}^{\infty}(-1)^n\dfrac{x^{2n}}{n!}$，$(-\infty,+\infty)$；

(5) $1+\displaystyle\sum_{n=1}^{\infty}(-1)^n\dfrac{2^{2n-1}x^{2n}}{(2n)!}$，$(-\infty,+\infty)$；

(6) $x+\displaystyle\sum_{n=1}^{\infty}(-1)^n\dfrac{2(2n)!}{(n!)^2}\left(\dfrac{x}{2}\right)^{2n+1}$，$[-1,1]$；

(7) $\dfrac{1}{2}\displaystyle\sum_{n=1}^{\infty}\dfrac{(-1)^n}{2^n}x^n$，$(-2,2)$.

2. $\dfrac{1}{2}\displaystyle\sum_{n=0}^{\infty}(-1)^n\left[\dfrac{\left(x+\dfrac{\pi}{3}\right)^{2n}}{(2n)!}+\sqrt{3}\,\dfrac{\left(x+\dfrac{\pi}{3}\right)^{2n+1}}{(2n+1)!}\right]$，$(-\infty,+\infty)$.

提示：$\cos x=\cos\left[\left(x+\dfrac{\pi}{3}\right)-\dfrac{\pi}{3}\right]$，$\cos(\alpha-\beta)=\cos\alpha\cos\beta+\sin\alpha\sin\beta$.

3. $31+53(x-2)+35(x-2)^2+10(x-2)^3+(x-2)^4$，$(-\infty,+\infty)$.

4. $\displaystyle\sum_{n=0}^{\infty}\left(\dfrac{1}{2^{n+1}}-\dfrac{1}{3^{n+1}}\right)(x+4)^n$，$(-6,-2)$.

5. (1) $\displaystyle\sum_{n=1}^{\infty}(-1)^{n-1}\dfrac{(x-1)^n}{n}$，$(0,2]$；

(2) $1+\dfrac{3}{2}(x-1)+\displaystyle\sum_{n=0}^{\infty}(-1)^n\dfrac{(2n)!}{(n!)^2}\cdot\dfrac{3}{(n+1)(n+2)2^n}\cdot\dfrac{(x-1)^{n+2}}{2^{n+2}}$，$(0,2)$.

6. $\dfrac{1}{3}\displaystyle\sum_{n=1}^{\infty}\left[(-1)^n-\dfrac{1}{2^n}\right]x^n$，$(-1,1)$.

习题 11.5

1. $f(x)=\dfrac{3\pi}{4}-\dfrac{6}{\pi}\displaystyle\sum_{n=0}^{\infty}\dfrac{\cos(2n+1)x}{(2n+1)^2}+\displaystyle\sum_{n=1}^{\infty}(-1)^{n+1}\dfrac{\sin nx}{n}$，$x\in(-\pi,\pi)$.

2. $f(x) = \dfrac{4}{\pi} \sum\limits_{n=1}^{\infty} \left[-\dfrac{2}{n^3} + (-1)^n \left(\dfrac{2}{n^3} - \dfrac{\pi^2}{n} \right) \right] \sin nx , x \in [0, \pi)$;

$\quad f(x) = \dfrac{2}{3} \pi^2 + 8 \sum\limits_{n=1}^{\infty} \dfrac{(-1)^n}{n^2} \cos nx , x \in [0, \pi]$.

3. $f(x) = 1 + \dfrac{3\pi}{8} + \dfrac{2}{\pi} \sum\limits_{n=1}^{\infty} \left\{ \dfrac{1}{n^2} \left[(-1)^n - \cos \dfrac{n\pi}{2} \right] - \dfrac{\pi}{2n} \sin \dfrac{n\pi}{2} \right\} \cos nx , 0 \leqslant x < \dfrac{\pi}{2}$ 或 $\dfrac{\pi}{2} < x \leqslant \pi$.

4. (1) $f(x) = \dfrac{4}{\pi} \sum\limits_{k=1}^{\infty} \dfrac{1}{2k-1} \sin(2k-1)x , x \neq 0, \pm \pi, \pm 2\pi, \cdots$;

$\quad$ (2) $f(x) = \sum\limits_{n=1}^{\infty} \dfrac{(-1)^{n+1}}{n} \sin nx , x \neq \pm \pi, \pm 3\pi, \cdots$;

$\quad$ (3) $f(x) = \dfrac{1}{2\pi} (e^{\pi} - e^{-\pi} + 2\pi) + \dfrac{e^{\pi} - e^{-\pi}}{\pi} \sum\limits_{n=1}^{\infty} \dfrac{(-1)^n}{n^2+1} (\cos nx - n \sin nx) , -\pi < x < \pi$.

5. $f(x) = \dfrac{2}{\pi} + \dfrac{4}{\pi} \sum\limits_{n=1}^{\infty} \dfrac{(-1)^{n-1}}{4n^2-1} \cos nx , x \in [-\pi, \pi]$.

6. $f(x) = \dfrac{11}{12} + \dfrac{1}{\pi^2} \sum\limits_{n=1}^{\infty} \dfrac{(-1)^{n+1}}{n^2} \cos 2n\pi x , x \in \left[-\dfrac{1}{2}, \dfrac{1}{2} \right]$.

7. $f(x) = \dfrac{4l}{\pi^2} \sum\limits_{k=1}^{\infty} \dfrac{(-1)^{k-1}}{(2k-1)^2} \sin \dfrac{(2k-1)\pi x}{l} , x \in [0, l]$.

8. $f(x) = 1 - \dfrac{1}{3} \pi^2 + \sum\limits_{n=1}^{\infty} \dfrac{4(-1)^{n+1}}{n^2} \cos nx , x \in [-\pi, \pi]$; $\quad \sum\limits_{n=1}^{\infty} \dfrac{(-1)^{n-1}}{n^2} = \dfrac{\pi^2}{12}$.

习题 11.6

1. 3 980 万元.

2. (1) 0.487; $\qquad$ (2) 0.544 8.

总复习题十一

1. (1) 必要,充分; $\qquad$ (2) 收敛,发散; $\qquad$ (3) $\alpha > \dfrac{1}{2}, \alpha \leqslant \dfrac{1}{2}$.

2. (1) 发散; $\qquad$ (2) 发散; $\qquad$ (3) 发散; $\qquad$ (4) 收敛.

3. (1) 绝对收敛; $\qquad$ (2) 条件收敛; $\qquad$ (3) 条件收敛.

4. (1) $\left[-\dfrac{4}{3}, -\dfrac{2}{3} \right)$; $\quad$ (2) $(-\sqrt{3}, \sqrt{3})$; $\quad$ (3) $(0, 2)$; $\qquad$ (4) $[-1, 1)$.

5. $(-1, 1), S(x) = \dfrac{x}{(1-x)^2} - \ln(1-x), S\left(\dfrac{1}{2} \right) = 2 + \ln 2$.

6. (1) $\sum\limits_{n=1}^{\infty} \dfrac{n}{2^{n+1}} x^{n-1} , -2 < x < 2$;

$\quad$ (2) $x^2 + \sum\limits_{n=1}^{\infty} \dfrac{(2n-1)!!}{(2n)!!} \cdot \dfrac{x^{2n+2}}{2n+1} , -1 \leqslant x \leqslant 1$.

7. $f(x) = \sum\limits_{n=1}^{\infty} \dfrac{1}{n} \sin nx , x \in (0, \pi]$.

8. $f(x) = \dfrac{8}{\pi} \sum\limits_{n=1}^{\infty} \left\{ \dfrac{(-1)^{n+1}}{n} + \dfrac{2}{n^3 \pi} [(-1)^n - 1] \right\} \sin \dfrac{n\pi x}{2} , x \in [0, 2)$,

$\quad f(x) = \dfrac{4}{3} + \dfrac{16}{\pi^2} \sum\limits_{n=1}^{\infty} \dfrac{(-1)^n}{n^2} \cos \dfrac{n\pi x}{2} , x \in [0, 2]$.

9. $\sim$ 12. 略.

第 12 章

习题 12.1

1. (1) 一阶； (2) 二阶； (3) 三阶； (4) 一阶； (5) 二阶； (6) 一阶.

2. (1) 是； (2) 是； (3) 是； (4) 不是； (5) 是.

3. $y = (4 + 2x)\mathrm{e}^{-x}$.

4. $y' = \dfrac{y - x}{x}$.

5. $yy' + 2x = 0$.

6. $\dfrac{\mathrm{d}m}{\mathrm{d}t} = km(t)$，其中 $m(t)$ 表示放射物质衰变开始后 t 时刻的质量.

7. $m\dfrac{\mathrm{d}^2 x}{\mathrm{d}t^2} + kx = 0$，其中 k 为弹簧的弹性系数.

习题 12.2

1. (1) $y = \mathrm{e}^{Cx}$；   (2) $(x^2 - 1)(y^2 - 1) = C$；   (3) $\mathrm{e}^{-y} = 1 - Cx$；

     (4) $\mathrm{e}^x + \mathrm{e}^{-y} = C$； (5) $2y^3 + 3y^2 - 2x^3 - 3x^2 = 5$； (6) $\mathrm{e}^y = \dfrac{1}{2}(\mathrm{e}^{2x} + 1)$；

     *(7) $y = \dfrac{1}{x}$.

2. (1) $y = x\arcsin(\ln|x| + C)$；   (2) $y = x\mathrm{e}^{1-x}$；

     (3) $x^3 + y^3 = Cx^2$；   (4) $y = \dfrac{2x}{1 + x^2}$；

     (5) $y^2 = 2x^2(\ln x + 2)$.

3. (1) $y - x + 3 = C(y + x + 1)^3$；   (2) $(y - x + 1)^2(y + x - 1)^5 = C$.

4. (1) $y = 2 + C\mathrm{e}^{-x^2}$； *(2) $y = (x + C)\cos x$；

     (3) $y = (x - 2)^3 + C(x - 2)$；   (4) $x = 2(y - 1) + C\mathrm{e}^{-y}$；

     (5) $y = \dfrac{2}{3}(4 - \mathrm{e}^{-3x})$；   (6) $y = (x + 1)\mathrm{e}^x$；

     (7) $y = 2\ln x - x + 2$；   (8) $x = \dfrac{y^3}{2} + \dfrac{y^2}{2}$；

     *(9) $x^2 y = \dfrac{1}{3}x^3\ln x - \dfrac{1}{9}x^3$； *(10) $y = \dfrac{x - 1}{x}\mathrm{e}^x + \dfrac{1}{x}$.

5. (1) $\dfrac{3}{2}x^2 + \ln\left|1 + \dfrac{3}{y}\right| = C$；   (2) $xy^{-3} + \dfrac{3}{4}x^2(2\ln x - 1) = C$.

6. $f(x) = \mathrm{e}^x(x + 1)$.

*7. $f(x) = 3\mathrm{e}^{3x} - 2\mathrm{e}^{2x}$.

8. $m_0\mathrm{e}^{\frac{\ln 0.9}{240}t}$.

9. (1) $Q = Q_0\mathrm{e}^{-\frac{\ln 2}{160}t}$，其中 Q_0 为镭的原始量； (2) 160 年.

10. 还需 $5\log_4 10$ min.

11. $L(Q) = 100\,000\mathrm{e}^{100Q - 0.01Q^2}$.

12. $Q(x) = 30x\mathrm{e}^{0.2x}$.

习题 12.3

1. (1) $y = \dfrac{1}{9}e^{3x} - \sin x + C_1 x + C_2$;　　　　(2) $y = C_1 e^x - \dfrac{x^2}{2} - x + C_2$;

　(3) $y = 1 + C_2 e^{C_1 x}$　$(C_2 \neq 0)$;　　　　(4) $y = \dfrac{1}{3}x^3 + C_1 x^2 + C_2$.

2. (1) $y = \left(\dfrac{x}{2} + 1\right)^4$;　　　　(2) $y = \dfrac{1}{2}x^2 + \dfrac{3}{2}$;

　(3) $y = \dfrac{1}{1-x}$.

3. $y = \dfrac{2x^3}{3} + x + 2$.

习题 12.4

1. (1) $y = C_1 e^x + C_2 e^{2x}$;　　　　(2) $y = (C_1 + C_2 x)e^{-3x}$;

　(3) $y = (C_1 \cos x + C_2 \sin x)e^{2x}$;　　　　(4) $y = \dfrac{1}{3}(e^x - e^{-2x})$;

　*(5) $y = 2e^{-2x}$;　　　　(6) $y = e^{-x}(\cos x + \sin x)$.

2. (1) $y^* = Ax + B$;　　　　(2) $y^* = xe^{-x}(A\cos 2x + B\sin 2x)$;

　(3) $y^* = (Ax^2 + Bx + C)e^{2x}$;　　　　(4) $y^* = x(A\cos 2x + B\sin 2x)$;

　(5) $y^* = (Ax+B)\cos 2x + (Cx+D)\sin 2x$;　(6) $y^* = x(Ax+B) + (Cx+D)e^{-3x}$.

3. (1) $y = C_1 e^x + C_2 e^{2x} + x^2 + 3x + 4$;　　　　(2) $y = (C_1 + C_2 x + 2x^3)e^x$;

　(3) $y = \left(C_1 - \dfrac{5}{2}x\right)\cos 2x + C_2 \sin 2x$;　　　　(4) $y = (C_1 - \cos x - \sin x)e^x + C_2 e^{2x}$;

　(5) $y = C_1 + C_2 e^{-x} + \dfrac{1}{2}(e^x + \sin x - \cos x)$;　(6) $y = e^x - e^{-x} + e^x(x^2 - x)$;

　(7) $y = \dfrac{11}{16} + \dfrac{5}{16}e^{4x} - \dfrac{5}{4}x$.

4. $f(x) = 2(e^x - x)$.

5. $-3, 2, 1$.

6. $y = \dfrac{2}{3}e^{2x} - \dfrac{2}{3}e^{-x} - xe^{-x}$.

习题 12.5

1. (1) $y = C_1 e^{-x} + C_2 e^{2x} + C_3 e^{3x}$;　　　　(2) $y = C_1 e^{-x} + (C_2 + C_3 x + C_4 x^2)e^{2x}$;

　(3) $y = C_1 e^{-x} + C_2 e^x + C_3 \cos x + C_4 \sin x$;　(4) $y = C_1 + (C_2 + C_3 x)\cos x + (C_4 + C_5 x)\sin x$.

2. (1) $y = C_1 x + \dfrac{C_2}{x} + x^2$;　　　　(2) $y = C_1 + \dfrac{C_2}{x} + C_3 x^3 - \dfrac{1}{2}x^2$;

　(3) $y = C_1 x^2 + C_2 x^2 \ln x + x + \dfrac{1}{6}x^2 \ln^3 x$;　(4) $y = (C_1 + C_2 \ln x)x + x\ln^2 x$.

习题 12.6

1. $10\ln 11 \ \text{min} \approx 24 \ \text{min}$.

2. $4\left(1 + \dfrac{\ln 0.01}{\ln \frac{2}{3}}\right) \text{s} \approx 50 \text{ s}, \dfrac{6}{\ln \frac{2}{3}} \text{ m} \approx 15 \text{ m}$.

3. 提示:设 $m(t)$ 为 t 年后湖水中污物 A 的浓度.

(1) $m(t)$ 满足微分方程 $\dfrac{\mathrm{d}m}{\mathrm{d}t} = 2m_0 - \dfrac{1}{3}m$，且 $m(0) = \dfrac{m_0}{2}$，$m(t) = -\dfrac{11m_0}{2}\mathrm{e}^{-\frac{1}{3}t} + 6m_0$，故 6 年后，超过国

家标准 $5 - \dfrac{11}{2\mathrm{e}^2}$ 倍；

(2) $m(t)$ 满足微分方程 $\dfrac{\mathrm{d}m}{\mathrm{d}t} = \dfrac{m_0}{6} - \dfrac{1}{3}m$，且 $m(0) = \left(6 - \dfrac{11}{2\mathrm{e}^2}\right)m_0$，$m(t) = \dfrac{11}{2}\left(1 - \dfrac{1}{\mathrm{e}^2}\right)m_0\mathrm{e}^{-\frac{t}{3}} + \dfrac{m_0}{2}$，

故经过 $3\ln\left[11\left(1 - \dfrac{1}{\mathrm{e}^2}\right)\right]$ 年治理，可以达到国家标准.

4. $x(t) = \dfrac{a}{1 + c\mathrm{e}^{-akt}}$，其中 $c = \dfrac{a - x_0}{x_0}$.

总复习题十二

1. $y' = x^2$.

2. (1) $(\mathrm{e}^x + 1)(\mathrm{e}^y - 1) = C$；　　　　(2) $\sin x \sin y = C$；

　　(3) $(x - 4)y^4 = Cx$.

3. (1) $\ln y = \tan\dfrac{x}{2}$；　　　　(2) $(1 + \mathrm{e}^x)\sec y = 2\sqrt{2}$；

　　(3) $y = \dfrac{1}{1 + \ln|x^2 - 1|}$.

4. (1) $y + \sqrt{y^2 - x^2} = Cx^2$；　　　　(2) $y^2 = x^2(2\ln|x| + C)$；

　　(3) $y = C\mathrm{e}^{\frac{y}{x}}$；　　　　(4) $x + 2y\mathrm{e}^{\frac{x}{y}} = C$.

5. (1) $\ln[4y^2 + (x - 1)^2] + \arctan\dfrac{2y}{x - 1} = C$；　　　　(2) $x + 3y + 2\ln|x + y - 2| = C$.

6. (1) $y = C\mathrm{e}^{x^2} - 1$；　　　　(2) $2x\ln y = \ln^2 y + C$；

　　(3) $y = (x + 2)^2(x + C)$；　　　　(4) $x = \dfrac{y^2}{4} + \dfrac{C}{y^2}$.

*7. (1) $\dfrac{1}{y} = -\sin x + C\mathrm{e}^x$；　　　　(2) $\dfrac{1}{y^3} = C\mathrm{e}^x - 1 - 2x$；

　　(3) $\dfrac{x^2}{y^2} = -\dfrac{2}{3}x^3\left(\dfrac{2}{3} + \ln x\right) + C$.

8. (1) $y = (x - 3)\mathrm{e}^x + C_1x^2 + C_2x + C_3$；　　　　(2) $y = -\ln|\cos(x + C_1)| + C_2$；

　　(3) $y = C_1\ln|x| + C_2$；　　　　(4) $C_1y^2 - 1 = (C_1x + C_2)^2$；

　　(5) $y = \arcsin(C_2\mathrm{e}^x) + C_1$.

9. (1) $y = \sqrt{2x - x^2}$；　　　　(2) $y = \ln\sec x$.

10. (1) 线性无关；　(2) 线性相关；　(3) 线性无关；　(4) 线性相关；　(5) 线性无关.

11. 验证略. $y = (C_1 + C_2x)\mathrm{e}^{x^2}$.

12. (1) $y = C_1\mathrm{e}^{-x} + C_2\mathrm{e}^{3x}$；　　　　(2) $x = (C_1 + C_2t)\mathrm{e}^{\frac{5}{2}t}$；

　　(3) $y = \mathrm{e}^{-\frac{x}{2}}\left(C_1\cos\dfrac{\sqrt{3}}{2}x + C_2\sin\dfrac{\sqrt{3}}{2}x\right)$；　　　　(4) $y = (C_1 + C_2x)\cos x + (C_3 + C_4x)\sin x$.

13. (1) $y = C_1\mathrm{e}^{-x} + C_2\mathrm{e}^{-2x} + \left(\dfrac{3}{2}x^2 - 3x\right)\mathrm{e}^{-x}$；　　　(2) $y = (C_1 + C_2x)\mathrm{e}^{3x} + \dfrac{x^2}{2}\left(\dfrac{x}{3} + 1\right)\mathrm{e}^{3x}$；

　　(3) $y = C_1\cos 2x + C_2\sin 2x + \dfrac{x}{3}\cos x + \dfrac{2}{9}\sin x$；

　　(4) $y = C_1\mathrm{e}^x + C_2\mathrm{e}^{-x} - \dfrac{1}{2} + \dfrac{1}{10}\cos 2x$.

14. (1) $y = -\cos x - \dfrac{1}{3}\sin x + \dfrac{1}{3}\sin 2x$;　　　　(2) $y = \dfrac{1}{2}(e^{9x} + e^x) - \dfrac{1}{7}e^{2x}$.

15. (1) $y = C_1 + C_2 x + (C_3 + C_4 x)e^x$;

　　(2) $y = C_1 e^{\sqrt{2}x} + C_2 e^{-\sqrt{2}x} + C_3 e^x + C_4 e^{-x} + C_5 \cos x + C_6 \sin x$.

16. (1) $y = \dfrac{C_1}{x^2} + C_2 x$;　　　　　　　　(2) $y = C_1 x + C_2 x^2 + x^3 - x\ln x$;

　　(3) $y = C_1 \cos \ln x + C_2 \sin \ln x + \dfrac{1}{2}x$;　　　(4) $y = C_1 + C_2 x^2 + \dfrac{1}{3}x^3$.

17. $\varphi(x) = \dfrac{1}{2}(\cos x + \sin x + e^x)$.

18. $\sqrt{72\,500}$ cm/s ≈ 269.3 cm/s.

19. $xy = 6$.

20. $x = \dfrac{k}{a}\left(\dfrac{h}{2}y^2 - \dfrac{1}{3}y^3\right)$.

21. $v = \dfrac{k_1}{k_2}t - \dfrac{k_1 m}{k_2^2}\left(1 - e^{-\frac{k_2}{2}t}\right)$.

第 13 章

习题 13.1

1. (1) $\Delta y_t = 2t - 2$, $\Delta^2 y_t = 2$;

　　(2) $\Delta y_t = (e^4 - 1)e^{4t}$, $\Delta^2 y_t = (e^4 - 1)^2 e^{4t}$;

　　(3) $\Delta y_t = (2t + 3)3^t$, $\Delta^2 y_t = (4t + 12)3^t$;

　　(4) $\Delta y_t = \ln \dfrac{t+2}{t+1}$, $\Delta^2 y_t = \ln \dfrac{(t+1)(t+3)}{(t+2)^2}$.

2. (1) $2y_{t+1} - 3y_t + t = 0$, 一阶;

　　(2) $y_{t+2} - 2y_{t+1} = 1$, 一阶;

　　(3) $\Delta^2 y_t - 2y_t = 2^t$, 二阶.

3. (1) 是;　　(2) 否;　　(3) 是.

4. $y_{t+1} - y_t = 2, 46$.

5. 略.

习题 13.2

1. (1) $y_t = C\left(\dfrac{1}{2}\right)^t$;　　　　　　　(2) $y_t = C(-5)^t + \dfrac{5}{12}t - \dfrac{5}{72}$;

　　(3) $y_t = C(-2)^t + \dfrac{1}{4}\cdot 2^t$;　　　　(4) $y_t = C - \cos \pi t$;

　　(5) $y_t = C\cdot 3^t + 3^t\left(\dfrac{1}{6}\cos \dfrac{\pi}{2}t + \dfrac{1}{2}\sin \dfrac{\pi}{2}t\right)$; (6) $y_t = C + \left(\dfrac{1}{2}t - \dfrac{1}{4}\right)\cdot 3^t + \dfrac{1}{3}t$.

2. (1) $y_t^* = 3\left(-\dfrac{5}{2}\right)^t$;　　　　　　(2) $y_t^* = \dfrac{1}{2}(-2)^t + \dfrac{1}{4}\cdot 2^t$;

　　(3) $y_t^* = \dfrac{5}{9}(-2)^t + \dfrac{2}{3}t - \dfrac{5}{9} + \dfrac{1}{e+2}e^t$;　　(4) $y_t^* = \dfrac{1}{26}\cdot 5^t - \dfrac{1}{26}\cos \dfrac{\pi}{2}t - \dfrac{5}{26}\sin \dfrac{\pi}{2}t$.

3. $S_n = \dfrac{1}{2} + \left(-\dfrac{1}{2}\cos \dfrac{n\pi}{2} + \dfrac{5}{2}\sin \dfrac{n\pi}{2}\right)$.

习题 13.3

1. (1) $y_t = C_1 + C_2 \cdot 8^t$；

    (2) $y_t = (C_1 + C_2 t)(-5)^t$；

    (3) $y_t = \left(C_1 \cos \dfrac{\pi}{3} t + C_2 \sin \dfrac{\pi}{3} t\right) \cdot 2^t$；

    (4) $y_t = (1+t)(-2)^t$；

    (5) $y_t = 2 \cdot 3^t - (-4)^t$；

    (6) $y_t = 2(\sqrt{2})^t \cos \dfrac{\pi}{4} t$.

2. (1) $y_t = (C_1 + C_2 t) \cdot 3^t + \dfrac{1}{2} + \dfrac{1}{4} t$；

    (2) $y_t = C_1 \cdot 2^t + C_2 \cdot 3^t + \dfrac{3}{10}\left(\cos \dfrac{\pi}{2} t - \sin \dfrac{\pi}{2} t\right)$；

    (3) $y_t = \dfrac{1}{3} \cdot 2^t + \left(\dfrac{2}{3} - 2t\right)(-1)^t$；

    (4) $y_t = \dfrac{3}{2} - \dfrac{3}{2}\left(-\dfrac{1}{3}\right)^t + \cos \dfrac{\pi}{2} t - 2 \sin \dfrac{\pi}{2} t$.

3. $y_t^* = a + bt + c \cos \pi t + d \sin \pi t$.

习题 13.4

1. (1) $\begin{cases} x_t = C_1(-\sqrt{2})^t + C_2(\sqrt{2})^t, \\ y_t = C_1(2+\sqrt{2})(-\sqrt{2})^t + C_2(2-\sqrt{2})(\sqrt{2})^t; \end{cases}$

    (2) $\begin{cases} x_t = C_1 + C_2(-1)^t + \dfrac{1}{3} \cdot 2^t, \\ y_t = C_1 - C_2(-1)^t + \dfrac{2}{3} \cdot 2^t. \end{cases}$

2. $\begin{cases} x_{t+1} = 0.9 x_t + 0.12 y_t, \\ y_{t+1} = 0.1 x_t + 0.88 y_t; \end{cases}$ $\begin{cases} x_t = C_1 \cdot 0.78^t + C_2, \\ y_t = -C_1 \cdot 0.78^t + 0.83 C_2. \end{cases}$

习题 13.5

1. $P_t = \left(P_0 - \dfrac{a+c}{b+d}\right)\left(-\dfrac{d}{b}\right)^t + \dfrac{a+c}{b+d}$，其中 P_0 为这种农产品的初始价格.

2. 90 073.45 元，194.95 元.

总复习题十三

1. (1) 6；

    (2) $y_t = C(-3)^t$；

    (3) $y_t = C_1 + C_2(-4)^t$；

    (4) $2e - e^2$；

    (5) $C_1 \cos \dfrac{\pi}{2} t + C_2 \sin \dfrac{\pi}{2} t + t\left(b_1 \cos \dfrac{\pi}{2} t + b_2 \sin \dfrac{\pi}{2} t\right)$；

    (6) $W_t = 1.2 W_{t-1} + 2$.

2. (1) B；   (2) B；   (3) C；   (4) A；   (5) B；   (6) A.

3. (1) $y_t = C \cdot 3^t - 1$；

    (2) $y_t = C(-2)^t - 2^{t-1} t \cos \pi t$；

    (3) $y_t = 10(-0.4)^t + 20$；

    (4) $y_t = 4 + 2^t - t$.

4. (1) $y_t = (C_1 + C_2 t)\left(\dfrac{1}{2}\right)^t + 8$；

    (2) $y_t = \left(3 - \dfrac{37}{18} t + \dfrac{1}{18} t^2\right) 3^t$；

    (3) $y_t = C_1(-2)^t + C_2 \cdot 3^t + \left(\dfrac{t^2}{15} - \dfrac{2t}{25}\right) 3^t$；   (4) $y_t = (3t - 4) 2^t + 4 \cos \dfrac{\pi}{2} t + 3 \sin \dfrac{\pi}{2} t$.

5. (1) $y_t = 12 - 2 \cdot 1.25^t$；   (2) 约 8 年.

6. 2 221.22 元.

7. 证明略. $y_t = C_1 + \dfrac{C_2}{t+1}$.

8. $y_t = Ca^t + \dfrac{b+I}{1-a}$，$c_t = Ca^t + \dfrac{b+aI}{1-a}$.

参 考 文 献

[1] 同济大学数学科学学院.高等数学:上册[M].8 版.北京:高等教育出版社,2023.

[2] 同济大学数学科学学院.高等数学:下册[M].8 版.北京:高等教育出版社,2023.

[3] 黄立宏.高等数学:上[M].北京:北京大学出版社,2018.

[4] 黄立宏.高等数学:下[M].北京:北京大学出版社,2018.

[5] 张志海,冀铁果,李召群.高等数学:上册[M].北京:科学出版社,2015.

[6] 张志海,范杰,贾瑞娟,等.高等数学:下册[M].北京:科学出版社,2015.

[7] 吴赣昌.高等数学:理工类:上册[M].5 版.北京:中国人民大学出版社,2017.

[8] 吴赣昌.高等数学:理工类:下册[M].5 版.北京:中国人民大学出版社,2017.

[9] 赵树嫄.微积分[M].5 版.北京:中国人民大学出版社,2021.

[10] 李心灿.高等数学应用 205 例[M].北京:高等教育出版社,1997.

[11] 李志林,欧宜贵.数学建模及典型案例分析[M].北京:化学工业出版社,2007.

[12] 杜建卫,王若鹏.数学建模基础案例[M].2 版.北京:化学工业出版社,2014.

图书在版编目(CIP)数据

高等数学. 下/刘新和，王中兴，黄敢基主编.

2 版.--北京：北京大学出版社，2024.6. -- ISBN

978-7-301-35167-3

Ⅰ. O13

中国国家版本馆 CIP 数据核字第 2024Z2A137 号

书　　　名	高等数学（第二版）（下）	
	GAODENG SHUXUE (DI-ER BAN)(XIA)	
著作责任者	刘新和　王中兴　黄敢基　主编	
责 任 编 辑	曾琬婷	
标 准 书 号	ISBN 978-7-301-35167-3	
出 版 发 行	北京大学出版社	
地　　　址	北京市海淀区成府路 205 号　　100871	
网　　　址	http://www.pup.cn	
电 子 邮 箱	zpup@pup.cn	
新 浪 微 博	@北京大学出版社	
电　　　话	邮购部 010-62752015　　发行部 010-62750672　　编辑部 010-62754819	
印 刷 者	长沙超峰印刷有限公司	
经 销 者	新华书店	
	787 毫米×1092 毫米　16 开本　22.25 印张　570 千字	
	2019 年 9 月第 1 版	
	2024 年 6 月第 2 版　2024 年 6 月第 1 次印刷	
定　　　价	59.00 元	